国家出版基金项目

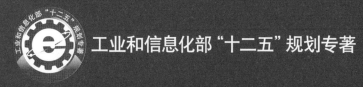工业和信息化部"十二五"规划专著

航天发射科学与技术

发射气体动力学

JET GAS DYNAMICS

姜　毅　史少岩　牛钰森　于邵祯　编著

北京理工大学出版社
BEIJING INSTITUTE OF TECHNOLOGY PRESS

内 容 简 介

本书研究重点主要集中在固体火箭发动机喷管喷出的高温高速燃气射流流动规律及对周围设施和环境的影响，包括：箱式热发射、弹射、引射同心筒发射、车载机动发射和舰载发射等。作者以目前被广泛使用的 CFD 方法为主要研究手段，从不同的角度对燃气射流流场展开研究，以使读者对燃气射流的 CFD 数值计算研究方法有更加具体而深刻的认识。

图书在版编目（CIP）数据

发射气体动力学 / 姜毅等编著 . —北京：北京理工大学出版社，2015.6
（航天发射科学与技术）
国家出版基金项目　工业和信息化部"十二五"规划专著
ISBN 978 - 7 - 5682 - 0735 - 5

Ⅰ. ①发…　Ⅱ. ①姜…　Ⅲ. ①航空发动机 - 气体动力学　Ⅳ. ①V231.3

中国版本图书馆 CIP 数据核字（2015）第 133491 号

出版发行 / 北京理工大学出版社有限责任公司	
社　　址 / 北京市海淀区中关村南大街 5 号	
邮　　编 / 100081	
电　　话 / （010）68914775（总编室）	
（010）82562903（教材售后服务热线）	
（010）68948351（其他图书服务热线）	
网　　址 / http：//www.bitpress.com.cn	
经　　销 / 全国各地新华书店	
印　　刷 / 北京地大天成印务有限公司	
开　　本 / 787 毫米 × 1092 毫米　1/16	
印　　张 / 36.25	责任编辑 / 王玲玲
字　　数 / 700 千字	文案编辑 / 王玲玲
版　　次 / 2015 年 6 月第 1 版　2015 年 6 月第 1 次印刷	责任校对 / 周瑞红
定　　价 / 165.00 元	责任印制 / 王美丽

航天发射科学与技术

编写委员会

航天发射科学与技术

学术顾问委员会

总序

世界各国为了进一步提高综合国力，都在大力开发空间资源和加强国防建设。作为重要运载器的火箭、导弹，以及相关的发射科学技术，也相应地都得到了广泛的重视。发射科学技术综合了基础科学和其他应用科学领域的最新成就，以及工程技术的最新成果，是科学技术和基础工业紧密结合的产物。同时，发射科学技术也反映了一个国家相关科学技术和基础工业的发展水平。

航天发射科学技术的发展历史漫长，我国古代带火的弓箭便是火箭的雏形。火箭出现后，被迅速用于各种军事行动和民间娱乐。随着现代科学技术的发展和人类需求的增加，美国、俄罗斯、中国、日本、法国、英国等航天大国，投入了大量的人力、物力进行航天发射的研究和开发，并取得了丰硕成果，代表了世界的先进水平。火箭、导弹的发射水平，决定了一个国家航天活动和国防保障区域的范围。因此，各航天大国均把发展先进的发射和运载技术作为保持其领先地位的战略部署之一。无论是空间应用、科学探测、载人航天、国际商业发射与国际合作，还是国防建设，都对发射技术提出了新的要求，促使航天发射科学技术向着更高层次发展。

综上所述，系统归纳、总结发射领域的理论和技术成果，供从事相关领域教学、研发、设计、使用人员学习和参考，具有重要的意义。这对提高教育水平、提升技术能力、推动科学发展和提高航天发射领域的研发水平将会起到十分重要的作用。

航天发射科学技术构成复杂，涉及众多学科，而且内容广泛，系列丛书的编写需要有关领域的专家、学者来共同完成。因此，北京理工大学、北京航天发射技术研究所、北京机械设备研究所、北京特种机械研究所、总装备部工程设计研究院等国内从事相关领域研究的权威单位组建了本丛书的作者队伍，期望将发射科学技术的重要成果著作成册，帮助读者更深入地了解和掌握航天发射领域的知识和技术，推动我国航天事业的发展。

本丛书力求系统性、完整性、实用性和理论性的统一，从发射总体技术、发射装置、地面支持技术、发射场总体设计、发射装置设计、发射控制技术、发射装置试验技术、发射气体动力学、发射动力学、弹射内弹道学等多个相互支撑的学科领域，以发射技术基本理论，火箭、导弹发射相关典型系统和设备为重点，全面介绍国内外的相关技术和设备、设施。

本丛书作者队伍是一个庞大的教育、科研、设计团队，为了编写好本丛书，编写人员辛勤劳动，做出了很大努力。同时，得到了相关学会，以及从事编写的五个单位的领导、专家及工作人员的关心和大力支持，在此深表感谢！由于种种原因，书中难免存在不当之处，敬请读者批评指正！

编写委员会

燃气射流动力学是流体力学的一个分支，CFD（Computational Fluid Dynamics，计算流体力学）是其重要的研究方法，其研究对象是火箭导弹在发射时从火箭发动机喷管喷出的高温高速燃气射流流动规律及其对周围设施和环境的影响等。首先，本书介绍了燃气射流的现象和基本特征，并从工程计算方法上进行了简单的阐述。其次，从燃气射流动力学当前主要的研究方法CFD入手，较为全面地介绍了流体力学控制方程和CFD的处理过程，为本书的后续章节奠定了理论基础。再次，介绍了自由燃气射流流场CFD研究，然后从贮运发射箱、弹射内弹道、引射同心筒、大型运载火箭或弹道及舰载导弹等多个方面介绍了受限燃气射流流场的CFD研究。最后，从试验测量的角度介绍了燃气射流的试验研究方法。可以说，本书顺应了当前CFD被广泛应用的大形势，从不同的角度对燃气射流展开CFD研究，以使读者对燃气射流的CFD研究方法有更加具体而深刻的认识。

本书由姜毅教授统筹全稿，在一些章节的编写过程中，学科组的博士研究生参与了相关工作。其中，牛钰森博士参与了第4、5章的编写，刘伯伟博士参与了第5章的编写，于邵祯博士参与了第7、8章的编写，史少岩博士参与了第3章的编写和全书的整理工作。

本书作者姜毅教授已从事火箭导弹发射气体动力学方面的研究和教学工作20多年，完成过众多有关发射气体动力学方面的研究工作，其中不乏我国一些重大或重点工程和大量的航天工程项目。作者在工作过程中，曾获得国家科技进步二等奖1项、部级科技进步一等奖1项、部级科技进步二等奖3项、部级科技进步三等奖5项等。本书总结了作者在发射气体动力学方面的研究成果并介绍了国内外相关领域的研究成果，可作为研究生教学的教材和工程技术人员的参考资料。

本书在编写过程中参考了大量的国内外资料，在此对原著作者表示深深的谢意！

限于编著者的水平，书中难免存在疏漏和不妥之处，敬望读者批评指正。

编著者

目 录
CONTENTS

第 1 章　燃气射流动力学基本知识

燃气射流动力学是流体力学的一个分支，其研究对象是火箭导弹在发射时从火箭发动机喷管喷出的高温高速燃气射流流动规律及其对周围设施和环境的影响等。

在 20 世纪早期，随着喷气推进技术的出现，人们开始对从火箭发动机等喷出的高温高速的燃气射流现象有了直观的认识。首先，它会对直接冲击到的物体产生很大的力，并对周围环境产生一定的影响；其次，会对冲击到的物体产生烧蚀。因此，研究燃气射流的流动规律及其对周围物体、环境产生的影响也就成了人们关心的问题。时至今日，人们主要关心的还是以上两类问题。只是随着科学技术的发展，以及对问题认识程度的深入及研究手段的进步，如今能更加符合实际地模拟真实现象。

如上所述，燃气射流问题主要分为两类：研究燃气射流现象的流动规律；研究燃气射流对环境的影响作用。

早期研究燃气射流问题时（20 世纪 80 年代前），与流体力学的其他分支的研究模式相同，研究方法主要是在总结试验现象的基础上，提出一些经验计算模型和公式。比较适用的方法有射流积分法和射流的自模性概念，这两种方法为早期研究问题提供了一定的依据；研究燃气射流对环境的影响主要采用的是试验方法。

20 世纪 80 年代后，随着计算机技术水平的迅速发展，计算流体力学得到迅猛发展，使人们可以在假设越来越少的条件下从理论上对燃气射流现象进行计算研究。同时，随着测试技术的高速发展，如今可以对燃气射流对周围环境的影响进行可靠的直接测量和间接测量，这为研究燃气射流问题提供了更加有力的手段。

1.1　射流现象

1.1.1　射流的基本概念

水从消防水龙头射出、空气从打气筒中冲出、针剂从注射器的针头中压出以及喷灌农田的水从喷头中射出等，如此这般形式的流体流动统称为"射流"。它们与流体一般流动的不同之处在于它们具有喷射成一束的流动特点。

在《理论流体动力学》（L·M·米尔恩－汤姆森著）中这样描述射流：忽略外力，

并假设做二维运动的液体以自由流线 μ_1、μ_2（图 1 - 1）为界，这些流线将流动平面分成 A、B、C 三个区域，运动的液体占据区域 B。如果 A、C 中没有液体，则 B 中的流动为射流。同理，对于气体射流而言，则是在 A、C 中可以有静止的或异速流动的气体。

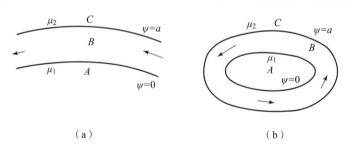

图 1 - 1　射流的界定

（a）无限延伸型；（b）封闭型

ψ—流函数；a—流动速度

综上所述，射流的一般定义为：在孔口、管口、喷嘴和缝隙等出路中，靠压差或外力推动而流出的流体、气体和粉末等流动介质且喷射成束的流动形态。

当射流流出后，不受固体边界的限制，而在某一空间中自由扩张的喷射流动称为自由射流。严格地说，当环境空间中的介质温度、密度与射流介质的温度、密度相同时，才能称为自由射流。而当空间介质静止不动时，该射流称为自由淹没射流；当空间介质非静止时，则称为自由伴随流射流。

1.1.2　燃气射流的主要特征

通常情况下，将从火箭发动机或涡轮喷气发动机喷出的高温高速的气体流动称为燃气射流。燃气射流主要有以下几方面的特征：

（1）气体流动速度高。在大多数情况下为超声速，对于火箭发动机而言，出口处的燃气速度多在 $2Ma$ 以上；对于涡轮喷气发动机，多数情况也在 $1Ma$ 以上。

（2）气流温度高。由于火箭发动机或涡轮喷气发动机都是通过化学能的转换产生动力，因此，喷出的气体温度非常高。对于火箭发动机，喷口处温度一般在 1 000 ℃以上；而对于涡轮喷气发动机，一般也在 500 ℃以上。

（3）复燃现象。在有些情况下，由于燃气喷出发动机喷口后，气体内仍包含一些未燃烧完的可燃成分，因此，喷出后还要和周围的氧化成分（如空气中的氧气等）进行二次燃烧；或燃气本身就包括燃烧剂和氧化剂，在喷出发动机喷口后继续燃烧。

（4）气 - 固两相流现象。为了增加发动机的推力，有些发动机会在推进剂内加入铝粉等，因此，在燃气内会含有固体颗粒等。

（5）非定常现象。如发动机在开始建压阶段，燃烧室内的压力有一个不稳定过程，表现在燃气射流的流动过程中，则是存在从不稳定流动到稳定流动的过程，这一过程对发射系统的影响非常关键。

（6）红外辐射现象。燃气喷出发动机后温度很高，会产生很强的红外辐射。

此外，由于燃气射流喷出后要与周围物体和环境产生相互作用，又要有冲击现象、超压现象、烧蚀现象等。

可以说，燃气流现象是一种非常复杂的流动现象，在具体研究过程中，可以根据关心的主要问题，省略次要因素，进行重点研究。

1.1.3　工程中的射流现象

射流在工程中的出现和应用是非常广泛的，诸如农田喷灌水射流、消防喷枪水射流、石油化工喷射泵（蒸汽的、液体的、气体的等）射流、航空航天器发动机喷气射流等。射流在各个工业技术领域中大量出现，我们把这种现象称为"工程中的射流现象"。

工程中的各种射流都是带有一定能量的，有的甚至带有非常巨大的能量，如大推力运载火箭的发动机射流。这些能量有的被白白放弃掉，有的被完全使用，也有的只被用了一部分，情况各异。但也有共同的方面，那就是凡是射流被射出，它都同时产生与其所获作用力大小相等的反作用力，只是人们对这两种力的利用侧重点有所不同而已。此外，绝大多数射流，随着它的产生都伴有分贝数较高或很高的射流噪声。这就是说，射流在其被利用的同时，还会造成一定的环境污染，如果是高温热射流，还有可能对周围的环境、设备造成一定的热损、热蚀。所以，有时在利用射流的地方，同时应考虑一些声防护和热防护措施。

如果按其本身所负有的功能使命来分，射流大致可以分成下列几个大类。

1. 用来产生推力的喷气射流

在航空航天技术领域，大量使用火箭发动机、涡轮喷气发动机、冲压喷气发动机等反作用式喷气式发动机。这些发动机所喷出的射流，从力学的观点来看，都是作为一种受力载体而被使用的。在它们流出喷口以前，先是燃烧、受压缩，然后膨胀，在整个过程中，一方面其作为受力载体，把发动机燃烧室里加给它们的力承受下来，产生了运动；另一方面，又把所承受的力即时地反作用于施力体，于是就产生出了推力。而它却在完成了产生推力的任务后，带着剩下的一部分能量（包括热能和动能等）从喷口散逸到大气中自然地消失掉了，绝大多数情况都是如此。有时它还会给周围的环境设备造成危害。

这一类射流，除出现在上述各种喷气发动机中外，还出现在各种小型的用来产生反作用力的施力（动力）装置中，如太空人行走装置（力控器）就是其一，其原理示意图如图 1-2 所示。这种装置缚于人体的适当部位，借助于操纵阀按要求使充储于装置内部的压缩气体从相应喷口喷出时产生反作用力，在不同的喷射配合方案下就可产生出空间6个自由度的操纵力（3个轴向力和3个轴向力矩），于是太空人就可以在太空中行走自如了。关于力控器如何能完成6个自由度的操纵，请读者自行试解。

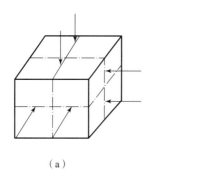
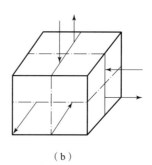

（a）　　　　　　　　　　　　　（b）

图1-2　太空人行走装置（力控器）原理示意图（12个喷口均可单独喷气）

（a）3个正交平面上分别施以同向力，分别产生3个轴向力；（b）3个正交

平面上分别施以逆向力，分别产生3个轴向力矩

此外，在日常生活中，用喷气反作用力产生直线或旋转运动的装置或儿童玩具也是较为常见的。

2. 用来产生前作动力的喷射流

在采煤工业生产中，有一种剥离煤层的方法用到高压水射流；在许多机械工业生产中，有一种清除油污碎屑的方法用到高压喷射流（空气、水或混合液体等）；此外，还有农田喷灌水射流，消防水射流，气焊、气割喷射流，冶金工业生产中的氧气顶（底）吹射流，等等，从力学、热学的观点来看，这些射流都是作为一种施力、施热载体而被使用的。它们在高压室内所承受的压力经管道、喷嘴（口）以较高的速度喷射出去，有的则需点燃，然后或近或远地完成以上所列的各种工作。这些射流本身都是一些工作介质。虽然在喷射它们的同时，也给喷射装置以反作用力，但这与前述欲获得推力的目的不同，在那里射流本身是无用的，而在这里却都是为了获得工作射流。

3. 作为引射工作介质的引射流

前述喷气式发动机的喷气射流在流出喷口后就废弃了，但在许多高性能飞机的喷气发动机上，已广泛采用了引射喷管。它是以喷气流作为引射流，外部加装引射套管而构成。这种喷管由于主流（喷气射流）的引射作用，带动一次环流从主流气柱与引射套管之间流过。次流对主流起气垫作用，约束主流的膨胀。通过调节次流流量可以控制主流的流通截面积，使其达到或接近完全膨胀，借以提高总推力，其增益可高达15%。

其他如工业流体机械中作为无动力机械的气体增压装置——引射器，也是用引射流的引射作用而构设成的；航空工业中应用的引射风洞也是如此。这种引射流如果从力学的观点来看，它既不同于在产生推力后被排放走的喷气射流，也不同于完全用来产生前作动力的喷射流，它能将部分能量传递给周围的流体介质，从而获得某种效能。

　　此外，在现代飞机的增升装置中，有一种称为（喷）气襟翼的装置，如图 1-3 所示。飞机在起飞和降落时，为缩短滑跑距离，装有襟翼，以达到在低速下增加升力的目的。但襟翼的放下有可能引发机翼尾部的气流分离，而吹气襟翼利用了吹气流的引射卷吸作用，可避免气流发生分离。

图 1-3　吹（喷）气襟翼（改善气流、增大弯度）

　　再有，如通风机、吸尘器、石油工业中用的混合引射器等，都可以用引射流来完成其功能。

　　引射器的结构原理示意图如图 1-4 所示，图中 A 为引射流，B 为被引射流。

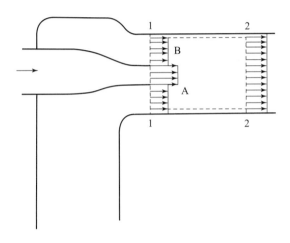

图 1-4　引射器的结构原理示意图

4. 液体燃料雾（膜）化射流

　　在热动力机械中，液体燃料的雾化一般都是将液体燃料高压通过喷嘴而形成雾化射流，而且一般都是旋转射流。雾化燃料与氧化介质掺混后可燃烧得较为完全。这种雾化射流需要根据特殊要求设计出各型喷嘴才能形成。一种离心式喷嘴示意图如图 1-5 所示。

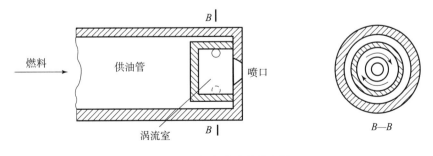

图 1-5　离心式喷嘴示意图

5. 附壁射流

在射流控制技术（一般称为射流技术）中，当气（液）射流从射流元（器）件的喷嘴喷出时，如果喷嘴两侧的壁板对称，则可形成附壁于两侧壁的射流，如图 1-6（a）所示；如果侧壁不对称，即使是微小的不对称，都会形成附壁于单侧壁的射流，如图 1-6（b）所示。它们统称为附壁射流。射流技术正是利用射流的附壁效应及其"切换"（控制射流流动的方向，按规定要求改变射流贴附侧壁，叫作射流的切换）技术制成各种借以产生控制信号的射流控制元件和射流阀，再由它们做成各种控制系统。

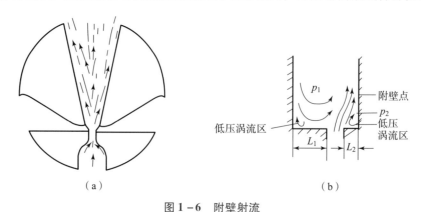

（a）　　　　　　　　　　　　　　（b）

图 1-6　附壁射流

（a）两侧附壁射流；（b）单侧附壁射流

在热力机械中，某些高温零部件有时采用低温薄膜冷却方式，这时需要从被冷却零部件的壁面上沿斜切方向开孔，并从该孔向外喷射冷却液，冷却液在其周围流动工质的作用下，溶敷于零部件表面上而完成冷却作用，以保护零部件的表面免受热荷或热冲击损伤。

本节介绍了工程中很多形态的射流现象，目的是想说明射流这一物质运动形态在很多实际工程中的应用价值，同时也看出射流的运动形式多种多样，它的动力学的研究内容是相当丰富的。不过本书只着重研究燃气射流的流动结构和流场计算方法，其中包括自由射流和限制射流。

1.2　燃气射流问题的研究方法

燃气射流的研究方法主要包括理论分析和试验两种，在对具体问题进行研究时，往往需要两种方法相互配合进行。

在燃气射流动力学发展的早期，除一些极其简单或被高度简化的射流问题可找到理论计算方法外，一般以试验为主来解决燃气射流流场的参数估计及其对流经物体与周围环境的作用。随着航空航天科技的发展，燃气射流问题已经到了急需解决的时候，迫使人们不得不在某些限定条件下经过大量简化，提出一些较为系统的工程计算方法，这往往会使计算精度降低。为弥补此缺陷，工程上往往需要辅以较多的试验对计算的结果进行修正，这种方法一般称为燃气射流的工程计算方法。随着计算机技术和计算流体力学的高度发展，目前燃气射流的某些问题已经可以用数值方法来计算求解，这使得求解问题的范围不断地扩大，而且计算的精度也在不断地提高。

目前燃气射流的研究方法主要是采用数值计算，所以，采用合适的分析模型和数值方法研究更符合燃气射流实际情况的流场，仍然是重要的研究课题。燃气射流的计算方法大致可分为以下几种：特征线法、空间推进法、时间相关法和自适应网格法。用特征线法求解时，略去了黏性混合效应、化学动力学效应及两相流效应，控制方程简化为无黏双曲型方程，进而用特征线法求解。由于它只适用于双曲型方程，故应用受到了限制。20 世纪 70 年代末 80 年代初，燃气射流的计算大多采用空间推进法，用该法求解时，首先把 Navier – Stokes 方程（简称为 N – S 方程）对应于流向坐标抛物化，得到抛物化的 N – S 方程。空间推进法对射流远场应用得很成功，但它无法模拟射流近场的复杂波系结构。时间相关法可直接对整个射流流场内的 N – S 方程进行数值求解，可以很好地模拟射流的近场流动，并可以对非定常流动进行计算，但它对计算机要求较高。自适应网格法是在网格总数不变的情况下，物理梯度大的地方网格能自动加密，物理量变化缓慢的地方网格相应变疏。针对燃气射流流场的数值计算，国内外工作者已做过大量的研究工作。

在试验研究方面，随着科学技术水平的发展，人们可以通过高精度传感器来实现对燃气射流参数（如温度、压力和噪声等）进行直接测量，同时也可以采用如红外热像仪、光学测量等方法来实现对燃气射流的间接测量等。

1.3　亚声速射流流动特点

发动机出口速度小于 Ma 的射流称为亚声速射流。本节以亚声速自由射流为例，介绍其流动特点。

1.3.1　流动特点

图 1 –7 所示为一幅二维自由淹没射流的流动图画，除了它的流动结构参数可从图上直接看清外，从图中尚可看出由喷口 b_0 喷出的射流，其外边界一直在不断地扩张；而几个典型截面上的速度分布（其实还有其他参数如温度、动压等气流参数）都有一种类似正态分布曲线的分布图；所有速度向量都画成平行于 x 轴，而无横向分速等。

于是，可以把亚声速射流的流动特点总结如下：

1. 边界层的出现及发展

射流的流动总是伴有这样或那样的边界层而发展的，毫无例外。这是因为凡是流体都是有黏性的，而黏性的存在又总会使射流流层之间（包括流层与静止层之间）发

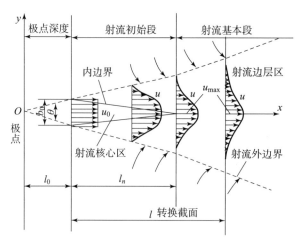

图 1 - 7　二维自由淹没亚声速射流流动结构图

生黏连作用。此外，射流流动可以是层流，也可以是湍流，或两者兼有。但大多数实际射流都是湍流流动，而保持层流或形成湍流的关键点是临界雷诺数。层流射流的流层间，通过分子间动量交换、热量交换或质量交换而形成具有一定厚度的层流射流边界层。湍流射流中充满着涡旋，它们在流动中呈不规则的运动，于是会引发射流流股微团间的横向动量交换、热量交换或质量交换，从而形成湍流射流边界层。基于上述因素，可以论定，射流流动都伴随其边界层的出现和发展。

2. 全流场或局部流场气流参数分布的自模性

射流在其流动的进程中，不同截面上的气流参数分布彼此间保持一种相仿的关系，这种关系称为射流的自模性。对亚声速射流而言，整个流场都具有这种性质；对超声速射流而言，在流场的亚声速段以及超声速段中的局部流区也都存在这种自模性。自模性的出现可溯源于射流主流与周围介质的掺混呈线性渐进性，而且在射流各截面上，射流主流与周围介质的混合长度沿射流宽度保持不变，但该长度与射流宽度成正比。其结果所反映出来的就是边界层的外边界及其初始段上的内边界一般都是斜直线，而参数在横截面上的分布彼此间相似。

3. 流场中横向分速被忽略

由于射流的喷射成束的特性，故流场中的轴向分速 u 要比横向分速 v 大得多，即 $u \gg v$，所以，射流分析计算中，一般都将流场中的横向分速忽略掉，亦即射流的轴向速度被视为射流的总速度。

1.3.2　亚声速射流中速度分布的自模性

在忽略横向速度 v 的前提下，射流的纵向速度（轴向速度）即可表征整个射流的速度特性。图 1 - 8 所示为一幅平面射流中不同横截面上速度沿 y 轴的分布图。从图上可明显地看出，在射流出口（即 $x=0$ m 截面）处，在整个喷口高度上，速度是相等的，但到了射流主段，射流轴心速度则随着不断远离喷口而逐渐下降；在截面的横向上，则在不同的边界范围内，随着不断离开轴心，沿速度梯度变化不同的曲线逐渐下降；自然，边界层的厚度是一直增大的。

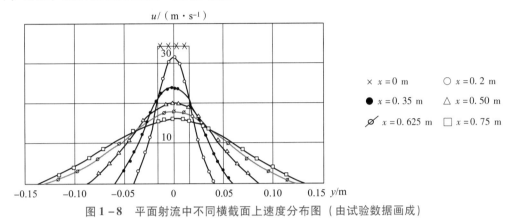

图 1-8　平面射流中不同横截面上速度分布图（由试验数据画成）

至此，需特别值得注意的是，如果将图 1-8 中射流主段的速度坐标（纵坐标）改写成某一相对速度（量纲为 1 的速度），而横坐标改用某一相对高度（量纲为 1 的高度），比如，相对速度用 u/u_m（u_m 为射流轴心速度），而相对高度用 y/y_c（y_c 为速度是该横截面中轴心速度的 1/2 处所距轴心线的高度），然后把整理的结果用图表示出来，如图 1-9 所示。从图 1-9 可看出，原来的各速度剖面一旦量纲为 1，则全部落在了同一条量纲为 1 的分布曲线上，而呈现出一种相似性，即出现了一种与雷诺数无关的普遍的量纲为 1 的分布。射流的这种性质就是自由射流参数分布的自模性。

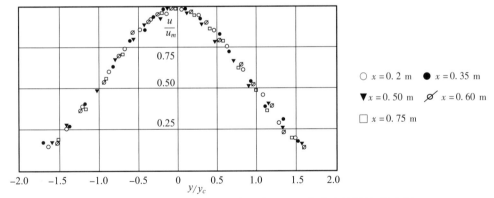

图 1-9　平面射流的量纲为 1 的速度剖面（由试验数据整理画成）

顺便提及，上面是针对平面射流主段展开论述的。试验表明，轴对称射流也有如此性质，而且在射流初始段的边界层内仍有此性质。

再者，除了存在普遍的量纲为 1 的速度剖面外，还存在普遍的量纲为 1 的剩余温度剖面、普遍的量纲为 1 的动压剖面、普遍的量纲为 1 的质量浓度剖面等。所谓量纲为 1 的剩余温度，是指 $\Delta T/\Delta T_m$，$\Delta T = T - T_a$，$\Delta T_m = T_m - T_a$，此处 T、T_m、T_a 分别表示讨论点的温度、讨论截面的轴心温度、周围介质温度；量纲为 1 的动压是指 q/q_m，而 $q = \rho u^2$，$q_m = (\rho u^2)_m$；量纲为 1 的质量浓度是指 κ/κ_m。

为了加深理解，给出这里所说的几种普遍的量纲为 1 的剖面图。针对轴对称射流，给出普遍的量纲为 1 的剩余温度剖面，即 $\Delta T/\Delta T_m = f(r/r_{0.5})$，如图 1 – 10 所示，图中 $r_{0.5}$ 与前面 y_c 的含义类同；针对平面对称射流，给出普遍的量纲为 1 的动压剖面，即 $q/q_m = f(r/r_{0.5})$，如图 1 – 11 所示；针对平面射流，给出普遍的量纲为 1 的质量浓度剖面，即 $\kappa/\kappa_m = f(y/y_c)$，如图 1 – 12 所示。

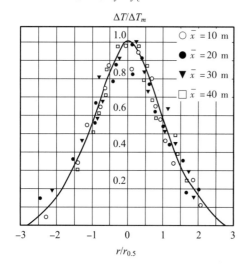

图 1 – 10　轴对称射流的量纲为 1 的剩余温度剖面（由试验数据整理画成）

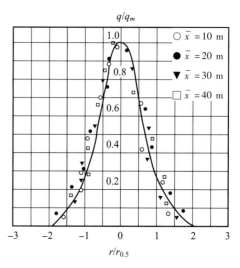

图 1 – 11　轴对称射流的量纲为 1 的动压剖面（由试验数据整理画成）

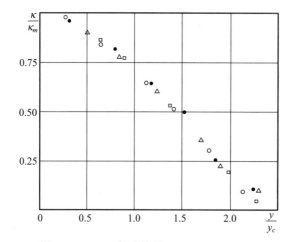

图 1 – 12　平面射流的量纲为 1 的质量浓度剖面（由试验数据整理画成）

1.4　超声速射流流动特点

本节以超声速自由射流为例，简单介绍超声速燃气射流的一些结构特点。超声速射流的流动结构取决于多方面的因素，主要有射流的非计算度 n（$n = p_e/p_a$，p_e 为喷管出口处射流压力；p_a 为射流所流入的周围介质的压力）、喷管的扩张角、周围介质的状态（介质的运动速度、密度和温度等）以及喷管出口处射流本身参数等。由于影响射流流场结构的因素很多，所以很难给出一个具有普遍意义的流动图形，但在诸多因素中，非计算度 n 的影响是最大的，并且可以根据 n 的大小把射流进行分类。当 $n = 1$ 时，一般称为发动机的设计状态，这时发动机的热效率最高，但实际使用的发动机一般却不是这个状态。$n > 1$ 的射流是欠膨胀射流，其中 $n > 2$ 的射流为高度欠膨胀射流，$1 < n < 1.5$ 的射流为低度欠膨胀射流；$n < 1$ 的射流是过膨胀射流，其中 $0.7 < n < 1$ 的射流为中度过膨胀射流，$n < 0.7$ 的射流为高度过膨胀射流。下面就分别按非计算度 $n > 1$ 和 $n < 1$ 对流场结构做简单解释。

图 1 – 13 和图 1 – 14 分别是低度欠膨胀和低度过膨胀的流场结构图。欠膨胀射流与过膨胀射流的区别是：欠膨胀射流要在喷口边缘处形成锥形膨胀波束进行进一步膨胀；而过膨胀射流要先产生两道锥形激波以提高自身压力，使自身压力高于外界气压，之后的流场结构就与欠膨胀射流的类似了。

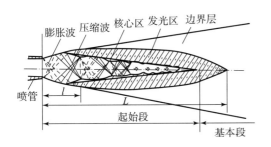
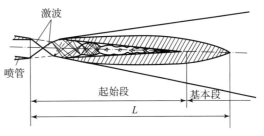

图 1 – 13　低度欠膨胀射流流场结构图　　　图 1 – 14　低度过膨胀射流流场结构图

当 n 值较大时，高度欠膨胀射流和高度过膨胀射流的流场结构分别如图 1 – 15 和图 1 – 16 所示。对于欠膨胀射流，此时出现了拦截激波和马赫盘（图中近似直立的平面正激波）。对于过膨胀射流，亦有类似的结构。从图 1 – 15 和图 1 – 16 中可以看出，无论是高度欠膨胀射流还是高度过膨胀射流，流场中各种波系结构要比 $n \approx 1$ 时复杂得多。这种结构在下游经衰减后有可能再出现，也有可能不再出现，这由流场中多个影响因素决定。

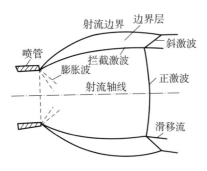

图 1-15 高度欠膨胀射流流场结构图

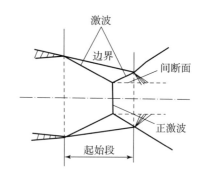

图 1-16 高度过膨胀射流流场结构图

实际上，射流流场除了波系结构复杂外，还有其他复杂的物理化学特征。首先，从喷管喷出的超声速射流不断地与周围介质进行质量交换、动量交换和能量交换，使射流与周围介质的混合由层流边界层发展为湍流边界层，同时，由于周围介质不断地被卷吸到射流主流中，使得湍流边界层变厚，最后发展成完全湍流运动。而且，从喷管喷出的射流含有凝相粒子以及未完全燃烧的固体颗粒，这样一方面会造成两相之间的热力和动力不平衡，另一方面会造成二次燃烧。同时，由于燃气射流是多组分的，各组分之间在高温条件下会发生化学反应。

1.5 燃气射流的工程计算方法

半个多世纪以来，特别是第二次世界大战末期以来，在火箭与导弹、航空与航天，以及火炮武器等技术领域中，经常遇到燃气射流问题，因而它在各种具体条件下的流场计算问题，早为有关专业人员所关心。但由于它在很多情况下的流动结构极其复杂而且多变，给理论分析与计算造成了很大的困难与麻烦。因此，在燃气射流动力学发展早期（我们暂称它为第一阶段），除一些极其简单或被高度简化的射流可找到其理论计算方法外，一般以试验为主预估射流流场的参数及其对流经物体与周围环境的作用。随着相关科技的发展，燃气射流动力学问题已到了急需更好地解决的时候，迫使人们不得不在某些限定条件下经过大量简化，从而提出一些较为系统的计算方法，但这往往会使计算精度大为降低。为弥补此缺陷，工程上往往尚需辅以较多的试验以对计算结果进行适当的修正。这种办法一般称为燃气射流的工程计算方法。这一时期称为燃气射流力学发展的第二阶段。这个阶段的特点是计算与试验相结合，试验的目的是修正工程计算的算法和计算结果。计算机和计算流体力学获得高度发展以来，燃气射流的某些问题可以用数值方法来计算求解，这时求解问题的范围和精度都有很大提高。这一时期称为燃气射流动力学发展的第三阶段。在这个阶段内，虽然也需做一些试验，但其目的主要是验证计算结果。目前，该阶段仍在发展之中。

尽管工程计算存在精度不高的缺点，而且一般总需辅以试验才能完成，但在某些尚不具备数值计算条件和尚不能通过试验解决问题的条件下，要想取得相关工程上的某些概略数据，以适应工程设计之需，有关燃气射流动力学的工程算法不失为一种有效的、可资利用的方法和手段。

1.5.1　轴对称亚声速等温自由射流的工程计算方法

气体向无限空间喷射称为自由射流。形象地看，它是被淹没在无限空间的介质之中的，所以又称它为淹没射流。严格地说，射流所射向的空间中的介质应与射流介质相同，才能称为自由射流。但在一般工程计算中，只要喷向无限空间，即便介质不同，也视为自由射流。这种射流一般都呈现为紊流（湍流）流动。

1. 亚声速自由射流的流动结构

如图 1 - 17 所示，气体以均匀速度 u_0 自喷口射出，由于它具有黏性和湍流横向脉动，而导致它在流动进程中不断地将周围的介质黏连和裹挟走一部分，亦即射流介质与周围介质两者不断发生质量和动量交换，结果是使射流的质量流量和横截面积沿 x 方向不断增加，形成如图 1 - 17 所示的锥形流场。一般认为喷口速度呈均匀分布，记为 u_0。由于周围介质的不断混入，使均匀速度场呈现为图 1 - 17 所示的 $AO'D$ 三角形，称为射流核心区。这时 O' 点所在截面 $BO'E$ 便称为过渡面或转掠面。而自喷口截面至该面的一段称为初始段，自该面往后的一段称为主体段。图示 ABC 和 DEF 线均称为射流外边界或外边界线，而 AO' 和 DO' 线则称为内边界或内边界线。CA、FD 两线向后延长，在轴线上的交点 O 称为射流的极点。$\angle AOD$ 的一半称为极角，记为 α。整个流场除去核心区的部分，均称为射流边界层。显然，核心区内轴心线上以及全区内的速度均为 u_0，而主体段轴心线上的速度则沿 x 方向（原点为 O）不断下降，且主体段完全为射流边界层所占据。

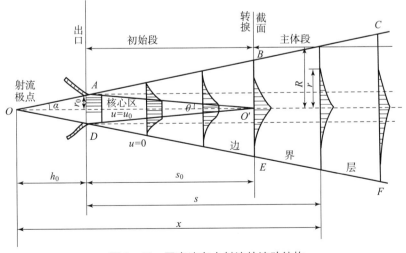

图 1 - 17　亚声速自由射流的流动结构

2. 流动特性参数计算

1）湍流系数 a

湍流系数 a 是射流计算的一个关键参数，是具体表示射流流动结构的特征系数。它一般由试验确定，其值的大小与出口截面上的湍流强度有关，强度越大，则 a 值也越大。这说明射流与周围介质的混合能力大。其结果是使射流扩散角即极角 α 增大，因而被带动的周围介质增多，射流速度沿 x 轴下降加快。此外，湍流系数 a 还与出口截面上速度分布的均匀性有关，对均匀分布射流，$a = 0.066$；若不太均匀，当 $u_{max}/\overline{u} = 1.25$（$\overline{u}$ 为平均速度）时，则 $a = 0.076$。

在工程计算中，a 的近似取值如下：轴对称收缩喷管，$a = 0.066 \sim 0.071$，湍流强度和分布不均匀度小者取小值，大者取大值；圆柱形喷管，$a = 0.076 \sim 0.08$，大小值的取值原则同上。

2）射流外边界方程

根据试验和理论得知，射流的内、外边界都可以认为是直线。从图 1-17 可看出，BO' 为过渡面上边界层的厚度（对轴对称射流而言，一般指圆截面半径 R），它与从 O 点计起的 x 成正比，亦即 $R = Kx$，此处 K 即为外边界的斜率，在射流理论中，它是一个试验系数，对轴对称射流而言，$K = 3.4a$，而 a 是湍流系数。

$$\tan \alpha = \frac{Kx}{x} = 3.4a \tag{1-1}$$

$$\alpha = \arctan 3.4a \tag{1-2}$$

式（1-1）、式（1-2）即为射流的外边界方程。在工程计算中，通过极点 O 画极角为 α 的斜直线即得射流外边界。另外，外边界方程也可表示如下：

$$\frac{R}{r_0} = \frac{h_0 + s}{h_0} = 1 + \frac{s}{r_0/\tan \alpha} = 1 + 3.4a\frac{s}{r_0}$$

$$= 3.4\left(\frac{as}{r_0} + 0.294\right) \tag{1-3}$$

若用 r_0 进行量纲为 1 化处理，又有

$$\overline{R} = \frac{R}{r_0} = \frac{h_0/r_0 + s/r_0}{h_0/r_0} = \frac{\overline{h_0} + \overline{s}}{1/\tan \alpha} = 3.4a\overline{x} \tag{1-4}$$

表明射流量纲为 1 的半径与量纲为 1 的距离成正比。

3）射流极点深度 h_0

由 $\tan \alpha = r_0/h_0$，得

$$h_0 = 0.294\frac{r_0}{a} \tag{1-5}$$

4）轴心速度 u_m

众所周知，气体射流具有自模性，自模性函数的半经验公式为（以速度场自模性

函数为例)

$$\frac{u}{u_m} = \left[1 - \left(\frac{r}{R} \right)^{1.5} \right]^2 \tag{1-6}$$

令 $r/R = \eta$，则式（1-6）简化为

$$\frac{u}{u_m} = (1 - \eta^{1.5})^2 \tag{1-7}$$

前已述及，当已知量纲为 1 的速度值，欲求流场的各点速度时，需知道 u_m 值。现根据动量守恒原理求解 u_m 的表达式。当亚声速射流流场各点的压强相等且等于周围介质的压强时，轴对称射流的动量守恒方程可这样表述，即射流出口的动量等于射流任意横截面（为简便起见宜用主体段上的横截面）上的动量，其表达式为

$$\pi \rho r_0^2 u_0^2 = \int_0^R 2\pi \rho u^2 r \mathrm{d}r \tag{1-8}$$

以 $\pi \rho R^2 u_m^2$ 除上式两端，得

$$\left(\frac{r_0}{R} \right)^2 \left(\frac{u_0}{u_m} \right)^2 = 2 \int_0^1 \left(\frac{u}{u_m} \right)^2 \frac{r}{R} \mathrm{d} \left(\frac{r}{R} \right)$$

利用式（1-7）可将上式右端积分得

$$\int_0^1 \left[(1 - \eta^{1.5})^2 \right]^2 \eta \mathrm{d}\eta = B \tag{1-9}$$

由于 η 是量纲为 1 的量，积分上式可得

$$B = 0.046\ 4$$

于是

$$\left(\frac{r_0}{R} \right)^2 \left(\frac{u_0}{u_m} \right)^2 = 2B = 0.092\ 8$$

所以

$$\frac{u_m}{u_0} = 3.28 \frac{r_0}{R} = 3.28 \frac{1}{R} \tag{1-10}$$

将式（1-4）所表达的 R 代入式（1-10），得

$$\frac{u_m}{u_0} = \frac{0.96}{a\bar{x}} = \frac{0.96}{0.294 + as/r_0} \tag{1-11}$$

或

$$u_m = \frac{0.96 u_0}{a\bar{x}} \tag{1-12}$$

式（1-12）说明，轴心速度 u_m 与量纲为 1 的距离 x 成反比例变化。

1.5.2 旋转射流计算简介

1. 旋转射流概述

旋转射流是一种较为特殊的射流，它被广泛应用于工程燃烧技术中。如通过旋流喷嘴喷射燃油（燃烧剂）和气（液）态氧化剂，可使燃烧稳定而完全。此外，也可用来进行旋流送风。

旋转射流从其宏观运动现象来看仍属一种轴对称射流，而且一般也都是亚声速射流。但它的运动分析要比一般轴对称射流复杂得多。从理论上精确分析其速度场是比较困难的，一般要借助于试验来修正理论分析。

至于旋转射流的形成，笼统而言，是通过旋流喷嘴完成喷射的。这时，射流本身一边旋转一边向周围环境介质中扩散前进。具体来讲，喷嘴形成旋流作用的方法主要有三种：

①采用将射流介质通过切向导入管以初速 v_0 射入喷嘴头部腔体，它对喷嘴轴线 z 具有动量矩作用，从而使射流介质在腔内完成旋转，同时自喷嘴出口喷出。整个运作过程如图 1-18 所示。

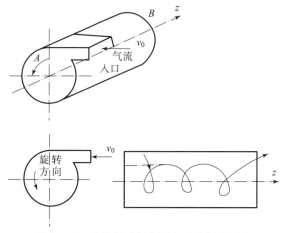

图 1-18　旋转射流切向引入法的运作过程

②在喷嘴内安装导向叶片，气流沿叶片运动，被迫产生旋转。

③采用离心式喷嘴，在其内部设置旋流器。

上述所有形式的喷嘴，其喷出的气体速度向量都如图 1-19 所示，而其实际流动的照片如图 1-20 所示。

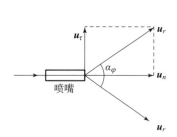

图 1-19　从旋流喷嘴喷出的射流速度的分解

u_r—射流速度；u_τ—切向分速；u_n—轴向分速

图 1-20　旋转射流的实际照片

旋流喷嘴的旋流作用源于引入气流所带有的动量矩。该动量矩在流出过程中由于遭受各种阻力作用而降低,其降低程度用速度保持系数 ε 来表征,即

$$\varepsilon = \frac{\text{旋转腔内实际动量矩}}{\text{喷嘴进口处引入气流的计算动量矩}}$$

ε 是旋流喷嘴的一个特征值,不同旋流腔的 ε 值不同,其变化为 0.25 ~ 0.95。对于几何相似的旋流腔,ε 应有相同的数值,它并不随进气量的多少而变化。因此,ε 值是评价旋流腔气动特性的重要指标。

旋转射流的旋转作用使得射流介质获得向四周扩散的离心力,和一般射流相比,其扩散角大得多,相应地,其射程就短得多,湍流强度也大得多。一般射流的扩散角都在 30° 以下,而旋转射流的扩散角可达 90° 以上。这些特点就大大促进了射流介质与周围介质的动量交换、热量交换和物质交换。这正是它被广泛应用于燃烧技术的原因。此外,由于旋转射流存在离心力,从而改变了射流的压强分布规律,使从射流边界沿径向至射流轴线的压强降低。这样形成的低压中心将吸入射流前方的介质,在射流内部轴线附近形成一个回流区,如图 1 – 21 所示,这也是使油气燃烧进一步完全而稳定的一个内在原因。

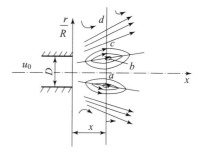

图 1 – 21 旋转射流的
流动结构

下面将对旋转射流的工程计算进行一些简单而扼要的介绍。

2. 旋转射流积分方程

所有旋流都有切向分速度 w,若该分速度足够强,沿轴向 x 有正压力梯度,则离喷口不远就会产生逆流,形成回流区。这对燃烧流场来说,可以缩短火焰、保证燃烧稳定。这些在上一小节中已简单提到过。先用柱坐标系 (x, r, θ) 来求解旋转射流的积分方程及旋流强度。

由于旋转射流属于湍流流动,现设定在轴向、径向和切向的时均分速度分别为 u、v 和 w;与它们相应的脉动分速度为 u'、v' 和 w',正应力 σ_x、σ_r 和 σ_θ,切应力 τ_{xr} 和 $\tau_{\theta r}$。这样,轴对称旋转射流的三个动量方程为

在轴向 x 上,有

$$u \frac{\partial u}{\partial x} + v \frac{\partial u}{\partial r} = -\frac{1}{\rho} \frac{\partial p}{\partial x} - \frac{\partial \overline{u'v'}}{\partial r} - \frac{\overline{u'v'}}{r} - \frac{\partial \overline{u'u'}}{\partial x} \tag{1-13}$$

在径向 r 上,有

$$u \frac{\partial v}{\partial x} + v \frac{\partial v}{\partial r} - \frac{w^2}{r} = -\frac{1}{\rho} \frac{\partial p}{\partial r} - \frac{\partial \overline{v'v'}}{\partial r} - \frac{\overline{v'v'}}{r} + \frac{\overline{w'w'}}{r} - \frac{\partial \overline{u'w'}}{\partial x} \tag{1-14}$$

在周向 θ 上,有

$$u\frac{\partial w}{\partial x} + v\frac{\partial w}{\partial r} + \frac{vw}{r} = -\frac{\partial \overline{v'w'}}{\partial r} - 2\frac{\overline{v'w'}}{r} - \frac{\partial \overline{u'w'}}{\partial x} \qquad (1-15)$$

质量方程为

$$\frac{\partial ru}{\partial x} + \frac{\partial rv}{\partial r} = 0 \qquad (1-16)$$

对不可压缩流来说，湍流正应力及其导数可以忽略，即

$$\sigma_x = -\rho\,\overline{u'u'}, \quad \sigma_r = -\rho\,\overline{v'v'}, \quad \sigma_\theta = -\rho\,\overline{w'w'}$$

同时，引用轴对称边界层假设，即

$$u \gg v, \qquad \frac{\partial}{\partial r} \gg \frac{\partial}{\partial x}$$

式（1-13）、式（1-14）、式（1-15）分别简化为下列三式：

$$u\frac{\partial u}{\partial x} + v\frac{\partial u}{\partial r} = -\frac{1}{\rho}\frac{\partial p}{\partial x} + \frac{1}{\rho r}\frac{\partial}{\partial r}(r\tau_{xr}) \qquad (1-17)$$

$$\rho\frac{w^2}{r} = \frac{\partial p}{\partial r} \qquad (1-18)$$

$$u\frac{\partial w}{\partial x} + v\frac{\partial w}{\partial r} + \frac{vw}{r} = -\frac{1}{\rho}\frac{\partial}{\partial r}(\tau_{\theta r}) + \frac{2}{\rho}\frac{\tau_{\theta r}}{r} \qquad (1-19)$$

将式（1-17）乘以 ρr，并对 r 积分（当 $r=0$ 时，$v=0$；当 $r\to\infty$ 时，$u=0$），得

$$\int_0^{+\infty} \rho u\frac{\partial u}{\partial x}r\mathrm{d}r + \int_0^{+\infty} \rho v r\frac{\partial u}{\partial r}\mathrm{d}r = -\int_0^{+\infty} \frac{\partial p}{\partial x}r\mathrm{d}r + \int_0^{+\infty} \frac{\partial(r\tau_{xr})}{\partial r}\mathrm{d}r \qquad (1-20)$$

式（1-20）左边两项的积分分别为

$$\int_0^{+\infty} \rho u\frac{\partial u}{\partial x}r\mathrm{d}r = \frac{1}{2}\frac{\mathrm{d}}{\mathrm{d}x}\int_0^{+\infty} \rho u^2 r\mathrm{d}r$$

$$\int_0^{+\infty} \rho v r\frac{\partial u}{\partial r}\mathrm{d}r = \left|\rho u v r\right|_0^{+\infty} - \int_0^{+\infty} \rho u\frac{\partial(rv)}{\partial r}\mathrm{d}r = \frac{1}{2}\frac{\mathrm{d}}{\mathrm{d}x}\int_0^{+\infty} \rho u^2 r\mathrm{d}r$$

式（1-20）右边两项的积分分别为

$$\int_0^{+\infty} \frac{\partial p}{\partial x}r\mathrm{d}r = \frac{\mathrm{d}}{\mathrm{d}x}\int_0^{+\infty} pr\mathrm{d}r$$

$$\int_0^{+\infty} \frac{\partial(r\tau_{xr})}{\partial r}\mathrm{d}r = \left|r\tau_{xr}\right|_0^{+\infty} = 0$$

将上述四项的积分结果代入式（1-20），整理得

$$\frac{\mathrm{d}}{\mathrm{d}x}\int_0^{+\infty}(p + \rho u^2)r\mathrm{d}r = 0 \qquad (1-21)$$

由于冲力 J 等于作用力与动量之和，而上式积分号里面的两项之和正好代表着微冲力（在实际计算上，积分号里面还应乘以 2π），所以，式（1-21）说明，不可压缩旋转射流沿轴向 x 冲力不变。这是旋转射流理论中的一个很重要的结论。

1.5.3　射流对物体作用力的近似确定

火箭导弹在采用自力发射时，不可避免地要出现燃气射流对发射装置和发射载体产生冲击载荷的情况，而在多数情况下，为了减少这种冲击载荷的危害而迎着射流加装导流器。这就引出了求解导流器所受作用力的问题。下面就此问题做简单介绍。

1. 物体在正面迎面冲击下气动载荷确定的一般原理

不管物体的形状多么复杂，只要物体相对气流方向的正面迎风面积以及气流动压头在整个面积上的分布规律确定，那么，该物体垂直于气流方向的总气动载荷就可按下述办法计算出来。

如前面所述，轴对称燃气射流的动压头可以表示成 x 和 r 的函数，即动压头是沿射流轴线距离和环绕轴线的半径的函数。当 x 为某一确定值时，动压头仅是环绕轴线的半径的函数。如图 1 – 22 所示，设 F 是置于射流中的距喷口为 x 的某平板的正面迎风面积；O 点是射流轴线的投影；r 是从轴线引出的半径。由于动压头随 r 的变化规律已知，则气流流股对平板的作用力随 r 的变化规律是已知的。设它们的关系式为 $\rho u^2 = q(r)$ 时平板所受的总气动载荷为

$$p_0 = \iint\limits_F q(r)\mathrm{d}F$$

假若在射流中放置的是如图 1 – 23 所示的锥形导流器。由于气流动压头是 (x, r) 的函数，当导流器表面上的动压头自 x_0（这时 x_0 可视为常数）往下仍能化为 r 的函数时，则锥体所受的总气动载荷仍可计算出来。此时 $\mathrm{d}F$ 仍是正面迎风微面积。若动压头画不成 r 的一个完整的连续函数，但可分成几个连续段，则可分段积分。除此之外，不管导流器表面的母线形状多么复杂，都可把它视作由很多层阶梯折线组成，这时每一层阶梯都对应一组相关的 x_i、r_i 和环形面积 f_i。因此，在每一环面上可求得一个平均动压头，以它乘以相应的环形面积则得该环面上的气动载荷。把各环面上的载荷加起来，就得到锥体导流器垂直于气流方向的总气动载荷。这时可有下列计算式

$$p_0 = \sum_{i=1}^{n} q_i f_i$$

式中　p_0——锥体导流器的总气动载荷；

$\qquad$ n——微环面的数目（包括中心圆在内）；

$\qquad$ q_i——第 i 个环面上的平均动压；

$\qquad$ f_i——第 i 个环面的面积。

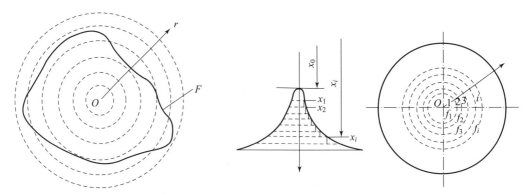

图 1-22　射流冲击平板时气动载荷的确定　　　图 1-23　锥形导流器气动载荷的确定

如果导流器不是圆锥体而是多面锥体，只要仿照上述原理在每个锥面上求出各阶层的平均动压，然后乘以各相应阶层的面积，最后求和，仍可近似地求得总气动载荷。

如果要求板面的压力分布，可近似地将板面上各点的 $(\rho u^2)_i$ 乘以各点顺气流方向的切线与气流轴线夹角的正弦的平方。设夹角为 α_i，则各点上垂直于板面的压力为 $(\rho u^2)_i \cdot \sin^2 \alpha_i$。还要指出的一点是，射流中物体的气动载荷随着距喷口距离的变化而变化。在某些情况下，气动载荷的最大值出现在某一定的距离或时间上，这就要求计算出不同距离上的气动载荷，从中找出最大值。

2. 某些典型导流器受射流冲击时气动载荷的近似计算法

1）单面楔形导流器表面作用力的确定

图 1-24 所示是一种单面楔形导流器，其特点是气流最后以垂直于原来气流的方向导出。设发动机的推力 $p=mu$，此处 m 为燃气流每秒的质量流量；u 是燃气流的有效排气速度。对一定的火箭发动机，推力 p 是已知值，该力以气流冲击力的形式作用于导流器表面上。表面直线段和圆弧段的水平分力和垂直分力分别按下列各式确定：

$$Q_1 = \frac{p}{2}\sin 2\omega; \quad R_1 = p\sin^2\omega \qquad (1-22)$$

$$Q_2 = p\cos\omega(1-\sin\omega); \quad R_2 = p\cos^2\omega \qquad (1-23)$$

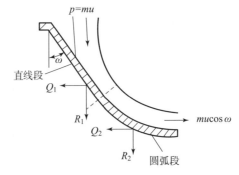

图 1-24　单面楔形导流器表面作用力的确定

有了这些力，再根据射流边界的尺寸，以及射流横截面上的动压分布规律，即可把它们分布在导流器表面的相应面积上。据此就可进行导流器的结构强度分析了。

上面给出的是单面楔形导流器，因此，水平分力 Q_1 和 Q_2 将使导流器产生横移。为此，在使用中要对导流器进行约束固定。如果是双面楔形式，而且燃气流对称地作用在两面上，则横移力可互相抵消。

根据图 1 – 24 所给出的载荷计算原理，对多发动机（如四个）以及单发动机其燃气流从双面楔的顶部对称地喷下等各种情况，都可以类似地确定出导流器所受的载荷。

2）双面楔形平直导流器表面作用力的确定

图 1 – 25 所示是一种双面楔形平直导流器的作用及受力情况。在某些发射装置上，为减少燃气流对发射装置及其后方设备的冲击和烧蚀作用，有时采用这种导流器。按其实际作用，也可称它为分流器。其特点是气流被一分为二，而且各自折转的角度正好等于楔顶角的一半。其所受载荷的确定可按下述原则进行：

发动机推力分成两部分，分别作用在导流器的两个平直板面上。按公式即可算出 Q 和 R。注意这时要用 $p/2$ 代替原来的 p。同时，因为导流板面没有弯曲段，燃气流的一部分，即 $(1/2)\,mu\cos\omega$ 沿板面一直冲向导流器的后部空间，可以把它看作对导流器不产生作用力，因此没有类似图 1 – 24 所示的 Q_2 和 R_2 诸分力。

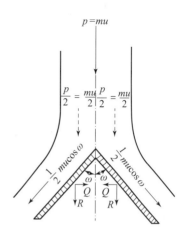

图 1 – 25　双面楔形平直导流器表面作用力的确定

本章小结

本章先介绍了射流的基本概念，然后从研究方法、亚声速射流流动和超声速流动特点方面对燃气射流进行了阐释，最后介绍了燃气射流的一些工程计算方法。特别是燃气射流的工程计算方法，与后续的第 3 章（自由射流流场 CFD 研究）遥相呼应，从不同的角度对燃气射流展开计算。虽然工程计算方法精度不高，而且须辅以试验，但其可以提供工程相关的某些概略数据，以满足工程设计之需。本章详细介绍了亚声速和超声速燃气射流的工程计算方法，以便读者将工程计算方法和 CFD 进行对比。

第2章 流体力学控制方程及其 CFD 处理过程

经过上一章的介绍，相信大家对燃气射流有了一定的认识。很明显，对燃气射流的研究主要属于流体力学的范畴，而对流体力学的研究方法主要有三种：单纯的试验测试、单纯的理论分析和计算流体力学（Computational Fluid Dynamics，CFD），如图 2 – 1 所示。

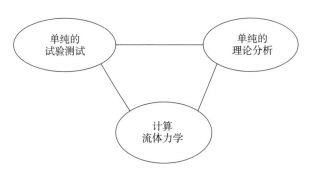

图 2 – 1　流体力学的三种研究方法

试验是自然科学的基础，理论如果没有试验的证明，是没有意义的。力学是以试验为基础的科学，流体力学中绝大多数重要的概念和原理都源于试验。但是，试验往往受到模型尺寸、流动扰动、人身安全和测量精度的限制，有时可能很难通过试验方法得到结果。此外，试验还会遇到经费、人力和物力的巨大耗费及周期长等许多困难。

理论分析方法的优点在于所得结果具有普遍性，各种影响因素清晰可见，是指导试验研究和验证新的数值计算方法的理论基础。但是，它往往要求对计算对象逐项抽象和简化，才有可能得出理论解。对于自然界中普遍存在的非线性情况，只有极少数流动能给出解析结果。

CFD 方法有效地克服了前面两种方法的弱点。CFD 的长处是适应性强、应用面广，其不受物理模型和试验模型的限制，计算周期短，经费投入少，灵活性高，很容易模拟那些试验中只能接近而无法实现的理想条件，并得到满足工程需要的数值解。而 CFD 也存在一定的局限性，主要体现在对人员经验与技巧的依赖性和对计算机计算能力的高度依赖性上。但随着计算机计算能力的飞速发展，CFD 的计算精度和计算效率已经有了显著的提高。

　　下面举一个经典实例来体现 CFD 的优越性。20 世纪 70 年代后期，使用超级计算机求解空气动力问题的方法开始得到应用。一个早期的成功例子就是 NASA 设计的一种试验飞行器，叫作 HiMAT（高机动性飞行器技术），用于验证下一代战斗机中高机动性的概念。初步设计时的风洞试验表明，飞行器在速度接近声速时将产生令人无法接受的空气阻力。如果按照这一设计，该飞机将变得没有意义。若通过进一步的风洞试验重新设计 HiMAT，将耗费 150 000 美元左右，并且会大大拖延工期。与之相比，使用计算机重新设计机翼，仅花费 6 000 美元。

　　虽然 CFD 提供了一种新的方法，对试验和理论这两种方法做了有效的补充，但永远也不能取代这两种方法。试验和理论一直都是不可缺少的。三者各有各的使用场合，在实际工作中需要注意三者有机的结合，互相验证，力争取长补短。

　　本书将 CFD 方法作为研究燃气射流的重要手段，以后每一章都是以 CFD 方法为基础展开讨论的。需要指出的是，CFD 是本书的重要工具，而非本书探讨的重点。因此，在对燃气射流展开具体讨论前，首先为大家补充一些与燃气射流相关的 CFD 基础知识，但不会面面俱到。如若对 CFD 很感兴趣，请查阅专门介绍 CFD 基础的书籍。

2.1　流体与流动的基本特性

　　流体是 CFD 的研究对象，流体的性质及流动状态决定着 CFD 的计算模型及计算方法的选择，决定着流场各物理量的最终分布结果。而燃气射流是一种具体的流体形式。本节将介绍 CFD 所涉及的燃气射流的基本概念和术语。

2.1.1　理想流体与黏性流体

　　黏性是流体内部发生相对运动而引起的内部相互作用。

　　流体在静止时虽不能承受切应力，但在运动时，对相邻两层流体间的相对运动，即相对滑动却是有抵抗的，这种抵抗力称为黏性应力。流体所具有的这种抵抗两层流体间相对滑动，或者说抵抗变形的性质，称为黏性。

　　黏性大小依赖于流体的性质，并显著地随温度而变化。试验表明，黏性应力的大小与黏性及相对速度成正比。当流体的黏性较小（如空气和水的黏性都很小），运动的相对速度也不大时，所产生的黏性应力比起其他类型的力（如惯性力）可忽略不计。此时，可以近似地把流体看成是无黏性的，称为无黏流体，也叫作理想流体。而对于有黏性的流体，则称为黏性流体。明显地，理想流体对于切向变形没有任何抗拒能力。应该强调指出，真正的理想流体在实际中是不存在的，它只是实际流体在某种条件下的一种近似模型。

2.1.2 牛顿流体和非牛顿流体

依据内摩擦剪应力与速度变化率的关系不同，黏性流体又分为牛顿流体与非牛顿流体。

观察近壁面处的流体流动，可以发现，紧靠壁面的流体黏附在壁面上，静止不动。而在流体内部之间的黏性所导致的内摩擦力的作用下，靠近这些静止流体的另一层流体由于受迟滞作用而使速度降低。

流体的内摩擦剪切力 τ 由牛顿内摩擦定律决定：

$$\tau = \mu \lim_{\Delta n \to 0} \frac{\Delta u}{\Delta n} = \mu \frac{\partial u}{\partial n} \qquad (2-1)$$

式中 Δn ——沿法线方向的距离增量；

Δu ——对应 Δn 的流体速度的增量；

μ ——流体的动力黏度，常简称为黏度，$N \cdot s/m^2$。

在式（2-1）中，$\Delta u/\Delta n$ 为法向距离上的速度变化率。所以，牛顿内摩擦定律表示：流体内摩擦应力和单位距离上的两层流体间的相对速度成比例。比例系数 μ 的值取决于流体的性质、温度和压力大小。

若 μ 为常数，则称该类流体为牛顿流体；否则，称为非牛顿流体。空气、水等均为牛顿流体；聚合物溶液、含有悬浮粒杂质或纤维的流体为非牛顿流体。

对于牛顿流体，通常用 μ 和［质量］密度 ρ 的比值 v 来代替动力黏度 μ：

$$v = \frac{\mu}{\rho} \qquad (2-2)$$

通过量纲分析可知，v 的单位是 m^2/s。由于没有动力学中力的因次，只具有运动学的要素，所以称 v 为运动黏度。

2.1.3 流体热传导及扩散

除了黏性外，流体还有热传导及扩散等性质。当流体中存在着温度差时，温度高的地方将向温度低的地方传送热量，这种现象称为热传导。同样地，当流体混合物中存在着组元的浓度差时，浓度高的地方将向浓度低的地方输送该组元的物质，这种现象称为扩散。

流体的宏观性质，如扩散、黏性和热传导等，是分子输运性质的统计平均。由于分子的不规则运动，在各层流体间交换着质量、动量和能量，使不同流体层内的平均物理量均匀化，这种性质称为分子运动的输运性质。质量输运在宏观上表现为扩散现象，动量输运表现为黏性现象，能量输运则表现为热传导现象。

理想流体忽略了黏性，即忽略了分子运动的动量输运性质，因此，在理想流体中也不应考虑质量和能量输运性质——扩散和热传导，因为它们具有相同的微观机制。

2.1.4　可压流体与不可压流体

根据密度 ρ 是否为常数，流体分为可压与不可压两大类。当密度 ρ 为常数时，流体为不可压流体，否则为可压流体。空气为可压流体，水为不可压流体。有些可压流体在特定的流动条件下，可以按不可压流体对待。有时也称可压流动与不可压流动。

在可压流体的连续方程中含密度 ρ，因而可把 ρ 视为连续方程中的独立变量进行求解，再根据气体的状态方程求出压力。

不可压流体的压力场是通过连续方程间接规定的。由于没有直接求解压力的方程，故不可压流体流动方程的求解有其特殊的困难。

2.1.5　定常与非定常流动

根据流体流动的物理量（如速度、压力、温度等）是否随时间变化，将流动分为定常与非定常两大类。当流动的物理量不随时间变化，即 $\frac{\partial()}{\partial t}=0$ 时，为定常流动；当流动的物理量随时间变化，即 $\frac{\partial()}{\partial t}\neq0$ 时，则为非定常流动。定常流动也称为恒定流动，或稳态流动；非定常流动也称为非恒定流动、非稳态流动，或瞬态流动。许多流体机械在启动或关机时的流体流动一般是非定常流动，而正常运转时可看作是定常流动。

2.1.6　层流与湍流

自然界中的流体流动状态主要有两种形式，即层流和湍流。在许多中文文献中，湍流也被称为紊流。层流是指流体在流动过程中两层之间没有相互混掺，而湍流是指流体不是处于分层流动状态。一般来说，湍流是普遍的，而层流则属于个别情况。

对于圆管内流动，定义 Reynolds 数（也称雷诺数）：$Re=ud/v$。其中 u 为液体流速，v 为运动黏度，d 为管径。当 $Re\leqslant2\,300$ 时，管流一定为层流；当 $Re\geqslant8\,000\sim12\,000$ 时，管流一定为湍流；当 $2\,300<Re<8\,000$ 时，流动处于层流与湍流间的过渡区。

对于一般流动，在计算 Reynolds 数时，可用水力半径 R 代替上式中的 d。这里，$R=A/x$，其中 A 为通流截面积，x 为湿周。对于液体，x 等于在通流截面上液体与固体接触的周界长度，不包括自由液面以上的气体与固体接触的部分；对于气体，它等于通流截面的周界长度。

2.2　流体力学控制方程

流体流动要受物理守恒定律的支配，基本的守恒定律包括：质量守恒定律、动量守恒定律、能量守恒定律。如果流动包含不同成分（组元）的混合或相互作用，系统还要遵守组分守恒定律。如果流动处于湍流状态，系统还要遵守附加的湍流输运方程。

控制方程是这些守恒定律的数学描述。本节先介绍这些基本守恒定律所对应的控制方程组，这些控制方程组本身并不封闭，需要附加方程，有关湍流的附加控制方程将在 2.4 节介绍。

2.2.1 质量守恒方程

任何流动问题都必须满足质量守恒定律。该定律可表述为：单位时间内流体微元体中质量的增加，等于同一时间间隔内流入该微元体的净质量。按照这一定律，可以得出质量守恒方程：

$$\frac{\partial \rho}{\partial t} + \frac{\partial(\rho u)}{\partial x} + \frac{\partial(\rho v)}{\partial y} + \frac{\partial(\rho w)}{\partial z} = 0 \tag{2-3}$$

引入矢量符号 $\mathrm{div}\, \boldsymbol{a} = \partial a_x/\partial x + \partial a_y/\partial y + \partial a_z/\partial z$ ，式（2-3）写成

$$\frac{\partial \rho}{\partial t} + \mathrm{div}(\rho \boldsymbol{u}) = 0 \tag{2-4}$$

有的文献使用 ∇ 符号表示散度，即 $\nabla \cdot \boldsymbol{a} = \mathrm{div}\, \boldsymbol{a} = \partial a_x/\partial x + \partial a_y/\partial y + \partial a_z/\partial z$ ，这样，式（2-3）可写成

$$\frac{\partial \rho}{\partial t} + \nabla \cdot (\rho \boldsymbol{u}) = 0 \tag{2-5}$$

在式（2-3）~式（2-5）中，ρ 是密度，t 是时间，$\boldsymbol{u}$ 是速度矢量，u、v 和 w 是速度矢量 $\boldsymbol{u}$ 在 x、y 和 z 方向的分量。

上面给出的是瞬态三维可压流体的质量守恒方程。若流体不可压，密度 ρ 为常数，式（2-3）变为

$$\frac{\partial u}{\partial x} + \frac{\partial v}{\partial y} + \frac{\partial w}{\partial z} = 0 \tag{2-6}$$

若流动处于稳态，则密度 ρ 不随时间变化，式（2-3）变为

$$\frac{\partial(\rho u)}{\partial x} + \frac{\partial(\rho v)}{\partial y} + \frac{\partial(\rho w)}{\partial z} = 0 \tag{2-7}$$

质量守恒方程（2-3）或（2-4）常称作连续方程，本书后续章节均使用连续方程这个名称。

2.2.2 动量守恒方程

动量守恒定律也是任何流动系统都必须满足的基本定律。该定律可表述为：微元体中流体的动量对时间的变化率等于外界作用在该微元体上的各种力之和。该定律实际上是牛顿第二定律。按照这一定律，可导出 x、y 和 z 三个方向的动量守恒方程：

$$\frac{\partial(\rho u)}{\partial t} + \mathrm{div}(\rho u \boldsymbol{u}) = -\frac{\partial p}{\partial x} + \frac{\partial \tau_{xx}}{\partial x} + \frac{\partial \tau_{yx}}{\partial y} + \frac{\partial \tau_{zx}}{\partial z} + F_x \qquad (2-8\mathrm{a})$$

$$\frac{\partial(\rho v)}{\partial t} + \mathrm{div}(\rho v \boldsymbol{u}) = -\frac{\partial p}{\partial y} + \frac{\partial \tau_{xy}}{\partial x} + \frac{\partial \tau_{yy}}{\partial y} + \frac{\partial \tau_{zy}}{\partial z} + F_y \qquad (2-8\mathrm{b})$$

$$\frac{\partial(\rho w)}{\partial t} + \mathrm{div}(\rho w \boldsymbol{u}) = -\frac{\partial p}{\partial z} + \frac{\partial \tau_{xz}}{\partial x} + \frac{\partial \tau_{yz}}{\partial y} + \frac{\partial \tau_{zz}}{\partial z} + F_z \qquad (2-8\mathrm{c})$$

式中　p——流体微元体上的压力；

τ_{xx}、τ_{yx}、τ_{zx}——因分子黏性作用而产生的作用在微元体表面上的黏性应力 $\boldsymbol{\tau}$ 的分量；

F_x、F_y、F_z——微元体上的体力，若体力只有重力，且 z 轴竖直向上，则 $F_x = 0$，$F_y = 0$，$F_z = -\rho g$。

式（2-8）是对任何类型的流体（包括非牛顿流体）均成立的动量守恒方程。对于牛顿流体，黏性应力 $\boldsymbol{\tau}$ 与流体的变形率成比例，有

$$
\left.
\begin{aligned}
\tau_{xx} &= 2\mu \frac{\partial u}{\partial x} + \lambda \, \mathrm{div}\, \boldsymbol{u} \\[2mm]
\tau_{yy} &= 2\mu \frac{\partial v}{\partial y} + \lambda \, \mathrm{div}\, \boldsymbol{u} \\[2mm]
\tau_{zz} &= 2\mu \frac{\partial w}{\partial z} + \lambda \, \mathrm{div}\, \boldsymbol{u} \\[2mm]
\tau_{xy} &= \tau_{yx} = \mu \left(\frac{\partial u}{\partial y} + \frac{\partial v}{\partial x} \right) \\[2mm]
\tau_{xz} &= \tau_{zx} = \mu \left(\frac{\partial u}{\partial z} + \frac{\partial w}{\partial x} \right) \\[2mm]
\tau_{yz} &= \tau_{zy} = \mu \left(\frac{\partial v}{\partial z} + \frac{\partial w}{\partial y} \right)
\end{aligned}
\right\} \qquad (2-9)
$$

式中　μ——动力黏度；

λ——第二黏度，一般可取 $\lambda = -2/3$。

将式（2-9）代入式（2-8），得

$$\frac{\partial(\rho u)}{\partial t} + \mathrm{div}(\rho u \boldsymbol{u}) = \mathrm{div}(\mu \, \mathrm{grad}\, u) - \frac{\partial p}{\partial x} + S_u \qquad (2-10\mathrm{a})$$

$$\frac{\partial(\rho v)}{\partial t} + \mathrm{div}(\rho v \boldsymbol{u}) = \mathrm{div}(\mu \, \mathrm{grad}\, v) - \frac{\partial p}{\partial y} + S_v \qquad (2-10\mathrm{b})$$

$$\frac{\partial(\rho w)}{\partial t} + \mathrm{div}(\rho w \boldsymbol{u}) = \mathrm{div}(\mu \, \mathrm{grad}\, w) - \frac{\partial p}{\partial z} + S_w \qquad (2-10\mathrm{c})$$

在式（2-10）中，$\mathrm{grad}(\ ) = \partial(\ )/\partial x + \partial(\ )/\partial y + \partial(\ )/\partial z$，符号 S_u、S_v、S_w 是动量守恒方程的广义源项，$S_u = F_x + s_x$，$S_v = F_y + s_y$，$S_w = F_z + s_z$，而其中的 s_x、s_y 和 s_z 的表达式如下：

$$s_x = \frac{\partial}{\partial x}\left(\mu \frac{\partial u}{\partial x}\right) + \frac{\partial}{\partial y}\left(\mu \frac{\partial v}{\partial x}\right) + \frac{\partial}{\partial z}\left(\mu \frac{\partial w}{\partial x}\right) + \frac{\partial}{\partial x}(\lambda \operatorname{div} \boldsymbol{u}) \tag{2-11a}$$

$$s_y = \frac{\partial}{\partial x}\left(\mu \frac{\partial u}{\partial y}\right) + \frac{\partial}{\partial y}\left(\mu \frac{\partial v}{\partial y}\right) + \frac{\partial}{\partial z}\left(\mu \frac{\partial w}{\partial y}\right) + \frac{\partial}{\partial y}(\lambda \operatorname{div} \boldsymbol{u}) \tag{2-11b}$$

$$s_z = \frac{\partial}{\partial x}\left(\mu \frac{\partial u}{\partial z}\right) + \frac{\partial}{\partial y}\left(\mu \frac{\partial v}{\partial z}\right) + \frac{\partial}{\partial z}\left(\mu \frac{\partial w}{\partial z}\right) + \frac{\partial}{\partial z}(\lambda \operatorname{div} \boldsymbol{u}) \tag{2-11c}$$

一般来讲，s_x、s_y 和 s_z 是小量，对于黏性为常数的不可压流体，$s_x = s_y = s_z = 0$。
方程（2 – 10）还可写成展开形式：

$$\frac{\partial(\rho u)}{\partial t} + \frac{\partial(\rho uu)}{\partial x} + \frac{\partial(\rho uv)}{\partial y} + \frac{\partial(\rho uw)}{\partial z}$$

$$= \frac{\partial}{\partial x}\left(\mu \frac{\partial u}{\partial x}\right) + \frac{\partial}{\partial y}\left(\mu \frac{\partial u}{\partial y}\right) + \frac{\partial}{\partial z}\left(\mu \frac{\partial u}{\partial z}\right) - \frac{\partial p}{\partial x} + S_u \tag{2-12a}$$

$$\frac{\partial(\rho v)}{\partial t} + \frac{\partial(\rho vu)}{\partial x} + \frac{\partial(\rho vv)}{\partial y} + \frac{\partial(\rho vw)}{\partial z}$$

$$= \frac{\partial}{\partial x}\left(\mu \frac{\partial v}{\partial x}\right) + \frac{\partial}{\partial y}\left(\mu \frac{\partial v}{\partial y}\right) + \frac{\partial}{\partial z}\left(\mu \frac{\partial v}{\partial z}\right) - \frac{\partial p}{\partial y} + S_v \tag{2-12b}$$

$$\frac{\partial(\rho w)}{\partial t} + \frac{\partial(\rho wu)}{\partial x} + \frac{\partial(\rho wv)}{\partial y} + \frac{\partial(\rho ww)}{\partial z}$$

$$= \frac{\partial}{\partial x}\left(\mu \frac{\partial w}{\partial x}\right) + \frac{\partial}{\partial y}\left(\mu \frac{\partial w}{\partial y}\right) + \frac{\partial}{\partial z}\left(\mu \frac{\partial w}{\partial z}\right) - \frac{\partial p}{\partial z} + S_w \tag{2-12c}$$

式（2 – 10）及式（2 – 12）是动量守恒方程，简称为动量方程，也称作运动方程，
还称为 Navier – Stokes 方程。

2.2.3　能量守恒方程

能量守恒定律是包含热交换的流动系统必须满足的基本定律。该定律可表述为：
微元体中能量的增加率等于进入微元体的净热流量加上体力与面力对微元体所做的功。
该定律实际是热力学第一定律。

流体的能量 E 通常是内能 i、动能 $K = \frac{1}{2}(u^2 + v^2 + w^2)$ 和势能 P 三项之和，可针
对总能量 E 建立能量守恒方程。但是，这样得到的能量守恒方程并不是很好用，一般
是从中扣除动能和势能的变化，从而得到关于内能 i 的守恒方程。而我们知道，内能 i
与温度 T 之间存在一定关系，即 $i = c_p T$，其中 c_p 是定压比热容。这样，可得到以温度
T 为变量的能量守恒方程：

$$\frac{\partial(\rho T)}{\partial t} + \operatorname{div}(\rho T \boldsymbol{u}) = \operatorname{div}\left(\frac{k}{c_p} \operatorname{grad} T\right) + S_T \tag{2-13}$$

该式可写成展开形式：

$$\frac{\partial(\rho T)}{\partial t} + \frac{\partial(\rho u T)}{\partial x} + \frac{\partial(\rho v T)}{\partial y} + \frac{\partial(\rho w T)}{\partial z} =$$

$$\frac{\partial}{\partial x}\left(\frac{k}{c_p}\frac{\partial T}{\partial x}\right) + \frac{\partial}{\partial y}\left(\frac{k}{c_p}\frac{\partial T}{\partial y}\right) + \frac{\partial}{\partial z}\left(\frac{k}{c_p}\frac{\partial T}{\partial z}\right) + S_T \qquad (2-14)$$

式中　c_p ——定压比热容；

　　　T ——温度；

　　　k ——流体的传热系数；

　　　S_T ——流体的内热源及由于黏性作用而使流体机械能转换为热能的部分，有时简称 S_T 为黏性耗散项。S_T 的表达式可参阅相关文献。

常将式（2 – 13）或式（2 – 14）简称为能量方程。

综合各基本方程（2 – 4）、（2 – 10a）、（2 – 10b）、（2 – 10c）、（2 – 13），发现有 u、v、w、p、T 和 ρ 六个未知量，还需要补充一个联系 p 和 ρ 的状态方程，方程组才能封闭：

$$p = p(\rho, T) \qquad (2-15)$$

该状态方程对理想气体有

$$p = \rho R T \qquad (2-16)$$

式中　R ——摩尔气体常数。

需要说明的是，虽然能量方程（2 – 13）是流体流动与传热问题的基本控制方程，但对于不可压流动，若热交换量很小以至于可以忽略时，可不考虑能量守恒方程。这样，只需要联立求解连续方程（2 – 4）及动量方程（2 – 10a）、（2 – 10b）、（2 – 10c）即可。

此外，还需要注意，方程（2 – 13）是针对牛顿流体得出的，对于非牛顿流体，应使用另外形式的能量方程，可参阅相关文献。

2.2.4　组分质量守恒方程

在一个特定的系统中，可能存在质的交换，或者存在多种化学组分，每一种组分都需要遵守组分质量守恒定律。对于一个确定的系统而言，组分质量守恒定律可表述为：系统内某种化学组分质量对时间的变化率，等于通过系统界面净扩散流量与通过化学反应产生的该组分的生产率之和。

根据组分质量守恒定律，可写出组分 s 的组分质量守恒方程：

$$\frac{\partial(\rho c_s)}{\partial t} + \mathrm{div}(\rho \boldsymbol{u} c_s) = \mathrm{div}(D_s \mathrm{grad}(\rho c_s)) + S_s \qquad (2-17)$$

式中　c_s ——组分 s 的体积浓度；

　　　ρc_s ——组分 s 的质量浓度；

　　　D_s ——组分 s 的扩散系数；

S_s ——系统内部单位时间内单位体积通过化学反应产生的该组分的质量，即生产率。

式（2-17）左侧第一项、第二项及右侧第一项和第二项，分别称为时间变化率、对流项、扩散项和反应项。各组分质量守恒方程之和就是连续方程，因为 $\sum S_s = 0$，因此，如果共有 z 个组分，那么只有 $z-1$ 个独立的组分质量守恒方程。

将组分守恒方程各项展开，式（2-17）可改写为

$$\frac{\partial(\rho c_s)}{\partial t} + \frac{\partial(\rho u c_s)}{\partial x} + \frac{\partial(\rho v c_s)}{\partial y} + \frac{\partial(\rho w c_s)}{\partial z} =$$

$$\frac{\partial}{\partial x}\left(D_s \frac{\partial(\rho c_s)}{\partial x}\right) + \frac{\partial}{\partial y}\left(D_s \frac{\partial(\rho c_s)}{\partial y}\right) + \frac{\partial}{\partial z}\left(D_s \frac{\partial(\rho c_s)}{\partial z}\right) + S_s \quad (2-18)$$

组分质量守恒方程简称为组分方程。一种组分的质量守恒方程实际是一个浓度传输方程。当水流或空气在流动过程中挟带某种污染物质时，污染物质在流动情况下除有分子扩散外，还有随流传输，即传输过程包括对流和扩散两部分，污染物质的浓度随时间和空间变化。因此，组分方程在有些情况下称为浓度传输方程，或浓度方程。

2.2.5　控制方程的通用形式

为了便于对各控制方程进行分析，并用同一程序对各控制方程进行求解，现建立各基本控制方程的通用形式。

比较四个基本的控制方程（2-4）、（2-10）、（2-13）和（2-17），可以看出，尽管这些方程中因变量各不相同，但它们均反映了单位时间、单位体积内物理量的守恒性质。如果用 ϕ 表示通用变量，则上述各控制方程都可以表示成以下通用形式：

$$\frac{\partial(\rho\phi)}{\partial t} + \mathrm{div}(\rho\phi \boldsymbol{u}) = \mathrm{div}(\Gamma \,\mathrm{grad}\,\phi) + S \quad (2-19)$$

其展开形式为

$$\frac{\partial(\rho\phi)}{\partial t} + \frac{\partial(\rho\phi u)}{\partial x} + \frac{\partial(\rho\phi v)}{\partial y} + \frac{\partial(\rho\phi w)}{\partial z} =$$

$$\frac{\partial}{\partial x}\left(\Gamma \frac{\partial\phi}{\partial x}\right) + \frac{\partial}{\partial y}\left(\Gamma \frac{\partial\phi}{\partial y}\right) + \frac{\partial}{\partial z}\left(\Gamma \frac{\partial\phi}{\partial z}\right) + S \quad (2-20)$$

式中　ϕ ——通用变量，可以代表 u、v、w、T 等求解变量；

　　　Γ ——广义扩散系数；

　　　S ——广义源项。

式（2-19）中各项依次为瞬态项、对流项、扩散项和源项。对于特定的方程，ϕ、Γ 和 S 具有特定的形式，表2-1给出了三个符号与各特定方程的对应关系。

表 2-1 通用控制方程中各符号的具体形式

方程名称	ϕ	Γ	S
连续方程	1	0	0
动量方程	u_i	μ	$-\dfrac{\partial p}{\partial x_i}+S_i$
能量方程	T	$\dfrac{k}{c_p}$	S_T
组分方程	c_s	$D_s\rho$	S_s

所有控制方程都可经过适当的数学处理,将方程中的因变量、时变项、对流项和扩散项写成标准形式,然后将方程右边的其余各项集中在一起定义为源项,从而化为通用微分方程。只需要考虑通用微分方程(2-19)的数值解,写出求解方程(2-19)的源程序,就足以求解不同类型的流体流动及传热问题。对于不同的 ϕ,只要重复调用该程序,并给定 Γ 和 S 的适当表达式以及适当的初始条件和边界条件,便可求解。

2.3 对控制方程的进一步讨论

上一节导出了基本的控制方程,本节讨论这些控制方程的使用条件及方程类型对流场求解的影响。

2.3.1 湍流的控制方程

湍流是自然界非常普遍的流动类型,湍流运动的特征是在运动过程中液体质点具有不断地互相混掺的现象,速度和压力等物理量在空间和时间上均具有随机性质的脉动值。

式(2-10)是三维瞬态 Navier-Stokes 方程(N-S 方程),无论是对层流还是湍流都是适用的。但对于湍流,如果直接求解三维瞬态的控制方程,需要采用对计算机内存和速度要求很高的直接模拟方法,但目前还不可能在实际工程中采用此方法。工程中广为采用的方法是对瞬态 N-S 方程做时间平均处理,同时补充反映湍流特性的其他方程,如湍动能方程和湍流耗散率方程等。这些附加的方程也可以纳入式(2-19)的形式中,采用同一程序代码来求解,对此将在第 2.4 节中介绍。

2.3.2 守恒型控制方程

在上一节给出的各基本控制方程及式(2-19)所代表的通用控制方程中,对流项均采用散度的形式表示，例如式（2-19）中对流项写作 $\mathrm{div}(\rho\phi\boldsymbol{u})$，物理量都在微分符号内。在许多文献中，称这种形式的方程为守恒型控制方程，或控制方程的守恒形式。

与下面要介绍的非守恒型控制方程相比，守恒型控制方程更能保持物理量守恒的性质，特别是在有限体积法中可方便地建立离散方程，因此，得到了较广泛应用。为便于以后引用，现将上一节所给出的各守恒型控制方程列于表2-2。

表2-2　三维、瞬态、可压、牛顿流体的流动与传热问题的守恒型控制方程

方程名称	方程形式
连续方程	$\dfrac{\partial\rho}{\partial t} + \mathrm{div}(\rho\boldsymbol{u}) = 0$
x 动量方程	$\dfrac{\partial(\rho u)}{\partial t} + \mathrm{div}(\rho u\boldsymbol{u}) = \mathrm{div}(\mu\,\mathrm{grad}\,u) - \dfrac{\partial p}{\partial x} + S_u$
y 动量方程	$\dfrac{\partial(\rho v)}{\partial t} + \mathrm{div}(\rho v\boldsymbol{u}) = \mathrm{div}(\mu\,\mathrm{grad}\,v) - \dfrac{\partial p}{\partial y} + S_v$
z 动量方程	$\dfrac{\partial(\rho w)}{\partial t} + \mathrm{div}(\rho w\boldsymbol{u}) = \mathrm{div}(\mu\,\mathrm{grad}\,w) - \dfrac{\partial p}{\partial z} + S_w$
能量方程	$\dfrac{\partial(\rho T)}{\partial t} + \mathrm{div}(\rho T\boldsymbol{u}) = \mathrm{div}\left(\dfrac{k}{c_p}\mathrm{grad}\,T\right) + S_T$
状态方程	$p = p(\rho, T)$

2.3.3　非守恒型控制方程

近年来，在许多文献中还常见到非守恒型控制方程。将式（2-19）的瞬态项和对流项中的物理量从微分符号中移出，式（2-19）所代表的通用控制方程可写成

$$\phi\frac{\partial\rho}{\partial t} + \rho\frac{\partial\phi}{\partial t} + \phi\frac{\partial(\rho u)}{\partial x} + \rho u\frac{\partial\phi}{\partial x} + \phi\frac{\partial(\rho v)}{\partial y} + \rho v\frac{\partial\phi}{\partial y} + \phi\frac{\partial(\rho w)}{\partial z} + \rho w\frac{\partial\phi}{\partial z} =$$
$$\mathrm{div}(\Gamma\,\mathrm{grad}\,\phi) + S \tag{2-21}$$

根据连续性方程（2-3），式（2-21）可简化为

$$\rho\left(\frac{\partial\phi}{\partial t} + u\frac{\partial\phi}{\partial x} + v\frac{\partial\phi}{\partial y} + w\frac{\partial\phi}{\partial z}\right) = \mathrm{div}(\Gamma\,\mathrm{grad}\,\phi) + S \tag{2-22}$$

式（2-22）即为通用控制方程的非守恒形式。据此，可得质量守恒方程、动量方程、能量方程的非守恒形式。

从微元体的角度看，控制方程的守恒型与非守恒型是等价的，都是物理守恒定律的数学表示。但对有限大小的计算体积，两个形式的控制方程是有区别的。非守恒型控制方程便于对由此生成的离散方程进行理论分析，而守恒型控制方程更能保持物理量守恒的性质，便于克服对流项非线性引起的问题，且便于采用非矩形网格离散。本书主要使用守恒型控制方程来建立基于有限体积法的离散方程。

2.4　湍流模型

针对湍流流动的控制方程，人们已经可以通过某些数值方法对湍流进行模拟，包括直接数值模拟（Direct Numerical Simulation，DNS）、大涡模拟（Large Eddy Simulation，LES）和雷诺平均法（Reynolds – Averaged Navier – Stokes，RANS）。DNS 和 LES 对计算机的计算速度要求很高，RANS 方法为现在 CFD 的主流方法。

2.4.1　雷诺方程（湍流的平均动量方程）

对于黏性流体，在雷诺数较大时，流场中就会出现大小涡团的翻滚脉动，这时就形成了湍流流场。湍流不是流体的特性，而是流动的一种形态，因此，不论是水、空气还是其他流体，只要其流动发展为湍流，则都具有相同的一些特性。

湍流最重要的特征可以归结为：随机性、扩散性、有涡性和耗散性。在湍流流场中，各种流动的特征量（如速度、压力等）都随时间和空间发生随机性的变化。由于其随机性，故可以用统计的办法处理，得到湍流中各种物理量的统计平均值和其他的统计特性。

湍流场的物理参数可用时均值加脉动量表示。例如，对于物理量 ϕ，可以将其分解为 $\phi = \overline{\phi} + \phi'$，其中 $\overline{\phi}$ 表示平均量，ϕ' 表示脉动量。

以 N – S 方程为基础，将各物理参数用"时均值加脉动量"代入即得湍流的平均动量方程，亦即雷诺方程。其具体表达形式为

$$\frac{\partial}{\partial t}(\rho \overline{u_i}) + \frac{\partial}{\partial x_j}(\rho \overline{u_i}\,\overline{u_j}) = \rho \overline{f_i} - \frac{\partial \overline{p}}{\partial x_i} + \frac{\partial}{\partial x_j}\left(\mu \frac{\partial \overline{u_i}}{\partial x_j} - \rho \overline{u'_i u'_j}\right) \qquad (2-23)$$

将雷诺方程与 N – S 方程相比，在湍流流动中，除了平均运动的黏性应力项以外，还多了一项——由一些二阶相关量构成的由脉动所引起的应力项，即 $-\rho \overline{u'_i u'_j}$。这种应力称为湍流应力或雷诺应力。

雷诺应力的引入，使得原本封闭的 N – S 方程不再封闭。为了使方程组封闭，必须在雷诺应力及平均速度之间建立补充关系式。常用的一种方法是用 Boussinesq 假设来关联雷诺应力与平均速度梯度，即

$$-\rho \overline{u'_i u'_j} = \mu_t \left(\frac{\partial u_i}{\partial x_j} + \frac{\partial u_j}{\partial x_i}\right) - \frac{2}{3}\left(\rho k + \mu_t \frac{\partial u_i}{\partial x_i}\right)\delta_{ij} \qquad (2-24)$$

式中　μ_t——湍流黏性系数。

常见的模型有以下几种：

零方程模型（"0"方程模型）：C – S 模型，由 Cebeci – Smith 给出；B – L 模型，由 Baldwin – Lomax 给出。

一方程模型（"1"方程模型）：来源有两种，一种从经验和量纲分析出发，针对简

单流动逐步发展起来，如 S - A（Spalart - Allmaras）模型；另一种由二方程模型简化而来，如 B - B（Baldwin - Barth）模型。

二方程模型（"2"方程模型）：应用比较广泛的二方程模型有 $k - \varepsilon$ 模型（Standard $k - \varepsilon$，RNG $k - \varepsilon$，Realizable $k - \varepsilon$）和 $k - \omega$ 模型（Standard $k - \omega$，SST $k - \omega$）。

下面将对"0"方程模型、"1"方程模型中的 S - A 模型和"2"方程模型中的 RNG $k - \varepsilon$ 模型进行简单的介绍。

2.4.2 "0"方程模型

在工程上，通常是对脉动量相关项提出各种半经验假设，作为补充方程，使描述湍流的方程封闭，然后利用工程问题中提出的初始条件和边界条件进行求解。这种以半经验公式使湍流方程封闭的理论称为模式理论，而各种半经验方法称为湍流模型。

最简单的湍流模型是代数模型，即"0"方程模型。此模型不引入新的微分方程，仅用代数方程关系式将雷诺应力和平均物理量联系起来，使方程封闭。雷诺应力的具体表达式为

$$\Gamma_{ij} = -\rho \overline{u'_i u'_j} = \rho \left[\varepsilon_m \left(\frac{\partial \overline{u_i}}{\partial x_j} + \frac{\partial \overline{u_j}}{\partial x_i} \right) - \frac{2}{3} k \delta_{ij} \right] \qquad (2-25)$$

式中　ε_m——湍流的运动黏性系数；

　　　k——湍动能。

2.4.3 S - A 方程模型

在"0"方程模型的基础上，增加一个湍流量的偏微分方程，即构成了"1"方程模型。"1"方程模型中应用较广的是 Spalart - Allmaras 模型（简称 S - A 模型），它常被用来计算气动力。S - A 模型是 20 世纪 90 年代发展起来的一种湍流模型，它从经验和量纲分析出发，由针对简单流动再逐渐补充发展而适用于带有层流流动的固壁湍流流动的"1"方程模型。

S - A 模型引入了湍流运动黏性 $\overline{v}$ 的输运方程，其具体表达式如下：

$$\frac{\partial}{\partial t}(\rho \overline{v}) + \frac{\partial}{\partial x_i}(\rho \overline{v} u_i) = G_v + \frac{1}{\sigma_{\overline{v}}}\left\{ \frac{\partial}{\partial x_j}\left[(\mu + \rho \overline{v}) \frac{\partial \overline{v}}{\partial x_j} \right] + C_{b2}\rho \left(\frac{\partial \overline{v}}{\partial x_j} \right)^2 \right\} - Y_v + S_{\overline{v}}$$

$$(2-26)$$

式中　G_v——湍流黏性的生成率；

　　　Y_v——壁面附近由于壁面黏连作用和黏滞阻尼导致的湍流黏性的消耗率；

　　　v——分子运动黏性；

　　　$\sigma_{\overline{v}}$ 和 C_{b2}——常数。

湍流黏性的生成率 G_v 的求解过程如图 2 - 2 所示。

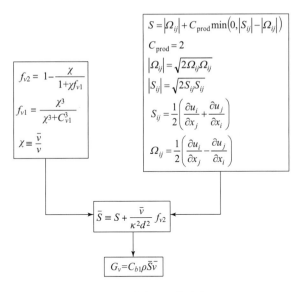

图 2-2　求解 G_v 的流程图

湍流黏性的消耗率 Y_v 的求解过程如图 2-3 所示。

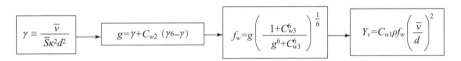

图 2-3　求解 Y_v 的流程图

该湍流模型涉及的常数数值见表 2-3。

表 2-3　S-A 模型中的常数

C_{b1}	C_{b2}	$\sigma_{\bar{v}}$	C_{v1}	C_{w1}	C_{w2}	C_{w3}	κ
0.133 5	0.622	0.667	7.1	3.266	0.3	2.0	0.418 7

湍流黏性系数通过下式进行计算：

$$\mu_t = \rho \bar{v} f_{v1} \qquad (2-27)$$

2.4.4　标准 $k-\varepsilon$ 方程模型

标准 $k-\varepsilon$ 方程模型（Standard $k-\varepsilon$）是一种"2"方程模型。此种模型中，湍流黏性系数 μ_t 是湍动能 k 和湍流脉动耗散率 ε 的函数。k 和 ε 的值可由各自的输运方程解出。不同的 $k-\varepsilon$ 方程模型有不同的输运方程。这里先给出标准 $k-\varepsilon$ 模型。

在标准 $k-\varepsilon$ 模型中，湍动能 k 和耗散率 ε 的输运方程分别为

$$\frac{\partial(\rho k)}{\partial t} + \frac{\partial(\rho k u_i)}{\partial x_i} = \frac{\partial}{\partial x_j}\left[\left(\mu + \frac{\mu_t}{\sigma_k}\right)\frac{\partial k}{\partial x_j}\right] + G_k + G_b - \rho\varepsilon - Y_M + S_k \qquad (2-28)$$

和

$$\frac{\partial(\rho\varepsilon)}{\partial t} + \frac{\partial(\rho\varepsilon u_i)}{\partial x_i} = \frac{\partial}{\partial x_j}\Big[\Big(\mu + \frac{\mu_t}{\sigma_\varepsilon}\Big)\frac{\partial\varepsilon}{\partial x_j}\Big] + C_{1\varepsilon}\frac{\varepsilon}{k}(G_k + C_{3\varepsilon}G_b) - C_{2\varepsilon}\rho\frac{\varepsilon^2}{k} + S_\varepsilon$$

$$(2-29)$$

式中 G_k——平均速度梯度所引起的湍动能生成项;

G_b——浮力所引起的湍动能生成项;

Y_M——可压缩流动中脉动扩散所引起的耗散率。

G_k 的求解过程如图 2-4 所示。

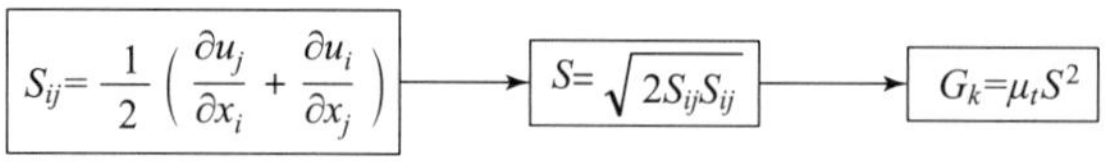

$$\boxed{S_{ij} = \frac{1}{2}\Big(\frac{\partial u_j}{\partial x_i} + \frac{\partial u_i}{\partial x_j}\Big)} \longrightarrow \boxed{S = \sqrt{2S_{ij}S_{ij}}} \longrightarrow \boxed{G_k = \mu_t S^2}$$

图 2-4 求解 G_k 的流程图

式中 S——应变变化率张量;

S_{ij}——切变率。

G_b 可以通过下式求解:

$$G_b = \beta g_i \frac{\mu_t}{Pr_t}\frac{\partial T}{\partial x_i} \qquad (2-30)$$

对于高马赫数情况来说,流体介质的"扩散耗散"Y_M 会对湍流流动产生一定的影响,这一点在模拟不可压流流动过程中常常是被忽略掉。该项是根据 Sarkar 的提议添加的,它可通过下式求解:

$$Y_M = 2\rho\varepsilon Ma_t^2 \qquad (2-31)$$

式中 Ma_t——湍流马赫数,$Ma_t = \sqrt{\dfrac{k}{a^2}}$,其中 a 为声速,$a = \sqrt{\gamma RT}$。

模型中用到的各个常数分别为:$C_{1\varepsilon} = 1.44$,$C_{2\varepsilon} = 1.92$,$\sigma_k = 1.0$,$\sigma_\varepsilon = 1.3$。对于可压流体的流动计算中,与浮力相关的系数 $C_{3\varepsilon} = \tanh\left|\dfrac{v}{u}\right|$,当主流方向与重力方向平行时,有 $C_{3\varepsilon} = 1$,当主流方向与重力方向垂直时,有 $C_{3\varepsilon} = 0$。

求出湍动能 k 和湍流脉动耗散率 ε 以后,就可以代入下列公式对湍流黏性系数进行求解:

$$\mu_t = \rho C_\mu \frac{k^2}{\varepsilon} \qquad (2-32)$$

式中 C_μ——常数,$C_\mu = 0.09$。

2.4.5 RNG $k-\varepsilon$ 方程模型

RNG $k-\varepsilon$ 湍流模型是由 Yakhot 和 Orzag 提出的,该模型中的 RNG 是英文 "ReNormalization Group" 的缩写。有些中文文献将其译为重正化群，本文将直接使用 RNG 原名。

在 RNG $k-\varepsilon$ 模型中，通过在大尺度运动和修正后的黏度项体现小尺度的影响，而这些小尺度运动有系统地从控制方程中去除，所得到的 k 方程和 ε 方程与标准 $k-\varepsilon$ 模型的非常相似。

$$
\left.
\begin{aligned}
\frac{\partial(\rho k)}{\partial t} + \frac{\partial(\rho k u_i)}{\partial x_i} &= \frac{\partial}{\partial x_j}\left(\alpha_k \mu_{eff}\frac{\partial k}{\partial x_j}\right) + G_k + G_b - \rho\varepsilon - Y_M + S_k \\
\frac{\partial(\rho\varepsilon)}{\partial t} + \frac{\partial(\rho\varepsilon u_i)}{\partial x_i} &= \frac{\partial}{\partial x_j}\left(\alpha_\varepsilon \mu_{eff}\frac{\partial\varepsilon}{\partial x_j}\right) + C_{1\varepsilon}\frac{\varepsilon}{k}(G_k + C_{3\varepsilon}G_b) - C_{2\varepsilon}\rho\frac{\varepsilon^2}{k} - R_\varepsilon + S_\varepsilon
\end{aligned}
\right\}
\quad (2-33)
$$

式中

$$\mu_{eff} = \mu + \mu_i$$

$$\mu_i = \rho C_\mu \frac{k^2}{\varepsilon}$$

$$C_\mu = 0.084\,5, \quad \alpha_k = \alpha_\varepsilon \approx 1.39$$

$$C_{1\varepsilon} = 1.42, \quad C_{2\varepsilon} = 1.68$$

$$\eta = (2E_{ij}\cdot E_{ij})^{\frac{1}{2}}\frac{k}{\varepsilon}$$

$$E_{ij} = \frac{1}{2}\left(\frac{\partial u_i}{\partial x_j} + \frac{\partial u_j}{\partial x_i}\right)$$

$$\eta_0 = 4.377, \quad \beta = 0.012$$

与标准 $k-\varepsilon$ 模型比较发现，RNG $k-\varepsilon$ 模型的主要变化是：

①通过修正湍动黏度，考虑了平均湍动中的旋转及旋流流动情况；

②在 ε 方程中增加了一项，从而反映了主流的时均应变率 E_{ij}，这样，RNG $k-\varepsilon$ 模型中产生项不仅与流动情况有关，而且在同一问题中也是空间坐标的函数。

RNG $k-\varepsilon$ 模型可以更好地处理高应变率及流线弯曲程度较大的流动。

2.4.6　欧拉 - 欧拉方法的两相流模型

在欧拉 - 欧拉方法中，把各相当作互相贯穿的连续相。由于一相的体积不能被其他相占据，因此，引入了相的体积分数的概念，每一相的体积分数被认为是时间和空间的连续函数，各相的体积分数和为 1。每一相的守恒方程组通过推导可以获得一套方程组，对于每一相而言，这些方程具有相似的结构。这些方程通过经验获取确定的关系而封闭。

本书将讨论两种不同的欧拉 - 欧拉多相流模型：VOF 模型、MIXTURE 模型。下面将对它们进行详细介绍。

1. VOF 模型

VOF 模型是由 Hirt 和 Nichols 首先提出的，是将界面追踪技术应用到固定的欧拉网格的一种两相流方法，被设计用来模拟不能混合的两相或多相流体之间的界面追踪。在 VOF 模型中，多相之间共用一个动量方程组，在整个计算域中需要计算每一个网格内各相的体积分数。

VOF 公式依靠的是两种或多种流体没有互相融合这一事实。每增加到模型里 1 个附加相，就引进一个变量，即计算单元里的相的体积分数。在每个控制容积内，所有相的体积分数的和为 1。所有变量及其属性的区域被各相共享并且代表了容积平均值，只要每一相的体积分数在每一位置是可知的，这样，在任何给定单元内的变量及其属性或者纯粹代表了一相，或者代表了相的混合，这取决于体积分数值。换句话说，在单元中，如果第 q 相流体的体积分数记为 α_q，那么 α_q 只可能满足下面三个条件：

① $\alpha_q = 0$：第 q 相流体在单元中是空的。

② $\alpha_q = 1$：第 q 相流体在单元中是充满的。

③ $0 < \alpha_q < 1$：单元中包含了第 q 相流体和一相或者其他多相流体的界面。

基于 α_q 的局部值，适当的属性和变量在一定范围内分配给每一控制体积。

VOF 模型的典型应用包括分层流、自由界面流、填充流、液体中的大气泡运动、水坝阻挡后的流体运动、射流破裂（由于表面张力）的预测、定常或非定常气液界面追踪。

1）体积分数方程

追踪相之间的界面是通过求解一相或多相的体积分数的连续方程来完成的。对第 q 相，这个方程如下：

$$\frac{1}{\rho_q}\left[\frac{\partial}{\partial t}(\alpha_q \rho_q) + \nabla \cdot (\alpha_q \rho_q \boldsymbol{v}_q)\right] = S_{\alpha_q} + \sum_{p=1}^{n}(\dot{m}_{pq} - \dot{m}_{qp}) \qquad (2-34)$$

在式（2-34）中，$\dot{m}_{qp}$ 为从 q 相到 p 相的质量传输，$\dot{m}_{pq}$ 为从 p 相到 q 相的质量传输，默认情况下，方程右端的源项 S_{α_q} 为零。但除了给每一相指定常数或用户定义的质量源外，体积分数方程是不为主相求解的，主相体积分数的计算基于如下的约束：

$$\sum_{q=1}^{n}\alpha_q = 1 \qquad (2-35)$$

2）属性

出现在输运方程中的属性是由存在于每一控制体积内的分相决定的。例如，在两相流系统中，如果相用下标 1 和 2 表示，则追踪第二相的体积分数，每个单元内的密度由下式给出：

$$\rho = \alpha_2\rho_2 + \left(1 - \alpha_2\right)\rho_1 \tag{2-36}$$

而对于 n 相系统，体积分数平均的密度可表示如下：

$$\rho = \sum_{q=1}^{n} \alpha_q\rho_q \tag{2-37}$$

对于其他的属性（如黏性），同样用以上述形式进行求解。

3）动量方程

整个计算域不区分相，只求解一个动量方程，各相共享求得的速度场。如下所示的动量方程取决于各相的体积分数，在方程中具体体现于参数 ρ 和 μ：

$$\frac{\partial}{\partial t}\left(\rho\boldsymbol{v}\right) + \nabla\cdot\left(\rho\boldsymbol{v}\boldsymbol{v}\right) = -\nabla p + \nabla\cdot\left[\mu\left(\nabla\boldsymbol{v} + \nabla\boldsymbol{v}^{\mathrm{T}}\right)\right] + \rho\boldsymbol{g} + \boldsymbol{F} \tag{2-38}$$

共享场参数的近似求解方法的局限性在于，当相间存在大的速度差异时，计算出的界面附近的速度精度可能变差。

4）能量方程

能量方程同样被各相所共用，如下所示：

$$\frac{\partial}{\partial t}\left(\rho E\right) + \nabla\cdot\left[\boldsymbol{v}\left(\rho E + p\right)\right] = \nabla\cdot\left(k_{eff}\,\nabla T\right) + S_h \tag{2-39}$$

在 VOF 模型中，把能量 E 和温度 T 同样作为质量平均的变量：

$$E = \frac{\displaystyle\sum_{q=1}^{n}\alpha_q\rho_q E_q}{\displaystyle\sum_{q=1}^{n}\alpha_q\rho_q} \tag{2-40}$$

在式（2-40）中，每一相的 E_q 基于共享的温度及该相的比热获得。

参数 ρ 和 k_{eff}（有效热传导率）为各相共享，源项 S_h 包括了辐射及其他体积热源的贡献。

与速度场一样，如果相间存在大的温度差，则相交界面处的温度求解精度将受到限制。在属性有几个数量级变化的情况下，这样的问题同样会出现，如：如果一个模型包括液态金属和空气，材料的导热性有四个数量级的差别，如此大的差异会导致方程有各向异性的系数，这反过来会影响收敛性和计算精度。

5）界面重构方法

控制体积公式要求计算穿过控制体积面的对流和扩散通量，并与控制体积本身内部的源项平衡，因此，就需要求解多相之间的界面。对于本书来讲，将介绍两种重构技术：Hirt 和 Nichols 型重构技术（属于 PCIC 型界面重构技术）、Youngs 型重构技术（属于 PLIC 型界面重构技术）。

在 Hirt 和 Nichols 型重构及 Youngs 型重构方案中，采用了特殊的插值处理两相之间界面附近的单元。图 2-5 ~ 图 2-7 给出了实际的相间界面以及应用两种方案获得的相间界面。

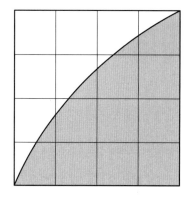

图 2 - 5　实际的相间界面形状

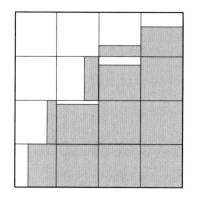

图 2 - 6　Hirt 和 Nichols 型获得的界面

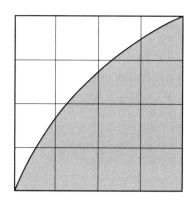

图 2 - 7　Youngs 型获得的界面

6）表面张力

表面张力是由于流体中分子之间存在引力而引起的，VOF 模型可以考虑两相之间的表面张力的影响。

表面张力的值取决于两个量纲为 1 的数：雷诺数 Re 和毛细数 Ca，或雷诺数 Re 和韦伯数 We。

当 $Re \ll 1$ 时，表面张力用毛细数 Ca 表示：

$$Ca = \frac{\mu U}{\sigma} \tag{2-41}$$

当 $Re \gg 1$ 时，表面张力用韦伯数 We 表示：

$$We = \frac{\rho L U^2}{\sigma} \tag{2-42}$$

式中　μ ——流体黏度；

U ——特征流速；

σ ——流体的表面张力系数；

L——特征长度。

如果 $Ca \gg 1$ 或 $We \gg 1$，则表面张力的影响可以忽略。

2. MIXTURE 模型

在 MIXTURE 模型中，各相被当成可以互相融合的连续相。MIXTURE 模型求解混合物的动量方程，通过指定相对速度来描述次要相的速度。如果相对速度为零，则该模型可用来模拟均匀多相流。MIXTURE 模型的典型应用包括含少量颗粒的流动、气泡流、沉积流和气旋分离器。

MIXTURE 模型通过求解混合物的连续方程、动量方程、能量方程、相对速度与漂移速度的代数方程以及次要相的体积分数方程来模拟多相流，各个方程如下所示。

1）连续方程

$$\frac{\partial}{\partial t}(\rho_m) + \nabla \cdot (\rho_m \boldsymbol{v}_m) = 0 \tag{2-43}$$

式中　$\boldsymbol{v}_m$——质量平均的速度：

$$\boldsymbol{v}_m = \frac{\sum_{k=1}^{n} \alpha_k \rho_k \boldsymbol{v}_k}{\rho_m} \tag{2-44}$$

式中　ρ_m——混合物的密度：

$$\rho_m = \sum_{k=1}^{n} \alpha_k \rho_k \tag{2-45}$$

式中　α_k——第 k 相的体积分数。

2）动量方程

混合物的动量方程可以通过叠加各相的动量方程获得，表示如下：

$$\frac{\partial}{\partial t}(\rho_m \boldsymbol{v}_m) + \nabla \cdot (\rho_m \boldsymbol{v}_m \boldsymbol{v}_m) = -\nabla p + \nabla \cdot [\mu_m (\nabla \boldsymbol{v}_m + \nabla \boldsymbol{v}_m^{\mathrm{T}})] +$$
$$\rho_m \boldsymbol{g} + \boldsymbol{F} + \nabla \cdot (\sum_{k=1}^{n} \alpha_k \rho_k \boldsymbol{v}_{dr,k} \boldsymbol{v}_{dr,k}) \tag{2-46}$$

式中　n——第 n 相；

　　$\boldsymbol{F}$——质量力；

　　μ_m——混合物的黏性：

$$\mu_m = \sum_{k=1}^{n} \alpha_k \mu_k \tag{2-47}$$

　　$\boldsymbol{v}_{dr,k}$——次要相 k 的漂移速度：

$$\boldsymbol{v}_{dr,k} = \boldsymbol{v}_k - \boldsymbol{v}_m \tag{2-48}$$

3）能量方程

混合物的能量方程如下：

$$\frac{\partial}{\partial t} \sum_{k=1}^{n} \left(\alpha_k \rho_k E_k \right) + \nabla \cdot \sum_{k=1}^{n} \left[\alpha_k \boldsymbol{v}_k \left(\rho_k E_k + p \right) \right] = \nabla \cdot \left(k_{eff} \nabla T \right) + S_E \qquad (2-49)$$

在式（2-49）中，k_{eff} 是有效传导率（$\sum \alpha_k (k_k + k_t)$），其中 k_t 是湍流热容，根据采用的湍流模型进行定义。方程（2-49）右侧第一项代表了根据热传导而产生的能量传递，S_E 包括了其他的体积热源。

方程（2-49）中，对于可压缩相，$E_k = h_k - \dfrac{p}{\rho_k} + \dfrac{v_k^2}{2}$；对于不可压缩相，$E_k = h_k$。其中 h_k 为第 k 相的热焓。

4）相对速度与漂移速度

相对速度（滑移速度）的定义为：次要相（p）相对于主要相（q）的速度。

$$\boldsymbol{v}_{pq} = \boldsymbol{v}_p - \boldsymbol{v}_q \qquad (2-50)$$

任意相（k）的质量分数定义如下：

$$c_k = \frac{\alpha_k \rho_k}{\rho_m} \qquad (2-51)$$

漂移速度通过下面的关系和相对速度之间进行联系：

$$\boldsymbol{v}_{dr,p} = \boldsymbol{v}_{pq} - \sum_{k=1}^{n} c_k \boldsymbol{v}_{qk} \qquad (2-52)$$

MIXTURE 模型采用了一种代数滑移公式。代数滑移混合模型的基本假设是规定相对速度的代数关系，相之间的局部平衡应在短的空间长度标尺上达到。相对速度根据 Manninen 等给出的形式由下式给出：

$$\boldsymbol{v}_{qp} = \frac{\tau_p}{f_{drag}} \frac{\rho_p - \rho_m}{\rho_p} \boldsymbol{a} \qquad (2-53)$$

式中 τ_p——粒子弛豫时间：

$$\tau_p = \frac{\rho_p d_p^2}{18 \mu_q} \qquad (2-54)$$

在式（2-53）和式（2-54）中，d 为次要相 p 的粒子（液滴、汽泡）直径；$\boldsymbol{a}$ 为次要相粒子的加速度。根据 Schiller 和 Naumann 的研究，给出阻力 f_{drag} 公式如下：

$$f_{drag} = \begin{cases} 1 + 0.15 Re^{0.687} & Re \leqslant 1\,000 \\ 0.018\,3 Re & Re > 1\,000 \end{cases} \qquad (2-55)$$

次要相加速度 $\boldsymbol{a}$ 的形式如下：

$$\boldsymbol{a} = \boldsymbol{g} - (\boldsymbol{v}_m \cdot \nabla) \boldsymbol{v}_m - \frac{\partial \boldsymbol{v}_m}{\partial t} \qquad (2-56)$$

最简单的代数滑移公式是所谓的漂移流量模型，其中粒子的加速度由重力或离心力给出，考虑到其他粒子的存在，对粒子的弛豫时间进行修改。

在湍流中，由于离散相的动量方程中出现了弥散，故相对速度需要添加一个扩散项：

$$\boldsymbol{v}_{pq} = \frac{(\rho_p - \rho_m) d_p^2}{18\mu_q f_{drag}}\boldsymbol{a} - \frac{v_m}{a_p \sigma_D} \nabla \alpha_q \qquad (2-57)$$

式中　v_m——混合物的湍流黏性；

　　　σ_D——普朗特弥散系数。

5）次要相的体积分数方程

从次要相 p 的连续方程中，可以获得次要相的体积分数方程：

$$\frac{\partial}{\partial t}(\alpha_p \rho_p) + \nabla \cdot (\alpha_p \rho_p \boldsymbol{v}_m) = -\nabla \cdot (\alpha_p \rho_p \boldsymbol{v}_{dr,p}) + \sum_{q=1}^{n}(\dot{m}_{qp} - \dot{m}_{pq}) \qquad (2-58)$$

2.5　基于有限体积法的控制方程离散

2.5.1　离散化概述

在对指定问题进行 CFD 计算之前，首先要将计算区域离散化，即对空间上连续的计算区域进行划分，把它划分成许多个子区域，并确定每个区域中的节点，从而生成网格。然后将控制方程在网格上离散，即将偏微分格式的控制方程转化为各个节点上的代数方程组。此外，对于瞬态问题，还需要涉及时间域离散。由于时间域离散相对比较简单，故本节重点讨论空间域离散。

1. 离散化的目的

对于在求解域内所建立的偏微分方程，理论上是有真解（或称精确解、解析解）的。但是，由于所处理的问题自身的复杂性，如复杂的边界条件，或者方程自身的复杂性等，造成很难获得方程的真解，因此，就需要通过数值的方法把计算域内有限数量位置（即网格节点）上的因变量值当作基本未知量来处理，从而建立一组关于这些未知量的代数方程，然后通过求解代数方程组来得到这些节点值，而计算域内其他位置上的值则根据节点位置上的值来确定。这样，偏微分方程定解问题的数值解可以分两个阶段得到。首先，用网格线将连续的计算域划分为有限离散点（网格节点）集，并选取适当的途径将微分方程及其定解条件转化为网格节点上相应的代数方程组，即建立离散方程组；其次，在计算机上求解离散方程组，得到节点上的解。节点之间的近似解，一般认为光滑变化，原则上可以应用插值方法确定，从而得到定解问题在整个计算域上的近似解。这样，用变量的离散分布近似解代替了定解问题精确解的连续数据，这种方法称为离散近似。可以预料，当网格节点很密时，离散方程的解将趋近于相应微分方程的精确解。

除了对空间域进行离散化处理外，对于瞬态问题，在时间坐标上也需要进行离散化，即将求解对象分解为若干时间步进行处理。

2. 离散时使用的网格

网格是离散的基础，网格节点是离散化的物理量的存储位置，网格在离散过程中起着关键的作用。网格的形式和密度等对数值计算结果有着重要的影响。

一般情况下，在二维问题中，有三角形和四边形单元；在三维问题中，有四面体、六面体、棱锥体和楔形体等单元。

不同的离散方法，对网格的要求和使用方式不一样，表面上看起来一样的网格布局，当采用不同的离散化方法时，网格和节点具有不同的含义和作用。例如，下面将要介绍的有限元法，将物理量存储在真实的网格节点上，将单元看成是由周边节点及形函数构成的统一体；有限体积法往往将物理量存储在网格单元的中心点上，而将单元看成是围绕中心点的控制体积，或者在真实网格节点定义和存储物理量，而在节点周围构造控制体积。

3. 常用的离散化方法

由于应变量在节点之间的分布假设及推导离散方程的方法不同，就形成了有限差分法、有限元法和有限体积法等不同类型的离散化方法。

1）有限差分法

有限差分法（Finite Difference Method，FDM）是数值解法中最经典的方法。它是将求解域划分为差分网格，用有限个网格节点代替连续的求解域，然后将偏微分方程（控制方程）的导数用差商代替，推导出含有离散点的有限个未知数的差分方程组。求差分方程组（代数方程组）的解，就是求微分方程定解问题的数值近似解，这是一种直接将微分问题变为代数问题的近似数值解法。

这种方法发展较早，比较成熟，较多地用于求解双曲型和抛物型问题。用它求解边界条件复杂，尤其是椭圆型问题，不如有限元法或有限体积法方便。

2）有限元法

有限元法（Finite Element Method，FEM）与有限差分法都是广泛应用的流体动力学数值计算方法。有限元法是将一个连续的求解域任意分成适当形状的许多微小单元，并于各小单元分片构造插值函数，然后根据极值原理（变分或加权余量法）将问题的控制方程转化为所有单元上的有限元方程，把总体的极值作为各单元极值之和，即将局部单元总体合成，形成嵌入了指定边界条件的代数方程组，求解该方程组就得到各节点上待求的函数值。

有限元法的基础是极值原理和划分插值，它吸收了有限差分法中离散处理的内核，又采用了变分计算中选择逼近函数并对区域进行积分的合理方法，是这两类方法相互结合、取长补短发展的结果。它具有很广泛的适应性，特别适用于几何及物理条件比较复杂的问题，而且便于程序的标准化。对椭圆型方程问题有更好的适用性。

有限元法因求解速度较有限差分法和有限体积法的慢，因此，在商用CFD软件中应用得并不普遍。目前的商用 CFD 软件中，FIDAP 采用的是有限元法。而有限元法目前在固体力学分析中占绝对比例，几乎所有固体力学分析软件全部采用有限元法。

3）有限体积法

有限体积法（Finite Volume Method，FVM）是近年发展非常迅速的一种离散化方法，其特点是计算效率高，目前在 CFD 领域得到了广泛应用，大多数商用 CFD 软件都采用这种方法。下面将详细介绍有限体积法的基本思想，后续其他各节将介绍如何在有限体积法的基础上生成离散方程。

2.5.2　有限体积法及其网格简介

有限体积法是目前 CFD 领域广泛使用的离散化方法，其特点不仅表现在对控制方程的离散结果上，还表现在所使用的网格上，因此，本节除了介绍有限体积法之外，还要讨论有限体积法所使用的网格系统。

1. 有限体积法的基本思想

有限体积法又称为控制体积法（Control Volume Method，CVM）。其基本思路是：将计算区域划分为网格，并使每个网格点周围有一个互不重复的控制体积；将待解微分方程（控制方程）对每一个控制体积积分，从而得出一组离散方程。其中的未知数是网格点上的因变量 ϕ，为了求出控制体积的积分，必须假定 ϕ 值在格点之间的变化规律。从积分区域的选取方法来看，有限体积法属于加权余量法中的子域法，从未知解的近似方法来看，有限体积法属于采用局部近似的离散方法。简言之，子域法加离散，就是有限体积法的基本方法。

有限体积法的基本思想易于理解，并能得出直接的物理解释。离散方程的物理意义就是因变量 ϕ 在有限大小的控制体积中的守恒原理，如同微分方程表示因变量在无限小的控制体积中的守恒原理一样。

由有限体积法得出的离散方程，要求因变量的积分守恒对任意一组控制体积都得到满足，对整个计算区域，自然也得到满足。这是有限体积法吸引人之处。有一些离散方法，例如有限差分法，仅当网格极其细密时，离散方程才满足积分守恒；而有限体积法即使在粗网格情况下，也显示出准确的积分守恒。

就离散方法而言，有限体积法可视作有限元法和有限差分法的中间物。有限元法必须假定 ϕ 值在网格节点之间的变化规律（即插值函数），并将其作为近似解。有限差分法只考虑网格点上 ϕ 的数值，而不考虑 ϕ 值在网格节点之间如何变化。有限体积法只寻求 ϕ 的节点值，这与有限差分法相类似；但有限体积法在寻求控制体积的积分时，必须事先假定 ϕ 位在网格点之间的分布，这又与有限单元法相类似。在有限体积法中，插值函数只用于计算控制体积的积分，得出离散方程之后，便可去掉插值函数；如果需要，可以对微分方程中不同的项采取不同的插值函数。

2. 有限体积法所使用的网格

与其他离散化方法一样，有限体积法的核心体现在区域离散方式上。区域离散化的实质就是用有限个离散点来代替原来的连续空间。有限体积法的区域离散实施过程是：把所计算的区域划分成多个互不重叠的子区域，即计算网格，然后确定每个子区域中的节点位置及该节点所代表的控制体积。区域离散化过程结束后，可以得到以下四种元素：

①节点：需要求解的位置物理量的几何位置。

②控制体积：应用控制方程或守恒定律的最小几何单位。

③界面：它规定了与各节点相对应的控制体积的分界面位置。

④网格线：连接相邻两节点而形成的曲线簇。

把节点看成是控制体积的代表。在离散过程中，将一个控制体积上的物理量定义并存储在该节点处。图 2-8 所示为一维问题的有限体积法计算网格，图中标出了节点、控制体积、边界和网格线。图 2-9 所示为二维问题的有限体积法计算网格。

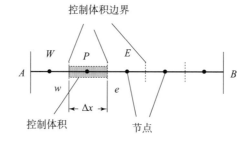

图 2-8　一维问题的有限体积法计算网格

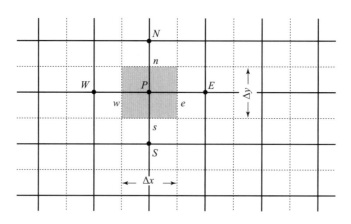

图 2-9　二维问题的有限体积法计算网格

在图 2-8、图 2-9 上，节点排列有序，即当给出了一个节点编号后，立即可以得出其相邻节点的编号。这种网格称为结构网格。结构网格是一种传统的网格形式，网格自身利用了几何体的规则形状。近年来，非结构化网格也得到了广泛的应用。非结构化网格的节点以一种不规则的方式布置在流场中。这种网格虽然过程比较复杂，但却有着极大的适应性，尤其对具有复杂边界的流场计算问题特别有效。图 2 - 10 是一个二维非结构网格示意图，图中使用的是三角形控制体积。三角形的质心是计算节点，如图 2 - 10 中的 C_0 点所示。

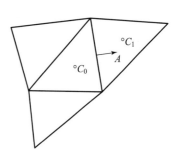

图 2 - 10　二维非结构网格

注意，出于叙述方便，本书使用图 2 - 8 和图 2 - 9 所示的规则网格来讨论 CFD。

3. 网格几何要素的标记

为便于后续分析，需要建立一套标记系统。这里使用 CFD 文献中惯用记法来表示控制体积、节点、界面等信息。在二维问题中，有限体积法所使用的网格单元主要有四边形和三角形；在三维问题中，网格单元包括四面体、六面体、棱锥体和楔形体等。用 P 表示所研究的节点，其周围的控制体积也用 P 表示；东侧相邻的节点及相应的控制体积均用 E 表示，西侧相邻的节点及相应的控制体积均用 W 表示；控制体积 P 的东、西两个界面分别用 e 和 w 表示，两个界面间的距离用 Δx 表示，如图 2 - 8 所示。在二维问题中，在东、西、南、北方向上与控制体积 P 相邻的四个控制体积及其节点分别用 E、W、S 和 N 表示，控制体积 P 的四个界面分别用 e、w、s 和 n 表示，在两个方向上控制体积的宽度分别用 Δx 和 Δy 表示，如图 2 - 9 所示。在三维问题中，增加上、下方向的两个控制体积，分别用 T 和 B 表示，控制体积 P 的上、下界面分别用 t 和 b 表示。

2.5.3　求解一维稳态问题的有限体积法

对于一给定的微分方程，可以采用有限体积法建立其对应的离散方程。本节以一维稳态问题为例，针对其基本控制方程，说明采用有限体积法生成离散方程的方法和过程，并对离散方程的求解做简要介绍。

1. 问题描述

在前面的小节中给出了流体流动问题的控制方程。无论是连续性方程、动量方程，还是能量方程，都可写成如式（2 - 19）或式（2 - 20）所示的通用形式。在此，只考虑稳态问题，可写出与式（2 - 20）相对应的一维问题的控制方程：

$$\frac{\mathrm{d}(\rho u\phi)}{\mathrm{d}x} = \frac{\mathrm{d}}{\mathrm{d}x}\left(\Gamma \frac{\mathrm{d}\phi}{\mathrm{d}x}\right) + S \qquad (2 - 59)$$

称该方程为一维模型方程。方程中包含对流项、扩散项及源项。方程中的 ϕ 是广义变量，可以为速度、温度或浓度等一些待求的物理量；Γ 是相应于 ϕ 的广义扩散系数；S 是广义源项。变量 ϕ 在端点 A 和 B 的边界值为已知。

这里给出的是方程的守恒形式，这是因为采用有限体积法建立离散方程时，必须使用守恒形式。

现应用有限体积法求解方程（2-59）所对应的对流-扩散问题，主要步骤如下：

①在计算域内生成计算网格，包括节点及其控制体积。

②将守恒型的控制方程在每个控制体积上进行积分（积分时要用到界面处未知量 ϕ 及其导数的插值计算公式，即离散格式），得到离散后的关于节点未知量的代数方程组。

③求解代数方程组，得到各计算节点的 ϕ 值。

2. 生成计算网格

有限体积法的第一步是将整个计算域划分成离散的控制体积。现参考图2-8，在点 A 和 B 之间的空间域上放置一系列节点，将控制体积的边界（面）取在两个节点中间的位置，这样，每个节点由一个控制体积所包围。

引用前面给出的标记约定，用 P 来标识一个广义的节点，其东、西两侧的相邻节点分别用 E 和 W 标识，同时，与各节点对应的控制体积也用同一字符标识。控制体积 P 的东、西两个界面分别用 e 和 w 标识，两个界面的距离用 Δx 表示。E 点至节点 P 的距离用 $(\delta x)_e$ 表示，W 点至节点 P 的距离用 $(\delta x)_w$ 表示，如图2-11所示。

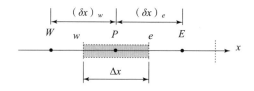

图2-11 一维问题的计算网格

3. 建立离散方程

有限体积法的关键一步是在控制体积上积分控制方程，以在控制体积节点上产生离散的方程。对一维模型方程（2-59），在图2-11所示的控制体积 P 上积分，有

$$\int_{\Delta V} \frac{\mathrm{d}(\rho u \phi)}{\mathrm{d}x} \mathrm{d}V = \int_{\Delta V} \frac{\mathrm{d}}{\mathrm{d}x}\left(\Gamma \frac{\mathrm{d}\phi}{\mathrm{d}x}\right) \mathrm{d}V + \int_{\Delta V} S \mathrm{d}V \tag{2-60}$$

在式（2-60）中，ΔV 是控制体积的体积值。当控制体积很微小时，ΔV 可以表示为 $\Delta x \cdot A$，这里 A 是控制体积界面的面积。从而有

$$(\rho u \phi A)_e - (\rho u \phi A)_w = \left(\Gamma A \frac{\mathrm{d}\phi}{\mathrm{d}x}\right)_e - \left(\Gamma A \frac{\mathrm{d}\phi}{\mathrm{d}x}\right)_w + S\Delta V \tag{2-61}$$

我们看到，式（2-61）中对流项和扩散项均已转化为控制体积界面上的值。有限体积法最显著的特点之一是离散方程中具有明确的物理插值，即界面的物理量要通过插值的方式由节点的物理量来表示。

为了建立所需要形式的离散方程，需要找出如何表示式（2-61）中界面 e 和 w 处

的 ρ、u、Γ、ϕ 和 $\dfrac{\mathrm{d}\phi}{\mathrm{d}x}$。在有限体积法中规定，$\rho$、$u$、$\Gamma$、$\phi$ 和 $\dfrac{\mathrm{d}\phi}{\mathrm{d}x}$ 等物理量均是在节点处定义和计算的。因此，为了计算界面上的这些物理参数（包括其导数），需要有一个物理参数在节点间的近似分布。可以想象，线性近似是可用来计算界面物性值的最直接也是最简单的方式。这种分布叫作中心差分。如果网格是均匀的，则单个物理参数（以扩散系数 Γ 为例）的线性插值结果是

$$\Gamma_e = \frac{\Gamma_P + \Gamma_E}{2} \tag{2-62a}$$

$$\Gamma_w = \frac{\Gamma_W + \Gamma_P}{2} \tag{2-62b}$$

$(\rho u \phi A)$ 的线性插值结果是

$$(\rho u \phi A)_e = (\rho u)_e A_e \frac{\phi_P + \phi_E}{2} \tag{2-63a}$$

$$(\rho u \phi A)_w = (\rho u)_w A_w \frac{\phi_W + \phi_P}{2} \tag{2-63b}$$

与梯度项相关的扩散通量的线性插值结果是

$$\left(\Gamma A \frac{\mathrm{d}\phi}{\mathrm{d}x} \right)_e = \Gamma_e A_e \left[\frac{\phi_E - \phi_P}{(\delta x)_e} \right] \tag{2-64a}$$

$$\left(\Gamma A \frac{\mathrm{d}\phi}{\mathrm{d}x} \right)_w = \Gamma_w A_w \left[\frac{\phi_P - \phi_W}{(\delta x)_w} \right] \tag{2-64b}$$

对于源项 S，它通常是时间和物理量 ϕ 的函数。为了简化处理，经常将 S 转化为如下线性方式：

$$S = S_C + S_P \phi_P \tag{2-65}$$

在式（2-65）中，S_C 是常数；S_P 是随时间和物理量 ϕ 变化的项。将式（2-62）~式（2-65）代入方程（2-61），有

$$(\rho u)_e A_e \frac{\phi_P + \phi_E}{2} - (\rho u)_w A_w \frac{\phi_W + \phi_P}{2} =$$
$$\Gamma_e A_e \left[\frac{\phi_E - \phi_P}{(\delta x)_e} \right] - \Gamma_w A_w \left[\frac{\phi_P - \phi_W}{(\delta x)_w} \right] + (S_C + S_P \phi_P) \Delta V \tag{2-66}$$

整理后得

$$\left(\frac{\Gamma_e}{(\delta x)_e} A_e + \frac{\Gamma_w}{(\delta x)_w} A_w - S_P \Delta V \right) \phi_P =$$
$$\left[\frac{\Gamma_w}{(\delta x)_w} A_w + \frac{(\rho u)_w}{2} A_w \right] \phi_W + \left[\frac{\Gamma_e}{(\delta x)_e} A_e - \frac{(\rho u)_e}{2} A_e \right] \phi_E + S_C \Delta V \tag{2-67}$$

记为

$$a_P \phi_P = a_W \phi_W + a_E \phi_E + b \tag{2-68}$$

式中

$$
\begin{cases}
a_W = \dfrac{\varGamma_w}{(\delta x)_w}A_w + \dfrac{(\rho u)_w}{2}A_w \\[2mm]
a_E = \dfrac{\varGamma_e}{(\delta x)_e}A_e - \dfrac{(\rho u)_e}{2}A_e \\[2mm]
a_P = \dfrac{\varGamma_w}{(\delta x)_w}A_w + \dfrac{\varGamma_e}{(\delta x)_e}A_e - S_P\Delta V = a_E + a_W + \dfrac{(\rho u)_e}{2}A_e - \dfrac{(\rho u)_w}{2}A_w - S_P\Delta V \\[2mm]
b = S_C\Delta V
\end{cases}
\tag{2-69}
$$

对于一维问题，控制体积截面 e 和 w 处的面积 A_e 和 A_w 均为1，即单位面积。这样，$\Delta V = \Delta x$，式（2-69）中各系数可转化为

$$
\begin{cases}
a_W = \dfrac{\varGamma_w}{(\delta x)_w} + \dfrac{(\rho u)_w}{2} \\[2mm]
a_E = \dfrac{\varGamma_e}{(\delta x)_e} - \dfrac{(\rho u)_e}{2} \\[2mm]
a_P = a_E + a_W + \dfrac{(\rho u)_e}{2} - \dfrac{(\rho u)_w}{2} - S_P\Delta x \\[2mm]
b = S_C\Delta x
\end{cases}
\tag{2-70}
$$

方程（2-68）即为方程（2-59）的离散形式，后面将要建立的各种离散方式都将具有方程（2-68）的形式。

4. 离散方程的求解

为了求解所给出的流体流动问题，必须在整个计算域的每个节点上建立式（2-68）所示的离散方程，从而每个节点上都有一个相应的方程（2-68），这些方程组成一个含有节点未知量的线性代数方程组。求解这个方程组，就可以得到物理量 ϕ 在各节点处的值。原则上，任何可用于求解代数方程组的方法，如 Gauss 消去法，都可完成上述任务，但考虑到所生成的离散方程组的系数矩阵不是满阵，而是具有一定特点的对角阵，因此，往往有更简便的解法。读者可以参阅相关的书籍。

2.5.4 常用的离散格式

通过上一小节的介绍可知，在使用有限体积法建立离散方程时，很重要的一步是将控制体积界面的物理量及其导数通过节点物理量插值求出，上一小节使用了线性插值，即中心差分格式。引入插值方式的目的就是建立离散方程，不同的插值方式对应于不同的离散结果，因此，插值方式常称为离散格式。本小节使用离散格式来表征这一特定的数学处理方案。

1. 术语与决定

由于离散格式并不影响控制方程中的源项及瞬态项，因此，为了便于说明各种离散格式的特性，本节选取一维、稳态、无源项的对流－扩散问题为讨论对象。假定速度场为 u，根据式（2–20）得出关于广义未知量 ϕ 的输运方程为

$$\frac{\mathrm{d}(\rho u \phi)}{\mathrm{d}x} = \frac{\mathrm{d}}{\mathrm{d}x}\Big(\Gamma \frac{\mathrm{d}\phi}{\mathrm{d}x}\Big) \tag{2-71}$$

因该流动也必须满足连续方程，因此有

$$\frac{\mathrm{d}(\rho u)}{\mathrm{d}x} = 0 \tag{2-72}$$

考虑图 2–12 所示的一维控制体积，使用上一小节所引入的标记系统，现主要考察广义节点 P、相邻节点 E 和 W、控制体积的界面 e 和 w。在控制体积 P 上积分输运方程（2–71），有

$$(\rho u A \phi)_e - (\rho u A \phi)_w = \Big(\Gamma A \frac{\mathrm{d}\phi}{\mathrm{d}x}\Big)_e - \Big(\Gamma A \frac{\mathrm{d}\phi}{\mathrm{d}x}\Big)_w \tag{2-73}$$

积分连续方程（2–72），有

$$(\rho u A)_e - (\rho u A)_w = 0 \tag{2-74}$$

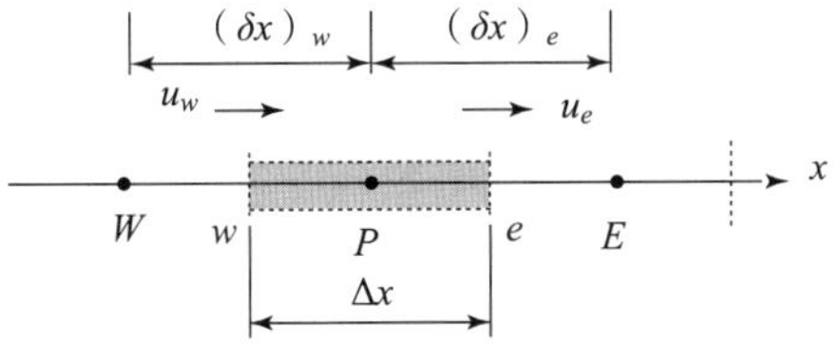

图 2–12　控制体积 P 及界面上的流速

为了获得对流－扩散问题的离散方程，必须对式（2–73）的界面上的物理量做某种近似处理。为后续讨论方便，定义两个新的物理量 F 和 D，其中 F 表示通过界面上单位面积的对流质量通量，简称为对流质量流量；D 表示界面的扩散传导性。有

$$F \equiv \rho u \tag{2-75}$$

$$D \equiv \frac{\Gamma}{\delta x} \tag{2-76}$$

这样，F 和 D 在控制体积界面上的值分别为

$$F_w = (\rho u)_w, \; F_e = (\rho u)_e \tag{2-77}$$

$$D_w = \frac{\Gamma_w}{(\delta x)_w}, \; D_e = \frac{\Gamma_e}{(\delta x)_e} \tag{2-78}$$

在此基础上，定义一维单元的 Peclet 数 Pe 如下：

$$Pe = \frac{F}{D} = \frac{\rho u}{\Gamma / \delta x} \tag{2-79}$$

Pe 表示对流与扩散的强度之比。可以想象，当 $Pe = 0$ 时，对流－扩散问题演变为纯扩散问题，即流场中没有流动，只有扩散；当 $Pe > 0$ 时，流体沿正 x 方向流动，当 Pe 数很大时，对流－扩散问题演变为纯对流问题，扩散的作用可以忽略；当 $Pe < 0$ 时，情况正好相反。此外，再引入两条假定：

①在控制体积的界面 e 和 w 处的界面面积存在如下关系：$A_w = A_e = A$；

②方程右端的扩散项总是用中心差分格式来表示（与 2.5.3 小节的处理方式相同）。

这样，方程（2－73）可写为

$$F_e\phi_e - F_w\phi_w = D_e(\phi_E - \phi_P) - D_w(\phi_P - \phi_W) \tag{2-80}$$

同时，连续方程（2－38）的积分结果为

$$F_e - F_w = 0 \tag{2-81}$$

为简化问题，假定速度场已通过某种方式变为已知，这样 F_e 和 F_w 便为已知。为了求解方程（2－80），需要计算广义未知量 ϕ 在界面 e 和 w 处的值。为了完成这一任务，必须决定界面物理量如何通过节点物理量来插值表示，这就是下面将讨论的离散格式。

2. 中心差分格式

1）中心差分格式的数学描述

所谓中心差分格式，就是界面上的物理量采用线性插值公式来计算。

在前一小节已经引入了一个假定，即在采用有限体积法推导控制方程的离散方程时，如果没有特殊声明，扩散项总是采用中心差分格式进行离散。在式（2－80）中已经看到了这一点，采用中心差分格式离散后的扩散项已经出现在离散方程（2－80）的右端。现在，一种自然的想法是同样采用中心差分格式离散对流项，即方程（2－80）的左端项。实际上，在 2.5.3 小节中已经使用了中心差分格式来离散对流项，现将中心差分格式重复叙述如下。

对于一给定的均匀网格，可写出控制体积的界面上物理量 ϕ 的值：

$$\phi_e = \frac{\phi_P + \phi_E}{2}, \quad \phi_w = \frac{\phi_W + \phi_P}{2} \tag{2-82}$$

将式（2－82）代入式（2－80）中的对流项，有

$$\frac{F_e}{2}(\phi_P + \phi_E) - \frac{F_w}{2}(\phi_W + \phi_P) = D_e(\phi_E - \phi_P) - D_w(\phi_P - \phi_W) \tag{2-83}$$

改写上式后，有

$$\left[\left(D_w - \frac{F_w}{2}\right) + \left(D_e + \frac{F_e}{2}\right)\right]\phi_P = \left(D_w + \frac{F_w}{2}\right)\phi_W + \left(D_e - \frac{F_e}{2}\right)\phi_E \tag{2-84}$$

引入连续方程的离散形式（2－81），上式变成

$$\left[\left(D_w - \frac{F_w}{2} \right) + \left(D_e + \frac{F_e}{2} \right) + \left(F_e - F_w \right) \right] \phi_P = \left(D_w + \frac{F_w}{2} \right) \phi_W + \left(D_e - \frac{F_e}{2} \right) \phi_E$$

$$(2-85)$$

将式（2-85）中 ϕ_P、ϕ_W 和 ϕ_E 前的系数分别用 a_P、a_W 和 a_E 表示，得到中心差分格式的对流-扩散方程的离散方程

$$a_P \phi_P = a_W \phi_W + a_E \phi_E \qquad (2-86)$$

其中

$$\left. \begin{array}{l} a_W = D_w + \dfrac{F_w}{2} \\[2mm] a_E = D_e - \dfrac{F_e}{2} \\[2mm] a_P = a_W + a_E + \left(F_e - F_w \right) \end{array} \right\} \qquad (2-87)$$

可写出所有网格节点（控制体积的中心）上具有式（2-86）形式的离散方程，从而组成一个线性代数方程组。方程组中的未知量就是各节点上的 ϕ 值，如式（2-86）中的 ϕ_P、ϕ_W 和 ϕ_E。求解这个方程组，可得到未知量 ϕ 在空间的分布。

2）中心差分格式的特点及适用性

式（2-86）是对扩散项和对流项均采用中心差分格式离散后得到的结果。系数 a_E、a_W 包括了扩散与对流作用的影响。其中，系数中的 D_e 和 D_w 是由扩散项的中心差分所形成的，代表了扩散过程的影响。系数中与流量 F_e 和 F_w 有关的部分是界面上的分段线性插值方式在均匀网格下的表现，体现了对流的作用。

可以证明，当 $Pe < 2$ 时，中心差分格式的计算结果与精确解基本吻合。但当 $Pe > 2$ 时，中心差分格式所得的解就完全失去了物理意义。从离散方程的系数来说，这是由于当 $Pe > 2$ 时，系数 $a_E < 0$。我们知道，系数 a_E 和 a_W 代表了邻点 E 和 W 处的物理量通过对流及扩散作用对 P 点产生影响的大小，当离散方程写成式（2-86）的形式时，a_E、a_W 和 a_P 都必须大于零，负的系数会导致物理上不真实的解。正系数的要求出自方程组迭代求解的考虑。方程组（2-86）一般采用迭代法求解，而迭代求解收敛的充分条件是在所有节点上有 $\left(\sum |a_{nb}| \right) |a'_p| \leqslant 1$，且至少在一个节点上有 $\left(\sum |a_{nb}| \right) |a'_p| < 1$。这里的 a'_p 是扣除源项后的方程组主系数 $a'_p = a_p - S_p$，记号 nb 代表节点 P 周围的所有相邻节点。

需要注意，通过式（2-79）所定义的控制体积上的 Pe 是如下参数的组合：流体特性（ρ, Γ）、流动特性（u）及计算网格特性（δx）。这样，对于给定的 ρ 和 Γ，要满足 $Pe < 2$，只能是速度 u 很小（对应于由对流支配的低 Reynolds 数流动）或者网格间距很小。基于此限制，中心差分格式不能作为对于一般流动问题的离散格式，必须创建其他更合适的离散格式。

3. 一阶迎风格式

如前所述，在中心差分格式中，界面 w 处物理量 ϕ 的值总是同时受到 ϕ_P 和 ϕ_W 的共同影响。在一个对流占据主导地位的由西向东的流动中，上述处理方式明显是不合适的，这是由于 w 界面应该受到来自节点 W 比来自节点 P 更强烈的影响。迎风格式在确定界面的物理量时则考虑了流动方向。

1) 一阶迎风格式的数学描述

一阶迎风格式规定：因对流造成的界面上的 ϕ 值被认为等于上游节点（即迎风侧节点）的 ϕ 值，于是，当流动沿着正方向，即 $u_w > 0, u_e > 0$（$F_w > 0, F_e > 0$）时，存在

$$\phi_w = \phi_W, \quad \phi_e = \phi_P \tag{2-88}$$

此时，离散方程（2-80）变为

$$F_e\phi_P - F_w\phi_W = D_e(\phi_E - \phi_P) - D_w(\phi_P - \phi_W) \tag{2-89}$$

引入连续方程的离散形式（2-81），上式变成

$$[(D_w + F_w) + D_e + (F_e - F_w)]\phi_P = (D_w + F_w)\phi_W + D_e\phi_E \tag{2-90}$$

当流动沿着负方向，即 $u_w < 0, u_e < 0$（$F_w < 0, F_e < 0$）时，一阶迎风格式规定：

$$\phi_w = \phi_P, \quad \phi_e = \phi_E \tag{2-91}$$

此时，离散方程（2-80）变为

$$F_e\phi_E - F_w\phi_P = D_e(\phi_E - \phi_P) - D_w(\phi_P - \phi_W) \tag{2-92}$$

即

$$[D_w + (D_e - F_e) + (F_e - F_w)]\phi_P = D_w\phi_W + (D_e - F_e)\phi_E \tag{2-93}$$

综合方程（2-90）和（2-93），将式中 ϕ_P、ϕ_W 和 ϕ_E 前的系数分别用 a_P、a_W 和 a_E 表示，得到一阶迎风格式的对流-扩散方程的离散方程：

$$a_P\phi_P = a_W\phi_W + a_E\phi_E \tag{2-94}$$

式中

$$\left.\begin{array}{l} a_P = a_E + a_W + (F_e - F_w) \\ a_W = D_w + \max(F_w, 0) \\ a_E = D_e + \max(0, -F_e) \end{array}\right\} \tag{2-95}$$

这里，界面上未知量恒取上游节点的值，而中心差分则取上、下游节点的算术平均值。这是两种格式间的基本区别。由于这种迎风格式具有一阶截断误差，因而称作一阶迎风格式。

2) 一阶迎风格式的特点及适用性

一阶迎风格式考虑了流动方向的影响，由式（2-95）所表示的一阶迎风格式离散方程系数 a_E 和 a_W 永远大于零，因而在任何条件下都不会引起解的振荡，永远都可得到

在物理上看起来是合理的解，没有中心差分格式中的 $Pe < 2$ 的限制。也正是由于这一点，使一阶迎风格式在过去长期得到广泛应用。尤其是在软件调试或计算过程中，比如在多层网格的粗网格上或在迭代问题的初始值的选取方面，一阶迎风格式以其绝对稳定的特性受到好评。当然，一阶迎风格式在构造方式上有其不足之处，主要表现在：

①迎风差分简单地按界面上流速是大于还是小于零而决定其取值，但精确解表明界面上的值还与 Pe 数的大小有关。

②迎风格式中不管 Pe 数的大小，扩散项永远按中心差分计算。可是，当 $|Pe|$ 过大时，界面上的扩散作用接近于零，此时迎风格式夸大了扩散项的影响，因此迎风格式在大的 $|Pe|$ 值条件下过高地估计了扩散值。

一阶迎风格式所生成的离散方程的截差等级比较低，虽然不会出现解的振荡，但也常常限制了解的精度。除非采用相当细密的网格，否则，计算结果的误差较大。研究证明，在对流项中心差分的数值解不出现振荡的参数范围内，在相同的网格节点数条件下，采用中心差分的计算结果要比采用一阶迎风格式的结果误差小。因此，随着计算机处理能力的提高，在正式计算时，一阶迎风格式目前常被后续要讨论的二阶迎风格式或其他高阶格式所代替。

4. 乘方格式

乘方格式是利用方程（2 - 71）的精确解建立的一种离散格式。它将扩散与对流的作用合在一起来考虑，这一点与前面的离散格式不同。

对于方程（2 - 71），在计算域 $0 \leqslant x \leqslant L$ 内（图 2 - 13），当 $x = 0$ 时，有 $\phi = \phi_0$；当 $x = L$ 时，有 $\phi = \phi_L$，则方程的精确解是

$$\frac{\phi - \phi_0}{\phi_L - \phi_0} = \frac{\exp(Pex/L) - 1}{\exp Pe - 1} \tag{2 - 96}$$

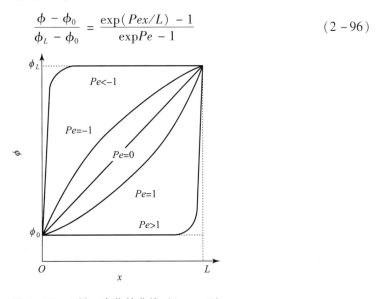

图 2 - 13　ϕ 随 x 变化的曲线（$0 < x < L$）

现考虑一个由对流通量密度 $\rho u\phi$ 与扩散通量密度 $-\Gamma\partial\phi/\partial x$ 所组成的总通量密度 J：

$$J = \rho u\phi - \Gamma\partial\phi/\partial x \qquad (2-97)$$

这里，总通量密度 J 是指单位时间内、单位面积上由扩散及对流作用而引起的某一物理量的总转移量。式（2-97）即为针对通用变量 ϕ 的总通量密度。在有的文献中，为简单起见，也直接称作总通量。

按此定义，方程（2-71）变为

$$\frac{\partial J}{\partial x} = 0 \qquad (2-98)$$

在图 2-12 所示的控制体内积分方程（2-98），得到

$$J_e - J_w = 0 \qquad (2-99)$$

现在，精确解式（2-96）可以作为点 P 与 E 之间的分布，其中用 ϕ_P 和 ϕ_E 代替 ϕ_0 和 ϕ_L，并用距离 $(\delta x)_e$ 代替 L，从而可以给出 J_e 的表达式：

$$J_e = F_e\left(\phi_P + \frac{\phi_P - \phi_E}{\exp Pe_e - 1}\right) \qquad (2-100)$$

式中 Pe_e ——界面 e 上的 Pelclet 数。

同样，可写出关于 J_w 的类似关系如下：

$$J_w = F_w\left(\phi_W + \frac{\phi_W - \phi_P}{\exp Pe_w - 1}\right) \qquad (2-101)$$

将式（2-100）、式（2-101）代入方程（2-99），得

$$F_e\left(\phi_P + \frac{\phi_P - \phi_E}{\exp Pe_e - 1}\right) - F_w\left(\phi_W + \frac{\phi_W - \phi_P}{\exp Pe_w - 1}\right) = 0 \qquad (2-102)$$

写成标准形式：

$$a_P\phi_P = a_W\phi_W + a_E\phi_E \qquad (2-103)$$

式中

$$\left.\begin{array}{l} a_P = a_E + a_W + (F_e - F_w) \\[2mm] a_W = \dfrac{F_w\exp(F_w/D_w)}{\exp(F_w/D_w) - 1} \\[4mm] a_E = \dfrac{F_e}{\exp(F_e/D_e) - 1} \end{array}\right\} \qquad (2-104)$$

在应用于一维的稳态问题时，乘方格式保证对任何的 Pelclet 数以及任意数量的网格点均可以得到精确解。但是，尽管这种方案具有如此理想的性质，但由于下列原因未得到广泛应用：

①指数运算是费时的。

②对于二维或三维的问题，以及源项不为零的情况，这种方案是不准确的。

在此需要说明一点，在一些文献中，称此离散格式为指数格式（Exponential Scheme）；在 FLUENT 软件使用手册中，则称其为乘方格式（Power – Law Scheme），在此以 FLUENT 软件使用手册为准。

5. 低阶格式中的假扩散和人工黏性

之前介绍的各种离散格式均属于低阶离散格式。我们知道，任何数值计算的格式总会引起误差。对流 – 扩散方程中一阶导数项（对流项）离散格式的截断误差小于二阶而引起较大数值计算误差的现象称为假扩散。因为这种离散格式截差的首项包含二阶导数，使数值计算结果中扩散的作用被人为地放大了，相当于引入了人工黏性或数值黏性。

就物理过程本身的特性而言，扩散的作用总是使物理量的变化率减小，使整个流场处于均匀化。在一个离散格式中，假扩散的存在会使数值解的结果偏离真解的程度加剧。

研究发现，除了非稳定项和对流项的一阶导数离散可以引起假扩散外，如下两个原因也可引起假扩散：流动方向与网格线呈倾斜交叉（多维问题）；建立离散格式时没有考虑到非常数的源项的影响。现在一般把由这两种原因引起的数值计算误差都归入假扩散。

为了消除或减轻数值计算中的假扩散，可以采用截差较高的离散格式，或者采用自适应网格技术以生成与流场相适应的网格。下面介绍可减轻假扩散影响的二阶迎风格式和 QUICK 格式。对于自适应网格技术，有兴趣的读者可参阅相关文献。

6. 二阶迎风格式

二阶迎风格式与一阶迎风格式的相同点在于，两者都通过上游单元节点的物理量来确定控制体积界面的物理量。但二阶迎风格式不仅要用到上游最近一个节点的值，还要用到另一个上游节点的值。如图 2 – 14 所示。

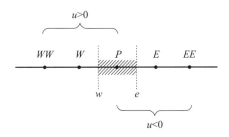

图 2 – 14　二阶迎风格式示意图

如图 2 – 14 所示的均匀网格，图中阴影部分为计算节点 P 处的控制体积，二阶迎风格式规定，当流动沿着正方向，即 $u_w > 0, u_e > 0 (F_w > 0, F_e > 0)$ 时，存在

$$\phi_w = 1.5\phi_W - 0.5\phi_{WW}, \quad \phi_e = 1.5\phi_P - 0.5\phi_W \qquad (2-105)$$

此时，离散方程（2 - 80）变为（注意，这里对扩散项仍采用中心差分格式进行离散）

$$F_e(1.5\phi_P - 0.5\phi_W) - F_w(1.5\phi_W - 0.5\phi_{WW}) = D_e(\phi_E - \phi_P) - D_w(\phi_P - \phi_W)$$

$$(2 - 106)$$

整理后得

$$\left(\frac{3}{2}F_e + D_e + D_w\right)\phi_P = \left(\frac{3}{2}F_w + \frac{1}{2}F_e + D_w\right)\phi_W + D_e\phi_E - \frac{1}{2}F_w\phi_{WW} \quad (2 - 107)$$

当流动沿着负方向，即 $u_w < 0, u_e < 0(F_w < 0, F_e < 0)$ 时，二阶迎风格式规定

$$\phi_w = 1.5\phi_P - 0.5\phi_E, \quad \phi_e = 1.5\phi_E - 0.5\phi_{EE} \quad (2 - 108)$$

此时，离散方程（2 - 80）变为

$$F_e(1.5\phi_E - 0.5\phi_{EE}) - F_w(1.5\phi_P - 0.5\phi_E) = D_e(\phi_E - \phi_P) - D_w(\phi_P - \phi_W) \quad (2 - 109)$$

整理后得

$$\left(D_e - \frac{3}{2}F_w + D_w\right)\phi_P = D_w\phi_W + \left(D_e - \frac{3}{2}F_e - \frac{1}{2}F_w\right)\phi_E + \frac{1}{2}F_e\phi_{WW} \quad (2 - 110)$$

综合方程（2 - 107）和（2 - 110），将式中 ϕ_P、ϕ_W、ϕ_{WW}、ϕ_E、ϕ_{EE} 前的系数分别用 a_P、a_W、a_{WW}、a_E、a_{EE} 表示，得到二阶迎风格式的对流 - 扩散方程的离散方程：

$$a_P\phi_P = a_W\phi_W + a_{WW}\phi_{WW} + a_E\phi_E + a_{EE}\phi_{EE} \quad (2 - 111)$$

式中

$$\left.\begin{array}{l} a_P = a_E + a_{EE} + a_W + a_{WW} + (F_e - F_w) \\[2mm] a_W = D_w + \frac{3}{2}\alpha F_w + \frac{1}{2}\alpha F_e \\[2mm] a_E = D_e - \frac{3}{2}(1 - \alpha)F_e - \frac{1}{2}(1 - \alpha)F_w \\[2mm] a_{WW} = -\frac{1}{2}\alpha F_w \\[2mm] a_{EE} = \frac{1}{2}(1 - \alpha)F_e \end{array}\right\} \quad (2 - 112)$$

其中，当流动沿着正方向，即 $F_w > 0$ 及 $F_e > 0$ 时，$\alpha = 1$；当流动沿着负方向，即 $F_w < 0$ 及 $F_e < 0$ 时，$\alpha = 0$。

二阶迎风格式可以看作是在一阶迎风格式的基础上，考虑了物理量在节点间分布曲线的曲率影响。在二阶迎风格式中，实际上只是对流项采用了二阶迎风格式，而扩散项仍采用中心差分格式。容易证明，二阶迎风格式的离散方程具有二阶精度的截断误差。此外，二阶迎风格式的一个显著特点是单个方程不仅包含相邻节点的未知量，还包括相邻节点旁边的其他节点的物理量，从而使离散方程组不再是原来的三对角方程组。

7. QUICK 格式

QUICK 格式是 "Quadratic Upwind Interpolation of Convective Kinematics" 的缩写，意为 "对流运动的二次迎风插值"，是一种改进离散方程截断误差的方法。

1）QUICK 格式的数学描述

对图 2 – 15 所示的情形，在控制体积右界面上的值 ϕ_e 如采用分段线性方式插值（即中心差分），有 $\phi_e = (\phi_P + \phi_E)/2$。但由图 2 – 15 可见，当实际的 ϕ 曲线下凸时，实际 ϕ 值要小于插值结果，而当曲线上凸时，则又要大于插值结果。一种更合理的方法是在分段线性插值基础上引入一个曲率修正。Leonard 提出的方法为

$$\phi_e = \frac{\phi_P + \phi_E}{2} - \frac{1}{8}C \tag{2 – 113}$$

式中　C ——曲率修正，其计算方法如下：

$$C = \begin{cases} \phi_E - 2\phi_P + \phi_W, u > 0 \\ \phi_P - 2\phi_E + \phi_{EE}, u < 0 \end{cases} \tag{2 – 114}$$

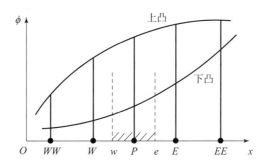

图 2 – 15　二阶迎风格式中的曲率修正

可按同样方式写出 ϕ_w 的表达式。

将上述 QUICK 格式的表达式合并，假如沿流动方向有连续三个节点 $i - 2$、$i - 1$ 和 i，则在节点 $i - 1$ 与 i 之间界面处的物理量为

$$\phi_{face} = \frac{6}{8}\phi_{i-1} + \frac{3}{8}\phi_i - \frac{1}{8}\phi_{i-2} \tag{2 – 115}$$

例如，当流动沿着正方向，即 $u_w > 0, u_e > 0 (F_w > 0, F_e > 0)$ 时，存在

$$\phi_w = \frac{6}{8}\phi_W + \frac{3}{8}\phi_P - \frac{1}{8}\phi_{WW}, \ \phi_e = \frac{6}{8}\phi_P + \frac{3}{8}\phi_E - \frac{1}{8}\phi_W \tag{2 – 116}$$

将式（2 – 116）代入方程（2 – 80），有

$$\left(D_w - \frac{3}{8}F_w + D_e + \frac{6}{8}F_e\right)\phi_P = \left(D_w + \frac{6}{8}F_w + \frac{1}{8}F_e\right)\phi_W + \left(D_e - \frac{3}{8}F_e\right)\phi_E - \frac{1}{8}F_w\phi_{WW}$$

$$\tag{2 – 117}$$

同样，可写出当流动沿负方向时的界面物理量表达式，相应的离散方程如下：

$$\left(D_w - \frac{6}{8}F_w + D_e + \frac{3}{8}F_e\right)\phi_P = \left(D_w + \frac{3}{8}F_w\right)\phi_W + \left(D_e - \frac{6}{8}F_e - \frac{1}{8}F_w\right)\phi_E + \frac{1}{8}F_e\phi_{EE}$$

$$(2-118)$$

综合正负两个方向的结果，即式（2-117）及式（2-118），得出 QUICK 格式下的离散方程：

$$a_P\phi_P = a_W\phi_W + a_{WW}\phi_{WW} + a_E\phi_E + a_{EE}\phi_{EE} \qquad (2-119)$$

式中

$$\left.\begin{array}{l} a_P = a_E + a_{EE} + a_W + a_{WW} + (F_e - F_w) \\[2mm] a_W = D_w + \frac{6}{8}\alpha_w F_w + \frac{1}{8}\alpha_w F_e + \frac{3}{8}(1-\alpha_w)F_w \\[2mm] a_E = D_e - \frac{3}{8}\alpha_e F_e - \frac{6}{8}(1-\alpha_e)F_e - \frac{1}{8}(1-\alpha_e)F_w \\[2mm] a_{WW} = -\frac{1}{8}\alpha_w F_w \\[2mm] a_{EE} = \frac{1}{8}(1-\alpha_e)F_e \end{array}\right\} \qquad (2-120)$$

其中，当 $F_w > 0$ 时，有 $\alpha_w = 1$；当 $F_e > 0$ 时，有 $\alpha_e = 1$；当 $F_w < 0$ 时，有 $\alpha_w = 0$；当 $F_e < 0$ 时，有 $\alpha_e = 0$。

2）QUICK 格式的特点及其改进格式

这里，之所以称这种格式为 QUICK 格式，是由于对对流项而言，其插值格式采用的是二次的，而其中的"迎风"指的是曲率修正值 C 总是由曲面两侧的两个点及迎风方向的另一个点所决定。QUICK 格式对应的离散方程组不是三对角方程组。对流项的 QUICK 格式具有三阶精度的截差，但扩散项因采用中心差分格式而具有二阶截差。不难证明，QUICK 格式具有守恒特性。

对于与流动方向对齐的结构网格而言，QUICK 格式将可产生比二阶迎风格式等更精确的计算结果，因此，QUICK 格式常用于六面体（或二维问题中的四边形）网格。对于其他类型的网格，一般使用二阶迎风格式。

在 QUICK 格式所建立的离散方程中，系数不总是正值。例如，当流动方向为正，即 $u_w > 0$ 及 $u_e > 0$ 时，在中等的 Pe（$Pe > 8/3$）下，东部系数 a_E 为负；当流动方向相反时，西部系数 a_W 为负。这样，就会出现解的不稳定问题。因此，QUICK 格式是条件稳定的。

为了解决 QUICK 的稳定性问题，多位学者提出了改进的 QUICK 算法。如 Hayase 等人于 1992 年提出的改进 QUICK 算法规定：

$$\phi_w = \phi_W + \frac{1}{8}(3\phi_P - 2\phi_w - \phi_{WW}) \qquad (F_w > 0) \qquad (2-121a)$$

$$\phi_e = \phi_P + \frac{1}{8}(3\phi_E - 2\phi_P - \phi_W) \qquad (F_e > 0) \qquad (2-121\text{b})$$

$$\phi_w = \phi_P + \frac{1}{8}(3\phi_W - 2\phi_P - \phi_E) \qquad (F_w < 0) \qquad (2-121\text{c})$$

$$\phi_e = \phi_E + \frac{1}{8}(3\phi_P - 2\phi_E - \phi_{EE}) \qquad (F_e < 0) \qquad (2-121\text{d})$$

相应的离散方程为

$$a_P \phi_P = a_W \phi_W + a_E \phi_E + \overline{S} \qquad (2-122)$$

其中

$$\left.\begin{aligned}
&a_P = a_E + a_W + (F_e - F_w) \\
&a_W = D_w + \alpha_w F_w \\
&a_E = D_e - (1 - \alpha_e)F_e \\
&\overline{S} = \frac{1}{8}(3\phi_P - 2\phi_W - \phi_{WW})\alpha_w F_w - \frac{1}{8}(3\phi_E - 2\phi_P - \phi_W)\alpha_e F_e + \\
&\qquad \frac{1}{8}(3\phi_W - 2\phi_P - \phi_E)(1 - \alpha_w)F_w - \frac{1}{8}(3\phi_P - 2\phi_E - \phi_{EE})(1 - \alpha_e)F_e
\end{aligned}\right\}$$

$$(2-123)$$

其中，当 $F_w > 0$ 时，有 $\alpha_w = 1$；当 $F_e > 0$ 时，有 $\alpha_e = 1$；当 $F_w < 0$ 时，有 $\alpha_w = 0$；当 $F_e < 0$ 时，有 $\alpha_e = 0$。

式（2-123）对应的方程系数总是正值，因此，在求解方程组时总能得到稳定解。这种改进的 QUICK 格式与标准的 QUICK 格式得到相同的收敛解。

3）FLUENT 中的广义 QUICK 格式

在 FLUENT 软件中，为了编程方便，给出了广义 QUICK 格式的表达式：

$$\phi_e = \theta\left(\frac{S_d}{S_c + S_d}\phi_P + \frac{S_c}{S_c + S_d}\phi_E\right) + (1-\theta)\left(\frac{S_u + 2S_c}{S_u + S_c}\phi_P - \frac{S_c}{S_u + S_c}\phi_W\right) \quad (2-124)$$

在式（2-124）中，S_u、S_c、S_d 表示与计算节点 W、P、E 相对应的控制体积的边长，如图 2-16 所示。

当 $\theta = 1$ 时，式（2-124）即转化为二阶的中心差分格式；当 $\theta = 0$ 时，式（2-124）转化为二阶迎风格式；当 $\theta = 1/8$ 时，式（2-124）转化为标准的 QUICK 格式。

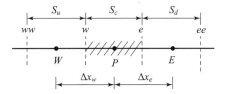

图 2-16　一维问题中的控制体积

2.5.5　各种离散格式的性能对比

对于任一种离散格式，我们都希望其既具有稳定性，又具有较高的精度，同时又能适应不同的流动形式，但实际上这种理想的离散格式是不存在的。在有的文献中，提出了对现有离散格式进行组合的方法，但代数方程的求解工作量要比非组合格式的大，因此，应用并不普遍。本节对前面介绍过的各种离散格式的性能做一粗略对比，以便于用户在实际计算时选用合适的格式。

表 2 - 4 给出了常见离散格式的性能对比。在此基础上，我们归纳如下：

（1）在满足稳定性条件的范围内，一般来说，在截差较高的格式下解的准确度要高一些。例如，具有三阶截差的 QUICK 格式往往可获得较高的精度。在采用低阶截差格式时，注意应使计算网格足够密，以减少假扩散影响。

（2）稳定性与准确性常常是互相矛盾的。准确性较高的格式，如 QUICK 格式，都不是无条件稳定的，而假扩散现象相对严重的一阶迎风格式则是无条件稳定的。其中的一个原因是，为了提高格式的截差等级，需要从所研究节点的两侧取用一些节点以构造该节点上的导数计算式，而一旦下游的节点值出现在导数离散格式中且其系数为正时，迁移特性必遭破坏，格式就只能是条件稳定的。

表 2 - 4　常见离散格式的性能对比

离散格式	稳定性及稳定条件	精度与经济性
中心差分	条件稳定 $Pe \leqslant 2$	在不发生振荡的参数范围内，可以获得较准确的结果
一阶迎风	绝对稳定	虽然可以获得物理上可接受的解，但当 Pe 较大时，假扩散较严重。为避免此问题，常需要加密计算网格
乘方格式	绝对稳定	主要适用于无源项的对流 - 扩散问题。对有非常数源项的场合，当 Pe 较大时，有较大误差
二阶迎风	绝对稳定	精度较一阶迎风高，但仍有假扩散问题
QUICK 格式	条件稳定 $Pe \leqslant 8/3$	可以减少假扩散误差，精度较高，应用较广泛。但主要用于六面体或四边形网格
改进的 QUICK 格式	绝对稳定	性能同标准 QUICK 格式，只是不存在稳定性问题

2.5.6　一维瞬态问题的有限体积法

为了便于说明有限体积法的本质，特别是其中的离散格式，在前面各节中均使用稳态问题为研究对象，且在讨论离散格式时未考虑控制方程中的源项。本节将针对相对复杂的一维、瞬态、有源项的对流 - 扩散问题进行研究，讨论如何在空间域及时间域上建立相应的离散方程。通过本节后面的介绍，读者可以看出，前面针对稳态问题所得到的离散格式在瞬态问题中依然适用。本小节的重点是如何完成时间域上的离散。

1. 瞬态问题的描述

与稳态问题相比，瞬态问题多了与时间相关的瞬态项。这里参照式（2 – 20）写出一维瞬态问题的通用控制方程如下：

$$\frac{\partial(\rho\phi)}{\partial t} + \frac{\partial(\rho u\phi)}{\partial x} = \frac{\partial}{\partial x}\left(\Gamma\frac{\partial\phi}{\partial x}\right) + S \qquad (2-125)$$

我们称该方程为一维模型方程，这是一个包含瞬态有源项的对流 – 扩散方程。从左至右，方程中的 4 项分别为瞬态项、对流项、扩散项及源项。这里给出的是方程的守恒形式。方程中的 ϕ 是广义变量，如速度分量、温度、浓度等，Γ 为相应于 ϕ 的广义扩散系数，S 为广义源项。

为了分析和模拟瞬态问题，必须在离散过程中处理瞬态项。实际上，在采用有限体积法求解瞬态问题时，在将控制方程对控制体积做空间积分的同时，还必须对时间间隔 Δt 做时间积分。其中，对控制体积所做的空间积分，与本节前面各小节所介绍的针对稳态问题的积分过程完全相同，下面将重点研究时间积分。

2. 控制方程的积分

现考虑图 2 – 11 所示的一维计算网格，在控制体积 P 及时间段 Δt（从 t 到 $t + \Delta t$）上积分控制方程（2 – 125），有

$$\int_t^{t+\Delta t}\int_{\Delta V}\frac{\partial(\rho\phi)}{\partial t}\mathrm{d}V\mathrm{d}t + \int_t^{t+\Delta t}\int_{\Delta V}\frac{\partial(\rho u\phi)}{\partial x}\mathrm{d}V\mathrm{d}t =$$
$$\int_t^{t+\Delta t}\int_{\Delta V}\frac{\partial}{\partial x}\left(\Gamma\frac{\partial\phi}{\partial x}\right)\mathrm{d}V\mathrm{d}t + \int_t^{t+\Delta t}\int_{\Delta V}S\mathrm{d}V\mathrm{d}t \qquad (2-126)$$

改写后，有

$$\int_{\Delta V}\left(\int_t^{t+\Delta t}\rho\frac{\partial\phi}{\partial t}\mathrm{d}t\right)\mathrm{d}V + \int_t^{t+\Delta t}\left[(\rho u\phi A)_e - (\rho u\phi A)_w\right]\mathrm{d}t =$$
$$\int_t^{t+\Delta t}\left[\left(\Gamma A\frac{\partial\phi}{\partial x}\right)_e - \left(\Gamma A\frac{\partial\phi}{\partial x}\right)_w\right]\mathrm{d}t + \int_t^{t+\Delta t}S\Delta V\mathrm{d}t \qquad (2-127)$$

式中　A——图 2 – 11 中控制体积 P 的界面处的面积（在一维问题中，实际有 $A = 1$）。

在处理瞬态项时，假定物理量 ϕ 在整个控制体积 P 上均具有节点处值 ϕ_P，则式（2 – 127）中的瞬态项变为

$$\int_{\Delta V}\left(\int_t^{t+\Delta t}\rho\frac{\partial\phi}{\partial t}\mathrm{d}t\right)\mathrm{d}V = \rho(\phi_P - \phi_P^0)\Delta V \qquad (2-128)$$

在式（2 – 128）中，上标 0 表示物理量在 t 时刻（时间步开始时）的值，而在 $t + \Delta t$

时刻的物理量没有用上标来标记；下标 P 表示物理量在控制体积 P 的节点 P 处取值。式（2 – 128）的结果可以看作是用线性插值 $(\phi_P - \phi_P^0)/\Delta t$ 来表示 $\partial\phi/\partial t$。

此外，参考在 2.5.3 小节建立式（2 – 67）同样的做法，将控制体积界面处的对流项和扩散项的值按中心差分格式通过节点处的值来表示，即式（2 – 63）和式（2 – 64），将源项 S 分解为式（2 – 65）所示的线性方式 $S = S_C + S_P\phi_P$，其中 S_C 是常数，S_P 是与时间及 ϕ 相关的系数，则式（2 – 127）变为

$$\rho(\phi_P - \phi_P^0)\Delta V + \int_t^{t+\Delta t}\left[(\rho u)_e A_e\frac{\phi_P + \phi_E}{2} - (\rho u)_w A_w\frac{\phi_W + \phi_P}{2}\right]dt =$$

$$\int_t^{t+\Delta t}\left[\Gamma_e A_e\frac{\phi_E - \phi_P}{(\delta x)_e} - \Gamma_w A_w\frac{\phi_P - \phi_W}{(\delta x)_w}\right]dt + \int_t^{t+\Delta t}(S_C + S_P\phi_P)\Delta V dt \tag{2 – 129}$$

为了计算该方程中的时间积分项，需要对式中变量 ϕ 如何随时间而变化的情况做出某种假设。可以采用的假设有多种，其中最直接的是用 t 时刻或 $t + \Delta t$ 时刻的值来计算时间积分，也可以利用 t 时刻的值 ϕ^0 与 $t + \Delta t$ 时刻的值 ϕ 进行组合来计算时间积分。这三种情况都可用下式来表示（以 ϕ_P 的时间积分为例进行说明）：

$$\int_t^{t+\Delta t}\phi_P dt = \left[f\phi_P - (1 - f)\phi_P^0\right]\Delta t \tag{2 – 130}$$

注意，式（2 – 130）右端中的 ϕ_P 实际应有上标 $t + \Delta t$，只是为了书写简便，省略此上标（下同），而上标 0 代表 t 时刻。式中的 f 是 0 与 1 之间的加权因子。当 $f = 0$ 时，意味着使用老值（t 时刻的值）进行时间积分；而当 $f = 1$ 时，意味着使用新值（$t + \Delta t$ 时刻的值）进行时间积分；而如果 $f = 1/2$，则意味着新老时刻的值的权重一样。

使用类似于式（2 – 130）的关系式表示式（2 – 129）中对 ϕ_E、ϕ_W 及 $S_C + S_P\phi_P$ 的时间积分，式（2 – 129）可写为

$$\rho(\phi_P - \phi_P^0)\frac{\Delta V}{\Delta t} + f\left[(\rho u)_e A_e\frac{\phi_P + \phi_E}{2} - (\rho u)_w A_w\frac{\phi_W + \phi_P}{2}\right] +$$

$$(1 - f)\left[(\rho u)_e A_e\frac{\phi_P^0 + \phi_E^0}{2} - (\rho u)_w A_w\frac{\phi_W^0 + \phi_P^0}{2}\right] =$$

$$f\left[\Gamma_e A_e\frac{\phi_E - \phi_P}{(\delta x)_e} - \Gamma_w A_w\frac{\phi_P - \phi_W}{(\delta x)_w}\right] + (1 - f)\left[\Gamma_e A_e\frac{\phi_E^0 - \phi_P^0}{(\delta x)_e} - \Gamma_w A_w\frac{\phi_P^0 - \phi_W^0}{(\delta x)_w}\right] +$$

$$\left[f(S_C + S_P\phi_P) + (1 - f)(S_C + S_P\phi_P^0)\right]\Delta V$$

$$\tag{2 – 131}$$

整理后得

$$\left[\rho\frac{\Delta V}{\Delta t} + f\left(\frac{\Gamma_e A_e}{(\delta x)_e} + \frac{\Gamma_w A_w}{(\delta x)_w}\right) + f\left(\frac{(\rho u)_e A_e}{2} - \frac{(\rho u)_w A_w}{2}\right) - fS_P\Delta V\right]\phi_P =$$

$$\left[\frac{\Gamma_w A_w}{(\delta x)_w} + \frac{(\rho u)_w A_w}{2}\right]\left[f\phi_W + (1-f)\phi_W^0\right] +$$

$$\left[\frac{\Gamma_e A_e}{(\delta x)_e} - \frac{(\rho u)_e A_e}{2}\right]\left[f\phi_E + (1-f)\phi_E^0\right] + \qquad (2-132)$$

$$\left\{\rho\frac{\Delta V}{\Delta t} - (1-f)\left[\frac{\Gamma_e A_e}{(\delta x)_e} + \frac{(\rho u)_e A_e}{2}\right] -\right.$$

$$\left.(1-f)\left[\frac{\Gamma_w A_w}{(\delta x)_w} - \frac{(\rho u)_w A_w}{2}\right] + (1-f)S_P\Delta V\right\}\phi_P^0 + S_C\Delta V$$

现引入式（2-75）～式（2-78）中关于符号 F 和 D 的定义，并将原来的定义做一定扩展，即乘以面积 A，有

$$F_w = (\rho u)_w A_w \qquad (2-133)$$

$$F_e = (\rho u)_e A_e \qquad (2-134)$$

$$D_w = \frac{\Gamma_w A_w}{(\delta x)_w} \qquad (2-135)$$

$$D_e = \frac{\Gamma_e A_e}{(\delta x)_e} \qquad (2-136)$$

将式（2-133）～式（2-136）代入式（2-132），得

$$\left[\rho\frac{\Delta V}{\Delta t} + f(D_e + D_w) + f\left(\frac{F_e}{2} - \frac{F_w}{2}\right) - fS_P\Delta V\right]\phi_P =$$

$$\left(D_w + \frac{F_w}{2}\right)\left[f\phi_W + (1-f)\phi_W^0\right] + \left(D_e - \frac{F_e}{2}\right)\left[f\phi_E + (1-f)\phi_E^0\right] +$$

$$\left[\rho\frac{\Delta V}{\Delta t} - (1-f)\left(D_e + \frac{F_e}{2}\right) - (1-f)\left(D_w - \frac{F_w}{2}\right) + (1-f)S_P\Delta V\right]\phi_P^0 + \qquad (2-137)$$

$$S_C\Delta V$$

现引入符号 a_P、a_W 和 a_E，式（2-137）变为

$$a_P\phi_P = a_W\left[f\phi_W + (1-f)\phi_W^0\right] + a_E\left[f\phi_E + (1-f)\phi_E^0\right] +$$

$$\left[a_P^0 - (1-f)(a_W + a_E) - (1-f)(F_e - F_w) + (1-f)S_P\Delta V\right]\phi_P^0 + S_C\Delta V$$

$$(2-138)$$

其中

$$a_P = f(a_E + a_W) + f(F_e - F_w) + a_P^0 - fS_P\Delta V$$

$$a_W = D_w + \frac{F_w}{2}$$

$$a_E = D_e - \frac{F_e}{2}$$

$$a_P^0 = \frac{\rho\Delta V}{\Delta t}$$

$$(2-139)$$

式（2-138）是推导得出的瞬态问题的离散方程。通过与稳态问题的离散格式对比发现，式（2-139）中的系数 a_W 和 a_E 与式（2-87）中的结果完全一样，则说明瞬态问题与稳态问题的离散方程的系数 a_W 和 a_E 是一样的。因此，不难得出如下结论：如果在建立方程（2-129）时，对流项不采用中心差分格式，而采用2.5.4节中介绍的其他格式，则同样可以得到与方程（2-138）完全一样的离散方程，只不过方程的系数 a_W 和 a_E 不是按式（2-139）计算的，而是依据所采用的离散格式计算的。为此，在下面的讨论中，在使用方程（2-138）时，并不一定局限于中心差分格式。

离散方程（2-138）的具体形式取决于 f 的值。当 $f = 0$ 时，只有老值（t 时刻的值）ϕ_P^0、ϕ_W^0 和 ϕ_E^0 出现在方程（2-138）右端，从而可直接求出新时刻（$t + \Delta t$ 时刻的值）的 ϕ_P、ϕ_W 和 ϕ_E，这种方案称为显式时间积分方案。当 $0 < f \leqslant 1$ 时，新时刻的未知量出现在方程（2-138）的两端，需要解若干个方程组成的方程组才能求出新时刻的 ϕ_P、ϕ_W 和 ϕ_E，这种方案称为隐式时间积分方案；当 $f = 1$ 时，称为全隐式时间积分方案；当 $f = 1/2$ 时，称为 Crank-Nicolson 时间积分方案。

3. 显式时间积分方案

将 $f = 0$ 代入式（2-138），则得到一维、瞬态、有源项的对流-扩散问题的显式时间积分方案（简称显式方案）的离散方程：

$$a_P\phi_P = $$
$$a_W\phi_W^0 + a_E\phi_E^0 + [a_P^0 - (a_W + a_E) - (F_e - F_w) + S_P\Delta V]\phi_P^0 + S_C\Delta V$$

$$(2-140)$$

其中

$$a_P = a_P^0$$
$$a_P^0 = \frac{\rho\Delta V}{\Delta t}$$

$$(2-141)$$

系数 a_W 和 a_E 取决于所使用的空间离散格式。例如，若采用中心差分格式，则有 $a_E = D_e - \frac{F_e}{2}$，$a_W = D_w + \frac{F_w}{2}$。其中 F_w、D_w、F_e、D_e 的计算公式见式（2-133）~式（2-136）。对于一维均匀网格，有 $(\delta x)_e = (\delta x)_w = \Delta x$，界面面积 $A_w = A_e = A = 1$，控制体积的体积 $\Delta V = \Delta x \cdot A = \Delta x$。

方程（2 – 140）的右端只包含前一个时间步的 ϕ_P^0、ϕ_E^0 和 ϕ_W^0 等，因此，不需要解方程组即可求得当前控制体积节点在当前时刻（$t + \Delta t$ 时刻）的值 ϕ_P。这样，从起始时刻开始，每隔一定的时间间隔 Δt，对所有控制体积节点求解方程（2 – 140），然后，转入下一个时间步，重复对式（2 – 140）的计算，直到整个时间域的终点。

显式方案的编程比较简单，内存占用量较小，但它只具有一阶截差精度，且是条件稳定的，即时间步长的大小受到限制。对于时间步长的大小，可做如下分析：为了使离散方程具有稳定的解，要求方程中的系数为正。可将式（2 – 140）中 ϕ_P^0 的系数看成是与当前时刻 ϕ_P 在时间域上相邻的一个节点的系数，这样，就要求该系数大于 0。对于均匀网格，则要求转化为

$$\Delta t < \frac{\rho (\Delta x)^2}{2\Gamma} \tag{2 – 142}$$

在式（2 – 142）中，ρ 和 Γ 为流体的密度和相应于物理量 ϕ 的扩散系数。这就是大家熟知的有关显式方案稳定性的判定准则。如果违背了这个条件，就可能出现物理上不真实的解。

实际应用时，单元的尺寸往往是不一样的，此时，这个时间步长必须是整个计算域中当前时间步内所有限定时间步长中的最小值。

我们经常需要通过减小间距 Δx 来改进在空间上的计算精度，由式（2 – 142）可知，这时必须采用一个更小的时间步长 Δt，从而使用比原来更多的时间步数。

为了提高显式方案的计算精度及稳定性，有多位学者对普通的显式方案进行了修正，如 Fletcher 算法就取得了较好的效果，在此不做更多介绍。

显式方案主要用于捕捉运动着的波的特性，如流体振动，因为在这种情况下它可使用较小的计算量获得比隐式方法更高的精度。

4. Crank – Nicolson 时间积分方案

将 $f = 1/2$ 代入式（2 – 138），则得到一维、瞬态、有源项的对流 – 扩散问题 Crank – Nicolson 时间积分方案（简称 Crank – Nicolson 方案）的离散方程：

$$a_P \phi_P = a_W \left(\frac{\phi_W + \phi_W^0}{2} \right) + a_E \left(\frac{\phi_E + \phi_E^0}{2} \right) +$$
$$\left[\rho \frac{\Delta V}{\Delta t} - \frac{1}{2} \left(D_e + D_w + \frac{F_e}{2} - \frac{F_w}{2} \right) + \frac{S_P \Delta V}{2} \right] \phi_P^0 + S_C \Delta V \tag{2 – 143}$$

其中

$$\left. \begin{aligned} a_P &= \frac{1}{2}(a_E + a_W + F_e - F_w) + a_P^0 - \frac{1}{2} S_P \Delta V \\ a_P^0 &= \frac{\rho \Delta V}{\Delta t} \end{aligned} \right\} \tag{2 – 144}$$

系数 a_E 和 a_W 取决于所使用的离散格式。其中 F_w、D_w、F_e、D_e 的计算公式见式

（2-133）～式（2-136）。

在式（2-143）所确定的离散方程组中，同时存在变量 ϕ 在新时刻及前一个时刻的值，在当前时刻所有节点的未知量是耦合在一起的，因此，在每个时间步上均需要解一个包含所有未知量的大型方程组。

虽然 Crank-Nicolson 方案在理论上是无条件稳定的，但为了保证得到真实的解，应该使方程（2-143）中 ϕ_P^0 前的系数为正。对于纯扩散问题，有

$$\Delta t < \frac{\rho (\Delta x)^2}{\Gamma} \theta \qquad (2-145)$$

该条件没有显式方案中式（2-142）那样苛刻。Crank-Nicolson 方案经常与空间域上的中心差分格式一起使用。该方案在时间域上可以看作是中心差分格式，因此具有二阶截差精度。当采用同样的网格时，Crank-Nicolson 方案比显式方案要精确一些，但也需要更多的计算时间。

5. 全隐式时间积分方案

将 $f = 1$ 代入式（2-138），得到一维、瞬态、有源项的对流-扩散问题的全隐式时间积分方案（简称全隐式方案）的离散方程：

$$a_P \phi_P = a_W \phi_W + a_E \phi_E + a_P^0 \phi_P^0 + S_C \Delta V \qquad (2-146)$$

其中

$$\left. \begin{array}{l} a_P = (a_E + a_W) + (F_e - F_w) + a_P^0 - S_P \Delta V \\[2mm] a_P^0 = \dfrac{\rho \Delta V}{\Delta t} \end{array} \right\} \qquad (2-147)$$

系数 a_W 和 a_E 取决于所使用的空间离散格式。例如，若采用中心差分格式，则有 $a_E = D_e - \dfrac{F_e}{2}$，$a_W = D_w + \dfrac{F_w}{2}$。其中 F_w、D_w、F_e、D_e 的计算公式见式（2-133）～式（2-136）。

隐式方案实质上是假设用 ϕ_P 的新值代表整个时间步上的 ϕ_P 值，即借助新值来估计其他与 ϕ 有关的物理量，因此，由隐式方案所确定的离散方程组，各未知量是耦合在一起的。在选择好时间步长 Δt 后，时间推进起步于初始时刻的 ϕ^0。在每个时间步上都需要解耦合的线性方程组，才能求出当前时间步上的 ϕ。在下一个时间步求解时，将当前的 ϕ 值作为 ϕ^0 使用。

可以看出，方程（2-146）中的系数均为正，因此，全隐式方案是无条件稳定的，即无论采用多大的时间步长，都不会出现解的振荡。但是，由于该方案在时间域上只具有一阶截差精度，因此需要使用小的时间步长，以保证获得精度较高的解。由于算法精确且绝对稳定，全隐式方案在瞬态问题求解过程中得到了最为广泛的应用。

全隐式方案在有些文献中直接简称为隐式方案，请读者注意。

2.5.7　二维与三维问题的离散方程

前面几小节介绍了采用有限体积法建立一维问题离散方程的基本过程和离散结果，本小节转入对二维、三维问题的讨论。考虑到显式时间积分方案比较简单，对此不做讨论，本小节只介绍全隐式时间积分方案下二维与三维对流－扩散问题的离散方程。

1. 二维问题的基本方程

对于二维瞬态对流－扩散问题，参照式（2－19）及式（2－20），写出控制方程的通用形式：

$$\frac{\partial(\rho\phi)}{\partial t} + \mathrm{div}(\rho\phi\boldsymbol{u}) = \mathrm{div}(\Gamma\,\mathrm{grad}\,\phi) + S \tag{2-148a}$$

写成常规形式，有

$$\frac{\partial(\rho\phi)}{\partial t} + \frac{\partial(\rho u\phi)}{\partial x} + \frac{\partial(\rho v\phi)}{\partial y} = \frac{\partial}{\partial x}\left(\Gamma\,\frac{\partial\phi}{\partial x}\right) + \frac{\partial}{\partial y}\left(\Gamma\,\frac{\partial\phi}{\partial y}\right) + S \tag{2-148b}$$

式中　ϕ——广义变量；

　　　Γ——相应于 ϕ 的广义扩散系数；

　　　S——与 ϕ 对应的广义源项。

对于动量方程，把压力梯度项暂且放到源项 S 中去。

2. 二维问题的控制体积

使用图 2－17 所示的计算网格来划分整个计算域，网格中实线的交点是计算节点，由虚线所围成的小方格是控制体积。将控制体积的界面放置在两个节点中间的位置，这样，每个节点由一个控制体积所包围。

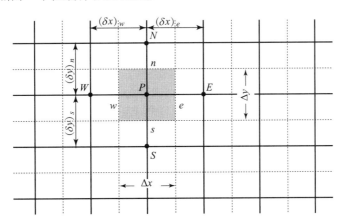

图 2－17　二维问题的计算网格及控制体积

用 P 来标识一个广义的节点，其东西两侧的相邻节点分别用 E 和 W 标识，南北两侧的相邻节点分别用 S 和 N 标识，与各节点对应的控制体积也用相应字符标识。图 2－17 中

阴影显示出了节点 P 处的控制体积 P。控制体积的东、西、南、北四个界面分别用 e、w、s 和 n 标识。控制体积在 x 与 y 方向的宽度分别用 Δx 和 Δy 表示，控制体积的体积值 $\Delta V = \Delta x \times \Delta y$。节点 P 到 E、W、S 和 N 的距离分别用 $(\delta x)_e$、$(\delta x)_w$、$(\delta y)_s$ 和 $(\delta y)_n$ 表示。

3. 二维问题控制方程的积分

针对图 2-17 所示的计算网格，在控制体积 P 及时间段 Δt（时间从 t 到 $t+\Delta t$）上积分控制方程（2-148a），有

$$\int_t^{t+\Delta t}\int_{\Delta V}\frac{\partial(\rho\phi)}{\partial t}\mathrm{d}V\mathrm{d}t + \int_t^{t+\Delta t}\int_{\Delta V}\mathrm{div}(\rho\boldsymbol{u}\phi)\mathrm{d}V\mathrm{d}t =$$
$$\int_t^{t+\Delta t}\int_{\Delta V}\mathrm{div}(\Gamma\,\mathrm{grad}\,\phi)\mathrm{d}V\mathrm{d}t + \int_t^{t+\Delta t}\int_{\Delta V}S\mathrm{d}V\mathrm{d}t \tag{2-149}$$

式（2-149）中的瞬态项和源项的积分计算方法与一维问题的相同。对于对流项和扩散项的积分，需要做特殊考虑。

为了得出式（2-149）中对流项及扩散项的体积分，现引入 Gauss 散度定理：

$$\int_{\Delta V}\mathrm{div}\,\boldsymbol{a}\mathrm{d}V = \int_{\Delta S}\boldsymbol{v}\cdot\boldsymbol{a}\mathrm{d}S = \int_{\Delta S}v_i a_i\mathrm{d}S \tag{2-150a}$$

式中 　ΔV——三维积分域；

　　　　ΔS——与 ΔV 对应的闭合边界面；

　　　　$\boldsymbol{a}$——任意矢量；

　　　　$\boldsymbol{v}$——积分体面元 $\mathrm{d}S$ 的表面外法线单位矢量；

　　　　a_i、v_i——分别为矢量 $\boldsymbol{a}$ 和 $\boldsymbol{v}$ 的分量。

式（2-150a）服从张量的指标求和约定。

式（2-150a）写成常规形式，有

$$\int_{\Delta V}\left(\frac{\partial a_x}{\partial x}+\frac{\partial a_y}{\partial y}+\frac{\partial a_z}{\partial z}\right)\mathrm{d}V = \int_{\Delta S}(a_x v_x + a_y v_y + a_z v_z)\mathrm{d}S \tag{2-150b}$$

现针对式（2-149）中的各项说明进行积分计算。

1）瞬态项

在处理瞬态项时，假定物理量 ϕ 在整个控制体积 P 上均具有节点处的值 ϕ_P，同时假定密度 ρ 在时间段 Δt 上的变化量极小（对此假定所产生的影响将在本节稍后进行分析），则式（2-149）中的瞬态项变为

$$\int_t^{t+\Delta t}\int_{\Delta V}\frac{\partial(\rho\phi)}{\partial t}\mathrm{d}V\mathrm{d}t = \int_{\Delta V}\left(\int_t^{t+\Delta t}\rho\,\frac{\partial\phi}{\partial t}\mathrm{d}t\right)\mathrm{d}V = \rho_P^0(\phi_P-\phi_P^0)\Delta V \tag{2-151}$$

在式（2-151）中，上标 0 表示物理量在时刻 t 的值，而在 $t+\Delta t$ 时刻的物理量没有用上标来标记；下标 P 表示物理量在控制体的节点 P 处取值。

2）源项

$$\int_t^{t+\Delta t}\int_{\Delta V}SdVdt = \int_t^{t+\Delta t}S\Delta Vdt = \int_t^{t+\Delta t}(S_C + S_P\phi_P)\Delta Vdt = \int_t^{t+\Delta t}(S_C\Delta V + S_P\phi_P\Delta V)dt$$

$$(2-152)$$

3）对流项

根据式（2-150）所给出的 Gauss 散度定理，将体积分转变为面积分后，有

$$\int_t^{t+\Delta t}\int_{\Delta V}\mathrm{div}(\rho\boldsymbol{u}\phi)dVdt$$

$$= \int_t^{t+\Delta t}\left[(\rho u\phi A)_e - (\rho u\phi A)_w + (\rho v\phi A)_n - (\rho v\phi A)_s\right]dt \qquad (2-153)$$

$$= \int_t^{t+\Delta t}\left[(\rho u)_e A_e\phi_e - (\rho u)_w A_w\phi_w + (\rho v)_n A_n\phi_n - (\rho v)_s A_s\phi_s\right]dt$$

式中　A——控制体积界面的面积。

4）扩散项

同样，根据式（2-150）所给出的 Gauss 散度定理，将体积分转变为面积分后，有

$$\int_t^{t+\Delta t}\int_{\Delta V}\mathrm{div}(\Gamma\mathrm{grad}\,\phi)dVdt$$

$$= \int_t^{t+\Delta t}\left[\left(\Gamma\frac{\partial\phi}{\partial x}A\right)_e - \left(\Gamma\frac{\partial\phi}{\partial x}A\right)_w + \left(\Gamma\frac{\partial\phi}{\partial y}A\right)_n - \left(\Gamma\frac{\partial\phi}{\partial y}A\right)_s\right]dt$$

$$= \int_t^{t+\Delta t}\left[\Gamma_e A_e\frac{\phi_E - \phi_P}{(\delta x)_e} - \Gamma_w A_w\frac{\phi_P - \phi_W}{(\delta x)_w} + \Gamma_n A_n\frac{\phi_N - \phi_P}{(\delta y)_n} - \Gamma_s A_s\frac{\phi_P - \phi_S}{(\delta y)_s}\right]dt$$

$$(2-154)$$

注意，在式（2-154）中使用了中心差分格式来离散界面上的 ϕ 值。这是有限体积法中一贯的做法。在前面推导一维问题的离散方程时，无论对流项采用何种离散格式，扩散项总是用中心差分格式离散。

4. 二维问题的离散方程

在得到了方程（2-149）各项的单独表达式后，再做如下两方面的工作：

第一，在对流项中需要引入特定的离散格式将式（2-153）中界面物理量 ϕ_e、ϕ_w、ϕ_n 和 ϕ_s 用节点物理量来表示，例如，可使用一阶迎风格式。

第二，在对流项、扩散项和源项中引入隐式的时间积分方案，例如 $\int_t^{t+\Delta t}\phi_P dt = \phi_P\Delta t$。这样，方程（2-149）变为

$$a_P\phi_P = a_W\phi_W + a_E\phi_E + a_S\phi_S + a_N\phi_N + b \qquad (2-155)$$

这就是在全隐式时间积分方案下得到的二维瞬态对流-扩散问题的离散方程。式（2-155）中系数 a_E、a_W、a_S 和 a_N 取决于在对流项中引入的特定离散格式。若使用一阶迎风格式，有

$$
\left.
\begin{aligned}
a_W &= D_w + \max\ (0,\ F_w) \\
a_E &= D_e + \max\ (0,\ -F_e) \\
a_S &= D_s + \max\ (0,\ F_s) \\
a_N &= D_n + \max\ (0,\ -F_n) \\
a_P &= a_W + a_E + a_S + a_N +\ (F_e - F_w)\ +\ (F_n - F_s)\ + a_P^0 - S_P \Delta V \\
b &= S_C \Delta V + a_P^0 \phi_P^0 \\
a_P^0 &= \frac{\rho_P^0 \Delta V}{\Delta t}
\end{aligned}
\right\}
\qquad (2-156)
$$

若采用其他离散格式，系数 a_E、a_W、a_S 和 a_N 的计算公式可以参考其他相关文献。

5. 三维问题的离散方程

从二维向三维的推广是直截了当的，在此增设第三个坐标 z。相应地，控制体积由图 2 - 17 所示的矩形变为立方体，增加了上下方向的界面，分别用 t（top）和 b（bottom）表示，相应的两个邻点记为 T 和 B。具体的推广过程不在此赘述，有兴趣的读者可以查阅相关文献。

2.6　CFD 的求解过程

为了进行 CFD 计算，用户可借助商用软件来完成所需要的任务，也可自己直接编写计算程序，两种方法的基本工作过程是相同的。本节给出基本计算思路，并在后续章节对几个重要过程进行介绍。读者如果感兴趣，可以从专门的 CFD 书籍中参阅本书中未详细介绍的部分。

2.6.1　总体计算流程

无论是流动问题、传热问题还是污染物的运移问题，无论是稳态问题或是瞬态问题，其求解过程都可用图 2 - 18 表示。

如果所求解的问题是瞬态问题，则可将图 2 - 18 的过程理解为一个时间步的计算过程，循环这一过程求解下个时间步的解。下面对各求解步骤做一简单介绍。

2.6.2　建立控制方程

建立控制方程是求解任何问题前都必须首先进行的。一般来讲，这一步是比较简单的。因为对于一般的流体流动而言，可根据 2.2 节和 2.3 节的分析直接写出其控制方程。例如，对于水流在水轮机内的流动分析问题，若假定没有热交换发生，则可直

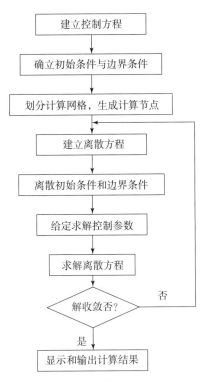

图 2 - 18　CFD 工作流程图

接将连续方程（2 - 3）与动量方程（2 - 8）作为控制方程使用。当然，由于水轮机内的流动大多处于湍流范围，因此，一般情况下，需要增加湍流方程。

2.6.3　确定初始条件与边界条件

初始条件与边界条件是控制方程有确定解的前提，控制方程与相应的初始条件、边界条件的组合构成对一个物理过程完整的数学描述。

初始条件是所研究对象在过程开始时刻各个求解变量的空间分布情况，对于瞬态问题，必须给定初始条件；对于稳态问题，不需要初始条件。

边界条件是在求解区域的边界上所求解的变量或其导数随地点和时间的变化规律。对于任何问题，都需要给定边界条件。例如，在锥管内的流动，在锥管进口断面上，可给定速度、压力沿半径方向的分布，而在管壁上，对速度取无滑移边界条件。

2.6.4　划分计算网格，生成计算节点

采用数值方法求解控制方程时，都是想办法将控制方程在空间区域上进行离散，然后求解得到的离散方程组。要想在空间域上离散控制方程，必须使用网格。现已发展出多种对各种区域进行离散以生成网格的方法，统称为网格生成技术。

不同的问题采用不同数值解法时，所需要的网格形式是有一定区别的，但生成网格的方法基本是一致的。目前，网格分结构网格和非结构网格两大类。简单地讲，结构网格在空间上比较规范，如对外四边形区域，网格往往是成行成列分布的，行线和列线比较明显。而对非结构网格在空间分布上没有明显的行线和列线。

对于二维问题，常用的网格单元有三角形和四边形等形式；对于三维问题，常用的网格单元有四面体、六面体、三棱体等形式。在整个计算域上，网格通过节点联系在一起。

目前各种 CFD 软件都配有专用的网格生成工具，如 FLUENT 使用 GAMBIT 作为前处理软件。多数 CFD 软件可接受采用其他 CAD 或 CFD/FEM 软件产生的网格模型，如 FLUENT 可以接受 ANSYS 所生成的网格。

当然，若问题不是特别复杂，用户也可自行编程生成网格。

2.6.5　建立离散方程

对于在求解域内所建立的偏微分方程，理论上是有真解（或称精确解、解析解）的。但由于所处理的问题自身的复杂性，一般很难获得方程的真解。因此，就需要通过数值方法把计算域内有限数量位置（网格节点或网格中心点）上的因变量值当作基本未知量来处理，从而建立一组关于这些未知量的代数方程组，然后通过求解代数方程组来得到这些节点值，而计算域内其他位置上的值则根据节点位置上的值来确定。

由于所引入的应变量在节点之间的分布假设及推导离散化方程的方法不同，就形成了有限差分法、有限元法、有限体积法等不同类型的离散化方法。

在同一种离散化方法中，如在有限体积法中，对式（2-19）中的对流项所采用的离散格式不同，也将导致最终有不同形式的离散方程。

对于瞬态问题，除了在空间域上的离散外，还要涉及在时间域上的离散。离散后，将要涉及使用何种时间积分方案的问题。

在接下来的章节中，将结合有限体积法介绍常用离散格式。

2.6.6　离散初始条件和边界条件

前面所给定的初始条件和边界条件是连续性的，如在静止壁面上速度为 0，现在需要针对所生成的网格，将连续型的初始条件和边界条件转化为特定节点上的值，如静止壁面上共有 90 个节点，则这些节点上的速度值应均设为 0。这样，连同 2.6.5 小节在各节点处所建立的离散的控制方程，才能对方程组进行求解。

在商用 CFD 软件中，往往在前处理阶段完成了网格划分后，直接在边界上指定初始条件和边界条件，然后由前处理软件自动将这些初始条件和边界条件按离散的方式分配到相应的节点上去。

2.6.7　给定求解控制参数

在离散空间上建立了离散化的代数方程组，并施加离散化的初始条件和边界条件后，还需要给定流体的物理参数和湍流模型的经验系数等。此外，还要给定迭代计算的控制精度、瞬态问题的时间步长和输出频率等。

在 CFD 的理论中，这些参数并不值得去探讨和研究，但在实际计算时，它们对计算的精度和效率却有着重要的影响。

2.6.8　求解离散方程

在进行了上述设置后，生成了具有定解条件的代数方程组。对于这些方程组，数学上已有相应的解法，如线性方程组可采用 Gauss 消去法或 Gauss – Seidel 迭代法求解，而对非线性方程组，可采用 Newton – Raphson 方法。在商用 CFD 软件中，往往提供多种不同的解法，以适应不同类型的问题。这部分内容属于求解器设置的范畴。

2.6.9　判断解的收敛性

对于稳态问题的解，或是瞬态问题在某个特定时间步上的解，往往要通过多次迭代才能得到。有时因网格形式或网格大小、对流项的离散插值格式等原因，可能导致解的发散。对于瞬态问题，若采用显式格式进行时间域上的积分，当时间步长过大时，也可能造成解的振荡或发散。因此，在迭代过程中，要对解的收敛性随时进行监视，并在系统达到指定精度后，结束迭代过程。

这部分内容属于经验性的，需要针对不同情况进行分析。

2.6.10　显示和输出计算结果

通过上述求解过程得出了各计算节点上的解后，需要通过适当的手段将整个计算域的结果表示出来。这时，可采用线值图、矢量图、等值线图、流线图、云图等方式对计算结果进行表示。

所谓线值图，是指在二维或三维空间上，将横坐标取为空间长度或时间历程，将纵坐标取为某一物理量，然后用光滑曲线或曲面在坐标系内绘制出某一物理量沿空间或时间的变化情况。矢量图是直接给出二维或三维空间里矢量（如速度）的方向及大小，一般用不同颜色和长度的箭头表示速度矢量，矢量图可以比较容易地让用户发现其中存在的旋涡区。等值线图是用不同颜色的线条表示相等物理量（如温度）的一条线。流线图是用不同颜色线条表示质点运动轨迹。云图是使用渲染的方式，将流场某个截面上的物理量（如压力或温度）用连续变化的颜色块表示其分布。

现在的商用 CFD 软件均提供了上述各表示方式，用户也可以自己编写后处理程序进行结果显示。

本章小结

本章给出了 CFD 的一些基本知识，可使读者形成对燃气射流的简单认识。由于篇幅和本书大纲的原因，对 CFD 的其他一些基本知识进行了删减，比如网格的生成、边界条件的处理和 CFD 的后处理等都没有涉及。如果读者对相关内容感兴趣，请自行查阅 CFD 的相关书籍。

第 3 章　自由射流流场 CFD 研究

本书在第 1 章介绍了关于燃气射流的一些基本理论知识，在第 2 章介绍了关于燃气射流的 CFD 基本理论知识，本章将在前两章的基础上对自由燃气射流进行数值模拟仿真，后面的章节将以本章所演示的 CFD 方法为主要的研究方法，对相应的燃气射流动力学问题进行相关研究和探讨。

3.1　不同湍流模型下的自由射流流场 CFD 研究

正如第 2 章所提到的，现在基于 Reynolds 平均法（RANS）的湍流方程模型多种多样，有零方程模型、一方程模型、二方程模型、四方程模型、七方程模型等，而每种模型下又存在各种各样的具体的方程模型。对于简单的湍流运动而言，一般方程数越多，则精度越高，计算量越大，收敛性越差；但是，对于复杂的湍流运动，则不一定。本节将选取具有代表性的、工程应用性较广的一方程中的 S - A 模型、二方程中的 RNG $k - \varepsilon$ 模型的数值计算结果进行对比。

3.1.1　三种湍流模型简介

1. 层流模型

很显然，燃气射流的自由射流流场为湍流运动，可以说层流模型下的计算结果必然是错误的。正如第 2 章所提过的，CFD 将流体力学研究中很多假设、真实的试验下不可能达到的条件变成了可能。因此，专门对层流模型下的自由射流流场的数值计算进行了研究。为了书写方便，姑且将层流模型称为一种"湍流模型"。

2. S - A 模型

正如第 2 章所提到的，S - A 模型是一个相对简单的单方程模型，解决了针对湍流运动学黏度输运方程模型；同时，S - A 模型是一个低雷诺数模型，需要妥善处理其边界层的黏性影响区域。该模型的核心思想是引入中间变量 v，通过求解中间变量的输运方程获得湍流运动黏性系数。S - A 模型很容易解决壁面附近的问题，是专门为航空航天应用所设计的，其设计初期的主要目的是将其应用在轻度分离的空气动力学情况下，如机翼上的超声速/跨声速流动、边界层流动等。在基于粗网格的粗略模拟中，湍流计算准确度不是关键因素时，S-A模型是很好的选择。S-A在目前工程应用特别是叶轮机计算中得到了广泛的应用，其主要优点包括：相对于两方程模型计算量小、稳定性好，计算网格在壁面的加密程度方面与零方程有同等的两级；另外，由于模型的"当地"性，在很多物面的复杂流场计算中不需要特殊处理。

3. RNG $k-\varepsilon$ 模型

第2章已经对 RNG $k-\varepsilon$ 模型进行了简单的介绍，此处不再赘述。值得注意的是，RNG $k-\varepsilon$ 模型针对充分发展的湍流有效，即是高 Re 的湍流计算模型，而对近壁区内的流动及 Re 较低的流动，需要使用壁面函数或低 Re 的 $k-\varepsilon$ 模型来模拟。具体内容可以参见相关的 CFD 书籍。

3.1.2 三种湍流模型下的自由射流流场

该数值计算采用轴对称模型（图3-1），采用结构化网格，约3万，并采用燃气与空气双组分，不考虑化学反应和两相流。同时，为了保证计算结果的精度和收敛性，每种湍流模型都采用了二阶离散格式，且都达到了足够的收敛。

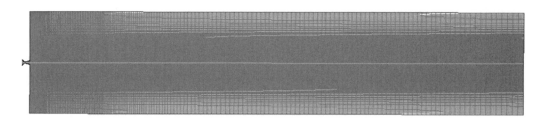

图3-1 自由流场的计算模型

由图3-2、图3-3可知，三种湍流模型下的数值计算结果中：

①S-A模型和RNG $k-\varepsilon$模型具有燃气射流的基本形状，核心区、混合区和边界层等区域清晰可见，波系结构同样清晰可见，与试验结果符合程度较高；

②S-A模型的数值计算结果相对于RNG $k-\varepsilon$模型的燃气射流膨胀程度更大，从而核心区更短；

③层流模型的计算结果与事实相差较远，燃气射流一直冲击计算区域的末端，且核心区域一直存在；

④对比两张图，不难看出燃气射流的自模性。

为了进一步看清数值计算结果的波系结果，我们只专注核心区。虽然层流模型的射流形状与事实相差较远，但其波系结果与RNG $k-\varepsilon$模型的结算结果很相近。甚至在后面几个波节，层流模型的计算结果比RNG $k-\varepsilon$模型的还要清晰。而且，两者与试验结果的波节位置吻合得很好，如图3-4所示。

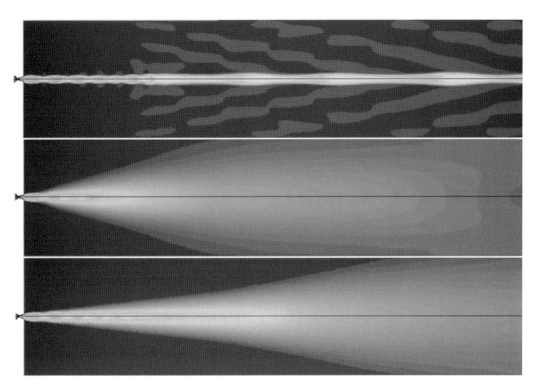

图 3 - 2　三种湍流模型下的自由射流流场温度云图（自上而下为层流模型、
S - A 模型、RNG $k - \varepsilon$ 模型，下同）

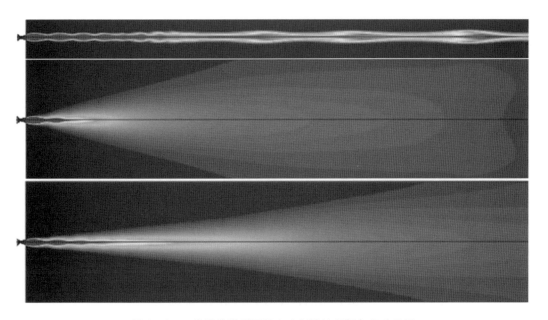

图 3 - 3　三种湍流模型下的自由射流流场燃气组分云图

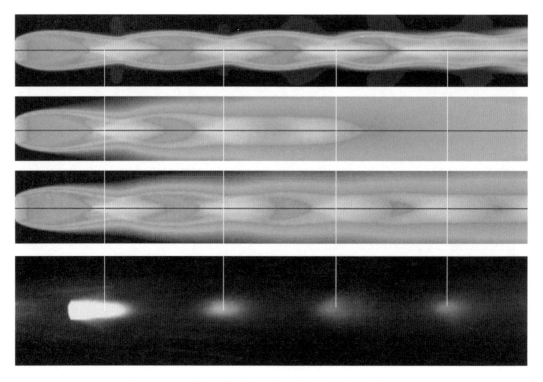

图 3 - 4　三种湍流模型下的自由射流流场波系结构对比

3.1.3　最佳湍流模型

通过对比，不难发现，RNG $k - \varepsilon$ 模型在三种湍流模型中是最适合燃气射流数值计算的。RNG $k - \varepsilon$ 模型的数值计算结果显示，不仅燃气射流形状好，波系结果更加清晰，而且数值结果更准确（后面章节有与试验数据的对比）。而三者的计算机工作时间比例大致为 1 : 2 : 5，在同等硬件条件下，RNG $k - \varepsilon$ 模型达到最终的收敛需要的时间更多。

值得一提的是，湍流模型还存在四方程模型和七方程模型等，而离散格式也存在三阶格式，甚至精度更高的离散格式。但是，在燃气射流的数值计算中一般只使用 RNG $k - \varepsilon$ 模型和一阶/二阶离散格式。因为，方程更多的湍流模型和更高精度的离散格式在数值计算时很难收敛，即使达到了收敛条件，计算机工作时间也会很长（在同等硬件条件下），这完全是得不偿失的。

3.2　不同海拔高度下的伴随射流流场研究

本节将对洲际弹道导弹飞行过程中的燃气射流流场进行研究。正如第 1 章所提到的，射流进入静止的与之互溶的流体中，这种射流称为自由射流；而外流体与射流流体做同向运动，则称为伴随射流。故导弹飞行过程中的燃气射流为伴随射流。

3.2.1　研究背景

$$F_n = \dot{m} v_e = \dot{m} v_{e\text{-}act} + A_e(p_e - p_a)$$

式中　$\dot{m}$ ——尾气质量流；

　　　v_e ——有效排气速度；

　　　$v_{e\text{-}act}$ ——喷管出口平面处的实际速度；

　　　A_e ——喷管出口平面流面积；

　　　p_e ——喷管出口平面静压；

　　　p_a ——喷管出口大气压。

上面给出了火箭、导弹发动机净推力的近似值计算公式。$\dot{m} v_{e\text{-}act}$ 代表动量推力，在给定的节流阀设定下是常数。而 $A_e(p_e - p_a)$ 代表压力推力，在节流阀全开时，火箭静推力随高度升高而略有提高，因为逐渐降低的大气压增加了压力推力值。

要获得发动机的最佳性能，燃气射流在喷管出口处的压力 p_e 需要与大气压 p_a 相等（$p_e = p_a$，设计状态）。如果 $p_e < p_a$，$p_e/p_a < 1$，则处于过膨胀状态，火箭、导弹就会由于发动机前端与末端的气压差而减速；如果 $p_e > p_a$，$p_e/p_a > 1$，则处于欠膨胀状态，本该转换成推力的尾气压力没有转换，能量被浪费。

为了维持 p_e 和 p_a 的平衡，喷管直径需要随高度升高而增大，使燃气有足够长的距离作用于喷管，以降低压力和速度。这增加了设计难度。实际设计中通常采用折中的办法，因而也牺牲了效率。有很多特殊喷管可以弥补这种缺陷，如塞式喷管（图 3-5）、阶状喷管、扩散式喷管以及瓦形喷管。每种特殊喷管都能调整 p_e 并让燃气在喷管中扩散更广，在高空产生额外的推力。这些特殊喷管在飞机上应用很广泛，但火箭、导弹发动机往往采用普通的拉瓦尔喷管，特别是固体火箭、导弹发动机。比如洲际弹道导

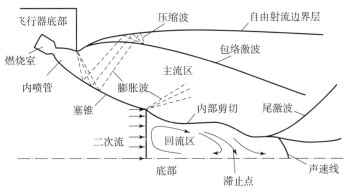

图 3-5　塞式喷管

弹，其发动机的工作状态随着海拔高度的变化必然要经历 $p_e < p_a$、$p_e = p_a$（设计状态）和 $p_e > p_a$ 三种状态。本小节将对洲际弹道导弹整个飞行弹道进行解算，并观察 p_e/p_a 和燃气射流的变化过程。

3.2.2　飞行弹道解算

对本问题来说，采用铅垂面内导弹质心运动方程组即可得到足够精度的弹道结果。假定地球为一固定不动的均质圆球，并将导弹看作一个质点，则得到描述导弹质心运动、质点运动的方程组：

$$\begin{cases} g = g_0(R_m/h)^2 \\ \dot{x} = v\cos\theta \\ \dot{y} = v\sin\theta \\ \dot{v} = (F\cos\alpha - X)/m - g\sin\theta \\ \dot{\theta} = (F\sin\alpha/m + Y/m - g\cos\theta)/v \\ \dot{m} = -m_c \end{cases}$$

式中　g ——任意高度的重力加速度；

　　　g_0 ——海平面处的重力加速度；

　　　R_m ——地球平均半径；

　　　h ——导弹离海平面的垂直距离；

　　　x ——导弹的水平位移；

　　　y ——导弹的垂直位移；

　　　v ——导弹速度大小；

　　　α ——攻角；

　　　θ ——弹道倾角；

　　　F ——导弹发动机推力；

　　　X ——全弹阻力；

　　　Y ——全弹升力；

　　　m ——导弹质量；

　　　m_c ——燃料质量秒流量；

　　　$\dot{\phi} = \dfrac{\partial\phi}{\partial t}$，$\phi$ 为通用变量。

以 0.01 s 为步长，利用经典四阶 Runge – Kutta 法对方程组进行数值求解，即可得到导弹质心弹道曲线，具体参数见表 3 – 1 和表 3 – 2。

表 3 - 1　导弹弹道参数

高度 H/km	速度 $v/$ ($\mathrm{m \cdot s^{-1}}$)
0. 017 65	70. 112
0. 398 44	113. 375 62
1. 390 45	222. 291 28
3. 054 65	344. 443 54
5. 457 75	483. 173 05
8. 670 4	643. 379 44
12. 800 9	832. 817 57
17. 989 37	1 060. 829 81
24. 416 33	1 338. 120 78
32. 306 3	1 677. 028 25

表 3 - 2　标准大气参数

H/m	T/K	$a/$ ($\mathrm{m \cdot s^{-1}}$)	p/Pa	$\rho/$ ($\mathrm{kg \cdot m^{-3}}$)
0	288. 16	340. 3	101 325	1. 225
1 000	281. 66	336. 4	89 876	1. 111
2 000	275. 16	332. 5	79 501	1. 007
3 000	268. 67	328. 6	70 121	0. 909 3
4 000	262. 18	324. 6	61 660	0. 819 4
5 000	255. 69	320. 5	54 048	0. 736 4
6 000	249. 2	316. 5	47 217	0. 660 1
7 000	242. 71	312. 3	41 105	0. 590 0
8 000	236. 23	308. 1	35 651	0. 525 8
9 000	229. 74	303. 8	30 800	0. 467 1
10 000	223. 26	299. 5	26 500	0. 413 5
11 000	216. 78	295. 1	22 700	0. 364 8
12 000	216. 66	295. 1	19 399	0. 311 9
13 000	216. 66	295. 1	16 579	0. 266 6
14 000	216. 66	295. 1	14 170	0. 227 9
15 000	216. 66	295. 1	12 112	0. 194 8
16 000	216. 66	295. 1	10 353	0. 166 5

续表

H/m	T/K	a/ (m·s⁻¹)	p/Pa	ρ/ (kg·m⁻³)
17 000	216.66	295.1	8 849.6	0.143 2
18 000	216.66	295.1	7 565.2	0.121 7
19 000	216.66	295.1	6 467.4	0.104 0
20 000	216.66	295.1	5 529.3	0.088 91
25 000	216.66	295.1	2 527.3	0.040 08
30 000	226.5	301.7	1 185.5	0.018 41

结合导弹弹道参数和标准大气参数，利用 CFD 软件即可对整个过程进行求解。由于 Navier – Stokes 方程组基于连续气体假设，当达到高空环境时，大气环境不再满足该假设，故本书只选取了导弹质心弹道中 30 km 以下的部分进行计算。

3.2.3　CFD 求解过程

模型计算域采用二维轴对称形式，如图 3-6 和图 3-7 所示。其中 AB 为喷管出口，采用压力入口边界，计算时给定该面上的总温、总压及静压；AE 为轴对称边界；BC、CD、DE 为压力远场边界，计算时给定该面上的静温、静压以及来流马赫数。

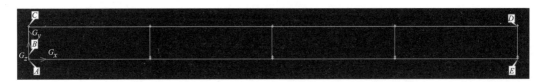

图 3-6　计算区域

图 3-7　局部放大计算域

使用 C++编程，利用 FLUENT 命令流模板完成对不同高度下射流流场的自动计算，计算过程如图 3 - 8 所示。

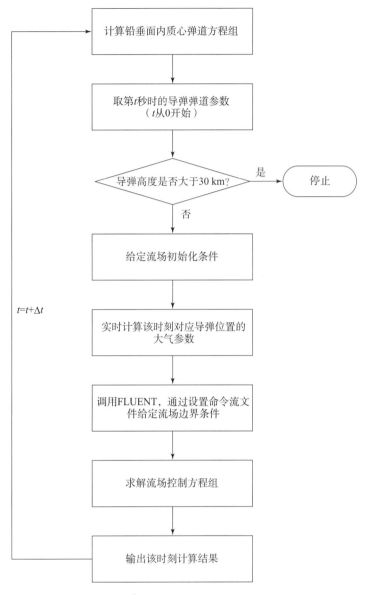

图 3 - 8　计算流程图

3.2.4　CFD 计算结果与分析

首先研究单一高度下的流场特点，图 3 - 9 ~ 图 3 - 11 所示分别为高度 0 km 时沿流场轴线的压力、温度和马赫数曲线。从图中可以看出，射流流场起始段为 0 ~ 5 m，湍流过渡段为 5 ~ 25 m，完全发展段为 25 m 之后。在起始段，首先出现一个长度为 0.6 m 左右的核心区，在该区域内压力不变，低于环境压力值，处于过膨胀状态，速度为定值；紧接着出现第一次阶跃，压力与温度沿轴线剧烈下降，并下降到大气压以下，而马赫数则沿轴线剧烈上升。在过渡段，压力、温度与马赫数发生剧烈振荡。在湍流完全发展段，压力逐渐稳定至大气压力；温度虽然逐渐下降，但仍接近 1 000 K，说明射流长对其后影响的范围相当大。

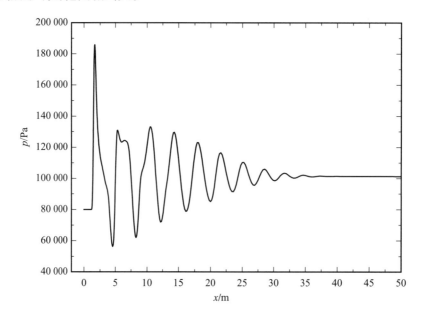

图 3 - 9　0 km 时压力沿流场轴线分布

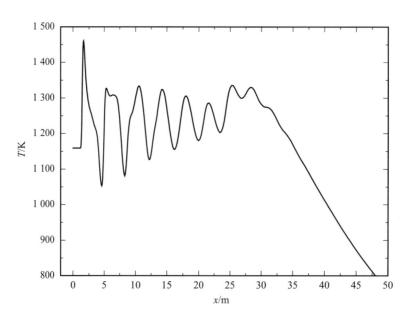

图 3 - 10　0 km 时温度沿流场轴线分布

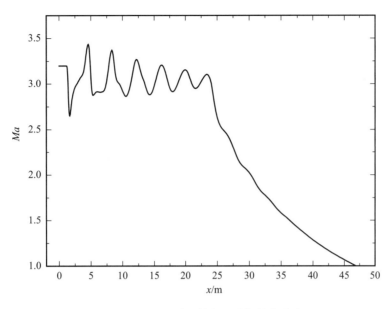

图 3 – 11　0 km 时马赫数沿流场轴线分布

接下来，选取 0 km、5 km、10 km、15 km、30 km 高度为研究对象，图 3 – 12 ~ 图 3 – 14 分别给出了以上 5 种高度下压力、温度、马赫数沿流场轴线的分布情况。从图中看出，对不同高度来说，喷管出口处的压力、温度、马赫数相同，因为这些参数只与发动机的构造和工作状态有关；随着高度增加，压力逐渐降低，最后分别趋于各高度的环境压力；温度逐渐降低，但相对于压力，温度降低的速度明显更慢，远未降低到环境温度，同时，高度越高，温度降低也越缓慢；高度越高，马赫数越高。

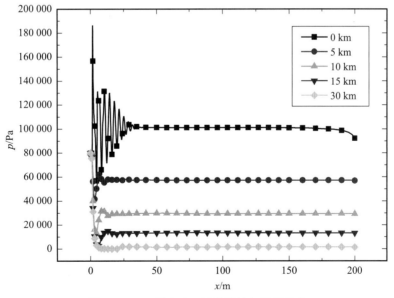

图 3 – 12　不同高度下压力沿流场轴线分布

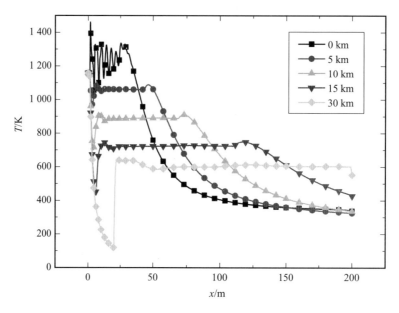

图 3 - 13　不同高度下温度沿流场轴线分布

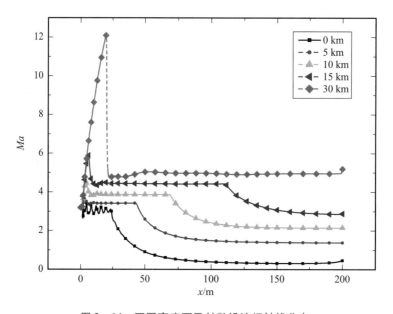

图 3 - 14　不同高度下马赫数沿流场轴线分布

　　图 3 - 15 ~ 图 3 - 19 分别给出了不同高度下流场的马赫数云图。从图中可以看出，随着高度增加，马赫节数越来越少，单个波节的长度增加，马赫盘更加明显，流场影响的范围更大。

图 3 - 15　0 km 时流场马赫数云图

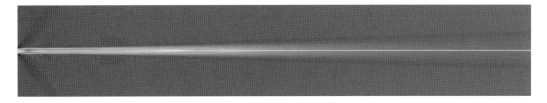

图 3 - 16　5 km 时流场马赫数云图

图 3 - 17　10 km 时流场马赫数云图

图 3 - 18　15 km 时流场马赫数云图

图 3 - 19　30 km 时流场马赫数云图

　　随着高度的增加，对轴线上的同一位置来说，压力降低，马赫数升高；温度在起始段和湍流过渡段降低，在湍流完全发展段的规律不明显；流场的传播区域变大，波节长度随高度增加而增大；由于外界压力逐渐降低，射流场由低空的过膨胀状态转变为高空的欠膨胀状态；高度超过一定值时，会在射流轴线上形成马赫盘，并且马赫盘随着高度的增大而后移。

对同一高度来说，在射流后方相同的距离内，压力和马赫数在剧烈变化后趋于与大气环境相同，而温度则下降很慢，能够传播到更远的位置；同时，射流流场在相当大的区域内都表现为高温高速射流，对发动机后的环境影响非常大。

3.3　多组分、多相流、复燃计算模型下的自由射流流场研究

3.3.1　概述

众所周知，从发动机喷出的燃气含有多种成分：包括 H_2O、OH^-、CO_2、CO 等，从该角度看，燃气为多组分物质；包括以 Al_2O_3 为主的固体粒子，从该角度看，燃气为多相流。见表 3 – 3。

表 3 – 3　燃气成分

序号	气相组分	Al_2O_3 颗粒	化学反应
1	无组分	无	无
2	2 组分	无	无
3	9 组分	无	无
4	9 组分	有	无
5	9 组分	有	有

注：气相组分中，"无组分"表示气相为不使用组分输运模型的理想气体，具有燃气的平均物理属性；"2 组分"表示气相使用组分输运模型模拟，包括具有平均物理属性的燃气、空气两种组分；"9 组分"表示气相使用组分输运模型模拟，9 种组分为表 3 – 5 中涉及的 9 种组分。

一般情况下，固体火箭发动机的推进剂在发动机内并未充分反应，一方面，推进剂中自身的还原剂和氧化剂在被喷出发动机后继续反应；另一方面，推进剂中的还原剂在被喷出发动机后与空气中的 O_2 反应。这就是所谓的复燃现象。

在进行 CFD 计算时，一般会对物理模型进行简化。针对燃气射流的仿真计算来说，通常会选取如下几种简化工况之一进行仿真计算。本书选取工况 2、工况 3、工况 4、工况 5 为典型工况进行对比分析，其中工况 2 已在 3.1 节对比不同湍流模型时进行了仿真计算。

3.3.2　理论基础

对于某些通过加入铝粉来提高能量特性的固体推进剂，其燃烧产物中含有颗粒状

的 Al$_2$O$_3$ 粒子，这些粒子一方面会对流场的状态造成一定影响；另一方面，会对弹射装置壁面造成一定的侵蚀和冲击，影响弹射装置的可靠性。为了研究气固两相燃气射流的特性，必须了解颗粒的物理特性，尤其是颗粒的形状尺寸特性、在燃气相中的受力特性、颗粒和燃气相的能量交换等特性。

1. 颗粒相的物理特性

对于采用含铝粉的固体推进剂，其燃烧产物中含有 Al$_2$O$_3$ 颗粒，由于 Al$_2$O$_3$ 的熔点为 2 318 K，而燃气的温度为 3 000 K 左右，所以 Al$_2$O$_3$ 在燃烧室中基本以液滴存在。当颗粒在喷管扩张段内流动时，它的温度逐渐降低。当温度降低到其熔点以下时，颗粒就开始由液相逐渐变为固相。颗粒的形状与颗粒的形成过程密切相关，固体火箭发动机中 Al$_2$O$_3$ 颗粒在燃烧室中呈液态，在表面张力作用下呈球形，因此，可以近似地认为在喷管流动和喷管外的燃气射流中，颗粒形状也呈球形。

Al$_2$O$_3$ 颗粒的尺寸分布是颗粒相的重要特性，在燃气射流中，颗粒直径是大小不一的。试验中收集的固体火箭发动机燃气射流中的 Al$_2$O$_3$ 颗粒粒径大小一般不超过 10 ~ 15 μm，Bartlett 和 Delany 认为这有可能是喷喉处高速运动的气流对大粒径的凝相 Al$_2$O$_3$ 颗粒具有剪切作用所致。Hermsen 通过对大量的试验数据进行整理分析，得到了燃气射流 Al$_2$O$_3$ 颗粒的平均粒径公式，后来被 Reed 等人总结，称作 Hermsen 公式：

$$D_1 = 3.63D_t^{0.293\,2}\left[1 - \exp(-0.000\,816\,3C_mp_c\tau)\right] \tag{3-1}$$

式中 D_1 ——颗粒平均直径；

D_t ——喷喉直径；

C_m ——100 g 推进剂中的 Al 粉含量；

p_c ——燃烧室压强；

τ ——颗粒在燃烧室中的驻留时间，$\tau = \rho_cV_c/\dot{m}$，其中 ρ_c 为推进剂燃去一半时燃烧室中燃气的密度，V_c 为推进剂燃去一半时燃烧室的体积，$\dot{m}$ 为推进剂燃去一半时的燃气质量流率。

Hermsen 公式被广泛应用于含铝粉的固体推进剂射流中 Al$_2$O$_3$ 颗粒平均粒径的计算。

2. 颗粒受力分析

颗粒相与气相物理特性的不同决定了颗粒相在燃气射流中要受到气相的作用力。颗粒和气相之间的作用力主要有阻力、流体不均匀力和虚拟质量力等，下面主要就这三种受力进行分析。

1）阻力

由于气固两相流中气相和颗粒相的速度不相等，导致气体和颗粒之间存在相互作用力。所谓阻力，即为颗粒在静止的流体中做匀速运动时，流体作用在颗粒上的力。

如果流体是完全均匀的，那么颗粒在静止的流体中运动所受到的力与运动流体绕颗粒运动作用在颗粒上的力相等。在笛卡儿坐标系下，单位质量的颗粒所受的阻力可以表示如下：

$$F_D = \frac{18\mu}{\rho_p d_p^2} \frac{C_D Re}{24}(u - u_p) \qquad (3-2)$$

式中　u——流体速度；

　　　u_p——颗粒速度；

　　　μ——流体动力黏度；

　　　ρ_p——颗粒密度；

　　　d_p——颗粒直径；

　　　C_D——阻力系数；

　　　Re——相对雷诺数。Re 定义为

$$Re = \frac{\rho d_p |u_p - u|}{\mu} \qquad (3-3)$$

式中　ρ——流体密度。

斯托克斯于1850年研究了速度极低（$Re < 1$）的均匀流体绕球体流动的对称流动。他忽略了惯性力，只涉及黏性力对 N - S 方程求解，得出的阻力系数公式为

$$C_D = \frac{24}{Re} \qquad (3-4)$$

Ossen 于1910年用近似的方法考虑了 N - S 方程中的惯性力项，对均匀流体绕球体的流动进行了流场分析，得到 Ossen 阻力系数为

$$C_D = \frac{24}{Re}\left(1 + \frac{3}{16}Re\right) \qquad (3-5)$$

在 $Re < 5$ 的范围内，使用 Ossen 阻力系数均能够得到与试验比较吻合的结果，但当 $Re > 5$ 时，用 Ossen 公式计算阻力时与试验结果产生了较大的偏差。

经过大量的试验，单个刚性球体在静止、等温、不可压缩及无限大流场中做匀速运动时的阻力与雷诺数之间的关系被发现，这种关系被称为标准阻力曲线。对于整个标准阻力曲线，很难精确地用一个公式来拟合，但对于 $Re < 0.2$ 的情况，可用斯托克斯定律；对于 $0.2 < Re < 800$ 的情况，可用下面公式来拟合：

$$C_D = \frac{24}{Re}(1 + 0.15Re^{0.687}) \qquad (3-6)$$

1989 年，Haide 等人提出的阻力系数的拟合公式为

$$C_D = \frac{24}{Re}(1 + c_1 Re^{c_2}) + \frac{c_3 Re}{c_4 + Re} \qquad (3-7)$$

其中，各个系数的计算公式如下：

$$\begin{cases} c_1 = \exp(2.328\,8 - 6.458\,1\phi + 2.448\,6\phi^2) \\ c_2 = 0.096\,4 + 0.556\,5\phi \\ c_3 = \exp(4.905 - 13.894\,4\phi + 18.422\,2\phi^2 - 10.259\,9\phi^3) \\ c_4 = \exp(1.468\,1 + 12.584\phi - 20.732\,2\phi^2 + 15.885\,5\phi^3) \end{cases} \tag{3-8}$$

其中，形状系数 $\phi = \dfrac{s}{S}$，s 为与颗粒体积相同的球体的表面积，S 为颗粒的实际表面积。

标准阻力曲线是球体颗粒在静止、等温、不可压缩流体中做匀速运动的条件下通过试验得到的，同时忽略了湍流、气相的稀薄性、可压缩性和两相不等温、颗粒表面的粗糙度、颗粒旋转等因素。针对气固两相燃气射流，可以近似地认为颗粒为光滑球体，而流体湍流、气相稀薄性和可压缩性对阻力系数的影响可以用相应的修正因子来表示：

$$C_D = C_{DS}f(Re)f(\delta)f_r(K_n)f_c(M_r) \tag{3-9}$$

式中　$C_{DS}f(Re)$ ——标准阻力系数拟合公式；

$\qquad f(\delta)$ ——湍流效应修正因子；

$\qquad f_r(K_n)$ ——稀薄效应修正因子；

$\qquad f_c(M_r)$ ——可压缩性修正因子。

2）流体不均匀力

流体不均匀力是由于流体的不均匀性而作用于颗粒上的附加力。颗粒在有压力梯度的流场中运动时，颗粒表面除了流体绕流引起的压力分布不均匀外，还叠加了一个由压力梯度引起的压力不均匀作用力，该作用力可表示为

$$F_{x2} = \left(\frac{\rho}{\rho_p}\right)u_p\frac{\partial u}{\partial x} \tag{3-10}$$

3）虚拟质量力

当颗粒相对于流体做加速运动时，推动颗粒运动的力不但增加了颗粒本身的动能，而且也增加了流体的动能，因此，这个力将大于颗粒本身所需要的力，仿佛颗粒的质量增加了一样，用于加速这一部分增加质量的力被称为虚拟质量力。虚拟质量力实际上是由于颗粒做变速运动时所引起的颗粒表面上压力分布不对称而形成的，虚拟质量力可表示为

$$F_m = \frac{1}{2}\frac{\rho}{\rho_p}\frac{\mathrm{d}}{\mathrm{d}t}(u - u_p) \tag{3-11}$$

3. 颗粒的动量和能量交换

气固两相燃气射流的仿真采用双向耦合计算，颗粒相和连续相流场之间存在动量和能量交换。当颗粒通过流场单元体时，颗粒相和连续相之间的动量交换 ΔM 可通过颗粒的动量变化来体现，其表达式为

$$\Delta M = \sum\left[F_D(v - u_p) + F_x\right]\dot{m}_p\Delta t \tag{3-12}$$

式中 $\dot{m}_p$ ——颗粒的质量流率。

由此得到颗粒相与连续相相互作用引起的动量源项 F_p 的表达式：

$$F_p = \Delta M / \Delta t = \sum \left[F_D (v - u_p) + F_x \right] \dot{m}_p \qquad (3-13)$$

颗粒通过流场单元体时，颗粒相和连续相之间的能量交换 S_p 可用颗粒热力学能量的变化量来描述，如下式所示：

$$Q_p = \frac{\dot{m}_{p,0}}{m_{p,0}} [(m_{pin} - m_{pout}) (-H_{lat\,ref} + H_{pyrol}) - m_{pout} \int_{T_{ref}}^{T_{pout}} c_{p_p} dT + m_{pin} \int_{T_{ref}}^{T_{pin}} c_{p_p} dT] \qquad (3-14)$$

式中 $m_{p,0}$ ——颗粒的初始质量；

$\dot{m}_{p,0}$ ——颗粒的初始质量流量；

m_{pin} ——流入单元体的颗粒质量；

m_{pout} ——流出单元体的颗粒质量；

c_{p_p} ——颗粒的定压比热；

$H_{lat\,ref}$ ——参考条件下颗粒的潜热；

T_{ref} ——参考温度；

T_{pin} ——流入单元体的颗粒温度；

T_{pout} ——流出单元体的颗粒温度；

H_{pyrol} ——颗粒在汽化分解时放出的热量。

将动量源项 F_p 和能量源项 Q_p 分别代入流动控制方程的动量方程和能量方程中，就实现了连续相和颗粒相之间的耦合求解。

4. 有限速率化学反应模型

发动机点火后，由于燃烧的不完全，从喷口喷出的燃气是贫氧富燃的，而外界环境为富含氧气的空气，这些可燃气体在与空气混合的过程中会与空气中的氧气发生二次燃烧现象，即复燃。通常，在燃气射流场的计算中，考虑复燃对压力场的影响不大，但其温度场变化较大，本节在考虑离散相颗粒的同时也考虑复燃现象。

在化学反应过程中，各组元的浓度之间有一定的关系，这个关系由化学反应式所控制。对于第 r 个反应，描述从反应物到生成物变化的化学反应式的一般形式为

$$\sum_{i=1}^{N} v'_{i,r} M_i \underset{k_{b,r}}{\overset{k_{f,r}}{\rightleftharpoons}} \sum_{i=1}^{N} v''_{i,r} M_i \qquad (3-15)$$

式中 N ——系统中化学物质的总数目；

$v'_{i,r}$ ——r 反应中反应物 i 的化学计量系数；

$v''_{i,r}$ ——r 反应中生成物 i 的化学计量系数；

M_i ——第 i 种组分的化学式；

$k_{f,r}$ ——r 反应中正向化学反应速率常数；

$k_{b,r}$ ——r 反应中逆向化学反应速率常数。

式（3-15）对系统中所有的化学组分都适用，但是只有参与化学反应的反应物和生成物组分的计量系数是非零的，故不参与化学反应的其他化学组分就不出现在方程中。

式（3-15）对可逆反应和不可逆反应都是有效的，式中，反应速度常数是温度的强烈非线性函数。阿累尼乌斯（Arrhenius）指出，只有能量超过一定值 E_r 的分子才能产生化学反应，并由这些高能的活化分子生成产物。阿累尼乌斯提出用玻尔兹曼因子 $\exp(-E_r/RT)$ 来计算化学反应速率，此即阿累尼乌斯定律。用阿累尼乌斯定律表示的正向化学反应速率常数 $k_{f,r}$ 如下所示：

$$k_{f,r} = A_r T^{\beta_r} \exp(-E_r/RT) \tag{3-16}$$

式中　A_r——指前因子或频率因子；

$\quad\quad \beta_r$——温度指数；

$\quad\quad E_r$——反应活化能；

$\quad\quad R$——通用气体常量。

$R_{i,r}$ 为由化学反应引起的组分 i 的净生成率，由下式给出：

$$R_{i,r} = \Gamma(v''_{i,r} - v'_{i,r})\left(k_{f,r}\prod_{j=1}^{N}[C_{j,r}]^{\eta'_{j,r}} - k_{b,r}\prod_{j=1}^{N}[C_{j,r}]^{\eta''_{j,r}}\right) \tag{3-17}$$

式中　Γ——第三体对反应速率的影响系数；

$\quad\quad [C_{j,r}]$——某种反应物或生成物的物质的量浓度；

$\quad\quad \eta'_{j,r}$——在 r 反应中每个反应物和生成物 j 组分的正向反应速率指数；

$\quad\quad \eta''_{j,r}$——在 r 反应中每个反应物和生成物 j 组分的逆向反应速率指数。

对于一个正向反应过程，当不考虑可逆反应时，通常生成物对正向反应速率影响非常小，其速率指数可以为零；对于基元反应，反应物的速率指数一般等于其反应方程式中的化学计量系数；对于总包反应，各反应物的速率指数不一定等于其化学计量系数。

化学反应在流场能量方程中由于化学反应产生的源项 S_h 表达式为

$$S_h = -\sum_i \frac{h_i^0}{M_{w,i}} R_i \tag{3-18}$$

式中　h_i^0——组分 i 气体的标准状态焓。

5. 燃烧室燃烧产物的确定

本部分研究的发动机使用高能固体推进剂作为能量源。为计算燃气射流自由流场，首先需要确定燃烧室燃烧产物及各种组分的含量。固体推进剂是由多种不同化学元素的成分组成，它生成的燃烧产物成分复杂。对这样的热力学系统进行计算，关键是确定燃烧产物的平衡成分。通常情况下，火箭发动机燃烧室的热力计算可以给出发动机及喷管内的相关数据，本部分使用吉布斯最小自由能方法对固体推进剂燃烧产物组分的含量分布情况进行热力计算，并以其结果为流场计算提供数据，见表 3-4。

表 3 − 4　燃烧室燃烧产物

燃烧产物	CO	CO_2	H_2	H_2O	N_2	Al_2O_3
质量分数/%	27.8	33.4	1.10	13.8	22.1	1.80

6. H_2/CO 氧化反应体系

燃气射流中，复燃现象中的化学反应主要由 H_2 和 CO 两种组分的氧化反应组成，9组分 10 基元反应的 H_2/CO 氧化反应体系在模拟复燃现象方面应用广泛，具有较高的可信度，故本部分使用该反应体系进行化学计算，其反应机制见表 3 − 5。对于某些包含原子及自由基的反应，需考虑第三种物质以接受过剩的反应能量，从而使反应得以稳定进行。

表 3 − 5　H_2/CO 氧化反应体系

化学反应式	化学反应速率常数
$CO + O + M = CO_2 + M$	$7 \times 10^{-33} \exp(-2\,200/T)$
$CO + OH = CO_2 + H$	$2.8 \times 10^{-17} T^{1.3} \exp(330/T)$
$H_2 + OH = H_2O + H$	$1.9 \times 10^{-15} T^{1.3} \exp(-1\,825/T)$
$H_2 + O = OH + H$	$3.0 \times 10^{-14} T \exp(-4\,480/T)$
$H + O_2 = OH + O$	$2.4 \times 10^{-10} \exp(-8\,250/T)$
$OH + OH = H_2O + O$	$1 \times 10^{-11} \exp(-550/T)$
$H + H + M = H_2 + M$	$3 \times 10^{-30} T^{-1}$
$O + O + M = O_2 + M$	$3 \times 10^{-34} \exp(900/T)$
$O + H + M = OH + M$	$1 \times 10^{-29} T^{-1}$
$H + OH + M = H_2O + M$	$1 \times 10^{-25} T^{-2}$

3.3.3　CFD 计算结果与分析

使用欧拉 – 欧拉方法中的 MIXTURE 模型在欧拉坐标下求解连续相流场。连续相包含气、液两相，使用组分输运模型模拟气相的各种气体组分，液相则为液态的冷却水，通过添加源项的方法将汽化模型耦合到流场计算中去。液相的液态冷却水经汽化转换为气相中的一种组分——水蒸气，其中考虑了液态水的汽化、水蒸气的凝结、汽化过程中液态水吸收的汽化潜热以及水蒸气的真实气体效应。使用欧拉 – 拉格朗日方法中的离散相模型跟踪 Al_2O_3 粒子，其中连续相在欧拉坐标系下求解（如前所述），离散相在拉格朗日坐标系下求解。连续相与离散相耦合计算，在非定常计算的每个时间步中，首先计算连续相流动得到初步收敛的流场。在接下来的迭代步中，离散相颗粒轨迹和连续相流场将交替计算，直到两者均达到收敛条件，该时间步结束。每次计算连续相流场时，均要更新上一个时间步连续相与离散颗粒相之间的动量和能量交换，但不涉及质量交换。

使用有限体积法对流场控制方程进行离散；使用基于压力 Coupled 算法进行流场求解；湍流模型选用 RNG $k-\varepsilon$ 模型，物面边界采用无滑移壁面边界条件，近壁面湍流计算采用标准壁面函数法处理；采用非定常计算模拟燃气射流从开始工作到稳定的整个过程，时间步长为 1×10^{-5} s。

由图 3 – 20 ~ 图 3 – 22 可知，在考虑化学反应的情况下，整个流场的速度云图并没有什么特殊之处，而流场的温度云图变化明显：由于复燃反应，混合区的温度明显升高，甚至比核心区的温度都高。而图 3 – 23 则表明，由于该数值计算模型考虑了过多的因素，对波系结构的计算产生了明显的拖累作用，故只有第一个马赫盘结构清晰可见。

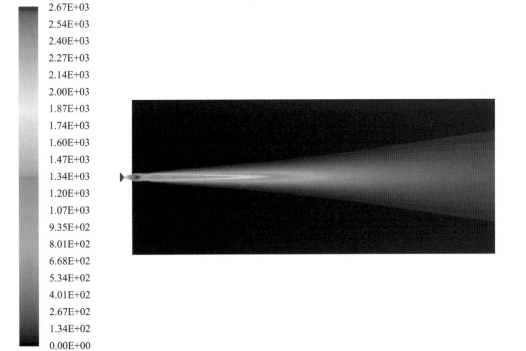

图 3 – 20　流场速度云图

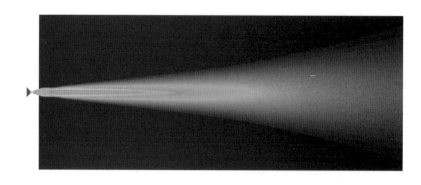

图 3 - 21　流场温度云图

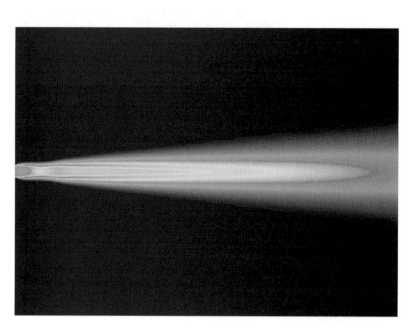

图 3 - 22　流场温度云图（去除发动机）

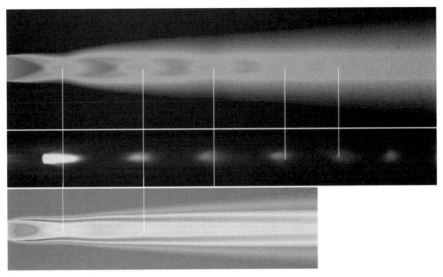

图 3 - 23　温度云图波系结构对比图

图 3 - 24 ~ 图 3 - 31 集中展示了流场中主要组分 O_2、H_2O、CO、CO_2 的质量分数和反应速率，进一步展示了复燃现象的存在，而且主要发生在混合区。需要特别注意的是，O_2 和 CO 的反应速率为负数，而 H_2O 和 CO_2 的反应速率为正数，可见 O_2 和 CO 被消耗掉，而 H_2O 和 CO_2 则是生成物。同为生成物，流场 H_2O 的质量分数云图与 CO_2 的明显不同，这主要是由于高温造成燃气射流附近的水蒸气减少。

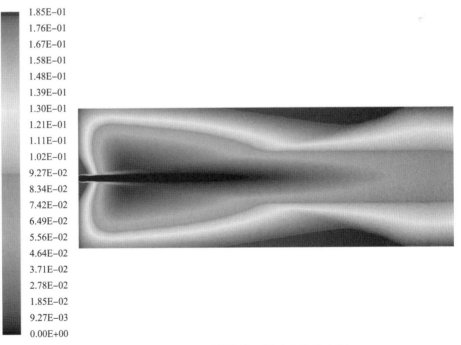

图 3 - 24　流场 O_2 质量分数云图（去除发动机）

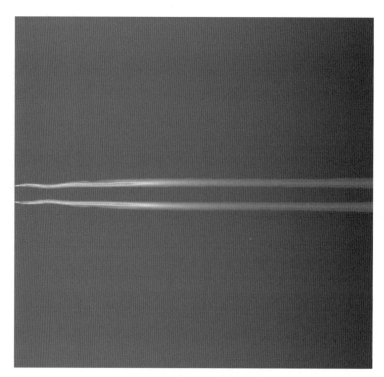

2.66E−03
−1.35E+00
−2.71E+00
−4.07E+00
−5.42E+00
−6.78E+00
−8.13E+00
−9.49E+00
−1.08E+01
−1.22E+01
−1.36E+01
−1.49E+01
−1.63E+01
−1.76E+01
−1.90E+01
−2.03E+01
−2.17E+01
−2.31E+01
−2.44E+01
−2.58E+01
−2.71E+01

图 3 − 25　流场 O_2 反应速率云图（去除发动机）

2.21E−01
2.10E−01
1.99E−01
1.88E−01
1.77E−01
1.66E−01
1.55E−01
1.44E−01
1.33E−01
1.22E−01
1.11E−01
9.95E−02
8.84E−02
7.74E−02
6.63E−02
5.53E−02
4.42E−02
3.32E−02
2.21E−02
1.11E−02
9.60E−09

图 3 − 26　流场 CO 质量分数云图（去除发动机）

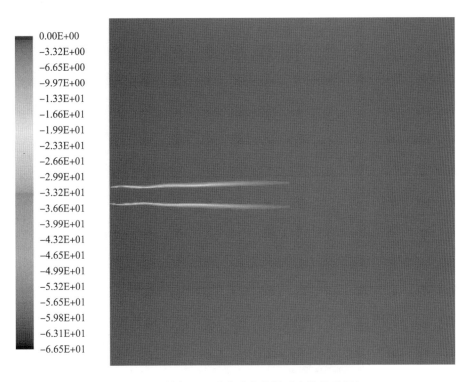

图 3－27　流场 CO 反应速率云图（去除发动机）

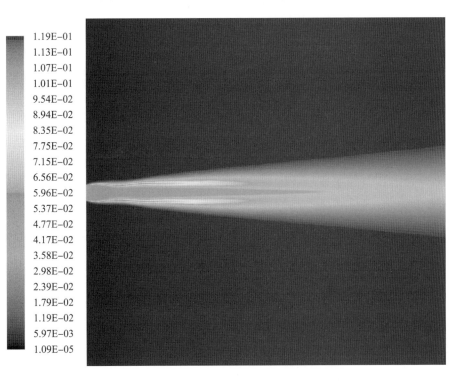

图 3－28　流场 CO_2 质量分数云图（去除发动机）

发射气体动力学

图 3 - 29　流场 CO_2 反应速率云图（去除发动机）

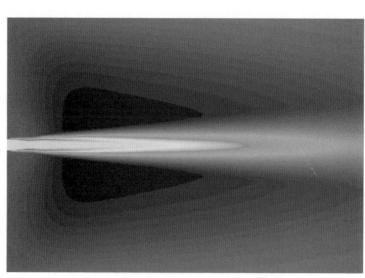

图 3 - 30　流场 H_2O 质量分数云图（去除发动机）

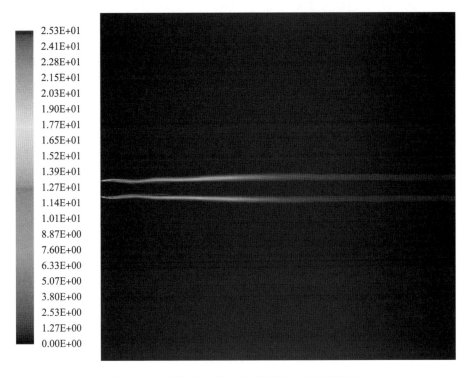

图 3 – 31　流场 H_2O 反应速率云图（去除发动机）

　　本节对复燃反应和 Al_2O_3 粒子进行了考虑，主要使读者对复燃现象有了一个深刻的认识。通过数值计算可知，考虑 Al_2O_3 粒子，对整个流场的计算结果并没有产生较为明显的影响，而考虑复燃反应的影响是显著的。复燃反应主要发生在混合区，对整个自由射流流场的温度改变很大，但倘若考虑射流的冲击效应或者在发射箱内的传播效率，复燃反应的影响又变得较小（后面章节将会进行介绍）。

本章小结

　　本章主要对不同湍流模型和考虑复燃反应、Al_2O_3 粒子的物理模型进行了数值计算，并进行了较为详细的讲解。显然，考虑复燃反应、Al_2O_3 粒子的物理模型是最接近真实情况的，但这严重影响着计算时间和计算精细度，即使在二阶离散格式下，也很难看到清晰的波系结构。需要指出的是，我们并没有对表 3 – 3 中的所有工况进行展示，有兴趣的读者可以自己进行相关的数值计算。此外，本章的计算模型一直都为二维的轴对称结构，并没有考虑三维的 1/4 流场的结构。计算模型维度对于数值计算会产生一定的影响，但影响也很小，有兴趣的读者可以自己进行相关的对比工作。

　　在此后的章节中，将以考虑复燃反应、Al_2O_3 粒子的物理模型为基准进行数值模拟计算，对于要求较为粗糙的情况下，仅仅采用双组分流物理模型，甚至是单组分流物理模型。

第4章 储运发射箱气体动力学问题

4.1 概　　述

导弹储运发射箱在平时用于储存导弹，在转运过程中起到保护导弹的作用，并在导弹发射准备及发射时为其提供电力、通信等保障功能。对于采用冷发射方式的导弹，发射箱还起到将导弹安全、准确弹出的作用；对于采用热发射方式的导弹，发射箱要承受火箭发动机排出的高温、高压和高速气体，并将其有效排导，以减小次生伤害。冷发射方式属于弹射范畴，将在第5章中详细讨论，本章针对热发射方式的气体动力学问题进行分析研究。

导弹点火发射过程中，对于箱内点火状态，由于发射箱内空间狭小，导弹产生的大量高温、高压和高速燃气不能有效地排出箱体，气体在箱内壅塞，对箱体产生冲击效应，并且还会产生热效应和侵蚀影响。同时，由于受限于导弹弹体与发射箱的装配关系，箱内配件如滑轨、定向器的安装形式，导弹喷管出口与发射箱后盖的相对位置关系以及箱内外大气环境等众多因素，造成对导弹出箱过程中燃气流问题分析困难，目前的研究基本以经验为主。

发射箱内发射环境效应问题主要以冲击和烧蚀作用为主，导弹处于高温环境中，极易造成弹上设备的失灵，导致发射失败，因此，有必要对这一课题进行深入研究。同时，对箱内燃气流的影响也有可利用的一方面，易碎盖技术就是典型的应用之一。射流形成之初，箱体内形成的冲击波用于箱盖的开启。同机械式开盖方式相比，易碎盖由于具有结构简单、质量小、安装维护方便等优点，成为热发射导弹发射箱结构设计的主流趋势。因此，研究发射箱内燃气射流动力学问题可以更清楚地了解燃气流作用机制，同时也为发射箱的设计提供理论参考。

4.2　起始冲击波

发射箱内冲击波是火箭导弹发射时，发动机破膜瞬间，由燃烧室内高压燃气造成的强扰动，通过周围空气传播的初始高压界面。在射流由喷管出口向外发展的同时，高压界面也随射流向外推进，高压界面压缩并加厚周围的空气层，使其一起向外扩展，进而产生起始冲击波。由于起始冲击波在径向的一定范围内具有较高的超压峰值，在储运箱式发射装置中，一般认为它会对发射箱产生一定的破坏作用。但是，对于利用冲击波实现开盖的储运发射箱装置来讲，可以利用这个超压峰值使得发射箱端盖上的压力达到开盖压力，从而完成相应的开盖动作。

4.2.1　运动正激波的形成机制

物体振动时要影响其周围的介质，使它们也相继发生振动。振动在介质中向四周传播的过程称为波。若某一物体在流体介质内振动，其产生的波是一种压力波，即压力波是振动物体周围流体介质因扰动而引起的压力变化向四周的传播。当扰动引起介质的压力和密度的变化很微弱时，称此扰动为微弱扰动。在可压缩介质中，微弱扰动的传播需要一定的时间，也就是说，其传播速度是一定的，这个速度称为声速 a。

可是，当静止气体中产生一个突发的强烈压缩扰动时，例如炸弹爆炸、超声速飞行等，扰动产生的压力波将会以比声速大得多的速度向四周传播，通过扰动压力波的波面，气体的压力、温度、密度等参数都有一个突跃的变化。在可压缩流体中，由于受到强烈的压缩扰动而产生的气流参数发生突跃变化的压力波面称为激波。一般在流场中气流参数发生突跃变化处就是激波所在的地方。

在无黏性又绝热的理想气体中，激波是一种数学上的间断面，它的厚度等于零。但是在实际情况中，气体都是有黏性的，且与外界环境有传热。由于黏性的存在，激波中必然会形成一个极薄的过渡区，在该区域中，气流各参数仍将发生连续的变化，因此，激波实际上是具有一定的厚度的。气体分子运动论表明激波的厚度与气体分子平均自由程相当，也就是在 10^{-5} mm 数量级。将流场中波面与气流方向垂直的激波称为正激波。

下面以等截面管道中的活塞运动研究正激波的形成机制以及激波前后的气体参数变化关系。

如图 4-1 所示，初始时刻管道中充满了静止气体，之后活塞突然向右做匀加速直线运动，在很短的时间内其速度从 0 达到较大的速度 u，然后做匀速直线运动。将活塞加速的过程分为 n 个时间间距为 dt 的阶段，那么，在每个阶段内活塞的速度增量都是 du。这相当于对气体做了一次微弱扰动，紧靠活塞的气体压力增加了 dp，这一扰动的压力增量以声速 a_1 向右传播。在第二次的加速过程中，活塞的速度又增加了 du，达到 $2du$，在第一次微弱扰动的基础上又产生了一个新的扰动压力增量 dp，达到 $2dp$，它以 $a_2 + du$ 的速度向右传播。依此类推，直到第 n 次微小扰动时，活塞的速度达到 ndu，而扰动所产生的压力增量将达到 ndp，扰动压力波向右传播的速度达到 $a_n + (n-1)du$。考虑声速的公式与理想气体状态方程：

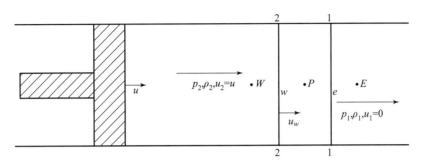

图 4 – 1　管道内运动激波

$$\begin{cases} a = \sqrt{kRT} \\ p = \rho RT \end{cases} \tag{4-1}$$

则可得

$$a = \sqrt{k\,\frac{p}{\rho}} \tag{4-2}$$

忽略由微弱扰动造成的局部密度变化，则根据以上的描述，第 n 个时间段内的压强 p_n 大于第 $n-1$ 个时间段内的压强 p_{n-1}，所以由式（4-2）可知 $a_n > a_{n-1}$。这样后来的微弱扰动压力波经过一段时间必然会赶上初始的微弱扰动压力波，从而产生压力波的叠加，最终会形成一个垂直管轴的压力波面，在波面处气体的参数发生突跃变化，这就是所谓的正激波。

当活塞匀速运动以后，设在 $\mathrm{d}t$ 时间内正激波从图 4-1 的 2—2 截面运动到了 1—1 截面，其位移为 $\mathrm{d}x$，则激波的运动速度 $u_w = \mathrm{d}x/\mathrm{d}t$。在这段时间内，2—1 区域内气体的压力和密度由 p_1、ρ_1 增加到 p_2、ρ_2。取 2—1 区域为有限控制体，且设 2—2 截面为 w 面，1—1 截面为 e 面，两截面中间点为 P 点，左右两侧距离 P 点 $\mathrm{d}x$ 分别为 W 点与 E 点。使用有限体积法基本控制方程的一般格式为

$$\frac{\partial(\rho\varphi)}{\partial t} + \mathrm{div}(\rho\boldsymbol{V}\varphi) = \mathrm{div}(\Gamma\,\mathrm{grad}\,\phi) + S_\phi \tag{4-3}$$

将其表述为积分形式则为

$$\int_{CV}\left(\int_t^{t+\mathrm{d}t}\frac{\partial(\rho\phi)}{\partial t}\mathrm{d}t\right)\mathrm{d}V + \int_t^{t+\mathrm{d}t}\left(\int_{CV}\mathrm{div}(\rho\boldsymbol{V}\phi)\mathrm{d}V\right)\mathrm{d}t$$

$$= \int_t^{t+\mathrm{d}t}\left(\int_{CV}\mathrm{div}(\Gamma\,\mathrm{grad}\,\phi)\mathrm{d}V\right)\mathrm{d}t + \int_t^{t+\mathrm{d}t}\left(\int_{CV}S_\phi\mathrm{d}V\right)\mathrm{d}t \tag{4-4}$$

其中，$\boldsymbol{V} = u\boldsymbol{i} + v\boldsymbol{j} + w\boldsymbol{k}$，对于此问题，忽略管道的摩擦黏性，则可以将其简化为一维运动 $\boldsymbol{V} = u\boldsymbol{i}$；$\Gamma$ 为扩散系数，在此问题中对流起主要作用，因此 $\Gamma = 0$。当 $\phi = 1$ 时，式（4-4）就变为质量守恒方程，又因为管道截面积相等，所以有 $\mathrm{d}V = A\mathrm{d}x$，则得

$$\int_{dx} A \left(\int_{t}^{t+dt} \frac{\partial \rho}{\partial t} dt \right) dx + \int_{t}^{t+dt} \left(A \int_{dx} \frac{\partial \rho u}{\partial x} dx \right) dt = \int_{t}^{t+dt} \left(\int_{CV} S_\phi dV \right) dt \qquad (4-5)$$

在此控制体的变化过程中没有质量源项，因此 $S_\phi = 0$，则对式（4-5）做一次定积分，展开可得

$$\int_{dx} A(\rho_P - \rho_P^0) dx + \int_{t}^{t+dt} A(\rho_e u_e - \rho_w u_w) dt = 0 \qquad (4-6)$$

式中　ρ_P^0 —— P 点在 t 时刻的密度，即 ρ_1；

　　　ρ_P —— P 点在 $t + dt$ 时刻的密度，即 ρ_2。

对流项的时间积分使用两个时刻的加权平均，权重用 θ 表示，则得

$$\int_{t}^{t+dt} A(\rho_e u_e - \rho_w u_w) dt = \theta A(\rho_e u_e - \rho_w u_w) dt + (1 - \theta) A(\rho_e^0 u_e^0 - \rho_w^0 u_w^0) dt \quad (4-7)$$

使用全显示格式，则有 $\theta = 0$，差分格式选用一阶迎风格式。因为管道中气体的流向是从左向右，所以在 t 时刻，$\rho_w^0 = \rho_2$，$u_w^0 = u$，$\rho_e^0 = \rho_1$，$u_e^0 = 0$，将以上条件代入式（4-7），再代入式（4-6），可得

$$A(\rho_2 - \rho_1) dx = A \rho_2 u dt \qquad (4-8)$$

由此可得

$$\frac{dx}{dt} = \frac{\rho_2}{\rho_2 - \rho_1} u \qquad (4-9)$$

当 $\phi = u$ 时，式（4-4）就变为动量守恒方程，此时 S_ϕ 为控制体两侧的压力差所提供的冲量 $-\partial p/\partial x$，则得

$$\int_{dx} A \left(\int_{t}^{t+dt} \frac{\partial \rho u}{\partial t} dt \right) dx + \int_{t}^{t+dt} \left(A \int_{dx} \frac{\partial \rho u^2}{\partial x} dx \right) dt = \int_{t}^{t+dt} \left(\int_{CV} S_\phi dV \right) dt \qquad (4-10)$$

与式（4-5）~式（4-9）的处理过程类似，最终可得

$$\frac{dx}{dt} = \frac{p_2 - p_1}{\rho_1 u} \qquad (4-11)$$

联立式（4-9）、式（4-11），可求得

$$\begin{cases} u_w = \sqrt{\dfrac{\rho_2(p_2 - p_1)}{\rho_1(\rho_2 - \rho_1)}} \\ u = \sqrt{\dfrac{(p_2 - p_1)(\rho_2 - \rho_1)}{\rho_2 \rho_1}} \end{cases} \qquad (4-12)$$

由式（4-12）可知，当扰动很微弱时，压力和密度的增量都极其微小，$p_2 \approx p_1$，$\rho_2 \approx \rho_1$，此时 $u_w \approx a$。因此类似于声波这样的微弱扰动在空气中是以当地声速传播的。若将式（4-4）中的 ϕ 取气体能量 h，再结合式（4-9）、式（4-11）以及完全气体状态方程，可得

$$\frac{p_2}{p_1} = \frac{\dfrac{\gamma + 1}{\gamma - 1}\dfrac{\rho_2}{\rho_1} - 1}{\dfrac{\gamma + 1}{\gamma - 1} - \dfrac{\rho_2}{\rho_1}} \qquad (4-13)$$

式 (4 – 13) 称为朗肯 – 雨贡纽 (Rankine – Hugoniot, R – H) 方程, 它表示气流经过正激波后密度的突跃变化与压力突跃变化存在一一对应关系。

下面分析正激波前、后的气体参数关系, 设正激波前的气流参数为 p_1、ρ_1、T_1、u_1、Ma_1, 正激波后的气流参数为 p_2、ρ_2、T_2、u_2、Ma_2。为分析方便, 把坐标取在激波面上, 从而把运动的正激波转化为相对静止的正激波来讨论, 由此可得: $u_1 = -u_w$, $u_2 = u - u_w$。观测者从正激波波面上看, 气流以 u_1 的速度迎面而来, 流经激波后以 u_2 的速度离去, 这就把问题转换为气流稳定通过静止正激波问题。

取包含正激波在内的1—2区域作为新的控制体, 如图4-2所示。设气体为完全气体, 气流通过正激波时与壁面无摩擦损失、与外界无热量交换。对式 (4 – 9) 与式 (4 – 11) 进行变形, 同时取 $\phi = h$, 代入式 (4 – 3) 并使用有限体积法进行离散, 可得此新控制体内的控制方程。

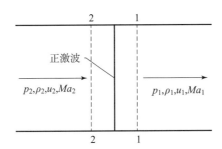

图 4 – 2　静止正激波控制体

连续方程:

$$\rho_1 u_1 = \rho_2 u_2 \qquad (4-14)$$

动量方程:

$$p_2 - p_1 = \rho_1 u_1^2 - \rho_2 u_2^2 \qquad (4-15)$$

能量方程:

$$\frac{\gamma}{\gamma - 1}\frac{p_1}{\rho_1} + \frac{u_1^2}{2} = \frac{\gamma}{\gamma - 1}\frac{p_2}{\rho_2} + \frac{u_2^2}{2} = c_p T_0 = \frac{(\gamma + 1)}{2(\gamma - 1)}a_{cr}^2 \qquad (4-16)$$

式中　γ——气体的比热比。

理想气体的状态方程:

$$p = \rho R T \qquad (4-17)$$

其中, T_0 为气体滞止时的总温; a_{cr} 为气体的临界声速, 即 $Ma = 1$ 时的声速。原则上,

若已知激波前的 p_1、ρ_1、T_1、u_1 四个参数，应用式（4-14）~式（4-17），就可以解出正激波后的四个未知参数 p_2、ρ_2、T_2、u_2。为方便计算，以下推导出激波前、后各同名参数之比与激波前的马赫数 Ma_1 之间的函数关系式。

把动量方程式（4-15）化为

$$p_1 + \rho_1 u_1^2 = p_2 + \rho_2 u_2^2 \tag{a}$$

把式（a）两边各除以连续方程（4-14）两边，得

$$\frac{p_1}{\rho_1} + u_1^2 = \left(\frac{p_2}{\rho_2} + u_2^2\right)\frac{u_1}{u_2} \tag{b}$$

由能量方程（4-16）可得

$$\frac{p_1}{\rho_1} = \frac{\gamma-1}{2\gamma} \times \left(\frac{\gamma+1}{\gamma-1}a_{cr}^2 - u_1^2\right) \tag{c}$$

$$\frac{p_2}{\rho_2} = \frac{\gamma-1}{2\gamma} \times \left(\frac{\gamma+1}{\gamma-1}a_{cr}^2 - u_2^2\right) \tag{d}$$

把式（c）、式（d）两式代入式（b），化简后则得到

$$(u_2 - u_1)a_{cr}^2 = (u_2 - u_1)u_1 u_2 \tag{e}$$

因为激波前、后气流的速度不相等，即 $u_2 - u_1 \neq 0$，所以

$$a_{cr}^2 = u_1 u_2 \tag{4-18a}$$

即

$$\lambda_1 \lambda_2 = 1 \tag{4-18b}$$

其中，$\lambda = u/a$，已知 $u_1 = -u_w$，为超声速气流，则 $\lambda_1 > 1$，按照式（4-18b），必有 $\lambda_2 < 1$。由此可得出一个重要结论：超声速气流通过正激波后一定变为亚声速气流，且激波前的马赫数 Ma_1 越大，激波后的马赫数 Ma_2 越小。式（4-18）称为正激波的普朗特速度方程。由普朗特速度方程出发，可以得到正激波前、后同名参数之比与马赫数 Ma_1 的关系。

1. 激波前、后气流速度 u_1、u_2 之比与激波前气流马赫数 Ma_1 的关系

$$\lambda^2 = \frac{\frac{\gamma+1}{2}Ma^2}{1 + \frac{\gamma-1}{2}Ma^2} \tag{4-19}$$

把式（4-18）除以 u_1^2，再代入 λ 与 Ma 的关系式，即得

$$\frac{u_2}{u_1} = \frac{a_{cr}^2}{u_1^2} = \frac{1}{\lambda_1^2} = \frac{2+(\gamma-1)Ma_1^2}{(\gamma+1)Ma_1^2} = \frac{2}{(\gamma+1)Ma_1^2} + \frac{\gamma-1}{\gamma+1} \tag{4-20}$$

2. 激波前、后气流密度 ρ_1、ρ_2 之比与激波前气流马赫数 Ma_1 的关系

由式（4-14）、式（4-20）即得到

$$\frac{\rho_2}{\rho_1} = \frac{u_1}{u_2} = \frac{1}{\lambda_1^2} = \frac{(\gamma+1)Ma_1^2}{2+(\gamma-1)Ma_1^2} \tag{4-21}$$

3. 激波前、后气流压力 p_1、p_2 之比与激波前气流马赫数 Ma_1 的关系

把式（4 – 15）化为

$$p_2 - p_1 = \rho_1 u_1^2\left(1 - \frac{u_2}{u_1}\right)$$

两边同时除以 p_1 得

$$\frac{p_2}{p_1} - 1 = \frac{\rho_1 u_1^2}{p_1}\left(1 - \frac{u_2}{u_1}\right)$$

可化为

$$\frac{p_2}{p_1} - 1 = \gamma Ma_1^2\left(1 - \frac{u_2}{u_1}\right) \tag{a}$$

把式（4 – 20）代入式（a），化简后得

$$\frac{p_2}{p_1} = \frac{2\gamma}{\gamma + 1}Ma_1^2 - \frac{\gamma - 1}{\gamma + 1} \tag{4 – 22}$$

4. 激波前、后温度 T_1、T_2 之比与激波前气流马赫数 Ma_1 的关系

由式（4 – 21）和式（4 – 22），可得

$$\frac{T_2}{T_1} = \frac{p_2}{p_1}\frac{\rho_1}{\rho_2} = 1 + \frac{2(\gamma - 1)}{(\gamma + 1)^2}\frac{\gamma Ma_1^2 + 1}{Ma_1^2}(Ma_1^2 - 1) \tag{4 – 23}$$

5. 激波前、后马赫数之比与激波前气流马赫数 Ma_1 的关系

因为 $a = \sqrt{kRT}$，所以 $\frac{T_1}{T_2} = \frac{a_1^2}{a_2^2}$，即激波前、后气流中的温度比等于其声速平方之比。由式（4 – 20）和式（4 – 23），可得

$$\frac{Ma_2^2}{Ma_1^2} = \frac{u_2^2}{u_1^2} \cdot \frac{a_1^2}{a_2^2} = \frac{1}{Ma_1^2}\left[\frac{2 + (\gamma - 1)Ma_1^2}{2\gamma Ma_1^2 - (\gamma - 1)}\right] \tag{4 – 24}$$

式（4 – 14）~式（4 – 24）是正激波前、后气流各同名参数的比值与激波前马赫数 Ma_1 的关系式。利用这些公式，可以对气流通过正激波进行计算。

运动正激波在运动过程中可能会碰到刚性壁面而发生反射，例如储运发射箱的前、后盖，下面就此问题进行讨论。如图 4 – 3（a）所示，运动正激波在静止的气体中传播并假设静止气体中有一个固定的刚性平壁。当激波波阵面到达壁面的瞬间，气体受到壁面的压缩，将产生一道正激波（即反射波）向左传播，因此，原来初始波的波后气体变成反射波的波前气体。反射波到达之处，波后气体速度 $u_3 = 0$，状态 p_3、ρ_3 如图 4 – 3（b）所示。显然，反射激波的波前速度不为零，为此，把新的参考系固连在反射波的波前气体上，如图 4 – 3（c）所示。在此坐标系下，波前速度 $\tilde{u}_2 = 0$，激波速度为 $u_{w2} + u_2$，其方向向左，波后速度为 $\tilde{u}_3 = u_2$。又借助于激波运动速度 u_w 与激波伴随速度 u_2 之间的关系得到

$$u_{w2} + u_2 = \frac{\gamma+1}{4}\tilde{u}_3 + \sqrt{\left(\frac{\gamma+1}{4}\tilde{u}_3\right)^2 + a_2^2} = \frac{\gamma+1}{4}u_2 + \sqrt{\left(\frac{\gamma+1}{4}u_2\right)^2 + a_2^2}$$

(4-25)

其中，a_2 可借助于 R-H 关系得到

$$\left(\frac{a_2}{a_1}\right)^2 = \frac{p_2}{p_1}\frac{\rho_1}{\rho_2} = \frac{\dfrac{\gamma+1}{\gamma-1}-\dfrac{\rho_1}{\rho_2}}{\dfrac{\gamma+1}{\gamma-1}-\dfrac{\rho_2}{\rho_1}}$$

(4-26)

另外，借助于 p_1、p_2 之比的关系式，可得到 p_2、p_3 之比的表达式：

$$\frac{p_3}{p_2} = \frac{2\gamma}{\gamma+1}\left(\frac{N_2+V_2}{a_2}\right)^2 - \frac{\gamma-1}{\gamma+1}$$

(4-27)

利用 R-H 关系，可将式（4-27）化为

$$\frac{p_3}{p_2} = \frac{(3\gamma-1)p_2-(\gamma-1)p_1}{(\gamma-1)p_2+(\gamma+1)p_1}$$

(4-28)

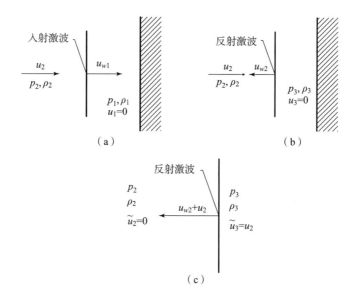

图 4-3 运动正激波在固壁面的反射

4.2.2 起始冲击波的形成与传播过程

在最简单的理论描述中，起始冲击波是横截喷管垂直于壁面的曲面圆盘，然而实际冲击波阵面的形状并不如此，事实上，它们是倾斜的，因而是突然地改变流动的方向。也就是说，冲击波阵面引起了射流脱体，如图 4-4 所示。所以，冲击波波阵面在开始时是一个与管壁斜交的圆锥曲面，其后跟着脱体射流。

冲击波的大小与强度受到拉瓦尔喷管形状与扩张角度的影响，同时与出口燃气流的内外压强以及出口马赫数有很大关系。图 4-5 为典型的射流冲击波形成原理，在喷管出口处形成"截断"冲击波阵面并向外传播。在实际喷管中，由于气体的黏性作用，在壁面上形成边界层，导致冲击波的形状更为复杂。

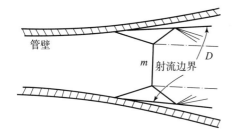
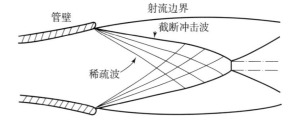

图 4-4　喷管内的射流脱体及冲击波　　　　图 4-5　射流冲击波形成原理

发射箱内燃气射流起始冲击波是高度欠膨胀射流发展初期的必然产物，它是自高压燃气与周围空气形成最初的压力界面开始就在形成。在初始射流由喷口向外发展的同时，燃气与外界空气之间的高压界面（或称接触面）也被射流向外推进，接触面以同射流边界大致相近的形状压缩，并加厚空气层使其一起向外扩展，进而形成起始冲击波。这种伴随着能量传递的压缩波传播过程就是燃气射流起始冲击波形成与发展的过程，同时射流的方向性决定了冲击波的方向性。通过 CFD 软件对起始冲击波的产生和传播过程进行分析，其变化过程如图 4-6 所示。

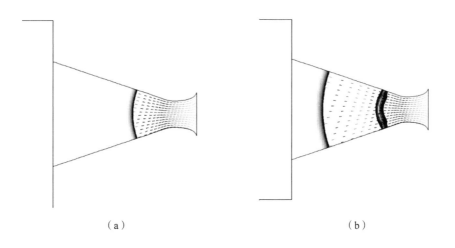

（a）　　　　　　　　　　　　（b）

图 4-6　起始冲击波在喷管内的形成过程

（a）发动机堵片破裂 0.1 ms 之后；（b）发动机堵片破裂 0.2 ms 之后

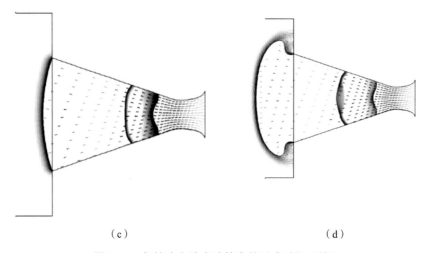

（c）   （d）

图 4-6　起始冲击波在喷管内的形成过程（续）

（c）发动机堵片破裂 0.3 ms 之后；（d）发动机堵片破裂 0.4 ms 之后

对于采用机械开盖方式的发射箱，在导弹点火前其发射箱盖已经打开，因此起始冲击波直接传播到发射箱之外，而不会对发射箱内的环境造成影响。冲击波继续向前运动撞击到发射箱后盖上，由图 4-6（d）可以看出，冲击波出喷管以后呈扇形传播。因此，发射箱后盖中心位置首先受到冲击波的作用，然后向四周扩散，在后盖区域形成一片高压区域，如图 4-7（a）所示。

发射箱后盖上的压强急剧上升，超过易碎盖的破裂强度后，易碎盖破碎，发射箱后盖附近的高压区域向发射箱外泄压，产生压缩波，如图 4-7（b）所示。在此期间，冲击波在后盖反射后，向发射箱前端传播。冲击波所过之处，压强急剧上升，如图 4-7（c）所示。随后冲击波撞击到发射箱前盖上，在前盖附近产生一片高压区域，如图 4-7（d）所示，之后前易碎盖的碎裂过程与后盖的相同。在冲击波的整个作用过程中，发射箱前、后盖上的压强变化过程以及发射箱内监测点的压强变化过程如图 4-8 所示。

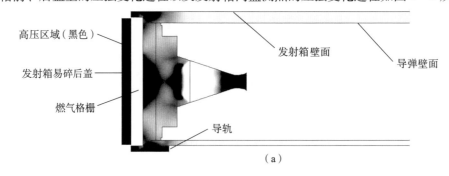

高压区域（黑色）

发射箱易碎后盖

燃气格栅

发射箱壁面

导弹壁面

导轨

（a）

图 4-7　冲击波在发射箱内的传播过程

（a）发动机堵片破裂 0.76 ms 之后发射箱后盖区域压强分布

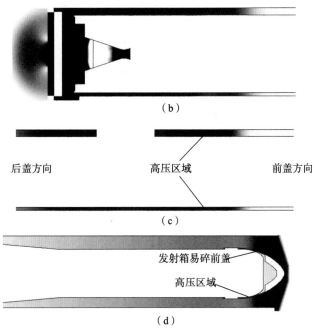

图 4-7　冲击波在发射箱内的传播过程（续）

（b）发动机堵片破裂 2.97 ms 之后发射箱内压强分布；（c）发动机堵片破裂 6.61 ms 之后
发射箱内压强分布；（d）发动机堵片破裂 13.05 ms 之后发射箱前盖区域压强分布

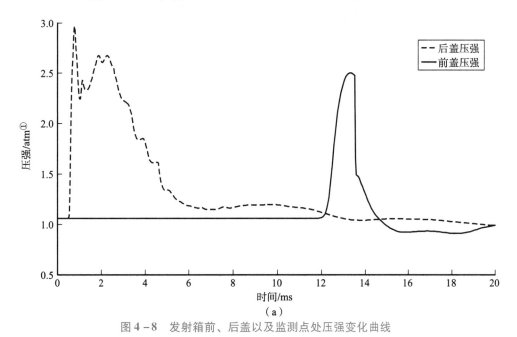

图 4-8　发射箱前、后盖以及监测点处压强变化曲线

（a）发射箱前、后盖压强变化曲线

---

①　1 atm = 101.325 kPa。

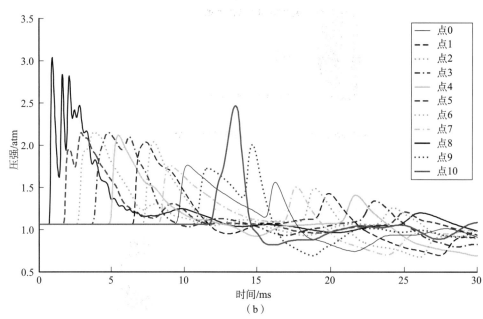

图 4-8 发射箱前、后盖以及监测点处压强变化曲线（续）

（b）发射箱监测点压强变化曲线

其中，图 4-8（b）中的监测点位置如图 4-9 所示。

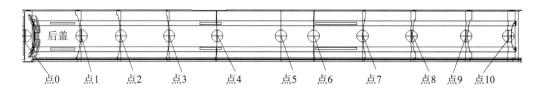

图 4-9 发射箱内监测点位置

由图 4-8（a）可以看出，当冲击波撞击到发射箱后盖时，后盖上的压强迅速上升到一个很高的超压值，此过程非常短暂，可以认为是瞬间完成的，压强曲线的形状类似于阶跃信号。在超压的作用下易碎后盖开始碎裂，对于采用复合材料的易碎盖，从裂缝开始产生到盖子完全破碎，经历的时间一般为 0.5 ~ 2 ms。在此时间内，冲击波先在盖子上滞止，动压转化为静压，形成图 4-7（a）中的高压区域，然后发生反射，向发射箱前端运动，整个过程类似于一段弹簧被扔向墙壁时发生的反弹现象。当后盖碎裂之后，来不及向前反射的高压气体通过裂缝向发射箱外传播，致使后盖上的压强迅速下降。当向前运动的冲击波撞击到前盖后，使前盖上的压强迅速升高。不过，通过对比发现，前盖上的超压峰值略低于后盖的超压峰值，且持续的时间较短。这是因为冲击波在向前运动的过程中，由于气体黏性和发射箱壁面黏性的作用造成冲击波的能量不断损耗，且发射箱内部以及导弹弹体上有很多细小的结构，例如发射箱内的加强筋、弹体上的舵面、翼面等，当冲击波撞击到这些结构时，会发生更多的反射而消耗一部分向前传递的能量。此外，发射箱前盖的强度一般小于后盖的强度，因此，前盖破裂所需的时间更短，这也造成了前盖的超压峰值持续的时间更短。

从图 4 - 8（b）中可以看出，监测点处的压强峰值随着冲击波传播距离的增加而不断衰减，但是监测点 10 的压强曲线有一个明显快速上升的超压峰值，其大小与前盖压强曲线的压强峰值近似。这是因为此监测点距离前盖距离最近，冲击波撞击到前盖后在此处产生高压区域，之后发生反射，向发射箱底端传播。因此，在各监测点的压强曲线上可以观察到两个明显的超压峰值，并且除了距离前盖最近的两个监测点外，其他监测点的压强曲线第二个超压峰值的大小均要小于第一个峰值的。

4.2.3　影响冲击波强度的因素

冲击波的强度关系到发射箱前、后盖能否正常打开，进而影响发射任务的成败。同时，导弹中某些敏感、脆弱部件，例如某些导弹头部安装的头帽、电视制导镜头等，不能承受过高的压力，否则容易损坏。因此，在设计发射箱时，有必要对影响冲击波强度的因素进行分析。

1. 发动机堵片破裂压强

发动机堵片碎裂时，燃烧室内外的压差是冲击波产生的源头。发动机堵片的破裂压强决定了高压室内外压差的大小，因此，对冲击波的强度有重要影响。在后盖破裂之前，冲击波的反射过程就是运动正激波在固壁面上的反射过程，发动机破膜压强就相当于式（4 - 28）中的 p_2，设 $x = p_2/p_1$，$y = p_3/p_2$，则得

$$y = \frac{(3\gamma - 1)x - (\gamma - 1)}{(\gamma - 1)x + (\gamma + 1)} \tag{4 - 29}$$

对式（4 - 29）进行求导，可得

$$y' = \frac{(3\gamma - 1)(\gamma + 1) + (\gamma - 1)^2}{[(\gamma - 1)x + (\gamma + 1)]^2} \tag{4 - 30}$$

一般情况下，大多数气体的比热比 $\gamma > 1$，因此，由式（4 - 30）可知，$y' > 0$，$y(x)$ 为单调递增函数，也就是说，反射激波前的压强 p_2 越大，反射后靠近壁面的区域压强 p_3 也越大，如图 4 - 10 所示。

由此可知，当发动机堵片的破裂压强越大时，高压室两侧的压差越大，起始冲击波的强度也越大。不同破膜压强下发射箱前、后盖上的压强曲线如图 4 - 11 所示。

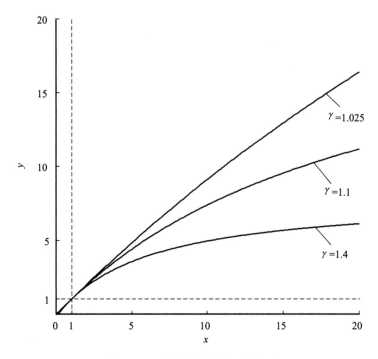

图 4 - 10　反射激波前后压强关系

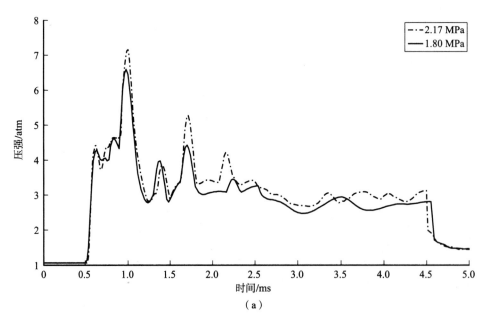

（a）

图 4 - 11　破膜压强为 2. 17 MPa 和 1. 80 MPa 时前、后盖压强对比

（a）不同破膜压强下后盖压强曲线

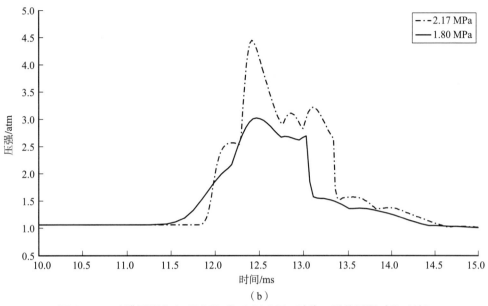

图 4 - 11　破膜压强为 **2. 17 MPa** 和 **1. 80 MPa** 时前、后盖压强对比（续）
（b）不同破膜压强下前盖压强曲线

可以看出，当发动机破膜压强从 1. 80 MPa 提高到 2. 17 MPa 之后，发射箱前、后盖上的超压峰值都有明显上升，同一时刻两者在发射箱前盖附近的压强分布对比如图 4 - 12 所示。图中颜色越深，表明压强越大，由此可以看出，2. 17 MPa 工况下的压强要高于 1. 80 MPa 工况下的，而且高压区域的范围也是 2. 17 MPa 的比 1. 80 MPa 的大，这与图 4 - 11（b）中曲线体现的情况相符合。破膜压强提高以后，不仅超压峰值的极值增大，而且超压持续的时间也有所增长。

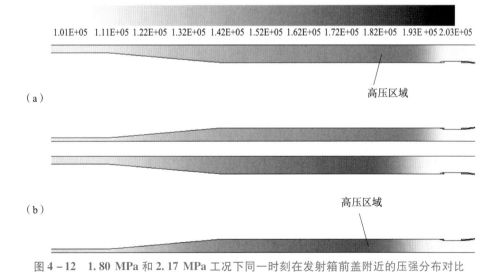

图 4 - 12　**1. 80 MPa** 和 **2. 17 MPa** 工况下同一时刻在发射箱前盖附近的压强分布对比
（a）1. 80 MPa；（b）2. 17 MPa

2. 后盖破碎强度与打开速度

在 4.2.1 节中描述了冲击波在发射箱内的传播过程，其中一个重要环节就是冲击波在发射箱后盖上的反射过程。此过程的时间长短直接影响了之后冲击波在发射箱内的传播过程以及在前盖上的作用力大小。实际上，如果没有发射箱后盖，那么冲击波会直接传播到发射箱外部，而不会对发射箱内环境造成影响。因此，后盖的强度以及打开速度会影响到发射冲击波的大小。

在同样的破膜压强下设计三种工况，每种工况中后盖的破裂压强相同，但打开过程不同，以打开面积－时间历程曲线表示，如图 4－13 所示。

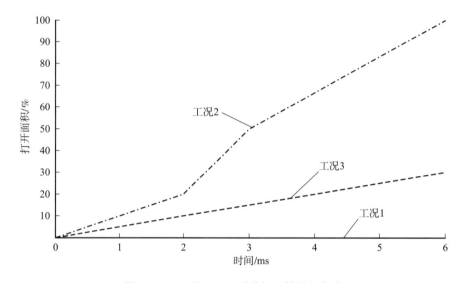

图 4－13　不同工况下后盖打开的历程曲线

可以看出工况 1 中后盖不打开，工况 2 中后盖打开速度最快，工况 3 中后盖打开速度稍慢。分别取距离发射箱前盖较近的监测点 1、中间的监测点 5 以及距离发射箱后盖较近的监测点 9 三个监测点的压强进行对比，其在不同工况下监测点处的压强曲线如图 4－14 所示。

对比三种工况可以看出，后盖不打开的工况 1 各个监测点的压强在任意时刻均要大于其他两个工况。尤其是监测点 1 处的压强曲线，工况 1 中高压值保持的时间很长，而工况 2、3 在达到峰值以后就迅速下降。这是因为工况 1 中的后盖不打开，冲击波的能量被完全封闭在发射箱内，除去黏性耗散损失掉的能量，大部分能量在后盖反射以后向发射箱前端传播。因此，工况 1 高压区域的作用面积很大，反应在监测点的压强曲线上就是高压值持续的时间很长。而工况 2、3 中的后盖在受到超压作用后开始破裂，冲击波的能量很快泄漏到发射箱外，高压区域的作用面积明显减小，高压值在监测点的压强曲线上持续时间缩短。工况 2 中的后盖打开速度比工况 3 快，因此，同时刻工况 2 的监测点压强均要小于工况 3 的，但是幅度不大。这是因为后盖打开的越

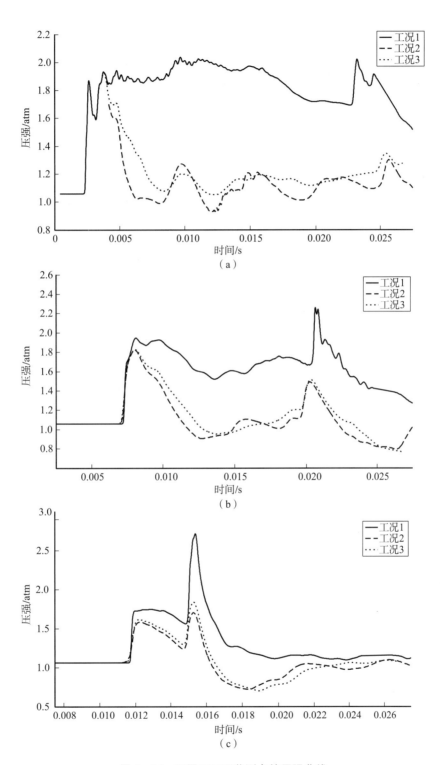

图 4 – 14　不同工况下监测点的压强曲线

（a）监测点 1 压强曲线；（b）监测点 5 压强曲线；（c）监测点 9 压强曲线

快,高压气体向外泄漏的秒流量越大,反射波的能量就越少。但是从图4-8(a)中可以看出,在后盖破裂的起始2 ms时间内,其压强下降最为迅速,也就说明在这段时间内泄漏的高压气体量最大。因此,虽然工况2比工况3的打开速度快很多,但在最开始的2 ms时间内两者的差距不大,所以工况3的监测点压强略高于工况2。尤其是经过在发射箱内传播过程中的能量损失后,当反射波到达监测点9时,两者之间的差距更小。

另外,理论上发射箱后盖的破碎强度对反射波的强度也有重要影响。一种极端情况就是后盖破碎强度非常小,犹如纸片一样一碰就碎,冲击波则不会在后盖发生反射,发射箱内无反射波。另一种极端情况就是后盖破碎强度很大,冲击波超压无法使其破碎,这时发射箱内反射波强度最大的就是工况1的情况。但是,实际情况是易碎后盖多使用复合材料制作,其破碎强度一般在0.15 MPa左右,不会很大也不会很小。但是从图4-8(a)中可以看出,后盖上的压强呈现阶跃式变化,在极短的时间内就上升了3个大气压。如果将后盖破碎强度提高到0.2 MPa或是减小到0.1 MPa,两者在后盖打开时间上的差值也只有0.02 ms,这对冲击波反射的影响是非常微弱的。因此,正常情况下后盖破碎强度的变化对反射波的影响不大。

4.2.4 易裂后盖开启过程

易碎后盖碎裂以后,在冲击波的作用下以很高的速度被推向空中,散落于发射系统周围,有可能对相关人员或设备造成伤害。为避免此情况的出现,部分发射箱使用了与发射箱连接的易裂后盖,如图4-15(a)所示。此种发射箱后盖表面上刻有预裂槽,当其在超压的作用下破裂以后,盖子沿着预裂槽裂开。然后,在高压气体和高速燃气的作用下,裂片绕着盖子与发射箱的连接轴向外转动。

(a)

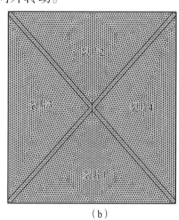
(b)

图4-15 易裂后盖及其网格模型

(a)某型导弹发射箱的易裂后盖;(b)易裂后盖网格模型

随着后盖转动角度的变化，发射箱底部的燃气流场也不断变化，同时，燃气射流流场又会影响到易裂后盖的运动状态，两者是相互耦合的过程。使用 CFD 软件结合重构动网格技术，对开盖过程进行分析。易裂后盖的网格模型如图 4 – 15（b）所示，后盖裂片在转动过程中的受力情况如图 4 – 16 所示。

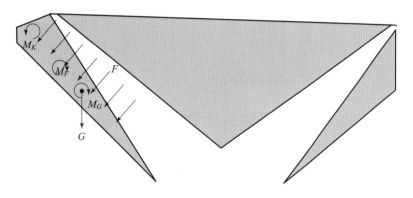

图 4 – 16　后盖裂片在转动过程的受力情况

F —裂片受到的气体作用力；G —裂片的重力；M_F —燃气流场产生的旋转力矩；

M_G —重力产生的旋转力矩；M_K —后盖自身的回复力矩

后盖裂片的运动微分方程为

$$
\begin{cases}
\dot{\theta} = \omega \\
\dot{\omega} = \dfrac{M_F + M_G - M_K}{J}
\end{cases}
\tag{4 – 31}
$$

式中　θ ——后盖裂片的旋转角度；

　　　ω ——后盖裂片的旋转角速度；

　　　J ——后盖裂片的转动惯量。

在式（4 – 31）中，M_F、M_K 均为关于时间的非线性函数，因此，使用 Adams – Moulton 三步四阶积分法进行数值求解。后盖裂片在转动过程中发射箱底部的压强变化如图 4 – 17 所示。

裂片不断向外转动，后盖打开面积逐渐增大，使发射箱底部的压强迅速下降。原本积聚在发射箱底部的燃气逐渐形成射流冲击到后盖裂片上。但是，随着后盖转动角度的增加，射流在后盖上的作用面积不断减小，如图 4 – 18 所示。在以上两个因素的作用下，裂片受到的旋转力矩不断减小，裂片受到的旋转力矩随时间变化曲线如图 4 – 19 所示。

裂片转动角度和角速度的变化曲线如图 4 – 20 所示。

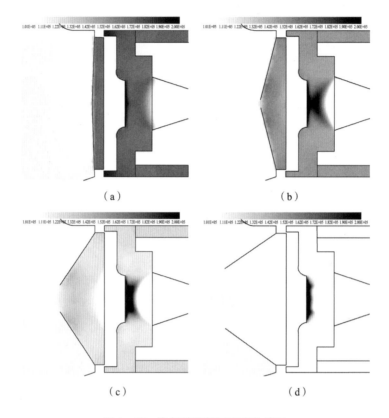

图 4 - 17　发射箱底部压强变化情况

（a）发动机破膜 3 ms 之后；（b）发动机破膜 6 ms 之后；

（c）发动机破膜 9 ms 之后；（d）发动机破膜 12 ms 之后

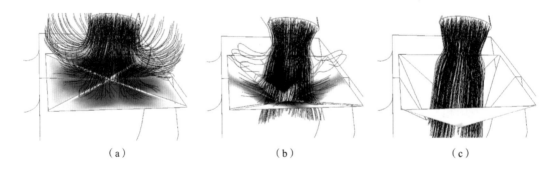

图 4 - 18　燃气射流在发射箱后盖上的作用面积变化情况

（a）发动机破膜 3 ms 之后；（b）发动机破膜 8 ms 之后；（c）发动机破膜 15 ms 之后

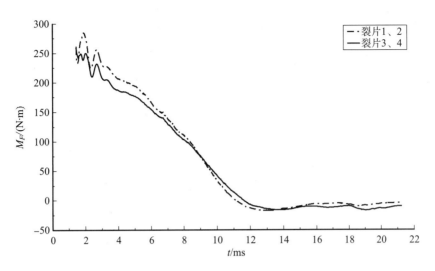

图 4 - 19 旋转力矩随时间变化的曲线

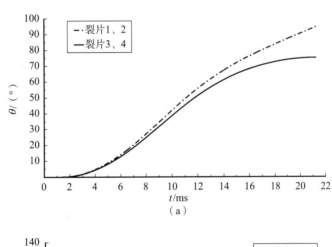

（a）

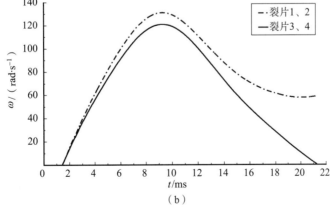

（b）

图 4 - 20 裂片运动过程曲线

（a）转动角度随时间变化的曲线；（b）转动角速度随时间变化的曲线

裂片的转动角速度在后盖破裂后的 8 ms 时间内经历了一个快速上升的阶段，之后，旋转力矩 M_F 趋近于零，在裂片回复力矩 M_K 的作用下转动角速度逐渐减小。与此对应，裂片的转动角度经历了快速增大后趋于平稳的过程。

4.3　燃气射流对发射箱的影响

4.3.1　导弹出箱前燃气射流对弹体以及发射箱的影响

本章前两节介绍了基本概念以及现象，本节主要根据仿真实例来具体分析燃气射流对发射箱以及导弹的影响，让读者更加清晰地了解发射箱气体的动力学问题。

导弹发射过程中，发射箱内部引射现象明显，但在点火阶段，燃气流可能会产生壅塞现象，导致燃气流包围弹体本身，弹体发射环境恶劣。而且导弹一般采取倾斜发射方式，燃气射流对发射装置有一定的冲击和烧蚀作用。加装单面导流槽虽然可以减小燃气流的作用，但如果导流不畅，会造成燃气流在箱内的壅塞或由于导流引起反溅流冲击，这些都对导弹发射性能有较大影响，有时也是决定发射成败的关键因素。

下面将以两个倾斜发射装置为例分析燃气射流的影响。需要指出的是，对于多联装发射装置，当前发射导弹的箱体称为发射箱体。

1. 燃气射流对弹体的影响

在分析箱前射流对导弹和发射箱体的影响时，以单倾斜发射箱为例进行说明，具体模型如图 4-21 和图 4-22 所示。由于弹体位于发射箱内部靠后位置，考虑燃气射流方向，因此，在设计上对发射箱后部选取较长计算域［图 4-21（a）］。发射箱箱长 8 m，为更好地说明箱内燃气流的作用情况，导弹初始位置设定为箱内 1 m 位置处，而且在仿真计算中对整个模型进行了一定的简化（选取坐标轴 Z 轴正方向为燃气流射流方向）。

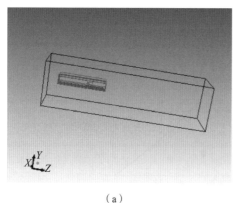

（a）

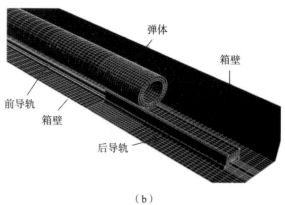

（b）

图 4-21　发射箱建模

（a）计算域的选取；（b）发射箱及箱内配件

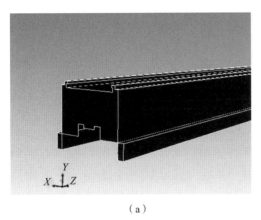 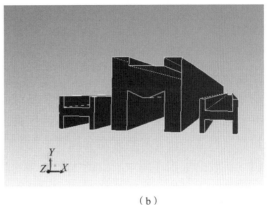

（a）　　　　　　　　　　　　　　　　　（b）

图 4 - 22　导轨建模（局部）

（a）前导轨；（b）后导轨

　　图 4 - 23 为前期处理时的网格图（网格总数保持在 80 万左右）。燃气流的影响主要集中在喷管后部，因此，划分网格时对喷管及喷管后部区域进行了加密处理。为协调网格数量与计算效率之间的关系，箱体上其余部分网格按照比例尺设置。划分模型为 40 万、80 万、100 万网格，并比较仿真结果，最终选取本例网格模型进行仿真分析，本节不在此详述验证过程。

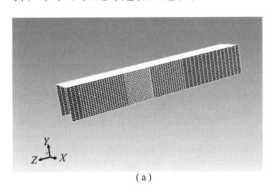 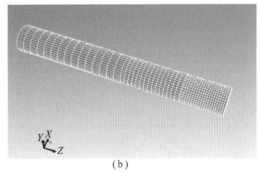

（a）　　　　　　　　　　　　　　　　　（b）

图 4 - 23　发射箱及导弹网格分析

（a）发射箱；（b）导弹

　　导弹在发射箱内的燃气流场属于近场结构，设其喷口静压比为 1.2，假设发射箱在发射瞬间前后端盖打开，采用压力出口边界条件，假设收敛精度已给定，环境压力设为 0.1 MPa，壁面采用无滑移壁面边界条件，对于近壁面湍流计算，采用壁面函数法处理。

　　图 4 - 24 为发动机在发射箱内点火后燃气流场温度云图，从出箱后燃气流扩张趋势可以看出，燃气流在箱内受到发射箱空间限制，气流被压缩，在导轨末端燃气

流的部分区域突然扩张减速，使得尾流受扰动区域升温并随着尾流扩散。在发射箱出口，燃气流再次扩张后，以自由流扩散到外部环境中，之前受扰动升温段扩散后形成一条高温带，在该区域内，燃气流速度低于核心射流，燃气流出现不对称现象。参考图4-25燃气流场速度云图，同样可以看出气流的变化趋势。在发射箱内部，由于产生壅塞效应，导致燃气流沿发射箱内向前传播，对弹体产生一定的烧蚀作用，并会随着时间的推移覆盖整个弹体。因此，由以上结果可知，箱内点火的导弹发动机燃气射流经历在导轨末端和箱体末端的两次扩张后，形成与自由射流类似的尾焰流场扩散到周围环境中。由此推知，箱内发射导弹燃气流运动严重受制于发射箱箱体以及箱内导轨的外形及装配的相对位置关系等，因为不同型号的弹体装配工况不尽相同，燃气流在出箱后形成的流场也有所不同，所以至今没有成熟的理论应用于分析燃气流的动力学影响，只能根据具体型号应用工程经验，并加以仿真计算具体分析。

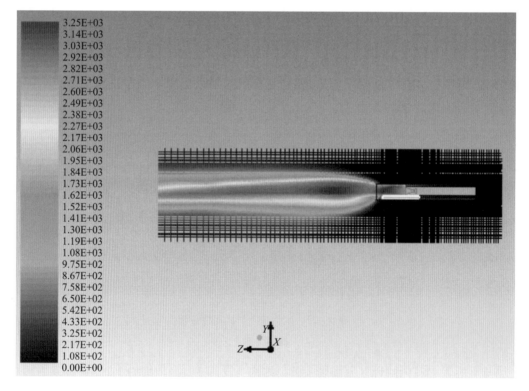

图4-24　燃气流场温度云图

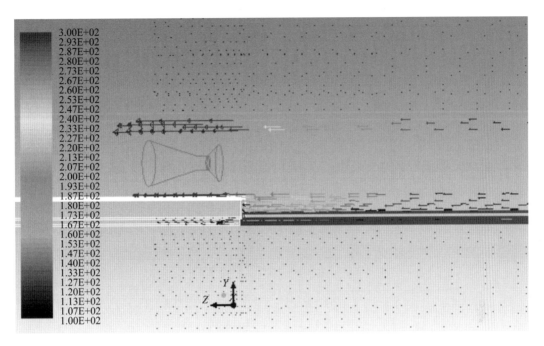

图 4 - 25　燃气流场速度云图

从图 4 - 26（a）中可以看到燃气流在发射箱内后导轨处速度出现转折点，在发射箱出口处燃气流向外扩张。在图 4 - 26（b）中可以看到箱内有明显的引射现象，箱内空气速度沿着射流方向加速，在与燃气流交界处速度达到 300 m/s 左右。

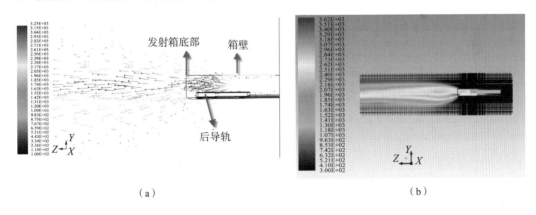

（a）　　　　　　　　　　　　　　　　　　（b）

图 4 - 26　燃气流场速度矢量图及箱内引射现象

（a）燃气流速度矢量图；（b）箱内引射现象

从图 4 - 27（a）中读者可以清晰地看出，由于气流壅塞，导致燃气流向前流动包覆弹体，使得弹体表面温度较高。在图 4 - 27（b）中，由于方形箱体使得燃气流分成四股气流，分别投影于发射箱四面箱壁的中心处；而对于圆形箱体，弹上燃气流分区现象就不会这么明显。

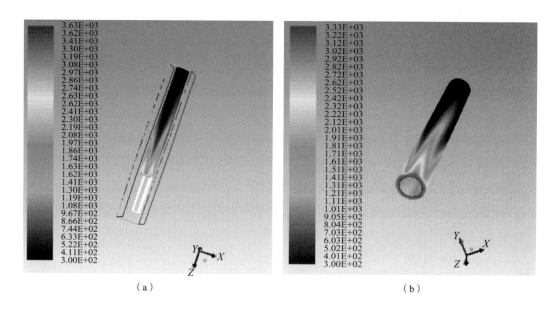

图 4 - 27　对导弹的影响

（a）导弹弹体上温度分布云图；（b）弹底温度分布云图

2. 燃气射流对发射箱的影响

由于燃气流对箱体的作用以冲击和烧蚀为主，现在对箱体做受力和温度分析。仍以本次仿真模型（图 4 - 21）为例，以 1 m 等间隔直至导弹出箱依次仿真模拟导弹运动到箱内不同位置时的箱内燃气流作用，分析燃气流对发射箱作用的规律，得到了导弹运动到不同位置时箱体受到的作用力曲线（图 4 - 28）。

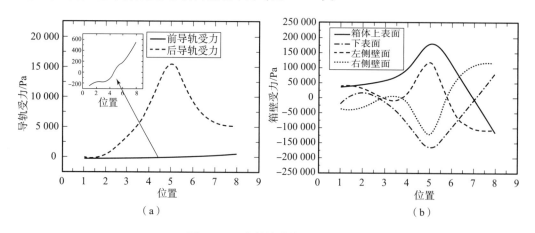

图 4 - 28　发射箱箱体受力曲线

（a）发射箱前、后导轨受力曲线；（b）发射箱壁面受力曲线

图 4 - 28（a）所示为发射箱内前、后导轨受力曲线，横轴 X 为导弹运动位置坐标，纵轴 Y 为导轨受力曲线，本仿真选取导轨受 Z 轴力分析，实线段为前导轨受力。

在初始位置，尾喷管处于后导轨上，燃气流对前导轨作用力较弱，由于气流壅塞现象，导轨受燃气流向前作用的推力，随着导弹的向前移动，前导轨受力逐渐变为向后的作用力，并一直增加。相对于前导轨，后导轨的横切面较大，因此受燃气流作用力提高了两个量级，当导弹运动到箱体中段靠前位置时，后导轨受力最大，而不是通常所认为的在箱体前、后导轨的分界面上，导弹峰值随着导弹的向前运动逐渐减小。在此说明一下，由于燃气射流对箱壁的烧蚀作用较强烈，并集中在发射箱各壁面中部，发射箱内后导轨受射流的烧蚀较严重，对于发射箱的优化，建议在发射箱中部至前、后导轨交界区域应加强设计，并且在发射箱底部壁面加强热防护。

图 4-28（b）为箱体壁面受力分析，由于箱体空间作用基本对称，因此箱体两侧箱壁受力大致相同。由于导轨布置在下壁面上，箱体上、下表面受力有所不同，但大致相似。在导弹运动之处，燃气流对下壁面有向上的作用力，其是由后导轨的下壁面空间引起的。

为了更好地说明燃气流对壁面的作用，选取发射箱上表面中心点为监测点，通过截取监测点压力和温度变化参数绘制图 4-29 所示曲线。图 4-29（a）曲线为监测点处压力 p 与环境压力 p_0 的比值变化。从图 4-28 和图 4-29 中可以看出，燃气流在导弹运动到同一位置约 5 m 处，箱体受力达到最大值。图 4-29（b）曲线证明监测点处燃气流温度变化，监测点温度在导弹运动到 3 m 位置处就达到峰值并一直持续至导弹运动到 6.5 m 位置处，持续时间较长，这一点更有力地证明了燃气流在箱内产生的壅塞现象，导致燃气流向前运动。同时，为了验证上述压力曲线的变化情况，让读者看得更明白，图 4-30、图 4-31 直观显示了燃气流在箱内的压力与温度变化情况。

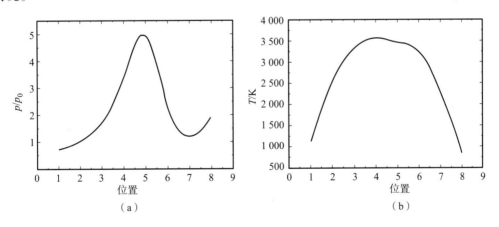

图 4-29　监测点处燃气流作用分析

（a）监测点处压力变化曲线；（b）监测点处温度变化曲线

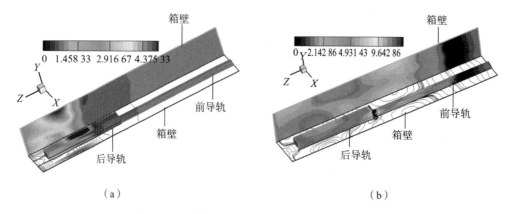

图 4 - 30　箱体内无量纲压力（p/p_0）变化云图

（a）1 m 位置箱内压力云图 ；（b）6 m 位置箱内压力云图

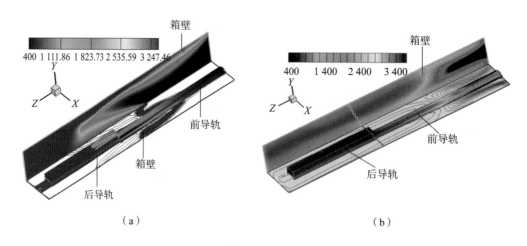

图 4 - 31　箱体内温度变化云图

（a）1 m 位置箱内温度云图；（b）6 m 位置箱内压力云图

3. 燃气射流对相邻发射箱的影响

现在以一个新的实例来继续分析燃气射流造成的影响。图 4 - 32 是一个双联装发射装置。

图 4 - 33 为发射导流器上的速度矢量图，发射导流器对燃气有反射和导引作用，燃气向各个方向反溅，对邻位导流器产生冲击和烧蚀，使邻位导流器和发射箱后盖上的压力和温度升高。表 4 - 1 为导弹出箱前运动至各位置时邻位导流器上的压力和温度最高值。由表 4 - 1 可以看出，随着导弹运动距离的增加，邻位导流器上的压力和温度逐渐减小。

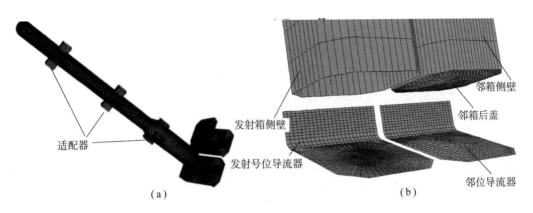

（a）　　　　　　　　　　　　　　　　　　　　　　　（b）

图 4 − 32　倾斜双联装发射装置模型示意图

（a）发射装置整体图；（b）发射箱底部结构

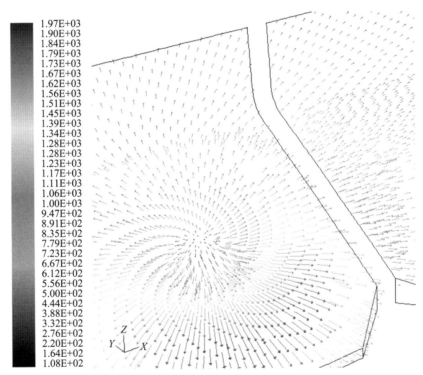

图 4 − 33　导弹在箱内运动至 2 m 位置发射导流器上的速度矢量图

表 4 − 1　导弹出箱前邻位导流器最高压力和温度值

导弹运动距离/m	最高压力/MPa	最高温度/K
2	0.133	1 968
4	0.129	1 768
6	0.128	1 637
10	0.124	1 422

表 4 - 2 为导弹出箱前运动至各位置时邻箱后盖上最高压力和温度值。由表 4 - 2 可以看出，最高温度和压力值随着导弹运动距离的增加而升高。如图 4 - 34 和图 4 - 35 所示，随着导弹运动距离的增加，邻箱后盖逐渐靠近于射流边界层的下游，射流边界层下游扩散较大，对邻箱后盖的影响较大，从而导致邻箱后盖的压力和温度随着导弹运动距离的增加而上升。

表 4 - 2　导弹出箱前邻箱后盖最高压力和温度值

导弹运动距离/m	最高压力/MPa	最高温度/K
2	0.101 7	703
4	0.101 8	714
6	0.102 0	726
10	0.102 5	836

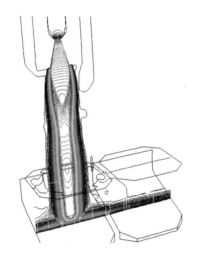

图 4 - 34　导弹箱内运动到 2 m 时的速度等值线

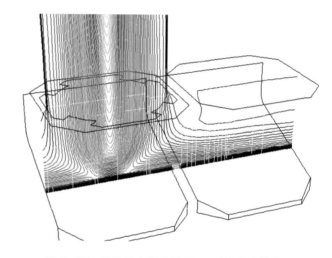

图 4 - 35　导弹箱内运动到 10 m 时的速度等值线

4.3.2　导弹出箱后燃气射流对发射箱的影响

上一小节主要介绍了导弹在未出箱前燃气射流对弹体和发射箱的影响。由于导弹在出箱后喷管处的高温高压高速燃气射流不仅对发射箱体产生一定影响，而且会对联装架上其他发射箱前盖与侧壁有强烈的冲击和烧蚀，甚至有可能吹破发射箱前盖。本节以某倾斜热发射导弹模型（图 4 - 32）为例，在考虑燃气流场的特点和发射装置的设计情况下，分析发射箱体受到的影响，为未来设计发射装置提供更有力的保障。

1. 燃气射流对发射箱的影响

此处讨论燃气射流对发射箱内壁的影响时，假设初始时刻发射箱的前易碎盖已经打开。如图 4-32 所示，在分析过程中考虑的是一个三维双联装导弹发射装置模型，对于仿真中使用的 CFD 方法已在前面详细地介绍过，本节内容着重于分析计算结果。

如表 4-3 所示，发射箱内压力和温度随着导弹出箱距离增加先变大后减小，导弹出箱后运动 10 m 范围之内，由于燃气流的速度较大，抽吸发射箱体里面的气体，使得发射箱体侧壁出现较大的负压，发射时的负压是发射箱防护时需要考虑的关键因素。运动 15 m 位置时，由于燃气的速度已经降下来，抽吸作用消失，发射箱不再受到负压的作用。又由于发射箱侧壁与燃气流动方向平行，受燃气冲击作用较小，因此侧壁上的正压力较小。

表 4-3　导弹出箱后发射箱体侧壁最高压力和温度值

导弹运动距离/m	最高压力/MPa	最低压力/MPa	最高温度/K
5	0.110	0.083 3	791
10	0.112	0.098 2	742
20	0.108	0.105 8	592
25	0.106	0.103 6	516

2. 燃气射流对相邻发射箱的影响

导弹出箱后，随着导弹的运动，燃气射流对其相邻箱盖和箱壁的冲击作用会不断变化，发射箱前盖和箱壁的压力及温度也会随之变化。

表 4-4 和表 4-5 给出了导弹运动到不同位置时最高压力和温度值。在导弹出箱后的运动过程中，邻箱前盖和侧壁上的最高温度和压力随着导弹运动距离的增加先变大后减小。图 4-36 给出了三个位置的速度等值线，随着导弹运动距离的增加，前盖逐渐接近于边界区的下游，燃气流扩散现象逐渐明显，使得邻箱前盖的温度和压力增大，而当导弹运动到 25 m 位置时，射流对邻箱前盖的作用力已经较小。

表 4-4　导弹出箱后邻箱前盖最高压力和温度值

导弹运动距离/m	最高压力/MPa	最高温度/K
5	0.101 3	310
10	0.101 9	448
20	0.103 9	538
25	0.102 8	472

表 4 – 5 导弹出箱后邻箱侧壁最高压力和温度值

导弹运动距离/m	最高压力/MPa	最高温度/K
5	0.101 1	533
10	0.101 2	550
20	0.101 5	558
25	0.101 4	480

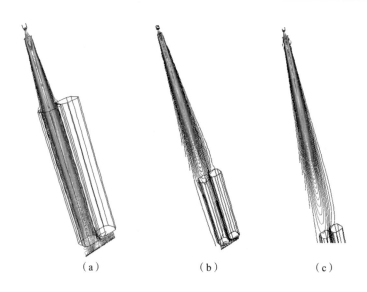

（a）　　　　　　　（b）　　　　　　　（c）

图 4 – 36 导弹出箱后运动至 5 m、20 m 和 25 m 时的速度等值线图

（a）5 m；（b）20 m；（c）25 m

对于多联装导弹发射装置，其分析过程与双联装导弹装置类似，但需要考虑导弹发射时会发生头部下沉和偏转，这就使得其研究过程更为复杂。由于本节内容主要是让读者了解导弹出箱后燃气射流对相邻箱的冲击影响，因此只介绍了简单的双联装导弹发射装置。

经过上述仿真分析，可以看到燃气射流对相邻箱的影响非常大，因此，需要在未来设计出合适的前盖反向破碎压力，防止导弹发射后燃气流将前盖吹破，造成工程和经济上的损失。

本章小结

本章对储运发射箱内的冲击波开盖机理与过程以及燃气射流对箱内环境的影响进

行了计算与分析。箱内起始冲击波的形成早于燃气射流的形成，发射箱后盖在起始冲击波超压峰值的作用下破裂，并使冲击波反射向发射箱前盖传播。发动机堵片的破膜压强、发射箱后盖的强度都会对反射冲击波的强度造成影响。因此，发射箱前后盖的破裂强度应在设计时相互匹配。

发射箱内的压强和温度随着导弹的运动距离不断变化，且对于并联发射装置，导弹的燃气射流会对相邻箱盖造成影响。由于射流边界层不断扩散，相邻箱盖上的压强会出现先增大后减小的现象。因此，在发射时应做好相应的防护措施。

第5章　弹射内弹道发射气体动力学问题

5.1　概　　述

5.1.1　弹射简介

弹射也被称为"冷发射"，即在导弹发动机不点火情况下的发射，是指导弹在起飞时由发射装置给导弹一个推力，使它加速运动直至离开发射装置，导弹被弹出以后，在主发动机（或续航发动机）的作用下继续加速飞行。作为一种被战略导弹广泛应用的发射技术，弹射技术的优点如下：

（1）提高了武器系统的性能，增大了导弹的射程。战略导弹若采用自力发射，导弹达到离筒速度所消耗的推进剂为起飞质量的20%～30%。采用弹射技术后，由于导弹在发动机点火前已获得了一定的初速度，所以，在相同装药量的情况下，提高了发动机熄火点的速度，因而在保持导弹自身质量不变的情况下，增加了导弹的射程；或者在保持导弹射程不变的情况下，提高了导弹的运载能力，即增加了弹头的质量，提高了威力。

（2）简化了发射阵地，改善了发射环境。为了提高生存能力，弹道导弹大多采用加固地下发射井的自力发射。但是，随着发射技术的发展，弹射技术已广泛应用于地下发射井中。如苏联1975年部署的SS-17、SS-18导弹以及美国1986年部署在民兵地下井内的MX导弹就是采用弹射装置进行发射的。若采用弹射技术，就没有自力发射时产生的高速、高温燃气流的烧蚀、冲击振动、排焰及漂移等问题，容易保证操作人员和仪器设备的安全。由于弹射没有排焰和漂移问题，因此，发射同样直径的导弹时，可以缩小地下发射井的结构尺寸；同时，发射井不受燃气流作用的损害。因此，就没有必要修理发射井，减少了对导弹的热负荷和力负荷要求，没有排焰道，因而有可能更充分地使用发射井的容积，增加了导弹出井时的稳定性和可控性。如大力神-Ⅱ导弹，其直径为3.05 m，弹长为31.4 m，其地下发射井的井径为17 m（包括排焰道等），井深达47 m，并可承受冲击波的正面压力为2.059 MPa。若导弹采用弹射技术，情况则大不相同，地下发射井的内径一般只需比弹径粗100 mm至数百毫米，防护冲击波的能力也大大提高了。可以利用已退役的自力发射导弹地下井进行加固改造,弹射更大直径的新型导弹,达到增加射程和增大威力的目的。如发射筒直径为 2.79 m、发射筒长为 23.4 m 的 MX 导弹,可以利用井径为 3.6 m、井深为 27 m 的民兵导弹自力发射井加以改造,无论在军事上还是在经济上都有很高的实用价值。采用弹射技术,改善了井内的发射环境,使导弹避免了噪声、振动、压力脉冲、热环境的影响,有利于提高导弹上的仪器和结构的可靠性。

(3)减少了地面车辆,实现了设备自动化。地面车载机动导弹采用发射筒弹射可以提高导弹系统机动作战的能力。由于弹射装置对发射场及发射设备没有烧蚀,故发射阵地的车辆可以靠近一些,这样便于选择阵地并缩小了阵地的规模,简化了掩体设施,提高了发射阵地的隐蔽性能。由于弹射对发射筒外不造成烧损和污染,因此,不必用水冲洗和冷却,这样便于发射车快速撤收和阵地转移,提高了发射效率。采用弹射后,可以减少设备,有利于实现设备自动化,缩短阵地的暴露时间,同时能使运输起竖、保温和发射三种设备置于一车,做到一车多用,大大减少了车辆的数量。

(4)采用弹射技术能保证潜舰人员和设备的安全。目前,水下发射的潜射导弹,主要采用弹射技术,这是由潜艇所处的特定条件决定的。潜射导弹被弹射出发射筒后,导弹在水中遇到的阻力要比空气中大得多。因此,可以利用弹射动力增加导弹在水中飞行的速度,提高克服海流、海浪产生的干扰能力,增加导弹飞行的稳定性。同时,采用弹射技术可为导弹的第一级发动机节省更多的推进剂。由于采用了弹射技术,降低了由于发射不成功而产生意外爆炸的可能性,同时也减少了因导弹自身发动机在发射筒内工作产生的高温高速燃气流而引起巨大的冲击振动和噪声,这都有利于保证潜艇工作人员和设备的安全。

与此同时,弹射技术也存在一些问题,能否较好地处理这些问题,对提高弹射装置的可靠性与技战指标至关重要:

(1)弹射装置要求增加一个发射筒、一套弹射动力装置等。就弹射动力装置的燃气发生器来说,其质量与结构尺寸有可能大于省掉的燃气导流器的质量和结构尺寸。弹射装置直接影响车载机动运输发射车辆的长度、宽度及质量。运输车辆的越野性可能有所降低,对通过道路等级及桥梁等要求也有所提高,这一点对于战略陆基导弹的机动性来说是极为不利的。

(2)弹射技术对导弹可靠性要求高。特别是导弹第一级发动机应能准确无误地进行空中点火,迅速建立推力,减少导弹失控时间,满足控制系统的要求。对于加速性能较差的液体发动机来说,做到这一点就更加困难。

(3)采用弹射方式后,导弹底部要求承受做功工质(燃气、蒸汽、压缩空气等)产生的压力。因此,弹体底部结构要相应地加强,或者专门设计承受燃气压力的尾罩或活塞式托座，且尾罩与活塞式托座应可靠地与弹体分离，这给导弹结构设计带来了不便。

（4）当导弹离开发射筒后，若活塞不能止动于发射筒口或发射筒内，活塞还是紧贴在导弹的底部，这将使导弹第一级发动机燃烧室的压力和燃气返回去，只有当活塞脱离导弹底部后，这种现象才能消除。这对导弹发动机的工作是不利的。同时，对于大型的中远程导弹来说，适配器与活塞的质量和结构尺寸都相当可观。目前尚没有好的办法使之按预定地点降落，有可能砸坏地面建筑物和设备。

（5）由于燃气发生器装药燃烧得不完全，特别是橡胶火药在发射后，发射筒壁上产生胶黏现象，清除这种黏胶需要较长的时间，这会影响下一发导弹的发射。因此，降低了发射设备连续发射导弹的能力。

根据发射动力源的不同，弹射发射可分为如下几种，如图 5 - 1 所示。表 5 - 1 列举了各种发射方式的优缺点，其中比较常用的弹射器是燃气式和燃气 - 蒸汽式。

图 5 - 1　弹射方式的分类

表 5 - 1　各种弹射方式的比较

动力形式	优点	缺点
炮式	可使导弹获得极大的初速度，对快速捕捉目标与命中目标十分有利	导弹及其上仪器、设备经受极大的冲击过载，只适用于设备简单的小型反坦克导弹上
液压式	快速性好、功率大、功效高	设备精密、复杂、故障率高，维修困难，不宜野外作业
压缩空气式	利用高压气体作为动力源，能将导弹高速弹出	设备庞大、笨重，大容量的高压气瓶工艺制作困难
液压 - 气动式	其优点是液压式与压缩空气式的叠加	缺点也是液压式与压缩空气式的叠加
燃气式	将火药的化学能转化为推动导弹运动的动能，能量大，但体积并不大，设备也不复杂，燃气发生器本质上是个固体火箭发动机，可直接装在发射筒内	燃气温度高（一般都在 1 500 ℃以上），不仅对本身热设计造成困难，也对弹上设备及发射设施构成威胁

续表

动力形式	优点	缺点
燃气–蒸汽式	在燃气式弹射装置的燃气发生器后面加装水冷却器，使燃气温度降低后进入作动筒，因此能量得以充分利用，并且可调，压力变化平稳，内弹道参数较理想	装置较燃气式复杂，体积也增大，成本增加
电磁式	实质是一个形状特殊的直线电动机，利用电磁能量，无声、无光、无污染，对导轨与设备无侵蚀，弹射后可以获得很大的离轨速度	设备庞大、复杂，技术难度大，强大的电磁场会影响到弹上设备的正常工作

5.1.2　弹射装置的结构组成

导弹的弹射系统一般由发射筒、燃气发生器、适配器、冷却装置、隔热装置、密封装置、固定装置和挡药装置等组成。值得注意的是，并不是每一种弹射装置均有上述的每一部分，如燃气–蒸汽式弹射器的典型结构如图 5 - 2 所示。对燃气式弹射器而言，则没有图 5 - 2 中的冷却器。

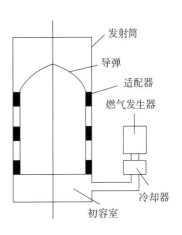

图 5 - 2　外并式燃气–蒸汽式弹射结构示意图

1. 发射筒

它是容纳导弹和高温高压燃气的装置，是弹射装置的主要设备。发射筒的作用是：平时配合装填设备，实施装弹与退弹，当导弹装入发射筒后，给导弹保温，提供一个适合导弹固体推进剂工作的环境温度，运输时支撑导弹。因此，要求发射筒具有防震、抗核爆冲击波的能力；进入发射阵地后，与发射台配合进行导弹方位瞄准和垂直度调整，配合导弹进行各种测试与检查；发射时起支撑和导向作用。一般大型的战略导弹，其发射筒内均装有适配器，它对导弹起支撑、限位和导向作用。发射筒有时兼作包装筒，起储存、运输和发射导弹的作用。发射筒的长度一般由导弹的离筒速度和导弹在筒内的加速度等内弹道参数确定，一般大于导弹的长度。发射筒的设计计算与承受内压的火炮身管的设计计算相类似，首先要保证其强度要求，同时要考虑到运输时和发射时产生振动的工作状态，又必须使之具有足够的刚度。因此，发射筒要选用较为理想的比强度和比模量高的材料制造，这样既可以满足发射筒的强度和刚度要求，同时发射筒筒体质量也可以大大减少。目前，发射筒的材料有钢、铝合金和复合材料，如玻璃纤维–环氧树脂、石墨–环氧树脂和凯芙拉等。一般情况下，发射筒采用铝合金，比钢要轻 1/3，用复合材料则又要比铝轻 1/2。此外，发射筒采用复合材料还可以减少磁特性，避免被敌人的侦察卫星发现。目前，石墨–环氧树脂价格较高，其原因是碳化纤维较贵。我们可以这样设计，采用高强度铝合金作为发射筒筒体的基体材料，采用比强度和比模量高的石墨－环氧树脂作为发射筒的加强材料，保证刚度要求，这样既满足了发射筒的强度和刚度要求，同时也减少了质量，达到了经济性好和结构合理的目的。

2. 燃气发生器

燃气发生器是提供弹射动力的装置。在战略弹道导弹的弹射装置中，提供弹射动力还有以压缩空气为工质的储气瓶。有的将燃气发生器和储气瓶叫作高压室。燃气发生器亦称气体发生器。目前，使用最多的而且比较方便的还是燃气发生器。因为它所需设备少，其体积也小，使用方便，特别于要求机动发射的导弹来说，这个优点更为突出。燃气发生器的作用是保证火药得到正常燃烧所必需的环境条件，并通过不同形式的喷管或管道将燃气排送到燃气腔中去，形成均匀压力，满足导弹对出口速度的要求。工作压力应保证装药正常燃烧，而且要保证从喷管口排出的燃气建立超声速流动和尽可能缩短燃烧时间。燃气发生器由壳体、固体药柱、点火装置、冷却装置和隔热装置等组成。燃气发生器壳体有整体式及装配式两种。整体式结构的优点是气密性好，可以避免接头处发生漏气现象，而且整体式质量小，有利于减小弹射装置的质量，这对于战术导弹来说有重要的意义。但对中远程的战略导弹来说，整体式会给加工工艺带来较大的困难。因此，战略导弹弹射系统的燃气发生器大多采用装配式，这样加工比较简单，清洗方便，可多次使用。燃气发生器壳体一般用钢、铝合金或玻璃钢制成。燃气发生器实际上是一种固体火箭发动机，两者的差别是火箭发动机的燃气经过喷管排入大气中，热能变成动能，使导弹获得推力而产生运动；而燃气发生器是火药的化学能在极短的时间内经过燃烧转变成热能，其燃气经过喷管排入密封容器中而不是大气中，建立一定的压力，从而形成弹射力，将导弹推出发射筒。由此可见，燃气发生器和固体火箭发动机的设计本质上是相同的，只是燃气发生器不需要计算推力，只需确定燃气流量、工作时间、燃气压力、温度及冷却方案等，质量要求也没有固体火箭发动机那么严格。燃气发生器主要根据导弹的结构参数质量、底部直径和所要求的内弹道性能进行设计，即在已知装药质量和装药形式的条件下，求出燃气发生器的压力曲线和导弹在发射筒内的运动规律，已知导弹发射筒的离筒速度、导弹允许最大过载的条件下，求出装药质量、装药的结构形式以及弹射装置结构参数等，然后用小模型试验验证上述计算的正确性并对计算加以修正。一般是已知导弹参数和离筒速度，设计装药条件及弹射装置的结构参数，通过计算与试验进行反复比较，从中选择最优方案。

3. 固体药柱

目前，装药主要有复合药和双基药两种。复合药是把氧化剂、燃烧剂用机械的方法使之固结在一起。氧化剂为燃烧过程提供充足的氧，保证充分燃烧，其主要用氯酸铵和硝酸铵等。燃烧剂一般又是黏结剂。燃烧剂主要有聚硫橡胶、聚氯酸等。有时在复合药中添加一些可燃金属，如铝粉、镁粉等，提高燃气的热能。复合药的最大缺点是燃烧后产生较多的固体残渣并黏结在发射筒壁上。双基药是由过氯酸氨硝化棉、铝粉等与硝化甘油混合配成浆，然后浇筑在药模中，经过固化处理，变成一根根药柱。它可以连续大量生产，经济性好，机械强度高，火焰温度比复合药的低，可长期储存，对潮湿不敏感，对发射筒的污染较小，因此被广泛用于弹射装置中。我们希望导弹尽量在发射筒内做匀速运动，所以，一般燃气发生器装药为增面燃烧，其压力曲线一般为渐增的，燃气腔为等压曲线。一般要求燃气发生器装药在导弹刚出筒或接近出筒时燃烧结束。因此，往往选择薄肉厚和足够大燃烧面药柱，一般其燃烧温度在 2 000 ℃左右。

4. 点火装置

目前，大多使用电点火装置。电点火器中装有黑火药、电爆管、点火线路及其保险装置等。它的作用是创造一个一定温度和压力的点燃条件，达到主装药迅速点燃的目的。另外，在点火之前，用喷口膜片密封住燃气发生器壳体的喷口，燃气发生器成为一个密封容器，使燃气发生器建立起必要的点火压力，以便使整个装药瞬时全面燃烧。当燃气发生器达到预定的压力时，膜片破裂，燃气冲破膜片流入燃气腔，喷口膜片可用紫铜、铝、赛璐路、电工纸和塑料等低强度金属和非金属材料制成。喷口膜片与燃气腔壳体的连接方式有螺压式、胶黏式和整体式。

5. 燃气腔

燃气腔是形成弹射力的密闭或半密闭容器，一般就是发射筒内导弹的后部空间，有的称为初容室或低压室。对不同类型的燃气腔，其初容室的容积是不同的。从燃气发生器流出的燃气（或燃气 – 蒸汽）或从储气瓶来的压缩空气在这里形成导弹运动所需要的低压力。这种低压力作用在导弹尾端的承压面上便形成了弹射力。一般希望这种弹射力是一个常量，这样导弹在发射筒的运动比较稳定。随着导弹在发射筒中的运动，燃气腔的容积不断扩大。燃气腔的压力远远低于燃气发生器的压力，一般为 1 ~ 2 MPa，温度不高于 700 ℃。

6. 冷却装置

为了防止从燃气发生器喷出的高温燃气损伤导弹，需要在燃气发生器与燃气腔之间设置冷却装置。

7. 隔热装置

从燃气发生器喷出的燃气经过冷却装置后，虽然其温度大大降低了，但仍为 200 ℃ ~ 300 ℃。因此，在导弹的底部设置一个隔热装置，它实际上是一个活塞，俗称"锅底"。它直接或者间接通过联动机构与导弹连接，其作用有两个：一是隔绝燃气的高温，通过其外圆上的密封圈密封燃气，使燃气不致泄漏到前面去，避免烧损导弹；

二是承受弹射力,并将弹射力传递给导弹。在弹射过程中,活塞随导弹运动至发射筒口后止动于筒口,或者随导弹飞出筒外,然后自行向一边坠落。

8. 密封装置

包括设置在发射筒口的密封装置和发射筒与导弹之间的密封装置,若发射筒是双筒体结构时,内外筒之间也设有密封装置。

①发射筒口密封装置:在发射筒兼作包装筒的情况下,为了长期储存导弹,在发射筒中装有一定压力、温度和湿度的惰性气体。因此,在发射筒两端有端盖、密封塞等密封装置。潜射导弹发射筒的筒口密封装置还有防止海水浸入的目的。地下井弹射时,发射筒口密封装置可使导弹免受雨水、尘埃、放射性沾染、核辐射和冲击波的破坏。

②发射筒与导弹的密封装置:防止燃气腔的燃气或压缩空气泄漏烧损导弹,以免造成能量损失。

9. 适配器

它实际上是导弹与发射筒之间的密封圈。这往往是一种结构上的需要,因为导弹的尾翼比直径大很多,为了使导弹在发射筒内运动平稳,必须有适配器。适配器除了在弹射时起密封作用外,主要对导弹起支撑和导向作用,并在水平储存和运输过程中起支撑和减震作用。适配器的密封性能取决于其漏气量,一般要求其漏气压力小于 0.01 MPa。适配器与导弹或者发射筒之间的单边间隙一般为 40 ~ 60 mm,如美国北极星导弹与发射筒之间的环形间隙为 38.1 mm;个别大于 100 mm,如 MX 导弹的弹筒间隙为 100 ~ 125 mm。

5.1.3 弹射内弹道学的研究对象和任务

弹射内弹道学是研究弹射过程中弹射器内一切弹射现象和过程规律性的科学。它包括火药弹射器高压室内的燃烧规律、导弹运动规律、燃气流动规律、能量转化规律以及弹射器高、低压室内的压力变化等方面的内容。鉴于燃气式与燃气 – 蒸汽式弹射的广泛应用,本章的研究内容仅限于该两种弹射方式。

那么什么是弹射过程呢?以燃气式或燃气 – 蒸汽式弹射为例,弹射过程是火药的化学能在极短的时间内(百分之几秒或千分之几秒)经过燃烧转变为燃烧产物(火药气体)的热能,然后通过燃烧产物膨胀做功又转变为导弹、发射筒和燃气等的运动动能的过程。火药是导弹、发射筒运动起来的能源。

由工程热力学可知,能量由一个物体到另一个物体的传递有两种方式:一为传热,一为做功。传热过程中没有能量形式的转化(由内能→内能);借做功来传递能量时总是和物体的宏观位移有关,在做功的过程中往往伴有能量形式的转化(内能→机械能)。从能量传递的观点来看,弹射过程中,在高压室内由于火药燃烧生成大量燃烧产物及大量的热，这些热传递给燃烧产物，故燃烧产物的加热过程属于传热的过程；高温燃气在低压室膨胀做功推动活塞和导弹一起运动的过程，则属于能量传递的另一过程——做功过程，即火药气体的内能转化为机械能的过程。

　　弹射过程的起点亦即点火过程的起点，而其终点是导弹离筒瞬间。我们定义导弹运动至发射筒口、弹射力不再起作用的瞬间为导弹的离筒瞬间。根据活塞是否止动于筒口，又可分为两种情况：一是活塞止动于筒口的情况，在此种情况下，活塞止动过程开始的瞬间是导弹离筒瞬间，因为从该瞬间以后，导弹与活塞分离，弹射力不再对导弹起作用，导弹速度达到弹射过程的最大速度，该速度称为导弹的离筒速度，弹射过程至此结束；二是活塞并不止动于筒口，而是随导弹一起运动出筒的情形，在这种情况下，导弹 - 活塞离开筒口后，筒内火药气体并没有被密封在筒内，弹射力继续对导弹 - 活塞起作用，导弹的速度继续增加，当导弹到达筒口前一定距离后，火药气体迅速向周围空间扩散，压力迅速下降，火药气体不再对导弹 - 活塞起作用，此时的导弹速度才达到弹射过程的最大速度。导弹从活塞承压面到达筒口截面瞬间至达到弹射过程最大速度瞬间的时间间隔称为后效期，火药气体在这一期间对导弹 - 活塞仍有后效作用。对于有后效期的情况，导弹的离筒速度应该定义为后效期结束时的导弹速度，弹射过程也应延后至后效期结束时才算结束。本书不研究后效作用，故仍然认为活塞承压面到达筒口截面瞬间为离筒瞬间，此时的导弹速度认为是弹射过程中的最大速度（离筒速度），弹射过程至此结束。

　　我们研究发射筒内的弹射现象和过程，是为了有效地控制弹射过程，以便改进现有的弹射器和设计新弹射器。分析研究弹射过程就是要弄清楚弹射过程中各因素之间的关系。具体地说，就是装填条件（火药种类、形状、尺寸、火药质量、导弹质量等）、弹射器内部结构诸元（如发射筒口径、发射筒截面积、高低压室的初始容积、导弹全行程长等）与高、低压室的压力变化规律和导弹速度变化规律之间的关系。内弹道学的任务就是从理论和试验两个方面来研究上述因素间的关系，找出它们的规律，然后应用到弹射装置的设计中去。

　　内弹道学包含两个基本问题：一是在已知装填条件和高、低压室内部结构诸元的条件下求得高、低压室的压力变化及火箭导弹离筒速度这三个重要的弹道诸元，这个问题称为内弹道学的正面问题或弹道解法的问题；二是求得装填条件和弹射装置内部结构诸元的合理和可能的方案，以使规定质量和直径的火箭导弹在不超过允许发射加速度的条件下获得规定的离筒速度，这个问题称为内弹道学的反面问题或弹道设计问题。

　　在对新的弹射装置进行内弹道设计时，是以弹道解法为基础的，即利用弹道解法所提供的内弹道公式，计算出能满足总体给定条件（火箭导弹质量、火箭导弹直径、离筒速度、发射加速度允许值）的弹射器结构数据和装填条件。应该指出，能满足给定条件的弹道设计方案不是唯一的，而是可以有多个，这就需要在设计过程中对它们进行分析比较，选择其中最合理的方案，然后，还需要对该方案做出正面问题的解，即计算出该方案的压力曲线和速度曲线。正面问题不是多解的，它的解只有一个。这样求得的弹道设计方案以及压力曲线和速度曲线将是进一步设计高压室、发射筒、反后坐装置以及弹体、引信等的重要原始数据。

5.1.4 研究弹射内弹道学的方法

目前，对弹射内弹道过程的设计与研究过程大多采用试验和工程计算的方法。试验方法最为直观可靠，通过在关键位置布置传感器，能够采集发射过程中关键位置的内弹道参数，但对整个流场的变化过程无能为力，从而无法对弹射装置的设计改进提供直接指导，且发射试验成本较高、周期较长，难以适用于初步设计过程，所以完全依赖试验方法进行研究是无法接受的。

工程上传统的研究方法为零维内弹道计算方法，其优点为计算量小，计算速度快，其基本假设为：不考虑流场参数沿发射装置管路轴线和径向的变化情况，将混合相工质的流动看作工质能量由动力源向发射筒的输送过程；进入发射筒的混合相工质，包括燃气、冷却水、冷却水汽化得到的水蒸气、发射筒初容室内的空气，在每个瞬时均能够均匀混合，并进行能量交换，即将混合相工质看作各点状态参数均匀一致的混合物；忽略燃气各种组成成分的作用，将燃气看作单一性质的单一组分气体，同时也不考虑燃气各个组分与水蒸气、空气之间产生的化学反应等。由此可见，零维内弹道算法只能得到某一时刻发射筒中的平均状态参数，无法给出流场中各处的具体状态，而流场的具体状态与发射装置的结构直接相关，故零维算法无法对弹射装置的结构设计给出直接参考，无法满足弹射装置设计及验证的需要。

采用计算流体力学（CFD）方法对发射过程中的多相流场进行求解可以弥补上述不足。在得到内弹道过程的同时，CFD方法可以给出某一时刻流场中任意位置的压力、温度、组分分布，能够对冷却水的流动和汽化过程进行深入研究，在产品的初步设计过程中降低开发成本和开发风险，同时为进一步的改进和试验设计提供理论支持。

5.2 燃气式弹射

某些弹道导弹在地下发射井中或潜艇上垂直发射时都采用燃气式弹射装置，苏联的 SS-18 战略导弹就是例证。燃气式弹射本身可分为四种类型，如图 5-3 所示。其中前三种（即无后坐式、横弹式、活动底座式）具有共同的特点，即都具有一个固定在弹射器上的燃气发生器（高压室），所以亦可称为固定高压室式弹射装置；自弹式不同，它的高压室不是固定在弹射器上的，而是随弹一起运动，所以称为运动高压室。

运动高压室可以是在弹后附加一个小燃烧室，也可以直接由第一级发动机兼任。由于形成弹射力的燃气工质是由随弹运动的高压室或导弹自身的发动机流出的，故取名为自弹式弹射器。自弹式本质上是自力发射与弹射的结合，因弹射力为其发射动力的主要成分，故亦归为弹射的一种。

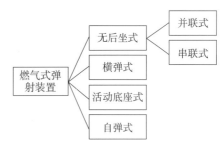

图 5 – 3   燃气式弹射装置分类

图 5 – 4 为 SS – 18 战略导弹弹射装置示意图。SS – 18 采用的弹射器就是典型的活动底座式弹射装置，图 5 – 5 为其发射时的连续画面。这种弹射装置实际上由两大部分组成：发射井和辅助室。发射井包括井筒、井筒盖和台座。辅助室里装有燃气发生器，一个供发射用的可压缩储箱和弯管。发射时，打开筒口盖，燃气发生器提供高压气体，台座及导弹在燃气压力的推动下飞离筒口。导弹在飞出地面一定距离后，第一级发动机点火，台座坠落。由于台座的隔离，弹体避免了高温燃气的烧蚀作用，因此弹体材料可比自力发射所用的材料强度低，而且可用价格低廉的材料来制造。要把 SS – 18 导弹推出发射井，需要很高的压力，因为它的发射质量较大，约为 220 t。这种弹射装置需要解决台座的坠落问题，若仅仅从隔热的观点来看，台座并不需要做得很厚，但其尺寸和质量仍是很可观的。如不采取适当的措施，台座坠落将给附近地区造成危害。为避免上

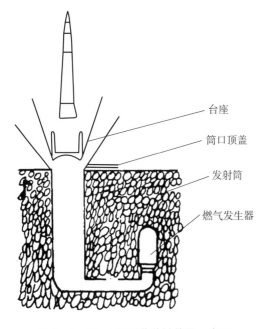

图 5 – 4   SS – 18 导弹弹射装置示意图

图 5 – 5   SS – 18 导弹发射过程

述事故发生，通常采用下述措施：一种方法是在台座上安装侧向发动机，使台座受到一侧向推力而坠落到距发射井一定距离的地区；另一种办法是使台座止动于发射筒口，故需要在发射筒口安装缓冲装置，以吸收台座巨大的动能。可以使用易变形材料（如铝、橡胶等）制成的楔形条和环状件，使之固定在发射筒口，吸收台座的动能，使台座减速并最后停止在筒口。

如表 5 – 1 所示，燃气式弹射的特点是结构简单、能量利用率高，但其也有比较严重的缺点，即火药气体的燃温通常在 2 000 ℃ ~ 3 000 ℃，且能量输出不可调。高温燃气直接冲击到导弹底部的底座上，有可能会损伤导弹上的元器件。为解决这个问题，通常的做法是改用燃气 – 蒸汽式弹射，通过液态水的汽化使做功工质的温度大幅降低，但其缺点是结构较燃气式弹射更加复杂，且加入冷却水后流场变得更加复杂，对设计研究提出了更高的要求。另一种做法是研究低燃温发射药，采用低燃温发射药后，火药气体的温度通常可以降到 1 500 ℃ 以下，且不再需要添加冷却装置来进行二次降温，燃气发生器产生的低温燃气直接作用到导弹或导弹底座上也不会产生太大威胁。

若采用低燃温发射药作为燃气式弹射的动力源，关键技术是研制出适合导弹弹射用的低燃温、高燃速固体推进剂配方。国外于 20 世纪 40 年代首先研制了双基型燃气发生剂，国内于 60 年代末开始研制燃气发生剂，研制的燃气发生剂有双基型和复合型两种。双基型燃气发生剂具有洁净的特点，但其燃温高，对发生器要求也高，且燃烧性能调节困难。已研制的复合型燃气发生剂有 AP 型、AN 型、DHG 型、硝胺型等。复合燃气发生剂具有燃烧温度较低（一般为 800 ℃ ~ 1 900 ℃），燃速可调范围大的特点，但以上品种的复合固体燃气发生剂燃速最高不超过 20 mm/s（6.86 MPa），无法满足弹射要求。随着近年来推进剂技术的发展，低燃温、高燃速的固体推进剂已经出现。本节通过 CFD 方法对使用常规装药和低燃温装药的两种工况进行仿真，并进行了对比。

5.2.1　计算模型介绍

弹射装置的二维轴对称计算域如图 5 – 6 所示，由喷管、低压室两个域组成，其中

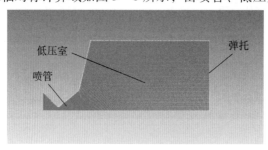

图 5 – 6　计算域示意图

弹托即图 5 – 4 中的台座，起保护导弹尾部的作用。图 5 – 7 为边界条件示意图，计算域中并没有包含燃气发生器（高压室），而是通过拉瓦尔喷管的入口提供压力入口边界，给定压力入口的总温、总压变化曲线，图 5 – 7 下方为对称轴边界，其余为壁面边界，弹托处壁面设为运动的。

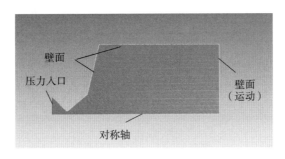

图 5 – 7　边界条件示意图

计算的初始时刻为高压室破膜时刻，初始时低压室内的充气压力为 1 个大气压。高压室破膜后，燃气通过拉瓦尔喷管加速后进入低压室，燃气在低压室中不断累积。当低压室中的压力升高到足以抵消导弹运动阻力的时候，导弹和弹托将一起向筒口运动，直至离筒。

计算分为两个工况，其中工况 1 总温较高，为 3 004 K；工况 2 使用低温推进剂，总温为 1 200 K。弹射器的设计工作时间为 0.5 s，在使用相同的尺寸结构条件下，为得到接近的内弹道过程，两种工况的压力入口总压设置如图 5 – 8 所示。两种工况的气相工质均看作单一组分的理想气体。图 5 – 8 和后面的曲线图中，以 "1" 代表工况 1，以 "2" 代表工况 2。

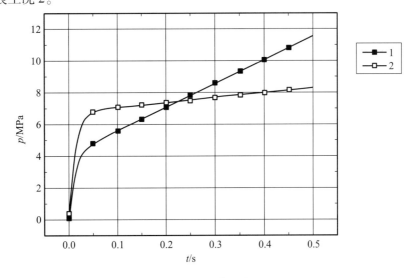

图 5 – 8　两种工况的压力入口总压

5.2.2　动网格技术

运动边界（弹托）的移动涉及动网格技术，本小节对动网格技术做简要介绍。动网格技术必须满足稳定性、精确性、易用性、效率性、可并行性。使用动网格技术进行模拟的过程中，边界条件的运动可以按照事先制定好运动规律（线性速度与角速度），也可以在每一次全流场区域求解后，通过求解得到的流场参数采用欧拉法求解当前计算时刻边界的运动规律，然后根据新得到的计算区域更新网格。本小节中，弹托移动的受力关系如下：

$$F = p_2 S - G - f - p_a S$$
$$= ma$$

式中　F——弹托所受合力；

p_2——低压室平均压力；

S——导弹横截面积；

f——导弹和弹托与适配器的摩擦力；

p_a——大气压力；

m——导弹和弹托的质量；

a——导弹和弹托的加速度。

实际计算时，由流场中取出弹托外表面各个单元格的静压，并沿着这个弹托表面积分，代入上式，就得到每个时间步上导弹和弹托所受的合外力，进而得到导弹和弹托的加速度，再以此加速度在每个时间步中更新网格。

目前，采用的动网格更新方法主要包括以下三种：弹簧近似光滑法、动态分层法和局部网格重组法。

1. 弹簧近似光滑法

弹簧近似光滑法是将任意两个网格节点之间的连线理想地看成一条弹簧，这样整个计算区域就可以看成是一个由多个弹簧交错组成的网状结构。在计算区域初始情况下，所有弹簧均处于平衡状态，既不拉伸，也没有被压缩。计算过程中，任意边界节点的运动都会产生一个与其运动距离呈线性关系的力，此力会作用于所有与该运动节点相连的弹簧（网格边线）上。通过胡克定律，可以求解得到此力的大小为

$$F_i = \sum_{j}^{n_i} k_{ij} (\Delta \boldsymbol{x}_j - \Delta \boldsymbol{x}_i)$$

式中　$\Delta \boldsymbol{x}_i$、$\Delta \boldsymbol{x}_j$——节点 i 及其相邻节点 j 的位移；

n_i——与节点 i 相连的节点数；

k_{ij}——节点 i 与节点 j 之间的弹簧刚度系数，定义为

$$k_{ij} = \frac{1}{\sqrt{|\boldsymbol{x}_i - \boldsymbol{x}_j|}}$$

在平衡状态下，所有节点之间的弹簧力为 0，这种情况可以由下式迭代得到

$$\Delta \boldsymbol{x}_i^{m+1} = \frac{\sum_j^{n_i} k_{ij} \Delta \boldsymbol{x}_j^m}{\sum_j^{n_i} k_{ij}}$$

当计算区域边界发生运动时，使用雅各比扫略法在计算区域内各个节点求解上式，求解收敛后，计算区域内网格节点的位置利用下面的关系完成了更新。

$$\boldsymbol{x}_i^{n+1} = \boldsymbol{x}_i^n + \Delta \boldsymbol{x}_i^{m,\text{converged}}$$

$n + 1$ 和 n 用来表示节点在当前时刻及下一时刻，弹簧近似光滑法作用原理可以用图 5 - 9 和图 5 - 10 来表示。

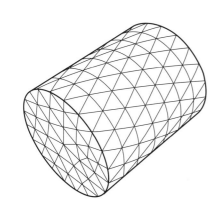

图 5 - 9　初始网格

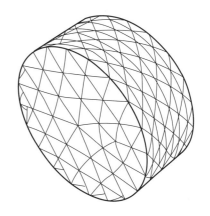

图 5 - 10　采用弹簧近似光滑法变形后的网格

使用弹簧近似光滑法时，网格拓扑始终不变，无须插值，保证了计算精度。但弹簧近似光滑法不适用于大变形情况，当计算区域变形较大时，变形后的网格会产生较大的倾斜变形，从而使网格质量变差，严重影响计算精度。

2. 动态分层法

在棱形网格（六面体网格或楔形网格）区域，可以使用动态分层法在运动边界相邻处根据运动规律动态增加或减少网格层数，以此来更新变形区域的网格。增加网格或减少网格依据的标准是运动边界相邻网格的高度。整个过程如图 5 - 11 所示，根据与运动边界相邻的第 j 层网格的高度（h）可以决定是将该层网格分割还是将其与第 i 层合并。

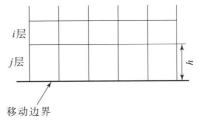

图 5 - 11　动态分层法

根据前面描述的判读依据，就要求为运动边界相邻网格层（第 j 层）定义一个理想高度值 h_{ideal} ，当第 j 层网格处于拉伸状态时，网格的高度可以允许增加，直到满足下式：

$$h_{min} > (1 + \alpha_s)h_{ideal}$$

式中 h_{min} ——第 j 层网格的最小高度值；

h_{ideal} ——理想网格高度；

α_s ——网格切割因子。

当满足上式时，第 j 层网格即会被分割，分割形式有两种：定高度分割（图 5 – 12）和定比例分割（图 5 – 13）。

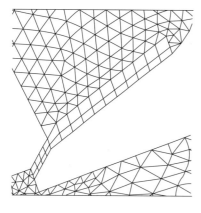 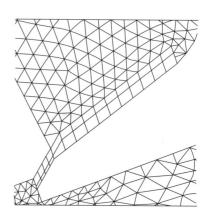

图 5 – 12　定高度分割　　　　　　　图 5 – 13　定比例分割

在定高度情况下，第 j 层网格会被分割成两部分，其中一部分网格高度为 h_{ideal} ，另一部分网格高度为 $h - h_{ideal}$ 。在定比例情况下，新生成的两层网格之间的高度比例始终保持为 α_s 。

当第 j 层网格处于压缩状态时，它的高度可以被压缩，直到

$$h_{min} < \alpha_c h_{ideal}$$

其中，α_c 表示网格的消亡因子。当满足上式时，被压缩的网格层会与相邻的网格层合并，即在图 5 – 11 中第 j 层网格与第 i 层网格合并。

从前面的介绍可以看出，动态分层法在生成网格方面具有快速的优势，同时它的应用也受到了一些限制。它要求运动边界附近的网格为六面体或楔形，这对于复杂外形的流场区域是不适合的。

3. 局部网格重组法

在非结构网格区域，当运动边界的位移相对网格尺寸过大时，使用弹簧近似光滑法生成的网格质量会变得很差，在有些情况下甚至无法完成，这严重影响了计算精度。为了克服这个困难，采用局部网格重组法可以将那些超出了网格斜度及尺寸标准的质

量较差的网格合并后重新划分网格，如果新生成的网格满足了斜度及尺寸标准，则新的网格被采用；反之，则会被摒弃并重新划分网格。

在网格重组的过程中，满足下列一项或多项条件的网格会被重组：网格尺寸小于规定的最小尺寸；网格尺寸大于规定的最大尺寸；网格斜度大于规定的最大斜度。

使用局部网格重组法要求网格为三角形（二维）或四面体（三维），这对于适应复杂外形是有好处的，局部网格重组法只会对运动边界附近区域的网格起作用。

综上所述，本计算模型中的运动边界外形非常规整，故采用动态分层法即可。

5.2.3　计算结果分析

由于燃气弹射的主要问题是温度过高，这里列出发射过程中的流场温度云图。图 5 - 14 ~ 图 5 - 17 分别为第 100 ms、200 ms、300 ms 和 400 ms 时刻两种工况的流场温度云图，各图均以中间轴为对称边界，对称轴之上为工况 1，对称轴之下为工况 2。

由图 5 - 14 可以看出，100 ms 时两个工况的高温燃气均已直接冲击到弹托表面。在各自的流场中，温度较高的部分均分布在射流轴线的核心区附近，而低压室其余部分的温度则较低，且由于工况 1 的温度燃气燃温较高，工况 1 的流场温度明显高于工况 2。对于我们比较关心的弹托部分，两种工况的最高温度位置均为弹托表面与射流轴线的交点位置，对工况 1 来说，弹托中心点的温度达到了 2 300 K，而工况 2 约为 1 000 K。

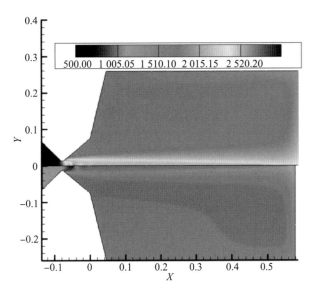

图 5 - 14　100 ms 流场温度云图

图 5 - 15 表明，随着燃气的不断流入，低压室中轴线上的高温区域在逐渐变宽，而整个低压室的温度也在逐渐升高，两种工况的弹托中心点温度也分别有所上升。

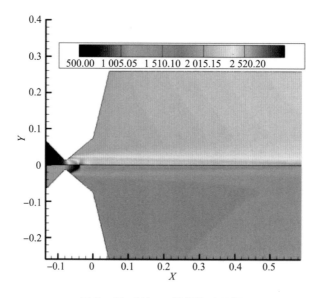

图 5-15　200 ms 流场温度云图

　　图 5-16 表明，轴线附近的高温区域继续逐渐向整个低压室扩散，整个流场的平均温度仍然在上升。但由于导弹和弹托在低压室压力的作用下已经运动了较远的距离，导致射流核心区已经无法直接影响到弹托中心区域，所以弹托表面的温度均有所下降。

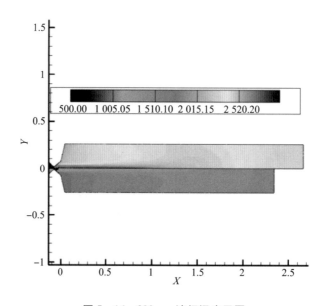

图 5-16　300 ms 流场温度云图

　　图 5-17 显示，随着流场的进一步发展，低压室的温度继续上升。但弹托表面的温度则变化不大，工况 1 和工况 2 分别保持在 2 000 K 和 900 K 附近。

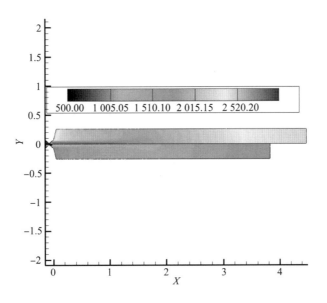

图 5 - 17　400 ms 流场温度云图

图 5 - 18 ~ 图 5 - 22 给出了两种工况整个内弹道过程的参数变化。其中，加速度曲线起始时段的负值表示此时低压室压力较低，导弹和弹托还没有克服阻力开始运动。从图中可以看出，采用低燃温推进剂可以得到与普通推进剂大致接近的内弹道性能，但其低压室温度却大幅降低，尤其是弹托表面的最高温度仅为 1 100 K，远远低于普通推进剂的 2 200 K，对于降低普通推进剂对弹托底部的烧蚀效果良好。但国内的低温推进剂研究尚处于理论试验阶段，如果能够实现工程应用，必将大幅提高燃气式弹射的稳定性与安全性。

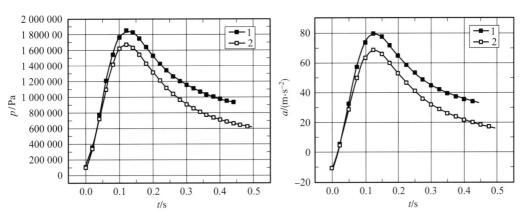

图 5 - 18　弹托表面平均压力　　　　　　　图 5 - 19　弹托加速度

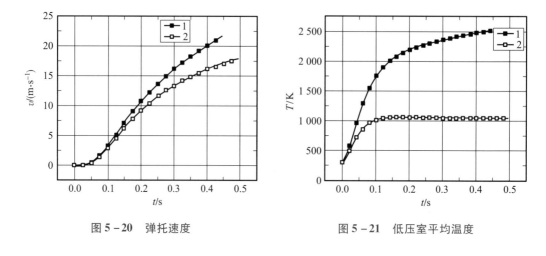

图 5 - 20　弹托速度

图 5 - 21　低压室平均温度

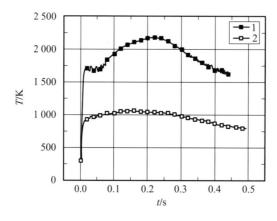

图 5 - 22　弹托表面平均温度

5.3　燃气 - 蒸汽式弹射

燃气 - 蒸汽式弹射发射过程中，发射筒内温度适中、压强及加速度变化平稳、加速快、能量输出可调，各内弹道参数均比较理想。燃气 - 蒸汽式弹射适用于多种姿态、多种基点发射的各种类型的导弹，尤其是对潜载导弹具有很大的优势和发展前景，目前被广泛应用于战略导弹中，例如美国的"北极星 A - 3""海神""三叉戟 - Ⅰ""三叉戟 - Ⅱ""MX"等。除"MX"采用陆基机动发射外，其余几种均为潜射导弹。

根据燃气与冷却水的混合形式，燃气 - 蒸汽式弹射器又可分为连续注水式、集中注水式和集中连续注水式三种。连续注水式注水均匀，冷却效果好，目前潜艇发射的固体战略导弹系统都有采用该形式弹射器的型号（图 5 - 23）。集中注水式的优点是结构简单，但是燃气冷却不如前者均匀，冷却效果较差，一般也能满足设计要求

（图5-24）。目前，公路机动发射的战略导弹弹射器的最新形式为集中连续注水式，它集中了前两种形式的优点，结构不复杂而冷却效果好。

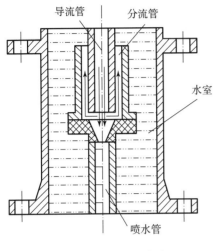

图5-23　连续注水式

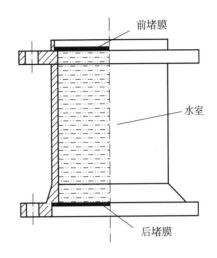

图5-24　集中注水式

采用燃气-蒸汽式弹射器发射导弹过程中，燃气发生器点火工作，燃气由喷管喷出，冲进水室，推动水向外运动。同时，水室底部的水在高温燃气的作用下开始汽化，使燃气的温度降低。燃气将水推出以后，燃气和水蒸气的混合气体及部分未汽化的水进入弹射筒，推动导弹运动，同时，弹射筒内的水在高温燃气的作用下继续汽化。如果是集中连续注水弹射装置，则水室内的水被推出后，水室内的水由于压差继续向外喷出，这部分水进入发射装置后在高温气体的作用下继续汽化，降低发射装置内的温度。

燃气发生器点火产生的燃气射流温度可达2 000 K以上，所以燃气发生器的设计如果不能使冷却水充分汽化，达到降低发射筒内气体温度的目的，发射筒内的高温气体将直接冲击、烧蚀导弹尾罩和发射装置，可能对尾罩及发射装置造成损坏，诱发事故。故而，深入研究燃气-蒸汽式弹射器及发射筒内导弹发射过程中的燃气射流、气液两相流的流动规律及冷却水的汽化规律，对于指导燃气-蒸汽式弹射装置的设计以及对设计方案进行理论验证具有重要意义。

5.3.1　两相流场仿真模型

在气液两相湍流的数值模拟方面，主要有欧拉-拉格朗日方法和欧拉-欧拉方法。欧拉-拉格朗日方法主要适用于次要相占较小比例的两相流动，次要相被看作离散相，是通过计算流场中大量的粒子、气泡或是液滴的运动得到的。离散相和流体相之间可以有动量、质量和能量交换。粒子或液滴的运行轨迹的计算是独立的，它们被安排在流体相计算的指定的间隙完成。本部分的计算不考虑固体粒子的运动，主要关注气液连续相之间的相互影响与转化，故采用欧拉－欧拉方法。

欧拉－欧拉方法主要包含 VOF 模型（Volume of Fraction Model）、混合物模型（MIXTURE Model）和欧拉模型（Eulerian Model）。在欧拉－欧拉方法中，把各相当作互相贯穿的连续相。由于一相的体积不能被其他的相占据，因此引入了相的体积分数的概念，每一相的体积分数被认为是时间和空间的连续函数，各相的体积分数和为1。每一相的守恒方程组通过推导可以获得一套方程组，对于每一相而言，这些方程具有相似的结构。这些方程通过经验获取的确定关系而封闭。VOF 模型主要用于各项间有明显交界面的问题，而欧拉模型考虑的条件最全面，计算量相应最大，且存在计算收敛困难的问题。MIXTURE 模型忽略了一些信息，计算量较欧拉模型小很多，且各相被当成可以互相融合的连续相，比较适合燃气－蒸汽式弹射的内流场计算，故本部分选择欧拉－欧拉模型中的 MIXTURE 模型用于求解气液两相流，下面对 MIXTURE 模型的原理进行简单介绍。

在 MIXTURE 模型中，通过指定相对速度来描述次要相的速度。如果相对速度为零，则该模型可用来模拟均匀多相流。MIXTURE 模型的典型应用包括含少量颗粒的流动、气泡流、沉积流、气旋分离器。

MIXTURE 模型通过求解混合物的连续方程、动量方程、能量方程、次要相的体积分数方程以及相对速度的代数方程来模拟多相流，各个方程参见第 2 章。

5.3.2 水的汽化模型

根据水的饱和温度计算水的汽化率，对计算域中各个网格内的气相和液相流体分别求解。当混合相温度大于水的饱和温度时，水吸收能量，汽化为水蒸气；当混合相温度小于水的饱和温度时，水蒸气释放能量，凝结为液态水。

液态水汽化公式：

$$\dot{m}_l = \begin{cases} \lambda_l \alpha_l \rho_l \left| T_l - T_{sat} \right| / T_{sat}, & T_l \geqslant T_{sat} \\ 0, & T_l < T_{sat} \end{cases}$$

水蒸气凝结公式：

$$\dot{m}_v = \begin{cases} 0, & T_v \geqslant T_{sat} \\ \lambda_v \alpha_v \rho_v \left| T_v - T_{sat} \right| / T_{sat}, & T_v < T_{sat} \end{cases}$$

式中　$\dot{m}_l$ ——液相的汽化率的凝结率；

　　　$\dot{m}_v$ ——气相的汽化率的凝结率；

　　　λ ——时间松弛因子；

　　　α_l ——液相的体积分数；

　　　α_v ——气相的体积分数；

T_{sat}——液态水的饱和温度，根据当地压力查饱和水与饱和蒸汽表得到（表 5 - 2）；

T_l——液相的温度；

T_v——气相的温度。

表 5 - 2　饱和水与饱和蒸汽表（按压力排列）

压力/ MPa	饱和温度/ K	汽化潜热/ (kJ·kg^{-1})	压力/ MPa	饱和温度/ K	汽化潜热/ (kJ·kg^{-1})	压力/ MPa	饱和温度/ K	汽化潜热/ (kJ·kg^{-1})
0.001	279.982	2 484.5	0.18	389.93	2 211.4	2.4	494.78	1 848.5
0.002	290.511	2 459.8	0.20	393.23	2 202.2	2.6	499.03	1 829.5
0.003	297.981	2 444.2	0.25	400.43	2 181.8	2.8	503.04	1 811.2
0.004	301.981	2 432.7	0.30	406.54	2 164.1	3.0	506.84	1 793.5
0.005	305.9	2 423.4	0.35	411.88	2 148.2	3.5	515.54	1 751.5
0.006	309.18	2 415.6	0.40	416.62	2 133.8	4	523.33	1 711.9
0.007	312.02	2 408.8	0.45	420.92	2 120.6	5	536.33	1 638.2
0.008	314.53	2 402.8	0.5	424.85	2 108.4	6	548.56	1 569.4
0.009	316.79	2 397.5	0.6	431.84	2 086	7	558.8	1 503.7
0.010	318.83	2 392.6	0.7	437.96	2 065.8	8	567.98	1 440
0.015	327	2 372.9	0.8	443.42	2 047.5	9	576.31	1 377.6
0.020	333.09	2 358.1	0.9	448.36	2 030.4	10	583.96	1 315.8
0.025	337.99	2 346.1	1.0	452.88	2 014.4	11	591.04	1 254.2
0.03	342.12	2 336	1.1	457.06	1 999.3	12	597.64	1 192.2
0.04	348.89	2 319.2	1.2	460.96	1 985	13	603.81	1 129.4
0.05	354.35	2 305.4	1.3	464.6	1 971.3	14	609.63	1 065.5
0.06	358.95	2 293.7	1.4	468.04	1 958.3	15	615.12	990.4
0.07	362.96	2 283.4	1.5	471.28	1 945.7	16	620.32	931.2
0.08	366.51	2 274.3	1.6	474.37	1 933.6	17	625.26	859.2
0.09	369.71	2 265.9	1.7	477.3	1 922	18	629.96	781
0.10	372.63	2 258.2	1.8	480.1	1 910.8	19	634.44	691.9
0.12	377.81	2 244.4	1.9	482.79	1 899.6	20	638.71	585
0.14	382.32	2 232.8	2.0	485.37	1 888.8	21	642.79	448
0.16	386.32	2 221.4	2.2	490.24	1 868.2	22	646.68	184.8

某一单元格内液态水的净汽化率为

$$\dot{m} = \dot{m}_l - \dot{m}_v$$

水汽化造成的能量变化为

$$S_h = - Q_{lat} \dot{m}$$

式中　S_h——水汽化吸收的能量或水蒸气凝结释放的能量，当 $\dot{m}$ 为正时，表示当前单元格内总体表现为液态水汽化吸热，流场能量降低，S_h 为负，反之亦同；

Q_{lat}——水的汽化潜热，根据当地压力查饱和水与饱和蒸汽表（表 5-2）得到。

5.3.3　多相流模型中的附加理论

在燃气式弹射过程的仿真中，因为流场中只有气体成分，且流场中的空气含量较少，故气体工质只考虑了作为理想气体的燃气。而燃气-蒸汽式弹射中带有剧烈的汽化效应，冷却水剧烈汽化为水蒸气。这就引入一个新的问题，冷却水汽化为水蒸气，而水蒸气的物理状态与被看作理想气体的燃气的物理状态有很大区别，如果再继续使用理想气体的燃气作为流场的气相工质，难免会造成较大的误差。需要从两方面来解决这个问题，一是引入多相流模型中的组分输运方程，将气相工质假设为燃气、水蒸气、空气的混合气体；二是引入真实气体状态方程来反映水蒸气的状态变化。

1. 多相流模型中的组分输运方程

不考虑流场中的化学反应，组分输运模型中第 i 组分守恒方程统一形式为

$$\frac{\partial}{\partial t}(\rho Y_i) + \nabla \cdot (\rho \boldsymbol{v} Y_i) = -\nabla \cdot \boldsymbol{J}_i + S_i$$

与单一组分的流场守恒方程相比，上式中增加了组分 i 的质量分数项 Y_i。如果总的组分数为 N，则有

$$\sum_{i=1}^{N} Y_i = 1$$

计算时，需要求解前 $N-1$ 种组分的守恒方程，而第 N 种组分的质量分数可由上式求得。

当应用于多相流模型中时，对于 q 相的第 i 种组分，则有

$$\frac{\partial}{\partial t}(\rho^q \alpha^q Y_i^q) + \nabla \cdot (\rho^q \alpha^q \boldsymbol{v}^q Y_i^q) = -\nabla \cdot \alpha^q \boldsymbol{J}_i^q + \alpha^q S_i + \sum_{p=1}^{n} (\dot{m}_{p_i q_j} - \dot{m}_{q_j p_i})$$

式中　α^q——q 相的体积分数；

　　$\dot{m}_{q_j p_i}$——由 q 相第 j 组分到 p 相第 i 组分的质量转移源项；

　　$\dot{m}_{p_i q_j}$——由 p 相第 i 组分到 q 相第 j 组分的质量转移源项。

2. 真实状态方程

在导弹发射过程中，流场中除燃气外，还存在液态水汽化而来的水蒸气以及初始时刻的少量空气。当压力小于 20 MPa、温度大于 1 400 K 时，可将燃气和空气作理想气体处理，但由于水蒸气离液态不远，将其简化为理想气体具有一定偏差，在此有必要将水蒸气作真实气体考虑。

对水蒸气应用 Soave-Redlich-Kwong 真实气体模型：

$$p = \frac{RT}{V-b} - \frac{a(T)}{V^2 + bV}$$

其中

$$a = a(T) = a_0 \left[1 + n \left(1 - (T/T_c)^{0.5} \right) \right]^2$$

$$n = 0.48 + 1.574\omega - 0.176\omega^2$$

$$a_0 = \frac{0.427\,47R^2T_c^2}{p_c}$$

$$b = \frac{0.086\,64RT_c}{p_c}$$

式中　p——绝对压力，Pa；

　　　V——摩尔体积，m^3/mol；

　　　T——温度，K；

　　　R——摩尔气体常数；

　　　T_c——临界温度；

　　　p_c——临界压力；

　　　ω——偏心因子。

该模型需要提供三个参数：临界温度 T_c、临界压力 p_c、偏心因子 ω。

5.3.4　计算模型介绍

1. 计算域

图 5-25 为某型集中注水式燃气 - 蒸汽式弹射装置的计算域示意图，与燃气式弹射相比，主要增加了水室和雾化器两个部分。水室用于盛放冷却水，雾化器则安装于水室和低压室之间。点火前，流场中除了预加的冷却水外，还有空气，发射箱的充气压力为一个大气压。当高压室破膜后，燃气通过拉瓦尔喷管的加速作用进入水室，冷却水产生剧烈的汽化效应使燃气降温，燃气、水蒸气、液态水与空气的混合相工质通过雾化器进入低压室，尚未汽化的冷却水则分布于低压室中继续发挥降温作用。

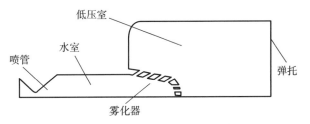

图 5-25　燃气 - 蒸汽式弹射装置的计算域示意图

2. 边界条件

图 5-26 为边界条件示意图。喷管入口处为压力入口边界，需要给定入口的总温、总压，其中总温为 3 000 K，总压由发动机空放试验得到，如图 5-26（b）所示；计算域下边界为轴对称边界；其余外边界为壁面边界，壁面边界采用无滑移绝热壁面边界

条件，近壁面湍流计算采用标准壁面函数模型；其中弹托壁面为运动边界，计算时需要积分此面上的混合相工质静压，从而得到导弹某一时刻的运动加速度，并结合动网格技术实现计算域的变形。由于弹托壁面附近的网格非常规整，故使用动态分层法生成新网格，弹托受力方程同5.2.3小节。

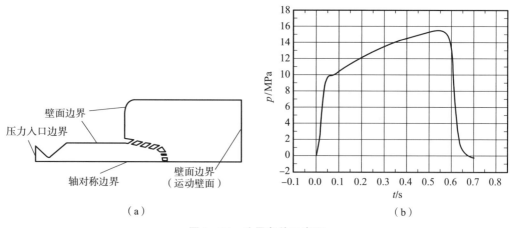

（a）   （b）

图 5 - 26   边界条件示意图

（a）边界条件；（b）压力入口总压

3. 初始条件

计算初始时刻从高压室破膜时刻开始，破膜压力为 2 MPa，预加冷却水量为2.20 kg。

5.3.5   计算结果分析

图 5 - 27 为初始时刻和离筒时刻的流场示意图，对称轴上方为初始时刻流场示意图，预加冷却水加于水室中；对称轴下方为离筒时刻流场，此时流场轴向长度约为初始时刻的6.6倍。

图 5 - 27   初始时刻和离筒时刻的示意图

图 5 - 28 为破膜后 0 ~ 10 ms 内流场中的液态水和水蒸气分布图。在图 5 - 28（a）中，燃气将液态水冲向低压室，经过雾化器后，一方面，液态水可以较均匀地分布于整个低压室，从而减小燃气对弹托底部的直接冲击；另一方面，可以增大燃气和液态水的交界面，利于液态水的汽化。

图 5 - 28（b）中，初始时刻流场中并没有水蒸气，随着与燃气交界处的液态水被

加热，其温度超过了饱和温度，从而在交界面处被汽化为水蒸气。由于生成的水蒸气主要分布于燃气与液态水的交界面处，故水蒸气充当了燃气与液态水的能量传递中介。

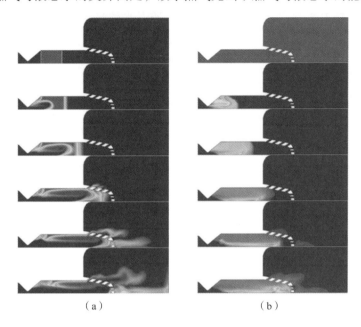

（a）　　　　　　　　　　　　（b）

图 5 - 28　前 10 ms 液态水和水蒸气分布

（a）液态水分布；（b）水蒸气分布

在燃气发生器的空放试验中，利用高速摄影仪拍摄了雾化器后方流场，如图 5 - 29 所示。点火后，首先冲过雾化器的是水室中预加的液态水，随后燃气进入流场。由图 5 - 29 可知，穿过雾化器后，原先集中于水室中的液态水变为散布于后方流场，大部分液态水分布于流场的轴线附近，只有少部分液态水由雾化器侧面的开孔排出。图 5 - 28（a）的仿真结果与高速摄影中的液态水分布一致性较好，证明本部分所建立的多相流模型能够较好地模拟流场中液相的分布，验证了仿真结果的可靠性。

图 5 - 29　液态水分布的高速摄影图片

图 5 - 30 ~ 图 5 - 35 给出了整个内弹道过程的参数变化。

由图 5 - 30 可知，初始时刻水的汽化速度较慢，这是因为初始时刻燃气与液态水的交界面较小；0.2 s 后，随着燃气与液态水的混合越来越充分，液态水的汽化速度逐渐加快；0.48 s 后，由于大部分液态水已经汽化，燃气与液态水的交界面开始减小，水的汽化速度也开始减慢；最终液态水剩余 0.208 kg，同预加的 2.20 kg 比较，汽化率达到 94.5%，汽化效果较好。

图 5 – 31 为弹托表面平均压力曲线，其与图 5 – 18 不同，0.48 s 后压力不再单调下降，而是开始重新升高。这是因为 0.48 s 后，液态水的汽化速度减慢，汽化吸热的效果降低，流场温度上升（图 5 – 34），进而造成压力重新上升。

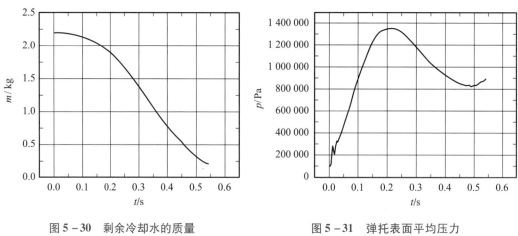

图 5 – 30 剩余冷却水的质量   图 5 – 31 弹托表面平均压力

图 5 – 32 与图 5 – 33 分别为导弹的加速度和速度曲线。由图看出，导弹加速度曲线与图 5 – 31 弹托底部平均压力曲线的形状几乎完全相同，因为弹射力主要是由弹托底部的发射筒压力提供的，导弹的最大加速度为 55.6 m/s²。导弹与弹托的离筒时间为 0.559 s，离筒速度为 19.0 m/s。

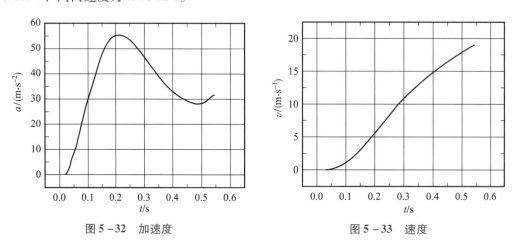

图 5 – 32 加速度   图 5 – 33 速度

由图 5 – 34 和图 5 – 35 可以看到，采用燃气 – 蒸汽式弹射后，低压室平均温度的最大值只有 589 K，远远低于燃气弹射的 2 500 K；而弹托表面平均温度的最大值为 764 K，同样大幅低于燃气弹射的 2 200 K。所以，燃气 – 蒸汽式弹射对燃气的降温作用是非常明显的，能够大幅降低燃气对弹托和导弹尾部的高温烧蚀。

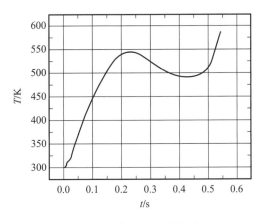

图 5 - 34　低压室平均温度

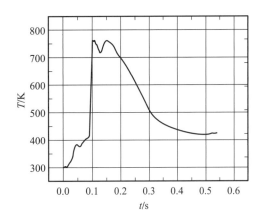

图 5 - 35　弹托表面平均温度

下面分析多相流场的发展过程。

图 5 - 36 为 40 ms 时刻流场分布图。该时刻导弹尚未开始移动，大部分冷却水已经穿过雾化器被冲到发射筒中，并在弹托底部形成一层"保护层"。没有冷却水的地方燃气温度较高，但在分布有冷却水的位置燃气的温度已经较低，虽然一部分燃气已经到达弹托附近，但并没有使附近的流场温度明显升高，说明在发射过程的初期冷却水对燃气的降温作用比较明显。雾化器的中心部位对燃气射流的流动有一定的阻滞作用，导致燃气的速度在雾化器两侧的开孔处较高，而在轴线附近则较低。燃气和冷却水的交界部分生成了大量水蒸气。空气则完全进入发射筒中，并被逐渐卷吸到发射筒的外壁和底部附近。

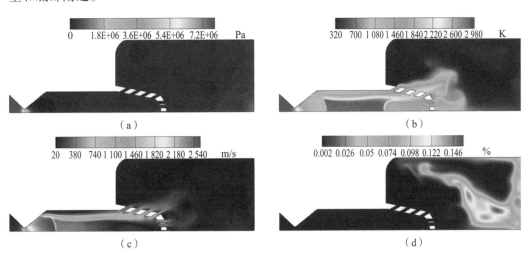

图 5 - 36　40 ms 时刻流场分布

（a）压力；（b）温度；（c）速度；（d）冷却水体积分数

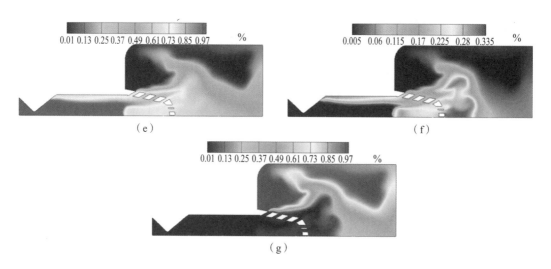

图 5-36 40 ms 时刻流场分布（续）

（e）燃气质量分数；（f）水蒸气质量分数；（g）空气质量分数

图 5-37 为破膜 100 ms 时刻的流场分布图。该时刻导弹已经开始移动，但行程仍然很短，压力与温度的分布和 40 ms 时刻相仿。发射筒中的压力分布比较均匀。冷却水已经较为均匀地分布于发射筒中，且在轴线附近很好地包覆于高温燃气外围，降温效果仍然较好，此时燃气与冷却水的混合已经比较均匀，汽化速度整体加快，如图 5-30 所示。发射筒中少量的冷却水通过雾化器最外侧的开孔被卷吸回水室末端，这也造成高速的燃气射流被压向雾化器侧面较为靠近轴线的开孔，如图 5-37（h）所示。水蒸气在发射筒中的分布范围加大，而空气的分布则基本未变。

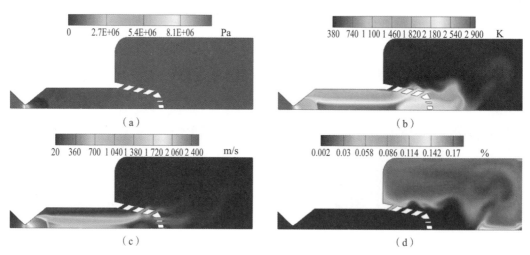

图 5-37 100 ms 时刻流场分布

（a）压力；（b）温度；（c）速度；（d）冷却水体积分数

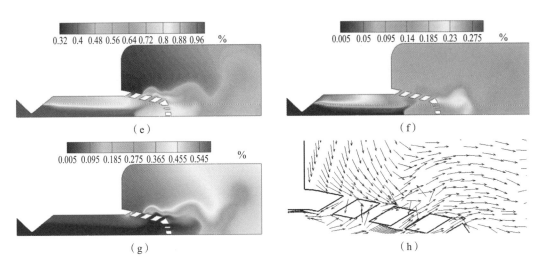

图 5 – 37 100 ms 时刻流场分布（续）

（e）燃气质量分数；（f）水蒸气质量分数；（g）空气质量分数；（h）雾化器附近速度矢量图

图 5 – 38 为破膜 200 ms 时刻的流场分布图。该时刻导弹行程为 0.266 m，流场沿轴线方向有了较为明显的增长。发射筒中的压力分布比较均匀。燃气主要分布于流场轴线附近，由于这些高温、高速的燃气推动，发射筒内形成了较大尺度的涡流，将冷却水、水蒸气和空气逐步分向流场远离轴向的四周位置，并有一部分由雾化器侧面的开孔回流到水室的壁面附近。冷却水虽在流场中除轴线以外的位置分布较为均匀，但已经离开了弹托中心处，高温燃气几乎已经直接冲击到了弹托底部的中心位置。

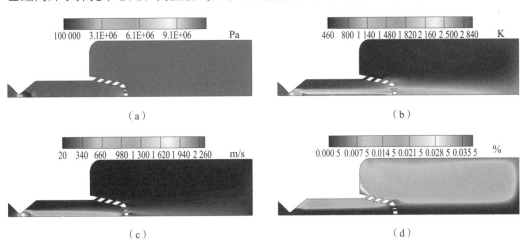

图 5 – 38 200 ms 时刻流场分布

（a）压力；（b）温度；（c）速度；（d）冷却水体积分数

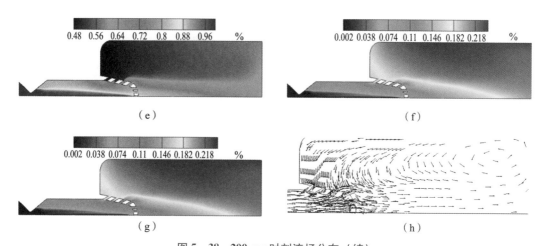

图 5 - 38　200 ms 时刻流场分布（续）

（e）燃气质量分数；（f）水蒸气质量分数；（g）空气质量分数；（h）雾化器附近速度矢量图

图 5 - 39 为破膜 400 ms 时刻的流场分布图。该时刻导弹行程为 2.271 m，流场沿轴线方向进一步延长，计算域的长度约为初始时刻的 3.6 倍。发射筒中的压力分布比较均匀。冷却水仍然主要分布于发射筒中远离轴线的位置，但在弹托附近有所减少；初始时刻冷却水共 2.20 kg，且集中放置于水室中，经过剧烈的汽化效应，剩余冷却水为 0.977 kg，为初始时刻的 44.4%，加之发射筒的体积已经增大为初始时刻的 5.5 倍，

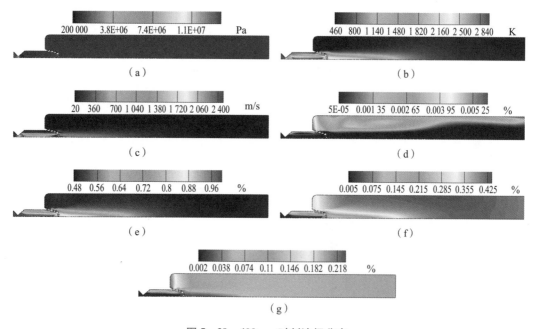

图 5 - 39　400 ms 时刻流场分布

（a）压力；（b）温度；（c）速度；（d）冷却水体积分数；（e）燃气质量分数；

（f）水蒸气质量分数；（g）空气质量分数

液态冷却水体积分数的数量级下降到 10^{-3} 的级别。燃气仍然主要分布于流场轴线附近，但在发射筒靠近弹托的一侧已经很少，其分布与流场高温区域基本相符。水蒸气的分布状态与上一时刻相仿，但总体质量分数明显增加。与上一时刻相比，空气有向发射筒底座集中的趋势。由于燃气射流已经无法直接影响到弹托附近的位置，弹托表面的压力与温度分布变得较为均匀。

5.4　提拉杆式弹射

5.4.1　弹射装置典型结构

很多地空导弹采用提拉杆式弹射发射方式，例如俄罗斯的 S – 300 防空导弹、中国的红旗 – 9 防空导弹。不同于燃气或燃气 – 蒸汽式弹射装置，提拉杆式弹射发射方式在发射过程中通过提拉杆与提弹梁将燃气推力传递到弹体上。因此，高温、高压工质不会直接作用在导弹的底部，对发动机的影响较小。

根据提拉杆的数量，可分为双提拉杆弹射与单提拉杆弹射，一般的结构形式如图 5 – 40 与图 5 – 41 所示。

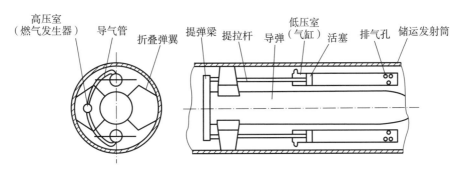

图 5 – 40　双提拉杆弹射装置的典型结构

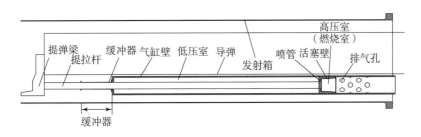

图 5 – 41　单提拉杆弹射装置的典型结构

双提拉杆弹射中的提弹梁作用于整个导弹底部，因此，推力中心与导弹轴向偏心较小，对滑块与导轨产生的约束载荷较小；且有两个活塞做功，推力较大，因此，较多用于大型弹的弹射发射。该弹射方式的缺点是弹射推力完全靠低压室中的气体压力提供，推力上升缓慢，且由于两侧都有弹射装置，致使整个发射装置的横向尺寸增大。

单提拉杆弹射装置只有一侧有提拉杆，横向尺寸缩小很多，并且为了使结构更为紧凑，一般会将燃气发生器与活塞合二为一，并在活塞底部开出喷管。这样，气体工质的反冲作用直接转化为弹射推力，因此，发射过程中推力上升迅速。但是，会使导弹受到较大过载，并且由于提弹梁只能作用在弹底的部分区域或是滑块上，会产生较大的推力偏心，使导轨受到较大的约束载荷。

5.4.2 计算模型介绍

对于图 5 - 40 所示的弹射结构，低压室中的参数变化遵循经典的零维弹射内弹道过程，因此，不再赘述，感兴趣的读者可以参考相关的内弹道书籍。对于图 5 - 41 所示的弹射结构，由于燃气发生器与活塞合二为一，射流直接排放到低压室当中，低压室的压强不断上升，又会对射流产生影响，进而影响推力变化。下面就此种弹射发射过程通过 CFD 方法进行研究。

首先讨论活塞推力的形成，燃气发生器的推力由两部分组成，分别是燃气的反冲作用力 F_1 和环境压强的合力 F_2，如图 5 - 42 所示。

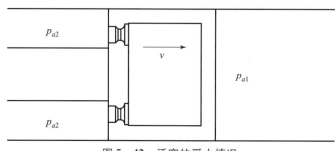

图 5 - 42　活塞的受力情况

燃气的反冲作用力，可由动量定理推得

$$F_1 = \dot{m} u_e + p_e A_e$$

式中　$\dot{m}$——喷管的质量流量；

u_e——喷管出口的速度；

p_e——喷管出口处射流的静压；

A_e——喷管出口的截面积。

燃气发生器以速度 v 向前运动，设作用在燃气发生器正面的压强为 p_{a1}，作用在燃气发生器背面的压强为 p_{a2}，设正面的受力面积为 A_{a1}，背面的受力面积为 A_{a2}，则可得

$$F_2 = p_{a2} A_{a2} - p_{a1} A_{a1}$$

由以上两式可得，燃气发生器的推力公式如下：

$$F_2 = p_{a2}A_{a2} - p_{a1}A_{a1}$$

在用 CFD 软件进行仿真计算时，需要编写相应的程序对上式进行计算。大体思想是遍历喷管出口处的网格单元，得到 p_e、v_e、A_e，以计算射流的反作用力；遍历燃气发生器正面和背面的网格单元，以计算环境压强的合力；最后对两者的计算结果进行求和。其计算流程如图 5-43 所示。

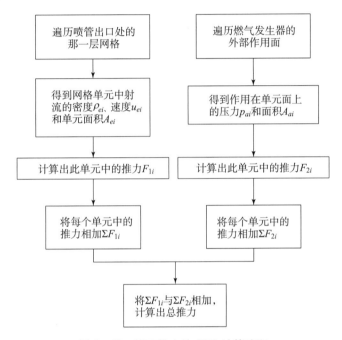

图 5-43　活塞推力的 CFD 计算流程

燃烧室内的总压强变化通过试验测得，如图 5-44 所示。

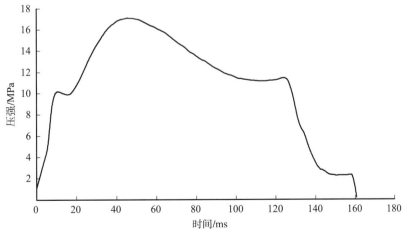

图 5-44　燃烧室内总压强变化曲线

5.4.3 计算结果分析

燃气发生器点火 1 ms 之后，在低压室的初始空间内形成射流，如图 5 – 45 所示。可以看出，此时低压室内的射流为超声速射流，燃气与空气逐渐混合，但是仍不均匀，因此，沿着射流轴向的温度较高，其他区域的温度也逐渐升高。低压室内平均压力已上升到 3 atm，且气缸底部由于燃气的冲击作用而出现高压。随着燃烧室内的火药不断燃烧，排放到低压室内的燃气逐渐增多，使低压室内的气体分布逐渐均匀，与此同时，低压室内的平均压强不断升高。当超过发动机正常工作的临界值时，喷管出口处变为亚声速，不再有明显的射流形成。这个阶段内活塞的推力迅速上升，到 50 ms 时低压室内的流场如图 5 – 46 所示。

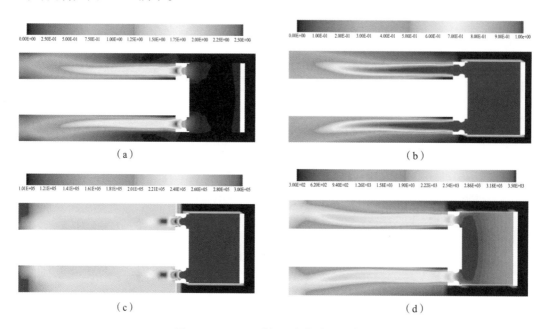

图 5 – 45 1 ms 时低压室内的流场情况

（a）马赫数云图；（b）燃气质量分数云图；（c）静压云图；（d）温度云图

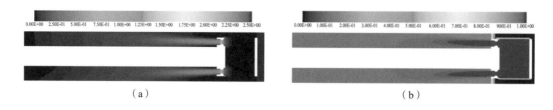

图 5 – 46 50 ms 时低压室内的流场情况

（a）马赫数云图；（b）燃气质量分数云图

（c）　　　　　　　　　　　　　　　　（d）

图 5 – 46　50 ms 时低压室内的流场情况（续）

（c）静压云图；（d）温度云图

此时低压室内的平均静压已达到 15 MPa，而燃烧室内的总压只有 16 MPa，因此，整个喷管内无法形成超声速射流。不过，在喷管的出口处燃气仍然具有一定的速度，如图 5 – 46（a）所示，在低压室的静压作用下迅速滞止。因此，低压室内的流场燃气射流的温度低于其他区域的温度，活塞的推力维持在恒定的状态。

活塞通过提拉杆带着导弹继续向前运动，直至底部超过气缸上的排气孔。此时，低压室内的高压气体通过排气孔快速排出，低压室的压力迅速下降，到 120 ms 时发射箱内的流场如图 5 – 47 所示。

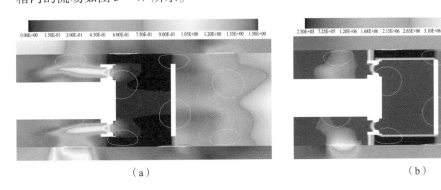

（a）　　　　　　　　　　　　　　　　（b）

图 5 – 47　120 ms 时活塞附近流场情况

（a）马赫数云图；（b）静压云图

由图 5 – 47（a）可知，气缸内的高压气体通过排气孔快速向外流动，结果造成排气孔附近的静压迅速下降，因此，射流被"吸向"排气孔。流入发射箱内的燃气沿着气缸与发射箱之间的间隙运动，当运动到活塞顶部前方的排气孔时，又流入气缸当中使活塞顶部附近的静压上升，如图 5 – 48 所示。

低压室内的压强迅速下降，回流到活塞顶部的燃气使阻力增大，同时，到此阶段燃烧室内的总压也迅速降低，加上缓冲器提供的缓冲力，在这几方面的共同作用下，活塞的推力迅速减小。当活塞的方向加速度大于 g 时，导弹与提弹梁分离，之后导弹依靠惯性前进直至出箱点火。

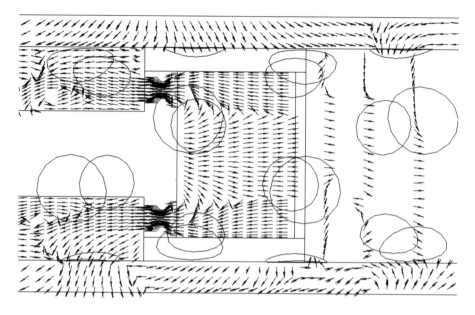

图 5-48　活塞附近的速度矢量图

本章小结

　　本章对弹射发射方式的原理及特点进行了系统介绍，同时，重点介绍了应用较为广泛的燃气式弹射方式和燃气-蒸汽式弹射方式。尤其是燃气-蒸汽式弹射方式，以其结构简单、温度适中、压力输出平稳、输出能量可调等优点，被越来越广泛地应用到陆基及潜射战略导弹的发射系统中。受益于计算机技术及数值仿真技术的快速发展，CFD 技术在弹射装置的设计过程中扮演着越来越重要的角色。

第6章 引射同心筒发射动力学

6.1 标准同心筒发射过程研究

6.1.1 标准同心筒结构设计

标准同心筒发射装置采用两个同心圆筒体。内筒支撑导弹,为导弹起飞导向;两个圆筒体之间的环形空间作为导弹燃气的排导通道。燃气射流在半球形端盖导流锥的作用下反转180°进入环形空间。标准同心筒包括内筒、外筒、半球形端盖(后盖)、尾部收缩段和筒口导流段5个基本构件。图6-1所示为标准同心筒结构示意图。

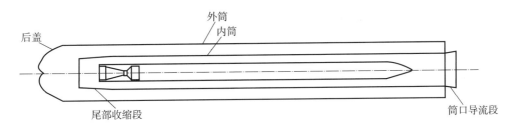

图6-1 标准同心筒结构示意图

6.1.2 标准同心筒发射过程流场研究

图6-2所示为0.1 s时刻标准同心筒对称面的温度和速度云图。由图可知,燃气射流从发动机喷管中喷出后,在喷管出口处形成一个马赫盘,燃气射流遇到外筒底部导流锥后沿着外筒壁面运动,大部分从内外筒之间排导,内筒和导弹之间的燃气速度较低,但是由于内外筒间隙较小,燃气还是充满内筒和导弹之间的空隙,导弹表面的温度较高。燃气射流从喷管出口喷出之后,马赫盘的膨胀波内由于速度较高,故温度相对较低。由于燃气射流直接冲击外筒底部的导流锥,所以锥底部的燃气温度较高。

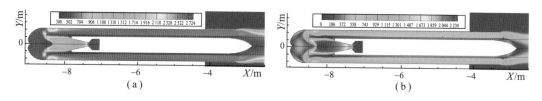

图 6 - 2　0.1 s 时刻标准同心筒对称面的温度和速度云图

（a）0.1 s 时刻温度云图；（b）0.1 s 时刻速度云图

图 6 - 3 所示为 0.1 s 时刻标准同心筒导弹底部和筒口处的流场迹线图。由图可知，在筒口处燃气形成回流，内筒和导弹之间的速度沿着筒内方向，这主要是因为在喷管出口附近燃气的速度较大，导致该处压力较小，使得筒口处的气体被吸入内筒和导弹之间，即形成引射效应。筒口导流段使得燃气在内外筒之间排出后远离导弹轴线区域，有利于减少内筒和导弹之间引射效应吸入的高温燃气的流量。

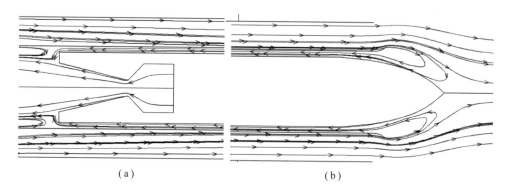

图 6 - 3　0.1 s 时刻标准同心筒导弹底部和筒口处的流场迹线图

（a）导弹底部的流场迹线图；（b）筒口处的流场迹线图

图 6 - 4 所示为 0.2 s 时刻标准同心筒对称面的温度和速度云图。由图可见，此时导弹在筒内部分和筒外部分表面温度均较高。由于出口处的燃气质量流率较大，筒口导流段不能使燃气远离导弹。燃气运动出筒之后，沿着导弹壁面运动，到达导弹头部之后，向轴线附近运动。导弹出筒后，要经过一个高温燃气包围的区域。

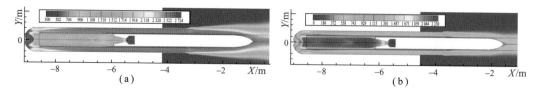

图 6 - 4　0.2 s 时刻标准同心筒对称面的温度和速度云图

（a）0.2 s 时刻温度云图；（b）0.2 s 时刻速度云图

图 6 - 5 所示为 0.2 s 时刻标准同心筒导弹底部和筒口处的流场迹线图。由图可知，

此时筒口处的燃气从内筒和导弹之间向外筒底部运动，表明此时内筒和导弹之间存在引射效应。内筒和导弹之间的速度沿着筒内，这是导致导弹表面温度高的主要因素。同时，由于筒口处吸入气体，使得筒内流场受到干扰，故筒内射流没有形成清晰的马赫结构。

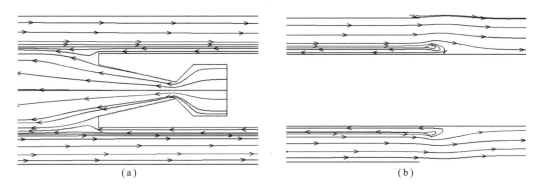

图 6-5　0.2 s 时刻标准同心筒导弹底部和筒口处的流场迹线图

(a) 导弹底部的流场迹线图；(b) 筒口处的流场迹线图

图 6-6 所示为 0.3 s 时刻标准同心筒对称面的温度和速度云图。由图可见，0.3 s 时刻导弹已经完全出筒，导弹头部此时已不再被筒口燃气高温区域包围，温度有所降低，此时筒内的温度较高。

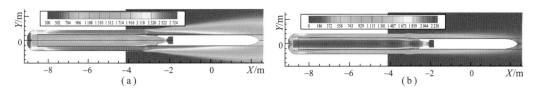

图 6-6　0.3 s 时刻标准同心筒对称面的温度和速度云图

(a) 0.3 s 时刻温度云图；(b) 0.3 s 时刻速度云图

图 6-7 所示为 0.4 s 时刻标准同心筒对称面的温度和速度云图。由图可知，此时导弹已经穿过筒口的高温燃气区域，导弹表面的温度有所降低。由于燃气射流在空气中运动一段距离之后进入筒内，并且筒内还有之前未排导出筒的燃气，使得筒内的燃气温度较高。

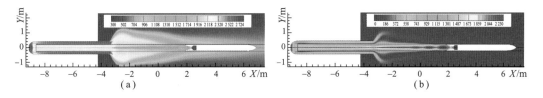

图 6-7　0.4 s 时刻标准同心筒对称面的温度和速度云图

(a) 0.4 s 时刻温度云图；(b) 0.4 s 时刻速度云图

由各典型时刻的结果对比可看出，在筒内时刻，射流马赫结构不明显，0.4 s 时刻射流核心区基本都位于筒外，此时射流马赫结构较为清晰，这主要是因为射流在筒内时刻，发射筒的引射效应使得发射筒在筒口处吸入外界气体，从而干扰了流场的马赫结构，射流出筒后，不再受到引射气体的干扰，因此形成较为明显的马赫结构。

图 6-8 所示为各典型时刻标准同心筒粒径为 1 μm 的 Al_2O_3 颗粒速度分布。由图可知，标准同心筒内 1 μm Al_2O_3 颗粒速度与流场的跟随性较好，Al_2O_3 颗粒主要在燃气核心区内运动，在燃气核心区的末端，Al_2O_3 颗粒出现较为明显的随机脉动。0.3 s 和 0.4 s 时刻导弹穿过颗粒在筒外随机分布。

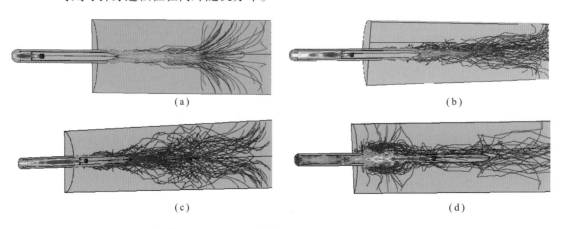

图 6-8　各典型时刻标准同心筒粒径为 1 μm 的 Al_2O_3 颗粒速度分布

(a) 0.1 s 时刻 1 μm 颗粒速度分布；(b) 0.2 s 时刻 1 μm 颗粒速度分布；
(c) 0.3 s 时刻 1 μm 颗粒速度分布；(d) 0.4 s 时刻 1 μm 颗粒速度分布

6.1.3　标准同心筒发射过程试验研究

1. 标准同心筒发射过程试验研究

1）概述

下面以某次试验为例介绍标准同心筒的发射过程。本次同心筒发射过程流场测试的目的为：

①通过测试典型测试点上的压力以及对发射过程中流场图片进行拍摄，研究同心筒发射过程中筒内流场的压力变化及同心筒垂直发射过程中燃气射流的视频图像。

②通过计算结果和试验数据的对比，对同心筒垂直发射过程流场计算模型的可靠性进行验证，为开展更为广泛和深入的数值模拟工作提供保障。

本次试验通过同心筒垂直发射试验，对同心筒发射过程进行了试验研究，主要测试内容为：

①使用压力传感器测试了观测点的压力随时间变化的曲线。

②试验摄像仪拍摄了发射过程中不同时刻的视频图像。

2）试验设备及方案

本次试验采用的标准同心筒是由内筒、外筒、半球形端盖、筒口导流段和尾部收缩段组成的。图 6 – 9 所示为安装在发射架上的发射筒，图 6 – 10 所示为发射筒俯视图，图 6 – 11 所示为筒底尾部收缩段。

图 6 – 9　安装在发射架上的发射筒

图 6 – 10　发射筒俯视图

图 6 – 11　发射筒底尾部收缩段

通过标准同心筒点火发射试验，对同心筒壁面上 6 个压力测点进行测试。测点位置布置如图 6 – 12 所示。其中，传感器安装时均与发射筒壁面垂直旋入，外筒温度测点传感器由于发射架结构限制，其敏感面插入外筒 30 mm，其余内外筒测点传感器均与对应内外筒壁面平齐。

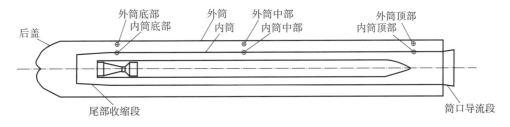

图 6 – 12　标准同心筒结构及传感器布置位置示意图

压力测量使用 WCT_ 312 压力传感器，响应频率为 0 ~ 1.5 MHz，厚度为 0.3 mm，直径为 1.5 mm，可以最大限度地减小对流场的影响，放大器采用桥路放大器。

试验数据采集、记录和分析系统使用 DMA2000 系统，单通道采集频率 100 kHz，通道间相位差小于 1°。使用动态信号采集分析软件 d – DSPA、后处理及计算软件 d – DPNV、模态分析软件 d – MAS 对试验数据进行分析和处理。

2. 计算模型及边界条件

由于标准同心筒的结构和流场具有对称的特点，采用 1/4 三维圆柱区域计算模型进行流场计算。图 6 – 13 所示为标准同心筒的网格划分及域动分层法动网格的区域设置情况。由图可知，计算区域分为运动区域和静止区域两部分，包含外筒和内筒壁面的区域为静止区域，包含喷管和导弹壁面的区域为运动区域。导弹受到发动机推力、弹头空气压强阻力、弹底所受作用力、重力和摩擦力的作用，运动速度根据牛顿第二定律进行求解。

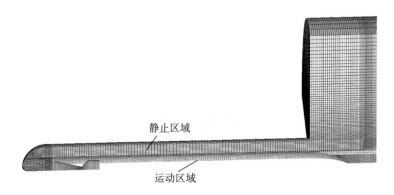

图 6 – 13　标准同心筒的网格划分及域动分层法动网格的区域设置

计算中采用域动分层动网格技术对标准同心筒的发射过程进行了数值模拟，观测点位置设为与图 6 – 12 试验测点一致。喷管入口边界采用压力入口，压强为 7 MPa，温度为 2 800 K。筒外燃气射流远场边界条件为压力远场，环境压力为 1 atm，来流马赫数为 0，温度为 300 K。使用最小自由能法对固体推进剂的燃烧产物进行热力学计算，得到喷管出口处各主要组分的含量。得到的喷管出口各相组分的质量分数见表 6 – 1。

表 6 – 1　喷管入口处各组分质量分数　　　　　　　　　　　　%

组分	H_2O	CO	H_2	CO_2	O_2	N_2	OH	H	O	Al_2O_3
质量分数	14.75	35.6	0.73	26.01	0	14.56	0	0	0	8.35

试验用固体推进剂羽流中含有铝粉，其燃烧产物为 Al_2O_3 颗粒。在喷管入口处加入 Al_2O_3 颗粒，使用 Hermsen 公式计算的颗粒平均粒径为 2.02 μm，颗粒粒径分布采用

Rosin – Rammler 分布规律。在发动机燃烧室，可近似认为颗粒相与燃气相充分混合，因此，可以认为在喷管入口处颗粒速度和温度分别与燃气相相同。

3. 结果与讨论

图 6 – 14、图 6 – 15 和图 6 – 16 所示分别为 0.05 s、0.2 s 和 0.4 s 时刻流场温度云图和试验视频图片的对比情况。图 6 – 14 为发动机初始工作状态，燃气射流还没有完全运动出筒，同心筒筒口处燃气温度较低；图 6 – 15 所示为发动机稳定工作状态，导弹在筒内运动，高温燃气射流完全喷出筒口，射流轴线附近温度较高；图 6 – 16 所示为导弹出筒一段距离之后的流场温度分布。导弹出筒后，燃气在筒口附近堆积。通过对比可知，各个时刻的温度云图基本上反映了各典型发射状态下燃气射流的流场结构。

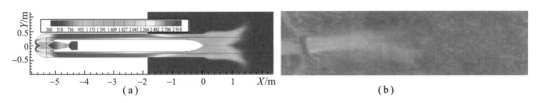

图 6 – 14　0.05 s 时刻流场温度云图与试验视频图片

（a）0.05 s 时刻流场温度云图；（b）0.05 s 时刻视频图片

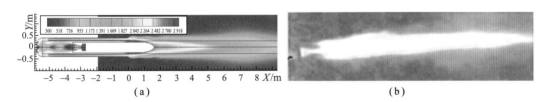

图 6 – 15　0.20 s 时刻流场温度云图与试验视频图片

（a）0.20 s 时刻流场温度云图；（b）0.20 s 时刻视频图片

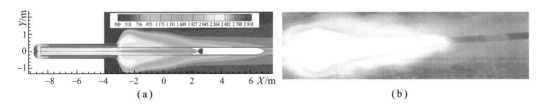

图 6 – 16　0.40 s 时刻流场温度云图与试验视频图片

（a）0.40 s 时刻流场温度云图；（b）0.40 s 时刻视频图片

图 6 – 17 所示为外筒底部点压力计算结果与试验对比情况。其中纵坐标表示的为相对压力值（参考压力为 1 个大气压）。由曲线可知，该点的压力测试结果与试验结果变化趋势基本一致，在初始时刻出现一个较大的峰值，这主要是因为初始时刻燃气尚

未运动出筒，底部压力较大。0.04 s 之后压力迅速下降，原因主要有两个：首先是燃气排导出筒，该点处的燃气速度变大，使得压力减小；其次是导弹运动一段距离以后筒底部容积变大，燃气向外膨胀，压力减小。仿真曲线与试验曲线出现峰值的时刻有一定的误差，这可能是由传感器的反应时间等原因导致的。

图 6-18 所示为内筒底部点压力计算结果与试验对比。由曲线可知，仿真和测试结果变化趋势基本一致，发动机点火后，该点压力上升到 0.8 个大气压左右，这是由于内、外筒之间燃气排导不顺畅，导致燃气从内筒向外排导，内筒底部测点压力上升，发动机尾焰直接作用到该点后，该点的压力迅速上升。

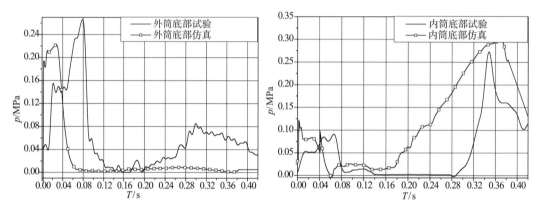

图 6-17　外筒底部点压力计算
结果与试验对比

图 6-18　内筒底部点压力计算
结果与试验对比

图 6-19 所示为外筒中部点压力计算结果与试验对比。由曲线可知，仿真结果与测试结果在导弹点火初期的变化趋势一致。内、外筒之间的燃气出筒后，该点压力基本降到了零。仿真结果和试验结果有一定的误差，这可能是因为传感器的安装及燃气流内颗粒物阻挡传感器敏感头，导致测试结果有一定误差。

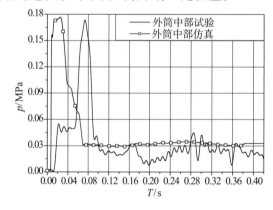

图 6-19　外筒中部点压力计算结果与试验对比

图 6 - 20 所示为内筒中部点压力计算结果与试验对比。由曲线可知，仿真和测试结果变化趋势基本一致。从图中可以看出，发动机点火初期，该点压力上升到 1.8 个大气压左右。发动机运动经过该点时，该点压力下降。发动机尾焰直接作用到该点后，该点压力迅速上升，仿真结果的最大值比测试结果要稍大。

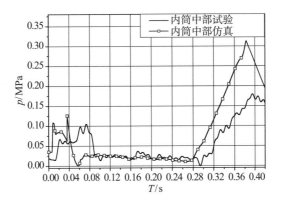

图 6 - 20　内筒中部点压力计算结果与试验对比

图 6 - 21 所示为外筒顶部点压力计算结果与试验对比。从图中可以看出，发动机点火后该点压力迅速达到 1.5 个大气压，随着导弹运动，该点压力下降。计算结果显示，在 0.12 s 之后的压力值基本稳定在一个大气压附近，而试验测得的曲线压力呈振荡趋势，这可能是由发动机的不稳定燃烧引起的。

图 6 - 22 所示为内筒顶部点压力计算结果与试验对比。由曲线可知，仿真和测试结果变化趋势基本一致。从图中可以看出，发动机点火后，该点压力上升到了 1.7 个大气压左右，发动机运动经过该点时，该点压力下降。

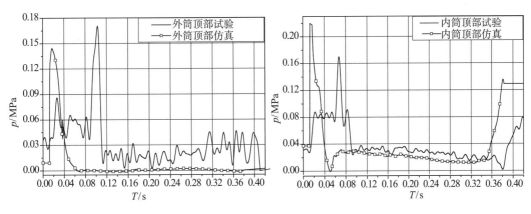

图 6 - 21　外筒顶部点压力计算
结果与试验对比

图 6 - 22　内筒顶部点压力计算
结果与试验对比

由以上曲线对比可以看出，压力计算结果和测试结果的误差在允许的范围内，说明计算方法具有可靠性。由于测试结果取的是试验中发动机点火脉冲信号的时间零点，和仿真的零点并不完全吻合，所以各数据在时间的分布上可能不同步。

图 6-23 所示为直径为 1 μm 的 Al_2O_3 颗粒在 0.1 s 时刻的速度分布。由图可知，1 μm 颗粒与燃气的跟随性较好，在内外筒之间分布较多，出筒后颗粒在燃气射流核心区分布较多。由图 6-23（b）可知，Al_2O_3 颗粒从发动机喷口喷出后直接冲击在尾部导流锥上，对导流锥具有较大的冲刷和烧蚀作用。

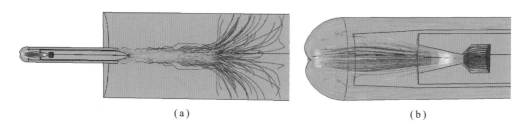

| （a） | （b） |

图 6-23 直径为 1 μm 的 Al_2O_3 颗粒在 0.1 s 时刻的速度分布及其速度局部放大图

（a）直径为 1 μm 的 Al_2O_3 颗粒在 0.1 s 时刻的速度分布；（b）颗粒速度局部放大图

试验中对燃气射流对发射筒底部和导流锥等冲刷严重的部位进行了拍摄。图 6-24 所示为试验后后盖内部和导流锥的冲刷情况。由图可知，后盖受到颗粒的冲刷和烧蚀较为严重，结合图 6-23 的颗粒速度分布可知，燃气中的高温颗粒的冲刷可能是导致这个部位出现严重烧蚀的主要原因。

 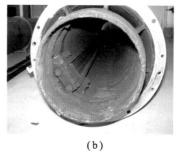 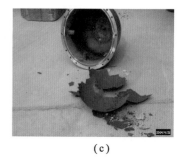

| （a） | （b） | （c） |

图 6-24 试验后筒底的烧蚀

4. 总结

由以上分析可知，计算所得测点压力与试验数据误差较小，压力峰值大小与试验测试基本一致，表明本部分所用计算模型是可靠的；通过对比三个时刻的视频图片与计算温度云图，可以看出流场计算结果基本反映了各个时刻流场的结构；通过对比试验得到的后筒底部的烧蚀图片与计算的侵蚀率和颗粒速度分布图片，可以看出后盖受到颗粒的冲刷和烧蚀较为严重。

6.1.4　标准同心筒垂直热发射过程数值模拟

固体火箭发动机燃气射流中含有较多的 CO 和 H_2，未完全燃烧的燃气组分与空气中的氧气会发生化学反应，这会提高流场的温度；对于含有铝粉的固体推进剂，发动机燃气射流中会含有 Al_2O_3 颗粒，颗粒的物理特性与气相燃气有很大不同，会在一定程度上影响流场的参数和结构，故有必要对同心筒发射过程中含 Al_2O_3 颗粒的气固两相燃气流场进行研究。

本节通过对同心筒发射过程二维轴对称与三维模型计算结果进行对比，验证了同心筒发射过程流场计算中采用二维轴对称计算模型的可行性；对同心筒发射过程中多组分冻结流场和化学反应流场计算结果进行对比，来考察化学反应对流场计算结果的影响；将气固两相流场和纯气相流场计算结果进行对比，来考察 Al_2O_3 颗粒运动对流场计算结果的影响。

1. 二维模型和三维模型计算结果对比

对于标准同心筒，其结构和流场具有轴对称特性。为考察二维和三维模型在流场计算结果方面的差异，本部分分别使用二维轴对称模型和 1/4 的三维模型对某标准同心筒发射过程的流场进行了计算。图 6 - 25 和图 6 - 26 所示分别为二维模型和三维模型的计算域轮廓及发射筒内部网格的划分情况。二维模型中，燃气射流筒外的计算区域长 15 m，高 2 m，网格划分为 500×130；三维模型中，燃气射流筒外的计算区域为圆柱体，圆柱体长 15 m，半径为 2 m，轴向、径向和周向的网格划分为 $250 \times 80 \times 80$。在喷管轴线和壁面附近采用较密的网格，远离轴线的区域由于流场参数变化不大而采用稀疏网格。二维模型的网格总数为 8 万，三维模型的网格总数为 189 万。

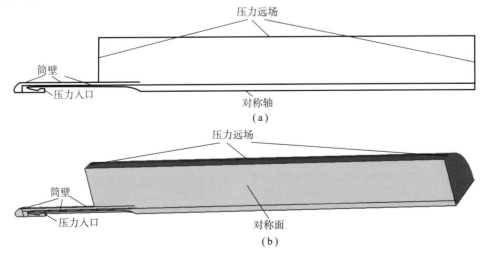

(a)

(b)

图 6 - 25　二维与三维模型计算域轮廓示意图

(a) 二维轴对称模型；(b) 1/4 的三维模型

（a）　　　　　　　　　　　　　（b）

图 6 - 26　二维与三维模型发射筒内部网格划分情况

（a）二维轴对称模型；（b）1/4 的三维模型

二维模型与三维模型的边界条件类型和参数均相同。喷管入口边界采用压力入口，压强为 6 MPa，温度为 3 000 K。筒外燃气射流的边界条件为压力远场，环境压力为 1 atm，来流马赫数为 0，温度为 300 K。

图 6 - 27 所示为 0.1 s 时刻二维模型与三维模型对称面的温度和速度云图对比，其中上半部分为二维轴对称的计算结果，下半部分为三维模型的计算结果，图 6 - 28、图 6 - 29 也将以同样的布局展现计算结果。由图 6 - 27 可以看出，0.1 s 时刻筒底部由于燃气的连续冲击，出现一个温度较高的区域，二维与三维计算结果的流场结构基本一致。图 6 - 27 （b）所示为 0.1 s 时刻二维与三维对称面速度云图对比，由图可以看出，由于底部导流锥的导向作用，燃气大部分在内外筒之间排出。

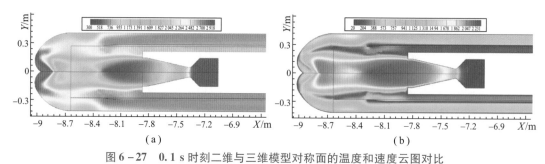

（a）　　　　　　　　　　　　　　　　　（b）

图 6 - 27　0.1 s 时刻二维与三维模型对称面的温度和速度云图对比

（a）0.1 s 时刻二维与三维模型温度云图对比；（b）0.1 s 时刻二维与三维模型速度云图对比

图 6 - 28 所示为 0.2 s 时刻二维模型与三维模型对称面的温度和速度云图对比。由图可知，0.2 s 时刻燃气大部分从内外筒之间排出，由于燃气的质量流率较大，在筒底部产生反射，有一部分燃气从内筒和导弹之间排出，使得导弹表面的温度升高。

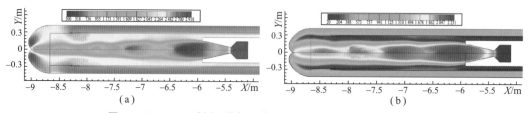

（a）　　　　　　　　　　　　　　　　　（b）

图 6 - 28　0.2 s 时刻二维与三维对称面的温度和速度云图对比

（a）0.2 s 时刻二维与三维温度云图对比；（b）0.2 s 时刻二维与三维速度云图对比

图 6-29 所示为 0.3 s 时刻二维模型与三维模型对称面的温度和速度云图对比。由图可知，0.3 s 时刻导弹即将出筒，筒内和导弹表面的温度均较高，二维与三维计算结果基本符合。二维计算结果的马赫位置比三维结果稍靠前，这可能是由数值耗散引起的，误差较小。

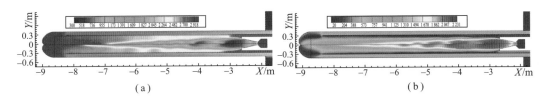

图 6-29　0.3 s 时刻二维与三维对称面的温度和速度云图对比

(a) 0.3 s 时刻二维与三维温度云图对比；(b) 0.3 s 时刻二维与三维速度云图对比

由以上分析可知，通过对同心筒发射过程二维轴对称和三维模型的计算结果进行对比，证明对于结构和流场特性具有轴对称特点的同心筒发射装置，在发射过程的流场计算中采用二维轴对称计算模型是可靠的。

2. 化学反应对计算结果的影响

固体火箭发动机燃气射流中含有较多的 CO 和 H_2，未完全燃烧的燃气组分与空气中的氧气会发生反应，这可能会提高流场的温度。为了考察在同心筒流场计算过程中化学反应对于流场参数及结构的影响，使用 H_2/CO 氧化反应体系模拟燃气射流中的化学反应。分别计算了化学反应流场和冻结流场，使用非稳态动网格更新的方法计算了标准同心筒发射过程的燃气射流流场，将计算结果进行对比，以研究同心筒发射过程中的化学反应现象。本节对导弹发射过程中 0.1 s、0.2 s、0.3 s 和 0.4 s 四个典型时刻下的燃气流场进行分析，以研究导弹在同心筒内和同心筒外运动状态下化学反应对流场计算结果的影响。

计算中使用最小自由能法对固体推进剂的燃烧产物进行热力学计算，得到喷管入口处各主要组分的含量。为简化起见，只考虑 9 种主要气体组分（H_2O、CO、CO_2、H_2、N_2、O_2、OH、H 和 O）。表 6-2 所示为喷管入口处各组分的质量分数。

表 6-2　喷管入口处各组分质量分数　　　　　　　　　　　　　　%

组分	H_2O	CO	H_2	CO_2	O_2	N_2	OH	H	O
质量分数	15	40	1	30	0	14	0	0	0

图 6-30 所示为典型时刻下化学反应流场与冻结流场弹后轴线温度对比。由曲线可知，0.1 s 和 0.2 s 时刻两者的轴线温度相差较小，这是因为此刻发动机还未出筒，燃气射流在筒内缺少发生化学反应的氧气，化学反应不明显；0.3 s 时刻化学反应射流

轴线温度要稍高于冻结射流，这是因为此时发动机喷管到达筒口，燃气射流接触到空气中的氧气，开始发生化学反应，化学反应射流比冻结射流轴线温度稍高；0.4 s 时刻喷管已经出筒一段距离，此时射流的核心区已经完全出筒，射流尾部与空气中的氧气接触，发生较为明显的化学反应，此时化学反应比冻结射流的尾部轴线温度要高大约 400 K。

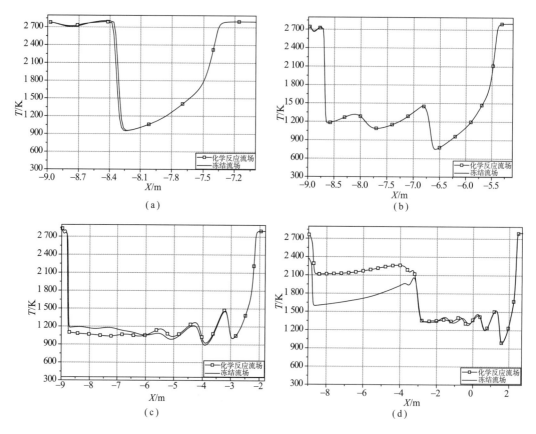

图 6 – 30 典型时刻下化学反应流场和冻结流场弹后轴线温度对比

(a) 0.1 s 时刻轴线温度对比曲线；(b) 0.2 s 时刻轴线温度对比曲线；
(c) 0.3 s 时刻轴线温度对比曲线；(d) 0.4 s 时刻轴线温度对比曲线

图 6 – 31 所示为 0.1 s 时刻冻结流场与化学反应流场的温度和速度云图对比。由图可知，两种计算模型的筒内流场结构相差较小，这主要是因为在筒内缺少发生化学反应的氧气，因此没有发生明显的化学反应，流场结构差别较小；筒外部分反应流场在边界区温度要高于冻结流场，这是因为燃气出筒以后遇到空气中的氧气，具备了发生化学反应的条件，使得发生化学反应并提高了流场温度，由于 0.1 s 时刻导弹还未出筒，故化学反应对导弹表面的温度影响较小。

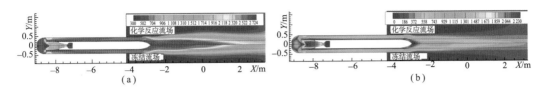

图 6 - 31   0.1 s 时刻冻结流场与化学反应流场的温度和速度云图对比

（a）0.1 s 时刻流场温度云图；（b）0.1 s 时刻流场速度云图

图 6 - 32 所示为 0.1 s 时刻冻结流场和化学反应流场的主要组分质量分数云图对比。由图可知，筒外部分化学反应流场的 CO_2 和 H_2O 组分的质量分数要大于冻结流场，CO 和 H_2 的质量分数要小于冻结流场，这说明 0.1 s 时刻筒外发生了较为明显的化学反应，消耗了 CO 和 H_2，生成了 CO_2 和 H_2O，由于组分中 CO 的质量分数较大，CO 和 O_2 的化学反应较为明显，因此化学反应流场中 CO_2 的增多也较为明显。

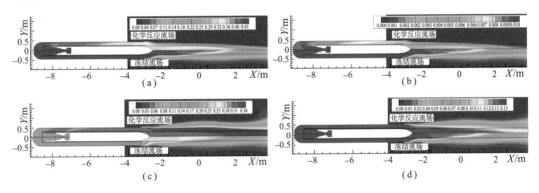

图 6 - 32   0.1 s 时刻冻结流场和化学反应流场的主要组分质量分数云图对比

（a）0.1 s 时刻流场中 CO 质量分数；（b）0.1 s 时刻流场中 H_2 质量分数；

（c）0.1 s 时刻流场中 CO_2 质量分数；（d）0.1 s 时刻流场中 H_2O 质量分数

图 6 - 33 所示为 0.2 s 时刻冻结流场与化学反应流场的温度和速度云图对比。由图可知，筒内温度相差较小，筒外由于发生了化学反应，化学反应流场的温度要大于冻结流场。由于筒口导流段的存在，使得燃气出筒后离导弹有一定的距离，筒口导流段能起到降低射流对导弹烧蚀的作用。

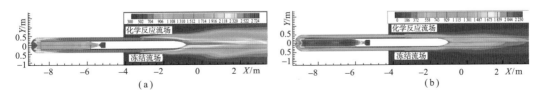

图 6 - 33   0.2 s 时刻冻结流场与化学反应流场的温度和速度云图对比

（a）0.2 s 时刻流场温度云图；（b）0.2 s 时刻流场速度云图

图 6-34 所示为 0.2 s 时刻冻结流场和化学反应流场的主要组分质量分数云图对比。由图可知，0.2 s 时刻化学反应流场中作为化学反应反应物的 CO 和 H_2 在筒外的质量分数要小于冻结流场，作为化学反应生成物的 CO_2 和 H_2O 在筒外的质量分数要大于冻结流场，说明此时筒外发生了较为明显的化学反应，筒内化学反应程度较小。

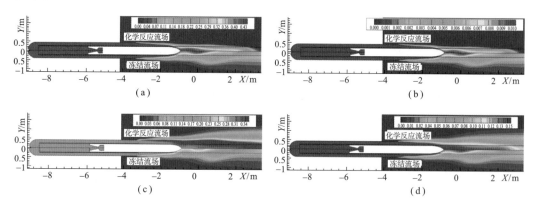

图 6-34　0.2 s 时刻冻结流场和化学反应流场的主要组分质量分数云图对比

(a) 0.2 s 时刻流场中 CO 质量分数；(b) 0.2 s 时刻流场中 H_2 质量分数；

(c) 0.2 s 时刻流场中 CO_2 质量分数；(d) 0.2 s 时刻流场中 H_2O 质量分数

图 6-35 所示为 0.3 s 时刻冻结流场与化学反应流场的温度和速度云图对比。由图可知，此时导弹已经完全出筒，射流在导弹周围发生化学反应，使得化学反应流场的导弹表面的温度明显高于冻结流场。

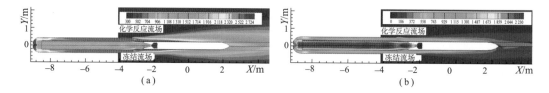

图 6-35　0.3 s 时刻冻结流场与化学反应流场的温度和速度云图对比

(a) 0.3 s 时刻流场温度云图；(b) 0.3 s 时刻流场速度云图

图 6-36 所示为 0.3 s 时刻冻结流场和化学反应流场的主要组分质量分数云图对比。由图可知，0.3 s 时刻在导弹周围发生了较为明显的化学反应，化学反应流场筒外 CO 和 H_2 质量分数要小于冻结流场，CO_2 和 H_2O 质量分数要大于冻结流场。

图 6-37 所示为 0.4 s 时刻冻结流场与化学反应流场的温度和速度云图对比。由图可知，此时导弹已经出筒运动一段距离，化学反应流场的筒内外温度都高于冻结流场，这是因为，0.4 s 时刻，随着导弹运动出筒距离的增加，空气进入筒内，使得筒内也发生了化学反应，温度有所升高。

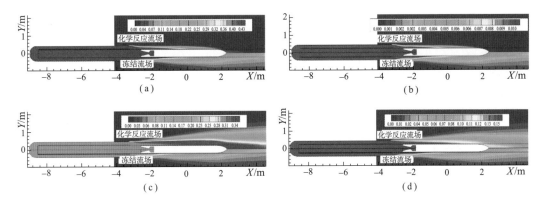

图 6-36　0.3 s 时刻冻结流场和化学反应流场的主要组分质量分数云图对比

（a）0.3 s 时刻流场中 CO 质量分数；（b）0.3 s 时刻流场中 H_2 质量分数；

（c）0.3 s 时刻流场中 CO_2 质量分数；（d）0.3 s 时刻流场中 H_2O 质量分数

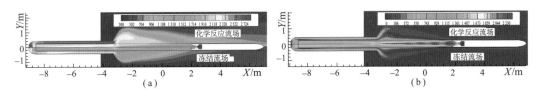

图 6-37　0.4 s 时刻冻结流场与化学反应流场的温度和速度云图对比

（a）0.4 s 时刻流场温度云图；（b）0.4 s 时刻流场速度云图

图 6-38 所示为 0.4 s 时刻冻结流场和化学反应流场的主要组分质量分数云图对比。由图可知，0.4 s 时刻筒内外化学反应的反应物都减少，生成物都增加，说明筒内、外都发生了较为明显的化学反应。

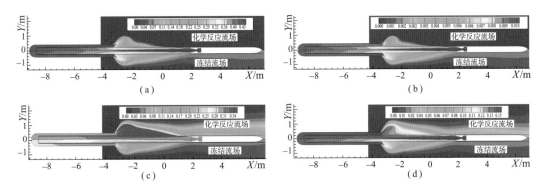

图 6-38　0.4 s 时刻冻结流场和化学反应流场的主要组分质量分数云图对比

（a）0.4 s 时刻流场中 CO 质量分数；（b）0.4 s 时刻流场中 H_2 质量分数；

（c）0.4 s 时刻流场中 CO_2 质量分数；（d）0.4 s 时刻流场中 H_2O 质量分数

图 6-39 所示为各典型时刻化学反应流场与冻结流场导弹表面轴向的温度曲线。由曲线可知，0.15 s 之前化学反应流场和冻结流场导弹表面的温度差别较小，温度曲线基本重合，这主要是因为此时导弹基本还未出筒，由于筒内被高温燃气充满，空气

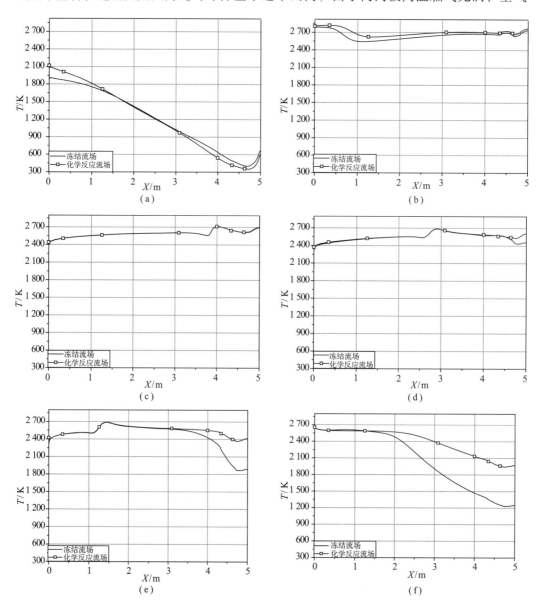

图 6-39　各典型时刻化学反应流场和冻结流场导弹表面轴向的温度曲线

（a）0.05 s 时刻导弹表面的温度曲线；（b）0.10 s 时刻导弹表面的温度曲线；

（c）0.15 s 时刻导弹表面的温度曲线；（d）0.20 s 时刻导弹表面的温度曲线；

（e）0.25 s 时刻导弹表面的温度曲线；（f）0.30 s 时刻导弹表面的温度曲线

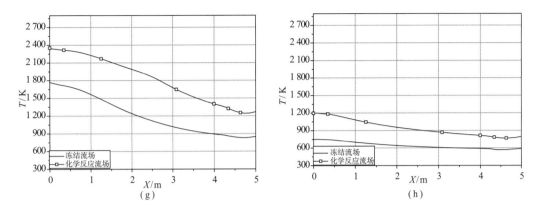

图 6 - 39　各典型时刻化学反应流场和冻结流场导弹表面轴向的温度曲线（续）

（g）0.35 s 时刻导弹表面的温度曲线；（h）0.40 s 时刻导弹表面的温度曲线

较少，缺少发生化学反应的 O_2，因此化学反应不明显，导弹表面的温度差别较小；0.15~0.3 s 时刻可以看到化学反应流场导弹出筒部分的温度要高于冻结流场，这也是因为导弹出筒部分燃气射流中的 CO 和 H_2 与空气中的氧气发生氧化反应，使得导弹表面的温度升高；0.3~0.4 s 时刻化学反应流导弹表面的温度要比冻结流高 300~400 K，此时导弹已完全出筒，化学反应现象将使整个导弹表面的温度升高。

由以上分析可知，同心筒发射过程中，导弹未出筒前，由于被高温燃气填满，筒内空气较少，化学反应现象不明显；导弹部分出筒以后，考虑化学反应的情况下，导弹出筒部分的温度要高于冻结流，这是因为高温燃气中的 CO 和 H_2 与空气中的 O_2 发生了化学反应，使得导弹表面的温度增高；导弹完全出筒后，考虑化学反应的情况下，整个导弹表面的温度要比不考虑化学反应高 300~400 K。综上所述，在同心筒发射过程中有必要考虑化学反应的影响作用。

3. Al_2O_3 颗粒运动对计算结果的影响

对于含有铝粉的固体推进剂，发动机燃气射流中会含有 Al_2O_3 颗粒，颗粒的物理特性与气相燃气有很大不同，会在一定程度上影响流场的参数和结构，有必要对 Al_2O_3 颗粒对流场的影响进行研究。为了考察在同心筒流场计算过程中 Al_2O_3 颗粒运动对流场参数及结构的影响，使用离散颗粒模型对燃气射流中 Al_2O_3 颗粒运动进行了跟踪计算，使用非稳态动网格更新的方法计算了标准同心筒发射过程的燃气射流流场，分别计算了纯气相流场和气固两相流场，其中，气固两相流场的喷管入口处 Al_2O_3 的质量分数为 8%。

图 6 - 40 所示为各典型时刻纯气相流场与气固两相流场弹后轴线的温度曲线对比。由曲线可知，0.1 s 时刻气固两相射流轴线温度大于纯气相流场的轴线温度，这是由于颗粒的惯性作用导致颗粒出喷管以后温度降低较慢，对流场起到加热作用，同时，由于 0.1 s 时刻筒底部的空间较小，颗粒在筒底部堆积，因此，对流场温度增加作用较为

明显。0.2~0.4 s 气固两相燃气射流轴线温度比纯气相流场轴线温度稍高，这是因为随着导弹运动距离的增加，颗粒在筒底部堆积量减少，对流场的加热作用减弱。

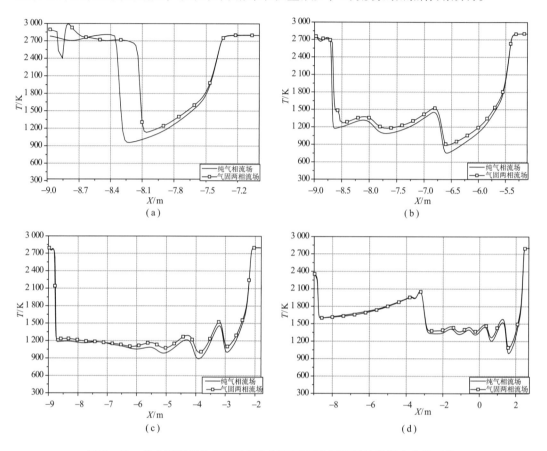

图 6-40　各典型时刻纯气相流场与气固两相流场弹后轴线温度曲线对比

(a) 0.1 s 时刻轴线温度对比；(b) 0.2 s 时刻轴线温度对比；
(c) 0.3 s 时刻轴线温度对比；(d) 0.4 s 时刻轴线温度对比

图 6-41 所示为 0.1 s 时刻纯气相流场与气固两相流场的温度和速度云图对比。其中上半部分为气固两相流场计算结果，下半部分为纯气相流场的计算结果。由图可知，燃气射流中的 Al_2O_3 颗粒使得流场的温度有所升高，由于计算中气固两相流场采用耦合

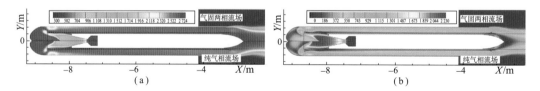

图 6-41　0.1 s 时刻纯气相流场与气固两相流场的温度和速度云图对比

(a) 温度云图；(b) 速度云图

求解的计算方法，Al_2O_3 颗粒惯性较大，使得出喷管后温度降低产生滞后，颗粒温度要高于燃气气态组分的温度，因此，对燃气起到加热的作用。

图 6-42 所示为 0.1 s 时刻标准同心筒燃气流场中 1 μm、5 μm、10 μm 和 15 μm 的 Al_2O_3 颗粒的速度分布。由图可知，0.1 s 时刻筒内分布有较多的颗粒，粒径较小的 Al_2O_3 颗粒受到气相流场的湍流脉动作用，速度分布与流场的跟随性较强；粒径较大的颗粒由于惯性较大，与射流的跟随性较弱。

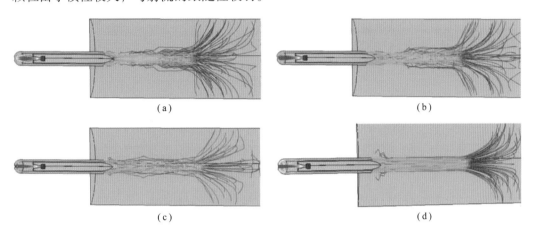

图 6-42　0.1 s 时刻流场内不同粒径颗粒的速度分布

(a) 粒径为 1 μm 的颗粒的速度分布；(b) 粒径为 5 μm 的颗粒的速度分布；
(c) 粒径为 10 μm 的颗粒的速度分布；(d) 粒径为 15 μm 的颗粒的速度分布

图 6-43 所示为 0.2 s 时刻纯气相流场与气固两相流场的温度和速度云图对比。由图可知，0.2 s 时刻纯气相流场和气固两相流场的温度变化较小，只在筒外的局部空间气固两相流场的温度略大于纯气相流场。这是因为颗粒的质量流量较小，随着导弹的运动，颗粒在筒底部堆积量减少，对流场的加热作用减弱。

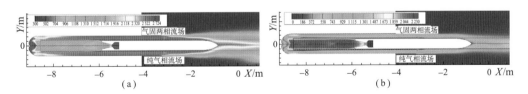

图 6-43　0.2 s 时刻纯气相流场与气固两相流场的温度和速度云图对比
(a) 温度云图；(b) 速度云图

图 6-44 所示为 0.2 s 时刻标准同心筒燃气流场中 1 μm、5 μm、10 μm 和 15 μm 的 Al_2O_3 颗粒的速度分布。由图可知，0.2 s 时刻 Al_2O_3 颗粒大部分已经运动出筒，颗粒受到筒口导流段的作用，在筒口附近有部分颗粒沿着弹径方向扩散。

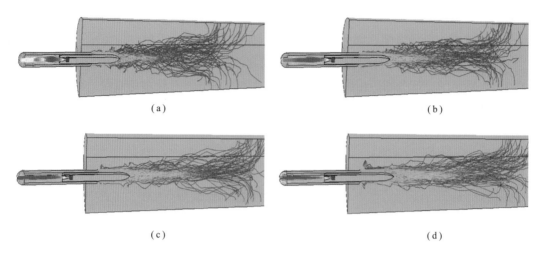

图 6 – 44   0.2 s 时刻流场内不同粒径颗粒的速度分布

(a) 粒径为 1 μm 的颗粒的速度分布；(b) 粒径为 5 μm 的颗粒的速度分布；

(c) 粒径为 10 μm 的颗粒的速度分布；(d) 粒径为 15 μm 的颗粒的速度分布

图 6 – 45 所示为 0.3 s 时刻纯气相流场与气固两相流场的温度和速度云图对比。由图可知，0.3 s 时刻纯气相流场和气固两相流场的温度变化差别较小。这主要是因为此时喷管已经出筒，颗粒的运动区域由限制空间变为自由空间，颗粒分布的空间较大，密度变小，对流场的加热作用变小。

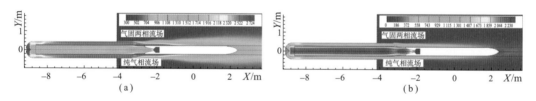

图 6 – 45   0.3 s 时刻纯气相流场与气固两相流场的温度和速度云图对比

(a) 温度云图；(b) 速度云图

图 6 – 46 所示为 0.3 s 时刻标准同心筒燃气流场中 1 μm、5 μm、10 μm 和 15 μm 的 Al$_2$O$_3$ 颗粒的速度分布。由图可知，0.3 s 时刻导弹已经出筒，筒外分布有较多的 Al$_2$O$_3$ 颗粒，且对于粒径较小的颗粒，随机脉动现象较为明显。相对来说，大粒径颗粒由于惯性较大，运动速度相对较快，脉动程度较小。

图 6 – 47 所示为 0.4 s 时刻纯气相流场与气固两相流场的温度和速度云图对比。由图可知，0.4 s 时刻导弹已经出筒，射流在筒口堆积，出筒后射流出现较为明显的马赫结构，颗粒对流场的加热作用不明显。由于发射过程中同心筒始终处于燃气下游位置，故其内部充满高温燃气。

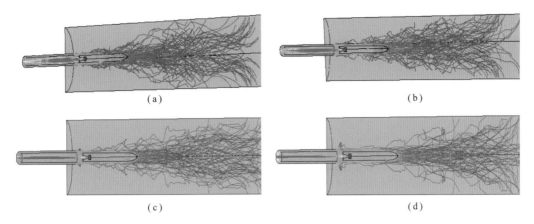

图 6-46　0.3 s 时刻流场内不同粒径的颗粒速度分布

（a）粒径为 1 μm 的颗粒的速度分布；（b）粒径为 5 μm 的颗粒的速度分布；

（c）粒径为 10 μm 的颗粒的速度分布；（d）粒径为 15 μm 的颗粒的速度分布

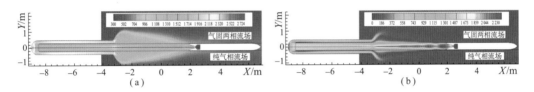

图 6-47　0.4 s 时刻纯气相流场与气固两相流场的温度和速度云图对比

（a）温度云图；（b）速度云图

图 6-48 所示为 0.4 s 时刻标准同心筒燃气流场中 1 μm、5 μm、10 μm 和 15 μm 的 Al_2O_3 颗粒的速度分布情况。由图可知，0.4 s 时刻导弹已经距离发射筒一段距离，颗粒在筒口受到发射筒的干扰作用，脉动作用较为明显。

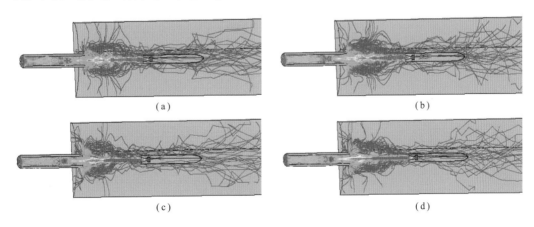

图 6-48　0.4 s 时刻流场内不同粒径的颗粒速度分布

（a）粒径为 1 μm 的颗粒的速度分布；（b）粒径为 5 μm 的颗粒的速度分布；

（c）粒径为 10 μm 的颗粒的速度分布；（d）粒径为 15 μm 的颗粒的速度分布

图 6-49 所示为各典型时刻纯气相流场和气固两相流场导弹表面轴向的温度曲线对比。由曲线可知，发射过程中导弹表面的温度都较高，0.35 s 以后由于导弹远离发射筒，燃气射流往导弹表面的反射量减小，导弹表面的温度降低。气固两相燃气流场

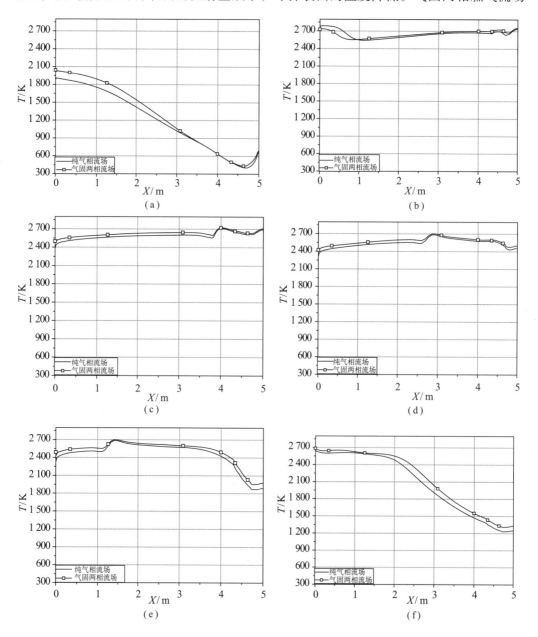

图 6-49 各典型时刻纯气相流场和气固两相流场导弹表面轴向的温度曲线对比

（a）0.05 s 时刻导弹表面温度曲线；（b）0.10 s 时刻导弹表面温度曲线；（c）0.15 s 时刻导弹表面温度曲线；
（d）0.20 s 时刻导弹表面温度曲线；（e）0.25 s 时刻导弹表面温度曲线；（f）0.30 s 时刻导弹表面温度曲线

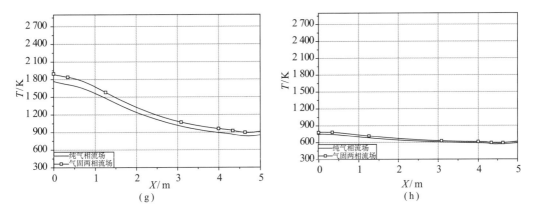

图 6－49 各典型时刻纯气相流场和气固两相流场导弹表面轴向的温度曲线对比 （续）

（g）0.35 s 时刻导弹表面温度曲线；（h）0.40 s 时刻导弹表面温度曲线

导弹表面的温度比气相流场导弹表面的温度要高，这主要是因为气固两相流场的计算中采取双向耦合求解的计算方法，燃气从喷管喷出之后，气态温度降低迅速，固体颗粒的温度降低较慢，颗粒的温度滞后对气相流场起到加热的作用，从而提高了导弹表面的温度。

图 6－50 所示为各典型时刻 Al_2O_3 颗粒对导弹表面轴向的侵蚀率分布曲线。由曲线可知，颗粒对导弹表面的侵蚀率最大值为 1.2×10^{-11}，颗粒对导弹的侵蚀率随时间而增加，这是因为随着导弹运动距离的增加，颗粒在筒外的分布增多，颗粒出筒后不再受到筒壁的限制，运动速度增加，因此对导弹的侵蚀率增加。

图 6－51 所示为各典型时刻 Al_2O_3 颗粒对内筒内表面轴向的侵蚀率分布曲线。由曲线可知，侵蚀率最大值为 3.0×10^{-11}，颗粒对内筒的侵蚀率也随着时间而增大。

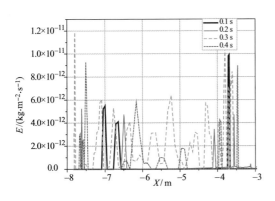

图 6－50 各典型时刻 Al_2O_3 颗粒对导弹表面轴向的侵蚀率分布曲线

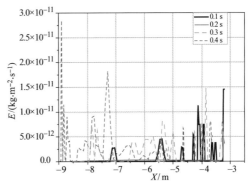

图 6－51 各典型时刻 Al_2O_3 颗粒对内筒表面轴向的侵蚀率分布曲线

图 6－52 所示为各典型时刻 Al_2O_3 颗粒对外筒内表面轴向的侵蚀率分布曲线。由曲

线可知，侵蚀率最大值为 4.0×10^{-10}，颗粒对外筒的侵蚀率也是随着导弹运动距离的增加而增大的，侵蚀率最大值在外筒底部位置。

图 6-53 所示为各典型时刻 Al_2O_3 颗粒对外筒底部轴向的侵蚀率分布曲线。由曲线可知，侵蚀率最大值为 1.0×10^{-8}，远高于 Al_2O_3 颗粒对其他部位的侵蚀率。这是由于筒底部位于燃气的前方，受到燃气中 Al_2O_3 颗粒的直接冲刷和烧蚀，而燃气经筒底导流锥导流之后，沿着外筒表面、内筒表面和导弹表面运动，对这些部位的冲刷和烧蚀作用相对较小。颗粒对筒底的侵蚀率随着导弹运动距离的增加而减小，这是因为随着导弹运动距离的增加，颗粒到达筒底部的时间变长，颗粒运动速度减慢，因此侵蚀率减小。

由以上分析可知，Al_2O_3 颗粒对同心筒底部的侵蚀率最大。

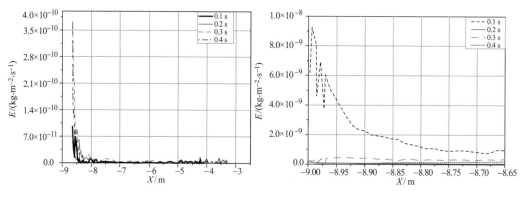

图 6-52　各典型时刻 Al_2O_3 颗粒对外筒表面轴向的侵蚀率分布曲线　　图 6-53　各典型时刻 Al_2O_3 颗粒对筒底表面轴向的侵蚀率分布曲线

由以上分析可知，燃气射流中 Al_2O_3 颗粒的分布会影响燃气射流的结构，提高导弹发射过程中燃气流场的温度，从而提高导弹表面的温度。Al_2O_3 颗粒对发射装置产生冲刷和烧蚀作用，其中对外筒底部壁面的侵蚀效应较大，随着导弹运动距离的增加，颗粒对筒底部的侵蚀率逐渐减小。综上所述，在同心筒发射过程中有必要考虑 Al_2O_3 颗粒的影响作用。

6.1.5　标准同心筒水下发射燃气流场研究

潜载导弹具有射程远、速度快和命中率高等特点，同时具有隐蔽、机动和进攻能力强等优势，由于同心筒水下发射方式具有可靠性和安全性高、过载小、体积小、质量轻等特点，故在潜载导弹发射方面具有一定的应用前景。同心筒水下发射是一个多相非稳态流动与导弹运动耦合的复杂过程，需要综合考虑导弹运动和液态水的汽化对流场的影响。根据发射初始时刻筒内注水情况，同心筒水下发射可分为筒内注水和筒内不注水等两种发射方式。不同发射方式下流场结构、温度和压力等参数变化较大，有必要研究同心筒水下发射过程流场变化规律，为潜载导弹发射方式设计提供参考。

本小节计算了筒内不注水和筒内注水条件下同心筒水下发射过程的流场，得到了不同发射方式下流场结构及参数的分布情况，对两种发射方式的优缺点进行了比较分析。

1. 筒内不注水条件下同心筒水下发射过程研究

筒内不注水条件下同心筒水下发射是指在发射前同心筒内充满气体，气体压力与筒口处水的静压相等，筒口处设置有薄膜将筒内气体和周围液态水隔离开，发动机点火后，导弹开始在同心筒内运动。

1）计算模型

图 6 - 54 所示为筒内不注水条件下同心筒水下发射计算区域及边界条件示意图。初始时刻，同心筒内部充满气体，筒外区域为周围环境中的液态水。图 6 - 55 所示为喷管出口附近的网格划分情况。

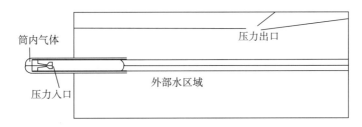

图 6 - 54　筒内不注水条件下同心筒水下发射计算区域及边界条件示意图

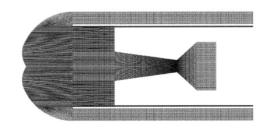

图 6 - 55　喷管出口附近的网格划分情况

计算初始时刻，同心筒内气体压力为 0.3 MPa，与筒口处（水深为 20 m）水的静压相等，温度为 300 K。

喷管入口边界条件为压力入口，燃烧室总压为 9.15 MPa，点火压力为 4 MPa，点火压力在 0.04 s 内线性上升为总压，燃气总温为 3 190 K。

计算域外边界条件为压力出口，出口压力取为当地液态水的静压，温度为 300 K。筒外区域内各点处的水压为 $p = p_0 + \rho g h$（p_0 为大气压强，ρ 为水的密度，h 为水深）。

2）结果与讨论

图 6 - 56 所示为筒内不注水条件下同心筒水下发射典型时刻的流场温度云图。由

图可知，燃气射流排导出筒后进入周围水环境，受到液态水的阻滞作用，燃气射流向导弹径向方向排导，并与液态水相互掺混，在筒口处堆积。导弹出筒后，由于弹体前方不再受到高温燃气包围，弹体表面温度较低。燃气射流从喷管喷出后在轴线附近形成若干马赫波系，导弹在筒内运动过程中，同心筒内充满高温燃气，使得导弹表面及筒壁表面的温度较高。筒口处流体温度较高，这是由于高温燃气出筒后在筒口处堆积，对该处流体产生了加热作用。

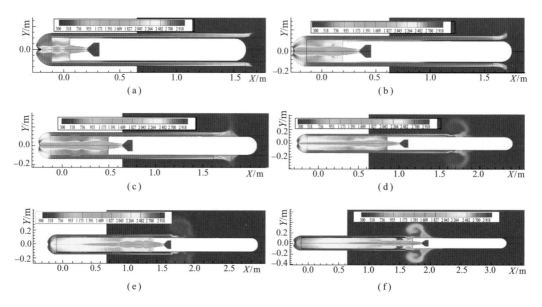

图 6-56　筒内不注水条件下同心筒水下发射典型时刻的流场温度云图

（a）0.02 s 时刻流场温度云图；（b）0.04 s 时刻流场温度云图；（c）0.06 s 时刻流场温度云图；
（d）0.08 s 时刻流场温度云图；（e）0.10 s 时刻流场温度云图；（f）0.12 s 时刻流场温度云图

图 6-57 所示为筒内不注水条件下同心筒水下发射典型时刻的气体体积分数云图。由图可知，燃气射流出筒后受到液态水的阻滞作用，在筒口处堆积并形成燃气泡，随着燃气的不断喷出，气泡逐渐增大。导弹出筒后穿过燃气泡，燃气泡受到前方液态水的阻滞作用，继续停留在筒口附近，在燃气泡的边缘附近，液态水和燃气相互掺混。

图 6-58 所示为筒内不注水条件下不同时刻弹体后部轴线上温度分布曲线。由图可知，弹体后部轴线上温度呈现较为明显的波动现象，这是由于燃气射流从喷管喷出后受到内筒壁面的限制，在弹体后部形成了若干马赫波系，温度最大值出现在筒底部，这是由筒底的壁面加热作用导致的。

图 6-59 所示为筒内不注水条件下不同时刻弹体后部轴线上压力分布曲线。由图可知，弹后轴线出现高低压交替分布，压力最大值在筒底附近，这是筒底受到燃气直接冲击的结果。筒底最大压力值随着燃气的不断喷射而增大，0.12 s 时刻达到最大值1.6 MPa。

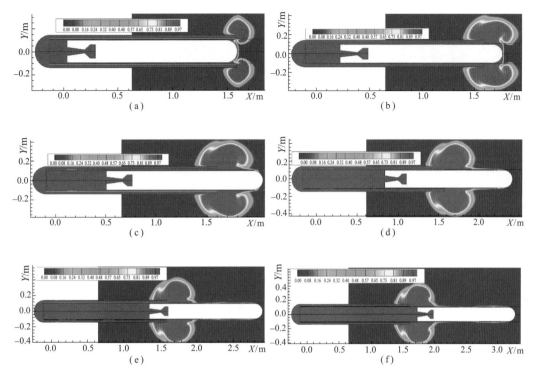

图 6 - 57　筒内不注水条件下同心筒水下发射典型时刻的气体体积分数云图

（a）0.02 s 时刻气体体积分数云图；（b）0.04 s 时刻气体体积分数云图；（c）0.06 s 时刻气体体积分数云图；

（d）0.08 s 时刻气体体积分数云图；（e）0.10 s 时刻气体体积分数云图；（f）0.12 s 时刻气体体积分数云图

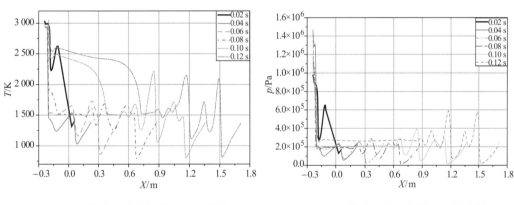

图 6 - 58　筒内不注水条件下不同时刻
弹体后部轴线上温度分布曲线

图 6 - 59　筒内不注水条件下不同时刻
弹体后部轴线上压力分布曲线

图 6 - 60 所示为筒内不注水条件下同心筒水下发射不同时刻导弹表面轴向温度分布曲线。由图可知，0.02 s 时刻导弹底部表面区域温度较高，头部温度较低，这是由于发射初始阶段，燃气还未将导弹头部区域包围。随着导弹向前运动，留在筒内部分

的导弹被高温燃气包围，弹体表面温度较高，出筒部分弹体表面温度迅速下降。0.12 s 时刻，出筒弹体中部表面区域温度出现一个峰值，这是由于该处弹体经过筒口处的燃气泡，弹体表面受到燃气加热，温度有所升高。

图 6-61 所示为筒内不注水条件下同心筒水下发射不同时刻外筒内表面轴向温度分布曲线。由图可知，发射过程中，由于高温燃气充满内外筒之间的区域，导致外筒内表面处的温度始终较高，在 2 800 K 左右。

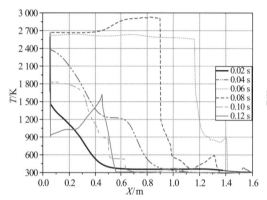

图 6-60　筒内不注水条件下同心筒水下
发射不同时刻导弹表面轴向温度分布曲线

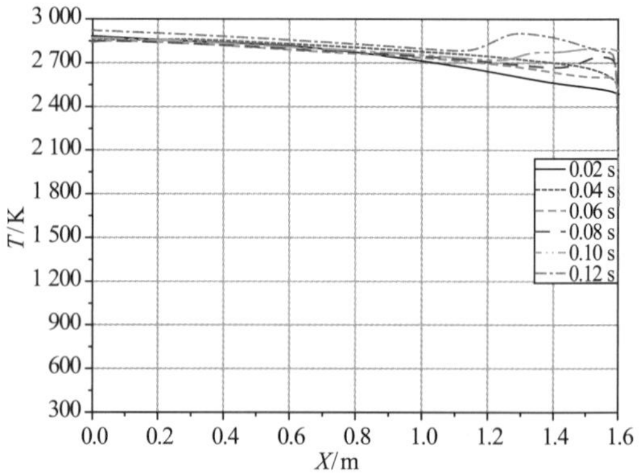

图 6-61　筒内不注水条件下同心筒水下
发射不同时刻外筒内表面轴向温度分布曲线

3）小结

由以上分析可知，筒内不注水条件下同心筒水下发射方案具有以下主要特点：

①导弹发射过程中筒内充满高温燃气，外筒内壁及筒内部分弹体表面的温度较高；由于燃气在筒口堆积，没有沿着弹径方向运动，出筒部分弹体表面温度迅速下降。

②燃气出筒后受到液态水的阻滞，在筒口附近堆积并形成燃气泡，燃气泡随着燃气的不断喷射而逐渐增大，燃气泡的堆积使得筒口附近的流体温度有所升高。

③燃气射流从喷管喷出后在轴线附近形成若干马赫波系，使得弹后轴线出现高低压场，温度和压力最大值均出现在筒底附近，这是因为筒底壁面受到燃气的直接冲击。

2. 筒内注水条件下同心筒水下发射过程研究

筒内注水条件下同心筒水下发射方案是指发射前筒内充满液态水，筒内液态水和筒外周围环境中的液态水连通。发动机水下点火后，从喷管喷出的燃气射流与液态水相互作用，排导出筒，并推动导弹向筒外运动。

1）计算模型

图 6-62 所示为筒内注水条件下同心筒水下发射计算区域及边界条件示意图。同心筒内外均为液态水。图 6-63 所示为喷管出口附近的网格划分情况。

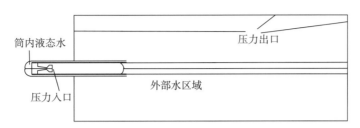

图 6 - 62　筒内注水条件下同心筒水下发射计算区域及边界条件示意图

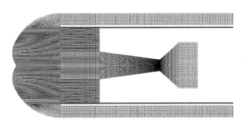

图 6 - 63　喷管出口附近的网格划分情况

计算初始时刻，同心筒内外均为液态水，筒口处水深为 20 m，计算域内各点处的水压 $p = p_0 + \rho g h$（p_0 为大气压强，ρ 为水的密度，h 为水深），温度为 300 K。

喷管入口边界条件为压力入口，燃烧室总压为 9.15 MPa，点火压力为 4 MPa，点火压力在 0.04 s 内线性上升为总压，燃气总温 3 190 K。

计算域外边界条件为压力出口，出口压力取为当地液态水的静压，温度为 300 K。

2）结果与讨论

图 6 - 64 所示为筒内注水条件下同心筒水下发射典型时刻的流场温度云图。由图

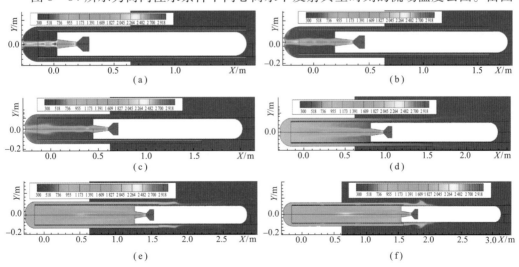

图 6 - 64　筒内注水条件下同心筒水下发射典型时刻的流场温度云图

（a）0.02 s 时刻流场温度云图；（b）0.04 s 时刻流场温度云图；（c）0.06 s 时刻流场温度云图；

（d）0.08 s 时刻流场温度云图；（e）0.10 s 时刻流场温度云图；（f）0.12 s 时刻流场温度云图

可知，相对于筒内不注水条件下的同心筒水下发射过程流场温度云图（图6－56），筒内注水条件下同心筒水下发射方式发射过程中筒内流场的温度较低，这是因为初始时刻筒内充满液态水，高温燃气向外排导过程中与液态水混合，使得液态水发生汽化现象，吸收了燃气中的热量，从而降低了流场的温度。

图6－65所示为筒内注水条件下同心筒水下发射典型时刻的流场气体体积分数云图。由图可知，发射初始时刻（0～0.02 s），燃气在筒内和液态水混合并相互作用，在筒底形成一个回流区域。0.08 s时刻燃气已经排导出筒，随着导弹向前运动，燃气沿着弹体向前运动，导弹继续向前运动，燃气受到周围液态水的阻滞作用，在 $x = 2.5$ m 附近形成不规则的燃气泡。

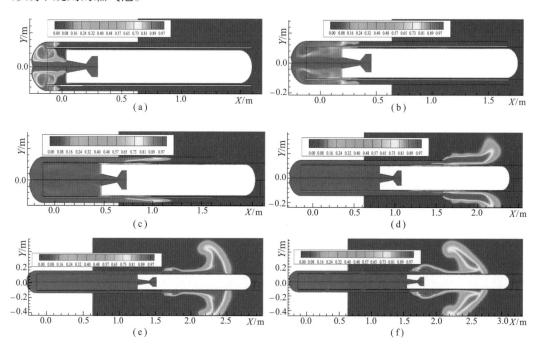

图6－65　筒内注水条件下同心筒水下发射典型时刻的流场气体体积分数云图

（a）0.02 s时刻气体体积分数云图；（b）0.04 s时刻气体体积分数云图；（c）0.06 s时刻气体体积分数云图；
（d）0.08 s时刻气体体积分数云图；（e）0.10 s时刻气体体积分数云图；（f）0.12 s时刻气体体积分数云图

图6－66所示为筒内注水条件下同心筒水下发射不同时刻弹体后部轴线上温度分布曲线。由图可知，弹后轴线上的温度随着流场结构变化呈现较为明显的波动现象。轴线温度比不注水情况下稍低，这是因为液态水汽化吸热降低了流场的温度。

图6－67所示为筒内注水条件下同心筒水下发射不同时刻弹体后部轴线上压力分布曲线。由图可知，导弹在筒内运动时，弹后轴线上的压力高于不注水情况下弹后轴线上的压力，这是因为筒内充满液态水，燃气的排导空间有限，受到水的阻滞作用较大，导致筒内流场的压力增大。发射初期（0～0.04 s），筒底部的平均压力较高，总体

上来说筒底压力随时间呈下降趋势，这是因为随着液态水向筒外排导，导弹向筒外运动，筒内燃气占据空间变大，使得筒底部压力有所降低。

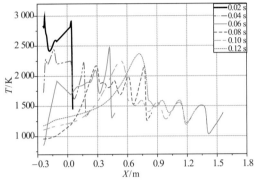

图 6-66 筒内注水条件下同心筒水下发射
不同时刻弹体后部轴线上温度分布曲线

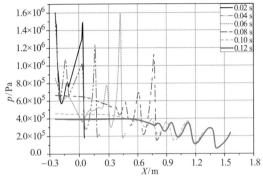

图 6-67 筒内注水条件下同心筒水下发射
不同时刻弹体后部轴线上压力分布曲线

图 6-68 所示为筒内注水条件下同心筒水下发射不同时刻导弹表面轴向温度分布曲线。由图可知，相对于不注水的情况，注水条件下导弹表面的温度显著降低。这是由于初始时刻筒内充满液态水，高温燃气射流与液态水充分接触，液态水发生汽化吸热现象，降低了流场温度，从而降低了导弹表面的温度。导弹底部温度稍高，这是由于回流的燃气与该部位有所接触，一定程度上提高了导弹底部的表面温度。结果表明，筒内注水可有效降低燃气温度。

图 6-69 所示为筒内注水条件下同心筒水下发射典型时刻外筒内表面轴向温度分布曲线。由图可知，相对于筒内不注水的情况，外筒内表面的温度显著降低，这是由于筒内充满液态水，汽化吸热作用明显，降低了流场温度，从而降低了外筒内表面的温度。

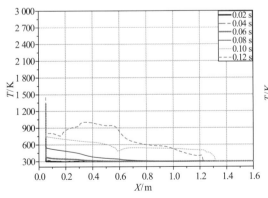

图 6-68 筒内注水条件下同心筒水下发射
不同时刻导弹表面轴向温度分布曲线

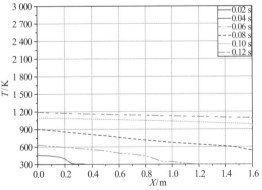

图 6-69 筒内注水条件下同心筒水下发射
典型时刻外筒内表面轴向温度分布曲线

3）小结

由以上分析可知，筒内注水条件下同心筒水下发射方案具有以下主要特点：

①同心筒水下发射筒内注水条件下，导弹发射过程中液态水的汽化吸热作用降低了流场温度，导弹表面和外筒内表面的温度显著较低。

②弹后轴线的压力和温度随着流场结构变化而波动，由于筒内液态水对燃气排导的阻滞作用使得筒内的压力高于不注水的情况。

③燃气运动出筒后，沿着弹体向前运动，受到周围液态水的阻滞作用，在 $X = 2.5$ m 附近形成不规则的燃气泡。

6.1.6 标准同心筒发射小结

由以上分析可知，标准同心筒发射结构具有以下主要特点：

①标准同心筒外筒底部导流锥可以将喷管喷出的燃气进行导流，使大部分燃气从内外筒之间排导出筒。

②标准同心筒发射初期，由于部分燃气从内筒和导弹之间排导，使得导弹表面的温度较高。

③在发射中后期，内筒和导弹之间存在引射效应，使得筒口处吸入高温燃气，导弹表面的温度较高。引射效应使得射流在筒内时刻流场马赫结构不明显。

④筒口导流段可以将内外筒之间排出的高温燃气导向远离导弹轴线附近的区域，有利于减少内筒和导弹之间引射效应吸入的高温燃气的流量。

⑤导弹出筒后，由于逐渐远离筒口的高温燃气区域，表面温度逐渐降低。

⑥Al_2O_3 颗粒主要在燃气核心区内运动，在燃气核心区的末端，Al_2O_3 颗粒出现较为明显的随机脉动现象。

由以上分析可知，标准同心筒发射过程中导弹表面和发射装置表面的温度一直较高，有必要对标准同心筒发射装置进行优化设计，以改善导弹发射过程中的环境效应。

6.2 方形同心筒发射过程研究

6.2.1 方形同心筒结构设计

标准同心筒发射过程中导弹表面的温度一直较高，增大内外筒的排导空间，燃气射流的排导会更加顺畅，从内筒和导弹之间排导的燃气流量将减少，这样可以改善导弹的发射高温环境。考虑到"共架"发射和导弹尺寸尽量大的要求，标准同心筒的内外筒间隙的增大裕度较小，因此，本书提出了方形同心筒发射结构（图6-70、图6-71）。由于"共架"发射的通垂架是方形，方形同心筒发射结构的特征是在"共架"发射的前提下将外筒由圆形改为方形，这样可以增大内外筒之间的排导空间，以减少发射初期从内筒和导弹之间排导的燃气流量，降低导弹表面的温度。

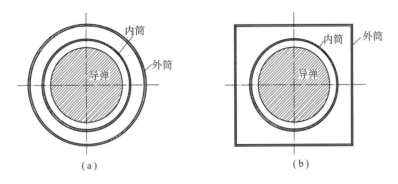

图 6-70　标准同心筒与方形同心筒的俯视对比图

（a）标准同心筒俯视图；（b）方形同心筒俯视图

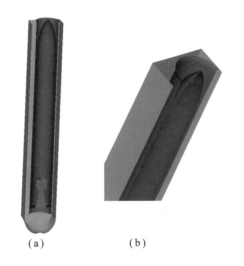

（a）　　　　　　　　（b）

图 6-71　方形同心筒及筒口局部结构示意图

（a）方形同心筒；（b）筒口局部结构

　　方形同心筒是基于"共架"发射的方形通垂架，将外筒由圆形改为方形的一种发射装置。方形同心筒可以增加内外筒之间的燃气排导空间，使得燃气的排导更为顺畅，有利于降低导弹表面的温度。

　　由于方形同心筒的结构和流场具有对称的特点，采用三维 1/4 圆柱区域计算模型进行流场计算。图 6-72 所示为方形同心筒的网格划分以及域动分层法动网格的区域设置情况。导弹的运动速度根据牛顿第二定律进行求解。

　　使用第 5 章域动分层法的动网格技术对同心筒发射过程进行了计算，发动机工作条件和计算条件与标准同心筒的相同，此处不再给出。

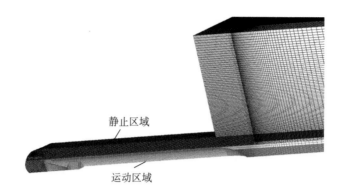

图6-72 方形同心筒的网格划分及域动分层法动网格的区域设置情况

6.2.2 方形同心筒发射过程流场研究

图6-73所示为0.1 s时刻方形同心筒对称面的温度和速度云图。由图可知，内筒和导弹之间的速度较低，内外筒之间的速度较大，这主要是因为大部分燃气从内外筒间隙排导，燃气排出筒外后在筒口附近聚集，筒内温度比标准同心筒的稍低。

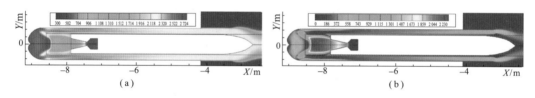

图6-73 0.1 s时刻方形同心筒对称面的温度和速度云图
（a）温度云图；（b）速度云图

图6-74所示为0.2 s时刻方形同心筒对称面的温度和速度云图。由图可知，此时导弹表面的温度较高，这主要是内筒和导弹之间吸入筒口的高温燃气的结果。

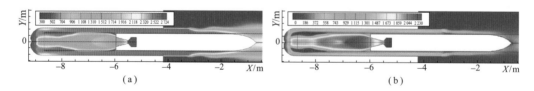

图6-74 0.2 s时刻方形同心筒对称面的温度和速度云图
（a）温度云图；（b）速度云图

图6-75所示为0.3 s时刻方形同心筒对称面的温度和速度云图。由图可知，此时导弹即将出筒，导弹头部的温度比标准同心筒的稍高。这是由于内外筒间隙较大，排导燃气较多，因此出筒的燃气量较多，使得导弹表面的温度比标准同心筒的要高。

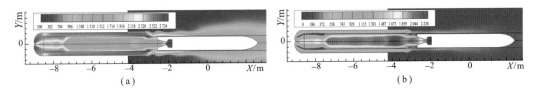

图 6 - 75　0.3 s 时刻方形同心筒对称面的温度和速度云图

（a）温度云图；（b）速度云图

图 6 - 76 所示为 0.4 s 时刻方形同心筒对称面的温度和速度云图。由图可知，此时燃气射流由限制射流变为自由射流，形成较为清晰的马赫结构。由于内外筒间隙较大，燃气排导较多，在筒口堆积较多。

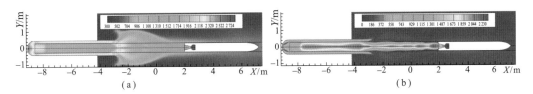

图 6 - 76　0.4 s 时刻方形同心筒对称面的温度和速度云图

（a）温度云图；（b）速度云图

图 6 - 77 所示为各典型时刻方形同心筒中粒径为 1 μm 的 Al_2O_3 颗粒速度分布。由图可知，方形同心筒燃气流场内 1 μm Al_2O_3 颗粒速度与标准同心筒的相似。由于方形同心筒的内外筒空间变大，颗粒出筒后比标准同心筒要远离轴线。

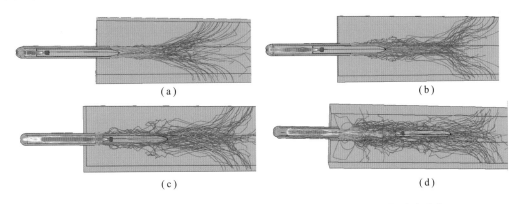

图 6 - 77　各典型时刻方形同心筒中粒径为 1 μm 的 Al_2O_3 颗粒速度分布

（a）0.1 s 时刻 1 μm 颗粒速度分布；（b）0.2 s 时刻 1 μm 颗粒速度分布；

（c）0.3 s 时刻 1 μm 颗粒速度分布；（d）0.4 s 时刻 1 μm 颗粒速度分布

6.2.3　方形同心筒发射小结

由以上分析可知，方形同心筒发射装置具有以下主要特点：

①方形同心筒在共架发射的前提之下，充分利用了发射架的空间，增加了燃气排导的通道。

②导弹发射初期，由于内外筒之间的燃气排导空间增大，导弹表面的温度比标准同心筒有所下降。

③导弹发射中期，由于筒口处吸入高温燃气，导弹表面的温度与标准同心筒中导弹表面温度相差较小。

④导弹出筒之后，内外筒之间空间较大，排导的燃气增多，使得方形同心筒中导弹表面的温度高于标准同心筒中导弹表面的温度。

⑤随着导弹远离筒口，导弹表面的温度下降较快。

6.3 湿式同心筒发射过程研究

6.3.1 湿式同心筒结构设计

导弹在同心筒内发射的过程中，发动机一直向外喷出高温燃气，在结构上对同心筒发射装置进行改进，对流场温度的降低始终有一定的限度，可考虑采取其他结构改进同心筒发射结构。为进一步改善同心筒发射过程中的环境效应，本书提出了湿式同心筒发射装置。湿式同心筒以标准同心筒为基础，在外筒的底部增加水室，在发射之前预先加注一定量的液态水，由于液态水的热容较大，液态水在高温高速燃气的作用下汽化吸热，从而降低导弹发射过程中燃气流场的温度，降低导弹表面的温度。

湿式同心筒底部含有一定量的液态水，导弹发射过程中高温燃气与液态水相互接触和作用，液态水发生汽化现象，转变为水蒸气，从高温燃气中吸收热量，降低燃气流场的温度，从而降低导弹表面和发射装置表面的温度。另外，筒内的液态水会对燃气中的固体 Al_2O_3 颗粒起到缓冲作用，可减小 Al_2O_3 颗粒对发射装置壁面的侵蚀作用。

图 6-78 所示为湿式同心筒结构示意图。其中外筒底部为水室，导弹发射前向筒底预先加注一定量的液态水。

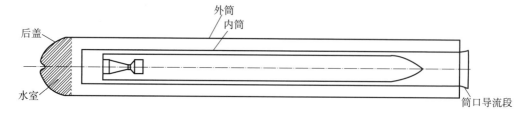

图 6-78 湿式同心筒结构示意图

使用第 5 章的域动分层法的动网格技术对同心筒发射过程进行了计算，发动机工作条件和计算条件与标准同心筒的相同,此处不再给出。液态水的汽化采取第 5 章介绍的水的汽化模型,计算中根据水的饱和温度计算水的汽化率。使用 5.3 节的汽化公式对计算区域中每一个网格内的气相和液相流体进行求解,当混合物温度大于水的饱和温度时,水吸收能量汽化为水蒸气;混合物温度小于水的饱和温度时,水蒸气释放能量凝结为液态水。

6.3.2　湿式同心筒发射过程流场研究

图 6 - 79 所示为 0.1 s 时刻湿式同心筒对称面的温度和速度云图。由图可见,0.1 s 时刻湿式同心筒底部的燃气温度较高,内外筒之间以及导弹表面的温度都较低,这是因为液态水发生了汽化,汽化吸热使得温度降低较多。由速度云图可以看出,内外筒间隙以及内筒和导弹之间的速度都较小,这是因为液态水以及汽化后的水蒸气作为筒内燃气的加质流体,导致燃气的排导变慢。

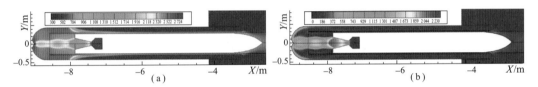

图 6 - 79　0.1 s 时刻湿式同心筒对称面的温度和速度云图

(a) 温度云图;(b) 速度云图

图 6 - 80 所示为 0.1 s 时刻湿式同心筒水蒸气的质量分数以及液态水的体积分数分布情况。由图 6 - 80 (a) 可以看出,水蒸气在筒内分布较多,水蒸气增多主要是由液态水的汽化产生的,结合图 6 - 80 (b) 可以看出,液态水此时在筒内分布较多,液态水汽化产生水蒸气,同时汽化吸热使得流场温度降低。

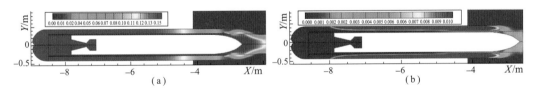

图 6 - 80　0.1 s 时刻湿式同心筒水蒸气的质量分数及液态水的体积分数分布情况

(a) 水蒸气质量分数;(b) 液态水体积分数

图 6 - 81 所示为 0.2 s 时刻湿式同心筒对称面的温度和速度云图。由图可见,0.2 s 时刻同心筒底部充满高温燃气,筒口及筒外部分的燃气温度较低。其中部分燃气在外筒底部聚集,燃气运动出筒后沿着导弹表面运动,到达导弹头部后向轴线附近运动,从而使得导弹头部区域被燃气包围。由速度云图可知,内外筒间隙以及内筒和导弹之间的速度较小,这主要是因为液态水汽化使得筒内流体质量增大,使排导受阻。

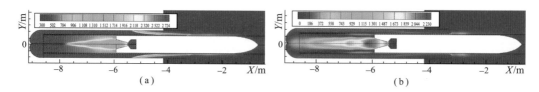

图 6 - 81   0.2 s 时刻湿式同心筒对称面的温度和速度云图

（a）温度云图；（b）速度云图

图 6 - 82 所示为 0.2 s 时刻湿式同心筒水蒸气的质量分数以及液态水的体积分数分布情况。由水蒸气质量分数分布云图可以看出，水蒸气在筒口及筒外位置分布较多，水蒸气增多主要是由液态水的汽化产生的。结合图 6 - 82（b）液态水的体积分数分布可以看出，液态水此时已经在高速燃气的作用下排导出筒，在筒口附近及筒外汽化现象也较为明显，温度较低。

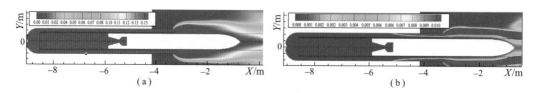

图 6 - 82   0.2 s 时刻湿式同心筒水蒸气的质量分数及液态水的体积分数分布情况

（a）水蒸气质量分数；（b）液态水体积分数

图 6 - 83 所示为 0.3 s 时刻湿式同心筒对称面的温度和速度云图。由图可见，0.3 s 时刻导弹已运动出筒，此时筒内充满高温燃气，燃气出筒后沿着导弹壁面运动，到达导弹头部区域后向轴线附近运动，燃气向前运动过程中向周围空间内扩散，温度随之有所降低。

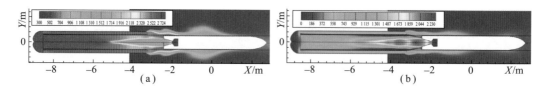

图 6 - 83   0.3 s 时刻湿式同心筒对称面的温度和速度云图

（a）温度云图；（b）速度云图

图 6 - 84 所示为 0.3 s 时刻湿式同心筒水蒸气的质量分数以及液态水的体积分数分布情况。由水蒸气质量分数分布云图可以看出，水蒸气分布最多的位置是在筒内，这主要是因为此时筒内燃气较多，作为燃气组分的水蒸气也较多，筒口附近水蒸气随着燃气的扩散而质量分数减小，在导弹头部附近水蒸气质量分数有所增多。结合图 6 - 84（b）液态水的体积分数分布可以看出，0.3 s 时刻液态水大部分已经排导到导弹的头部附近，

在此处发生汽化，导致水蒸气增多，导弹头部附近的温度有所降低。

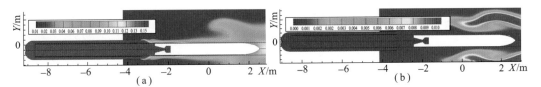

图 6 - 84　0.3 s 时刻湿式同心筒水蒸气的质量分数及液态水的体积分数分布情况

（a）水蒸气质量分数；（b）液态水体积分数

图 6 - 85 所示为 0.4 s 时刻湿式同心筒对称面的温度和速度云图。由图可见，0.4 s 时刻导弹已远离发射筒，筒口处有燃气堆积，温度较高。由于导弹距离发射筒较远，故导弹表面的温度较低。

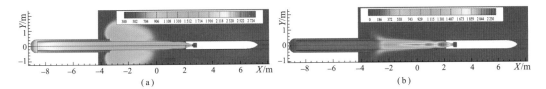

图 6 - 85　0.4 s 时刻湿式同心筒对称面的温度和速度云图

（a）温度云图；（b）速度云图

图 6 - 86 所示为 0.4 s 时刻湿式同心筒水蒸气的质量分数以及液态水的体积分数分布情况。由水蒸气质量分数分布云图（图 6 - 86（a））可以看出，此时在燃气核心区和筒内分布较多，这主要是燃气组分中的水蒸气。结合图 6 - 86（b）液态水的体积分数云图可以看出，此时液态水主要聚集在导弹周围，导弹周围也有汽化产生的水蒸气分布。

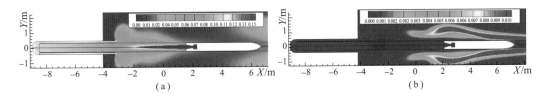

图 6 - 86　0.4 s 时刻湿式同心筒水蒸气的质量分数及液态水的体积分数分布情况

（a）水蒸气质量分数；（b）液态水体积分数

图 6 - 87 所示为各典型时刻湿式同心筒粒径为 1 μm 的 Al_2O_3 颗粒速度分布。由图可知，由于液态水汽化使得筒内气体质量增大，燃气排导速度变慢，导致出筒后的颗粒速度在靠近筒口的位置就出现脉动现象。由于颗粒运动速度较慢，0.4 s 时刻，颗粒速度比较紊乱，颗粒大部分堆积在筒口附近。

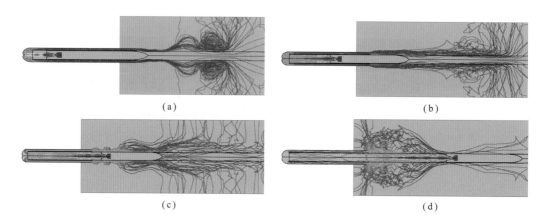

图 6 - 87   各典型时刻湿式同心筒粒径为 1 μm 的 Al_2O_3 颗粒速度分布

(a) 0.1 s 时刻 1 μm 颗粒速度分布；(b) 0.2 s 时刻 1 μm 颗粒速度分布；
(c) 0.3 s 时刻 1 μm 颗粒速度分布；(d) 0.4 s 时刻 1 μm 颗粒速度分布

6.3.3   湿式同心筒发射过程影响因素研究——内外筒间隙

湿式同心筒发射过程中，筒底部的液态水和发动机燃气射流相互掺混，大部分从内外筒之间的空间排导出筒，因此，内外筒间隙越大，燃气排导速率越快；反之，则越慢。一般来说，内外筒间隙越小，发射过程中驻留在筒内的液态水含量越多，时间越长，汽化吸热现象降低燃气温度的效果越好。如果间隙太小，燃气排导会不够顺畅，筒内流场可能会出现激波或其他异常情况，导致筒内压力过大；如果间隙太大，不利于改善导弹发射过程中的环境效应，同时使得发射筒结构不够紧凑，占用较大空间，增加发射装置的质量。由上可知，有必要研究不同内外筒间隙对发射过程中燃气流场的影响。

为使计算条件和研究结果具有一定的普遍意义，为便于表述，本章以喷喉直径（d）为最小基准尺寸，对不同内外筒间隙和不同喷管出口到水面的距离进行量纲为 1 化处理，用喷喉直径（d）的倍数来表示；以加注的最小液态水量（m）为最小基准质量，对水室中加注的不同液态水量进行量纲为 1 化处理，用最小液态水量（m）的倍数来表示。

1. 计算条件

图 6 - 88 所示为湿式同心筒结构示意图。外筒底部水室中的注水量为 m，喷管出口到水面的距离为 1.5d，γ 代表内外筒间隙。本节对 γ 分别为 1.28d、1.08d、0.88d、0.68d、0.48d、0.28d 这 6 种条件下导弹发射过程中的燃气流场进行了计算。

本章使用二维轴对称计算模型进行流场计算。图 6 - 89 所示为流场计算区域及动网格区域划分示意图，其中灰色区域为动网格计算中的静止区域，深色区域为动网格

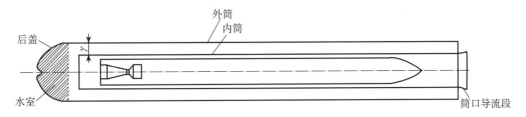

图 6 - 88　湿式同心筒结构及内外筒间隙示意图

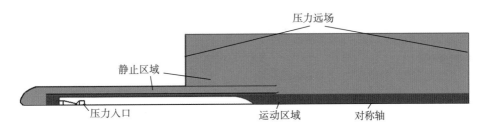

图 6 - 89　流场计算区域及动网格区域划分示意图

计算中的运动区域。图 6 - 90 所示为同心筒内部网格划分情况，燃气射流筒外的计算区域长 15 m、高 2 m，网格划分为 500 × 130，网格总数为 8 万。

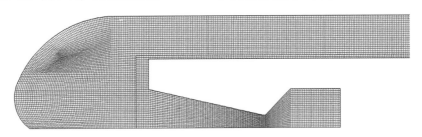

图 6 - 90　同心筒内部网格划分情况

使用第 6.1 节的计算模型和计算方法对湿式同心筒发射过程中燃气流场进行了计算，发动机工作条件和计算条件与 6.3.1 节中的湿式同心筒相同，此处不再给出。筒外燃气射流的边界条件为压力远场，环境压力为 1 个大气压，来流马赫数为 0，温度为 300 K。

2. 结果与讨论

1）液态水的分布情况

图 6 - 91 所示为 0.1 s 时刻不同内外筒间隙的流场液态水的体积分数分布云图。由图可知，液态水在高速燃气的挤压下向筒外排出，内外筒间隙越小，液态水的排导越慢，筒内的液态水质量分布越多。由液态水的分布还可以看出，内外筒间隙较大的情况下，液态水在筒底导流锥的作用下基本在内外筒之间排导；而内外筒间隙较小的情况下，由于内外筒间隙不足以排导液态水，一部分液态水在内筒和导弹的间隙排导出筒。

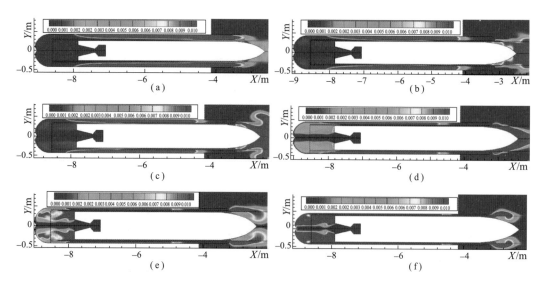

图 6 – 91 0.1 s 时刻不同内外筒间隙的流场液态水的体积分数分布云图

(a) 内外筒间隙为 1.28d;(b) 内外筒间隙为 1.08d;(c) 内外筒间隙为 0.88d;
(d) 内外筒间隙为 0.68d;(e) 内外筒间隙为 0.48 d;(f) 内外筒间隙为 0.28d

图 6 – 92 所示为 0.2 s 时刻不同内外筒间隙的流场液态水的体积分数分布云图。由图可知,0.2 s 时刻导弹已经运动了 2 m 左右,内外筒间隙越小,液态水的排导越慢,筒内分布的液态水越多,导弹周围的液态水越多。液态水出筒后,与燃气一起沿着导弹运动方向排导。

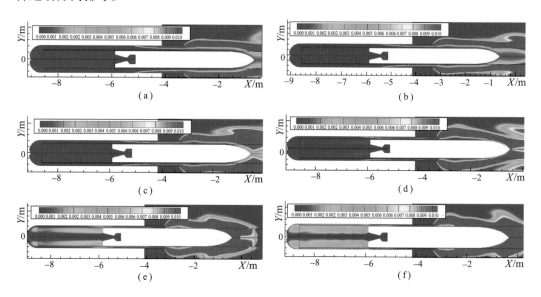

图 6 – 92 0.2 s 时刻不同内外筒间隙的流场液态水的体积分数分布云图

(a) 内外筒间隙为 1.28d;(b) 内外筒间隙为 1.08d;(c) 内外筒间隙为 0.88d;
(d) 内外筒间隙为 0.68d;(e) 内外筒间隙为 0.48 d;(f) 内外筒间隙为 0.28d

图 6 - 93 所示为 0.3 s 时刻不同内外筒间隙的流场液态水的体积分数分布云图。由图可知，此时导弹已经完全出筒，液态水沿着导弹运动方向排导，在排导过程中发生汽化。间距越小，液态水的排导越慢。液态水出筒后聚集在导弹头部附近，这是因为导弹出筒后，筒内剩余的燃气向筒外排导的过程中会推动液态水向导弹头部运动。

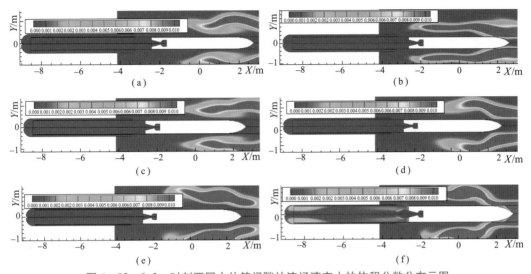

图 6 - 93　0.3 s 时刻不同内外筒间隙的流场液态水的体积分数分布云图

（a）内外筒间隙为 1.28d；（b）内外筒间隙为 1.08d；（c）内外筒间隙为 0.88d；

（d）内外筒间隙为 0.68d；（e）内外筒间隙为 0.48d；（f）内外筒间隙为 0.28d

图 6 - 94 所示为 0.4 s 时刻不同内外筒间隙的流场液态水的体积分数分布云图。由

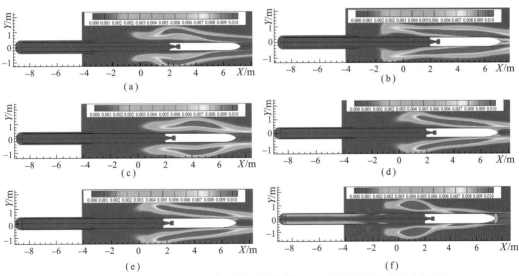

图 6 - 94　0.4 s 时刻不同内外筒间隙的流场液态水的体积分数分布云图

（a）内外筒间隙为 1.28d；（b）内外筒间隙为 1.08d；（c）内外筒间隙为 0.88d；（d）内外筒

间隙为 0.68d；（e）内外筒间隙为 0.48d；（f）内外筒间隙为 0.28d

图可知,此时导弹已远离发射筒,液态水均分布在导弹的周围。液态水的分布随着内外筒间隙的减小而增多,增多幅度较小。在 0.28d 内外筒间隙情况下,可以看到筒内还分布较多的液态水。

2)温度计算结果

图 6 - 95 所示为 0.1 s 时刻不同内外筒间隙流场温度云图。由图可知,高温燃气射流从喷管喷出之后,向筒底部运动,在筒底部导流锥的作用下,主要沿着内外筒之间排导。由于筒底的液态水在燃气的推动作用下运动至内外筒间隙,高温燃气在此处与液态水接触并发生汽化现象,显著降低了燃气的温度。随着内外筒间隙逐渐减小,液态水由内外筒之间向外排导的速度和质量随之变小,使得筒底部含有较多的液态水,高温燃气在筒底部与液态水的接触和相互作用较为充分,汽化现象显著,极大地降低了燃气的温度,有效改善了筒底部的发射环境。燃气射流温度的降低也直接导致导弹表面温度较低。

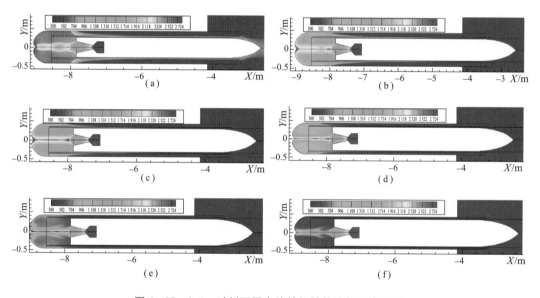

图 6 - 95　0.1 s 时刻不同内外筒间隙的流场温度云图

(a)内外筒间隙为 1.28d;(b)内外筒间隙为 1.08d;(c)内外筒间隙为 0.88d;
(d)内外筒间隙为 0.68d;(e)内外筒间隙为 0.48d;(f)内外筒间隙为 0.28d

图 6 - 96 所示为 0.2 s 时刻不同内外筒间隙流场的温度云图。由图可知,随着内外筒间隙的减小,筒底部和导弹表面的温度逐渐减小,这是因为随着内外筒间隙的减小,液态水的排导变慢。液态水除了在内外筒间隙排导外,内筒和导弹之间也排导液态水。液态水的汽化吸热导致筒内和导弹表面的温度降低。内外筒间隙大于 0.88d 的情况下,导弹底部的温度达到 2 400 K 左右;间隙为 0.68d 的情况下,导弹底部的温度为 1 700 K 左右;间隙值小于 0.68d 的情况下,整个导弹表面的温度均较低。

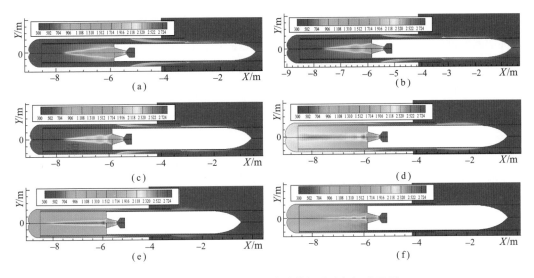

图 6 – 96　0.2 s 时刻不同内外筒间隙流场温度云图

（a）内外筒间隙为 1.28d；（b）内外筒间隙为 1.08d；（c）内外筒间隙为 0.88d；

（d）内外筒间隙为 0.68d；（e）内外筒间隙为 0.48d；（f）内外筒间隙为 0.28d

图 6 – 97 所示为 0.3 s 时刻不同内外筒间隙流场温度云图。由图可知，此时导弹已经完全出筒，导弹头部附近的温度较低。结合不同内外筒间隙液态水的体积分数云图可以看出，此时液态水大部分分布在导弹的头部附近，液态水汽化导致导弹头部的温度较低。随着内外筒间隙的减小，射流对发射筒的烧蚀作用减弱，导弹表面的温度降低。

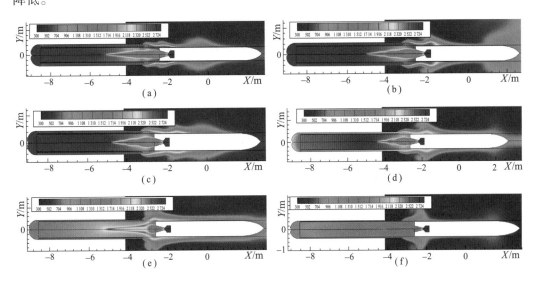

图 6 – 97　0.3 s 时刻不同内外筒间隙流场温度云图

（a）内外筒间隙为 1.28d；（b）内外筒间隙为 1.08d；（c）内外筒间隙为 0.88d；

（d）内外筒间隙为 0.68d；（e）内外筒间隙为 0.48d；（f）内外筒间隙为 0.28d

图 6-98 所示为 0.4 s 时刻不同内外筒间隙流场温度云图。由图可知，0.4 s 时刻导弹表面的温度都较低，此时导弹已远离筒口，筒内燃气对导弹的烧蚀程度减小，且液态水大部分分布在导弹周围，液态水汽化吸热导致导弹表面的温度降低。内外筒间隙较小的情况下，筒内及筒外的燃气流场温度相对较低，这表明此时燃气流场中的液态水的汽化现象仍能起到改善发射环境效应的作用，内外筒间隙越小，这种改善作用越明显。

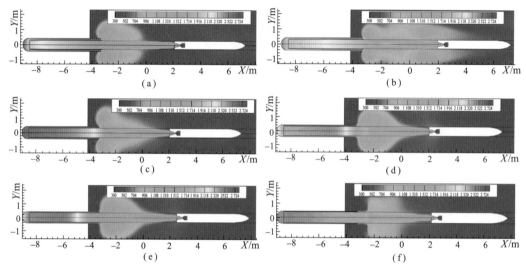

图 6-98　0.4 s 时刻不同内外筒间隙流场温度云图

（a）内外筒间隙为 1.28d；（b）内外筒间隙为 1.08d；（c）内外筒间隙为 0.88d；
（d）内外筒间隙为 0.68d；（e）内外筒间隙为 0.48d；（f）内外筒间隙为 0.28d

计算结果表明，0~0.3 s 为导弹在筒内运动阶段，0.3~0.4 s 为导弹在筒外运动阶段，下面对这两个阶段内典型时刻下导弹表面和外筒内表面的温度曲线进行分析。

图 6-99 所示为各典型时刻不同内外筒间隙导弹表面轴向的温度曲线。

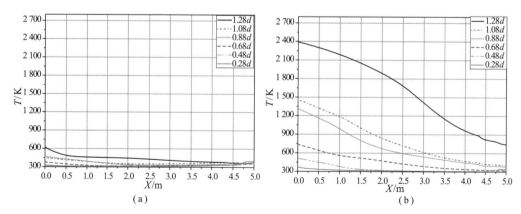

图 6-99　各典型时刻不同内外筒间隙导弹表面轴向的温度曲线

（a）0.05 s 时刻导弹表面的温度曲线；（b）0.10 s 时刻导弹表面的温度曲线

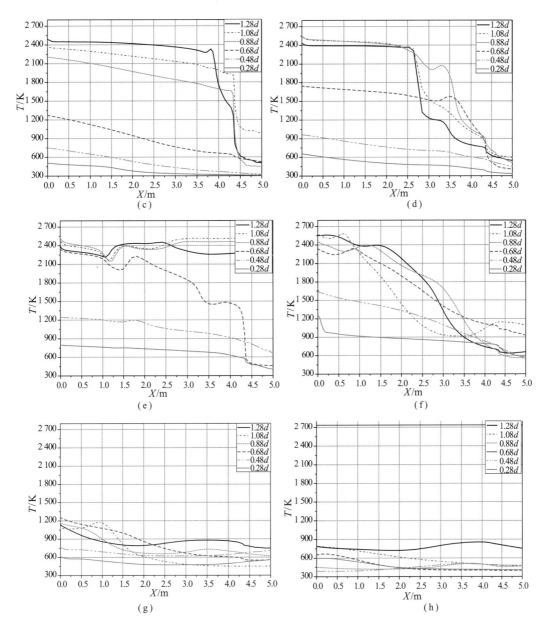

图 6 - 99　各典型时刻不同内外筒间隙导弹表面轴向的温度曲线（续）

（c）0.15 s 时刻导弹表面的温度曲线；（d）0.20 s 时刻导弹表面的温度曲线；

（e）0.25 s 时刻导弹表面的温度曲线；（f）0.30 s 时刻导弹表面的温度曲线；

（g）0.35 s 时刻导弹表面的温度曲线；（h）0.40s 时刻导弹表面的温度曲线

导弹在筒内运动阶段（0 ~ 0.3 s），0.05 ~ 0.15 s 内，导弹表面的温度随着内外筒间隙的减小而降低。这是因为，对于内外筒间隙较大的情况，液态水从内外筒之间排走的速度较快，筒内驻留的液态水较少；内外筒间隙较小的情况下，液态水随着燃气一起由内外筒之间和筒内的空间向筒外排导，液态水与燃气相互接触和作用的过程中发生汽化现象，降低燃气及导弹表面的温度。0.20～0.30 s内，间隙较大的情况下，导弹表面的温度较为接近；间隙较小的情况下，导弹表面的温度较低。这是因为间隙较大的情况下筒内的大部分液态水基本排出筒外，筒内燃气中的液态水含量很小，汽化现象较弱，对燃气的温度降低作用不明显，使得较大间隙下导弹表面的温度较高，且较为接近。

导弹在筒外运动阶段（0.3～0.4 s），逐渐远离筒口，燃气射流从发动机喷口喷出之后，大部分燃气从内筒进入，然后从内外筒之间向外排出。当导弹距离筒口较近时，导弹被筒内排出的燃气包围，其表面的温度较高；随着导弹逐渐远离筒口，导弹不再被筒内排出的燃气包围时，其表面温度便开始下降。

图 6 - 100 所示为各典型时刻不同内外筒间隙的外筒内表面轴向的温度曲线。

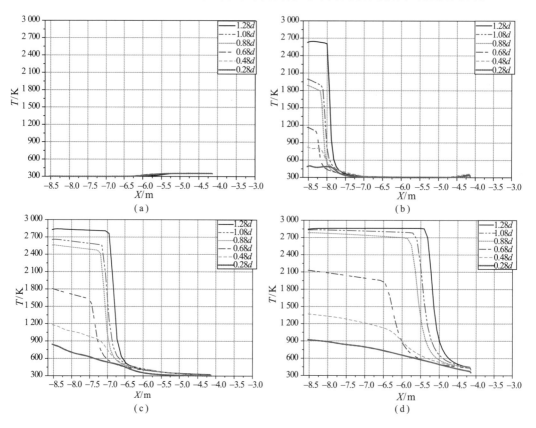

图 6 - 100　各典型时刻不同内外筒间隙的外筒内表面轴向的温度曲线

（a）0.05 s 时刻外筒内表面的温度曲线；（b）0.10 s 时刻外筒内表面的温度曲线；
（c）0.15 s 时刻外筒内表面的温度曲线；（d）0.20 s 时刻外筒内表面的温度曲线

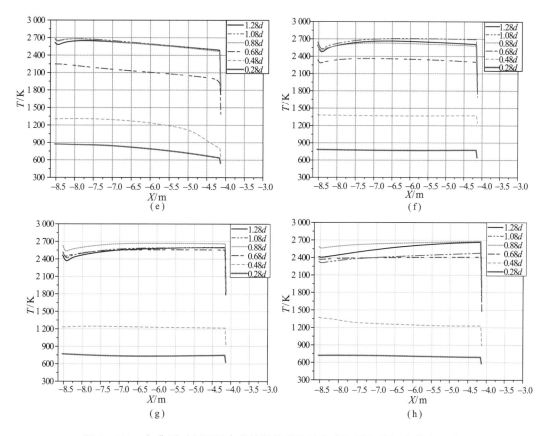

图 6 - 100　各典型时刻不同内外筒间隙的外筒内表面轴向的温度曲线（续）

（e）0.25 s 时刻外筒内表面的温度曲线；（f）0.30 s 时刻外筒内表面的温度曲线；

（g）0.35 s 时刻外筒内表面的温度曲线；（h）0.40 s 时刻外筒内表面的温度曲线

　　导弹在筒内运动阶段（0 ~ 0.3 s），0.05 s 时刻外筒内表面的温度较低，这是因为此时燃气还未到达水面，内外筒之间基本无燃气排导，因此，外筒内表面的温度较低。0.05 ~ 0.20 s 时刻外筒内表面高温段的长度随着时间变长，这是因为在导弹发射初期，外筒底部的液态水被排导至内外筒间隙，随着导弹向前运动，高温燃气从内外筒之间排出，与水相互作用并推动液态水进一步向外运动。在高温燃气与水接触的区域，液态水发生汽化现象，吸收热量使得外筒内表面的温度有所降低，因此，导弹在筒内运动过程中，外筒内表面高温段的长度逐渐变长，低温段的长度逐渐变短。0.25 s 之后，整个外筒内表面温度均较高，同一时刻下，外筒内表面的温度随间隙减小而降低。这是由于内外筒间隙较小的情况下，导弹发射初期由内外筒之间排出的液态水的水量较少，较多的液态水留在了筒内并在导弹发射过程中随着燃气向外运动，运动过程中液态水汽化现象的程度较为显著，使得外筒内表面的温度降低程度较大。

　　导弹在筒外运动阶段（0.3 ~ 0.4 s），1.28d、1.08d、0.88d 和 0.68d 间隙下，外

筒内表面的温度均较高，且比较接近；0.48d 和 0.28d 间隙下，外筒内表面的温度较低，其中 0.28d 间隙下外筒内表面的温度最低。在这一阶段中，导弹逐渐远离筒口，燃气射流从发动机喷口喷出之后，大部分燃气从内筒进入，然后从内外筒之间向外排出。对于间隙较小的情况，液态水从内外筒之间排出的速度较为缓慢，更多的液态水驻留在筒内，在发射过程中随燃气从内外筒之间向外排导。排导过程中，液态水发生汽化现象，可以降低内外筒表面的温度。对于内外筒间隙大于 0.48d 的情况，导弹出筒时液态水已经基本排出筒外，筒内驻留的液态水较少，内外筒之间的汽化现象均较弱，使得这些情况下外筒内表面的温度均较高且比较接近。这表明内外筒间隙对于导弹发射末期外筒内表面的温度分布有较大的影响，可以减小内外筒间隙，增加液态水在筒内的驻留时间，从而降低燃气流场的温度，改善发射环境。

3）压强计算结果

图 6-101 所示为不同间隙的外筒底部平均压力随时间的变化曲线。由图可见，导弹发射初期外筒底部所受的燃气压力最大，导弹发射过程中筒底平均压力随时间逐渐减小。导弹发射初期，燃气从喷管喷出并立即充满外筒底部的空间，此时燃气未向筒外排导，在筒底部建立了一个较高的初始压力，随着导弹向前运动，燃气开始向筒外排导，筒底部的空间逐渐增大，外筒底部受到的燃气压力开始逐渐下降。总体上来说，外筒底部受到的燃气压力随内外筒间隙增大而降低，这是由于燃气主要从内外筒之间的空间向外排导，减小内外筒间隙会限制燃气向筒外排导，使燃气驻留在筒底部的空间处，从而使得外筒底部受到的燃气压力增大。因此，内外筒间隙越小，外筒底部受到的燃气压力越大。

图 6-102 所示为不同间隙的导弹底部所受平均压力随时间的变化。由图可见，导弹底部的压力在发射初期取得最大值并在发射过程中逐渐减小，导弹底部所受的压力

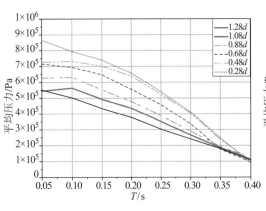

图 6-101 不同间隙的筒底部平均压力
随时间的变化

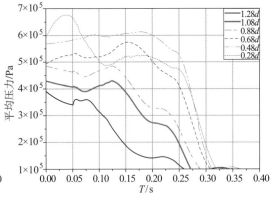

图 6-102 不同间隙的导弹底部平均压力
随时间的变化

随内外筒间隙增大而减小。这一变化趋势与外筒底部所受的压力的变化趋势类似，这是由于外筒底部和导弹底部均处于筒底部同一空间，这两处所受的燃气压力的变化规律具有相似性。

4）Al_2O_3 颗粒对壁面的侵蚀

图 6-103 所示为各典型时刻不同内外筒间隙情况下颗粒对筒底部的侵蚀率沿导弹径向的侵蚀率曲线。由图可知，颗粒对筒底的侵蚀率在 0.1 s 时刻最大，之后随着时间减小。这主要是因为初始时刻颗粒在筒底堆积，颗粒质量流率较大，且颗粒速度较大，随着导弹运动，颗粒向筒底运动的时间变长，到达筒底的速度减小，颗粒对筒底的侵蚀率也减小。颗粒对筒底部的侵蚀率随着内外筒间隙的减小而增大，这主要是因为内外筒间隙减小之后，燃气的排导变得不顺畅，筒内驻留较多的 Al_2O_3 颗粒，并在筒底部继续运动，导致颗粒对筒底部的侵蚀率增大。颗粒对筒底部侵蚀率最大值位于导流锥附近，该位置受到颗粒的直接冲击，颗粒速度较大，因此，导流锥附近受到颗粒的侵蚀程度最为严重。颗粒对筒底的侵蚀率在 0.1 s 时刻取得最大值，这是因为此时导弹

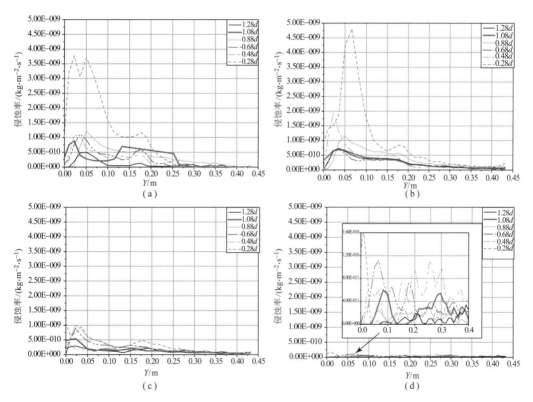

图 6-103　各典型时刻不同内外筒间隙情况下颗粒对筒底部的侵蚀率沿导弹径向的分布

（a）0.05 s 时刻颗粒对筒底的侵蚀率；（b）0.10 s 时刻颗粒对筒底的侵蚀率；
（c）0.15 s 时刻颗粒对筒底的侵蚀率；（d）0.20 s 时刻颗粒对筒底的侵蚀率

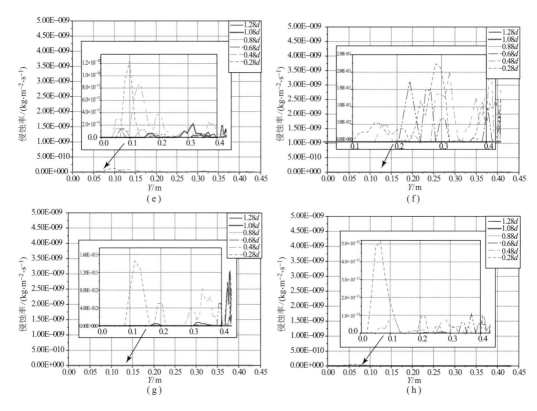

图 6 - 103   各典型时刻下不同内外筒间隙情况下颗粒对筒底部的侵蚀率沿导弹径向的分布（续）

(e) 0.25 s 时刻颗粒对筒底的侵蚀率；(f) 0.30 s 时刻颗粒对筒底的侵蚀率；

(g) 0.35 s 时刻颗粒对筒底的侵蚀率；(h) 0.40 s 时刻颗粒对筒底的侵蚀率

运动距离较小，喷管出口连续地喷出 Al_2O_3 颗粒，导致筒底的颗粒质量增多，侵蚀率增大；随后，颗粒对筒底的侵蚀率随着导弹运动距离的增加而减小，这是因为导弹运动距离增加之后，导致颗粒到达筒底部的速度减小，对筒底部的冲刷作用降低，因此，侵蚀率随着导弹运动距离的增加而减小。

由以上分析可知，在注水量与喷管出口和水面距离一定的前提下，湿式同心筒的内外筒间隙越小，液态水向筒外的排导速度越慢，液态水汽化吸热对导弹的降温作用越明显；由于内外筒间隙的减小，燃气及液态水排导受到限制，使得筒底和导弹底部受到的压力有所增加。内外筒间隙减小导致燃气的排导受限，筒内有较多的 Al_2O_3 颗粒，使得颗粒对筒底的侵蚀率增加。对于湿式同心筒的设计，在满足外筒和导弹底部压力要求的前提下，应选用较小的内外筒间隙来降低发射过程中燃气流场的温度，从而改善发射环境效应。

6.3.4   湿式同心筒发射过程影响因素研究——筒底注水量

外筒底部水室加注的液态水含量对发射过程中燃气流场汽化现象的程度有直接的

影响，对改善发射过程中的环境效应有重要的意义。一般来说，筒底注水量越多，同心筒发射过程中筒内外燃气流场中的液态水含量越多，汽化吸热现象越明显，对降低导弹表面及发射装置表面的温度越有利。但是增加注水量需要更多的空间，这会增加发射装置及发射平台的质量。因此，有必要研究不同注水量下同心筒发射过程中燃气流场的变化情况，为湿式同心筒的工程设计提供参考。

1. 计算条件

图 6 – 104 所示为湿式同心筒结构示意图。内外筒间隙为 $1.28d$，喷管出口到水面的距离为 $1.5d$，通过改变筒底部水室直段的高度 h 来改变加注的液态水量，本节对注水量分别为 $1.00m$、$1.25m$、$1.50m$、$1.75m$、$2.00m$ 和 $2.25m$ 这 6 种条件下导弹发射过程中的燃气流场进行了计算。

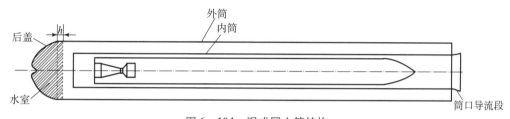

图 6 – 104　湿式同心筒结构

本节所采用的网格划分及初边界条件与 6.3.3 节的相同，此处不再给出。

2. 结果与讨论

1）液态水的分布情况

图 6 – 105 所示为 0.1 s 时刻不同注水量流场液态水的体积分数分布云图。由图可

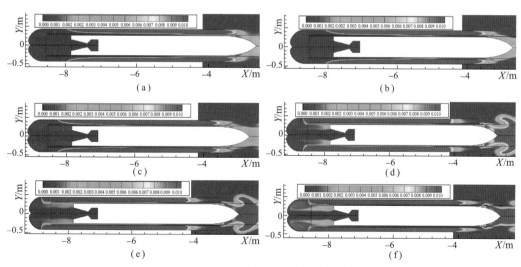

图 6 – 105　0.1 s 时刻不同注水量流场液态水的体积分数分布云图

（a）注水量为 $1.00m$；（b）注水量为 $1.25m$；（c）注水量为 $1.50m$；
（d）注水量为 $1.75m$；（e）注水量为 $2.00m$；（f）注水量为 $2.25m$

知，0.1 s 时刻筒内液态水随着注水量的增大而增多，这是因为注水量增大后，排导后筒内剩余的水量增大，因此，筒底部液态水的体积分数增大。水量增多后，液态水除了在内外筒间隙排导外，有一部分液态水将从内筒和导弹之间的空间排导出筒。

图 6 - 106 所示为 0.2 s 时刻不同注水量流场液态水的体积分数分布云图。由图可知，0.2 s 时刻筒内的液态水主要分布在内外筒间隙，内筒和导弹之间的液态水分布较少，导弹出筒部分周围分布较多的液态水。

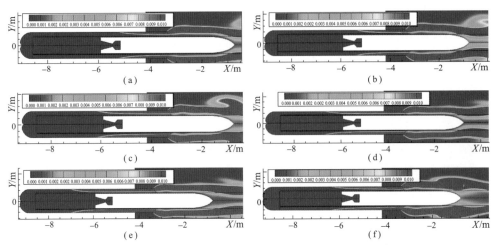

图 6 - 106 0.2 s 时刻不同注水量流场液态水的体积分数分布云图

（a）注水量为 1.00m；（b）注水量为 1.25m；（c）注水量为 1.50m；

（d）注水量为 1.75m；（e）注水量为 2.00m；（f）注水量为 2.25m

图 6 - 107 所示为 0.3 s 时刻不同注水量流场液态水的体积分数分布云图。由图

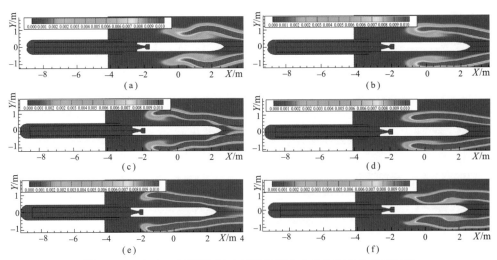

图 6 - 107 0.3 s 时刻不同注水量流场液态水的体积分数分布云图

（a）注水量为 1.00m；（b）注水量为 1.25m；（c）注水量为 1.50m；

（d）注水量为 1.75m；（e）注水量为 2.00m；（f）注水量为 2.25m

可知,此时导弹已运动出筒,由于内外筒间隙较大,液态水基本都已经排出筒外,导弹尾部分布的液态水体积分数较小,注水量变化对液态水的分布影响较小。

图6-108所示为0.4 s时刻不同注水量流场液态水的体积分数分布云图。由图可知,此时导弹周围被液态水包围,随着注水量的增大,导弹周围的液态水分布略有增多,当液态水增至为2.25m时,液态水在导弹头部附近分布较多。

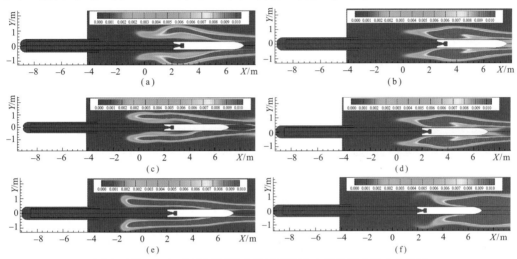

图6-108 0.4 s时刻不同注水量流场液态水的体积分数分布云图

(a) 注水量为1.00m;(b) 注水量为1.25m;(c) 注水量为1.50m;

(d) 注水量为1.75m;(e) 注水量为2.00m;(f) 注水量为2.25m

2) 温度计算结果

图6-109所示为0.1 s时刻不同注水量流场温度云图。由图可知,0.1 s时刻,随着

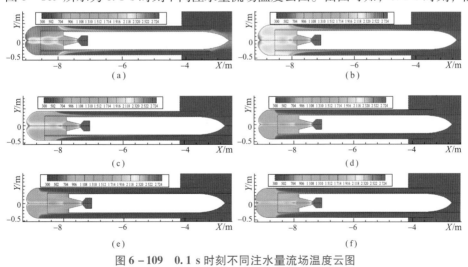

图6-109 0.1 s时刻不同注水量流场温度云图

(a) 注水量为1.00m;(b) 注水量为1.25m;(c) 注水量为1.50m;

(d) 注水量为1.75m;(e) 注水量为2.00m;(f) 注水量为2.25m

注水量的增加，流场温度云图变化较大，注水量越大，流场的温度越低。这主要是因为注水量增大后，筒底部液态水的分布增大，液态水的排导变慢，筒内液态水汽化吸热使得导弹底部的温度降低。注水量增大后，射流受到液态水的挤压作用变大，射流的受限制程度增大，膨胀程度较小。

图6-110所示为0.2 s时刻不同注水量流场温度云图。由图可知，0.2 s时刻导弹出筒部分的温度较低，筒内部分的温度较高，结合图6-106可以看出，此时液态水在筒内的部分主要集中在内外筒之间，不直接接触导弹，不能起到降低导弹表面温度的作用，导弹出筒部分与液态水直接接触，液态水汽化吸热使得导弹出筒部分的温度较低。

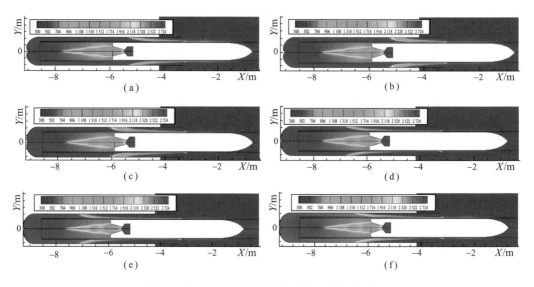

图6-110 0.2 s时刻不同注水量流场温度云图

(a) 注水量为1.00m；(b) 注水量为1.25m；(c) 注水量为1.50m；

(d) 注水量为1.75m；(e) 注水量为2.00m；(f) 注水量为2.25m

图6-111所示为0.3 s时刻不同注水量的流场温度云图。由图可知，此时导弹尾部的温度较高，这主要是因为该处液态水分布较少，不能起到汽化降温的作用，导弹头部附近的液态水汽化吸热，使得导弹头部附近的温度降低，不同注水量对流场的温度影响较小。

图6-112所示为0.4 s时刻不同注水量流场温度云图。由图可知，此时导弹已经远离发射筒，导弹表面的温度均较低，这主要是因为此时导弹周围都被液态水包围。此时液态水基本都被排导出筒，高温燃气使得筒内温度较高。

计算结果表明，0~0.3 s为导弹在筒内运动阶段，0.3~0.4 s为导弹在筒外运动阶段，下面对这两个阶段内典型时刻下导弹表面和外筒内表面的温度曲线进行分析。

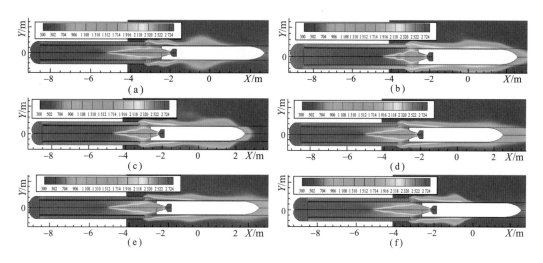

图 6 – 111　0.3 s 时刻不同注水量流场温度云图

（a）注水量为 $1.00m$；（b）注水量为 $1.25m$；（c）注水量为 $1.50m$；

（d）注水量为 $1.75m$；（e）注水量为 $2.00m$；（f）注水量为 $2.25m$

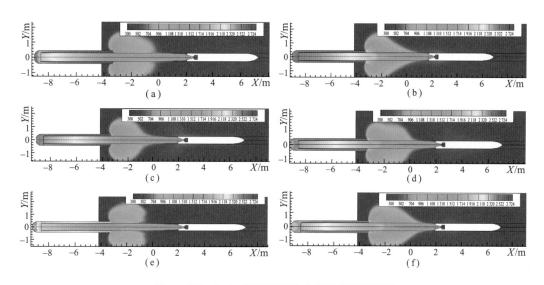

图 6 – 112　0.4 s 时刻不同注水量流场温度云图

（a）注水量为 $1.00m$；（b）注水量为 $1.25m$；（c）注水量为 $1.50m$；

（d）注水量为 $1.75m$；（e）注水量为 $2.00m$；（f）注水量为 $2.25m$

图 6 – 113 所示为典型时刻下不同注水量的导弹表面轴向的温度曲线。

导弹在筒内运动阶段（0 ~ 0.3 s），0.05 s 时刻燃气还未到达水面，导弹不直接与燃气接触，因此导弹表面温度较低。0.05 ~ 0.15 s 导弹表面的温度随着注水量的增加而降低。这主要是因为对于外筒底部注水量较大的情况，筒内驻留的液态水的含量较多，燃气与液态水的混合物除了在内外筒间隙排导外，还有一部分在内筒和导弹的间隙排

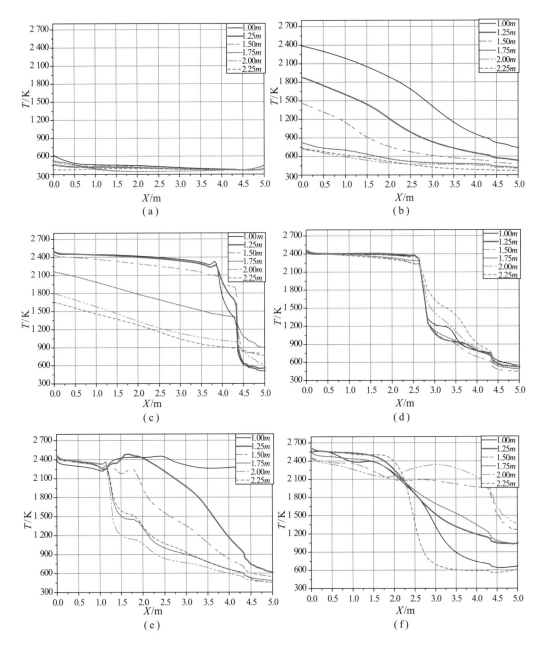

图 6 - 113 各典型时刻下不同注水量的导弹表面轴向的温度曲线

（a）0.05 s 时刻导弹表面的温度曲线；（b）0.10 s 时刻导弹表面的温度曲线；

（c）0.15 s 时刻导弹表面的温度曲线；（d）0.20 s 时刻导弹表面的温度曲线；

（e）0.25 s 时刻导弹表面的温度曲线；（f）0.30 s 时刻导弹表面的温度曲线

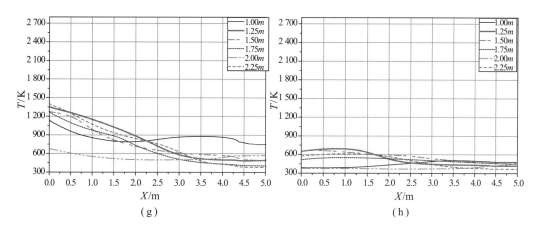

图 6-113　各典型时刻下不同注水量的导弹表面轴向的温度曲线（续）

（g）0.35 s 时刻导弹表面的温度曲线；（h）0.40 s 时刻导弹表面的温度曲线

导，液态水在排导过程中发生汽化现象，汽化吸热有利于降低导弹表面的温度。0.2 s 时刻导弹底部的温度较高，且导弹表面的温度随着注水量的变化较小，这主要是由于内外筒间隙较大，液态水排导较快，此时筒内的液态水都分布在内外筒之间，在内筒和导弹之间分布的较少，因此，导弹在筒内的部分温度较高，液态水出筒后直接接触导弹，从而降低导弹表面出筒部分的温度。0.25 s 时刻导弹出筒部分的温度基本随着注水量的增加而减小，这可能是因为此时注水量较少的情况下筒内不再有液态水排出，而注水量较多的情况下有连续的液态水排出，液态水在导弹周围汽化吸热，从而降低导弹表面的温度。0.15 ~ 0.3 s 内，导弹底部的温度较高，导弹头部的温度较低，这一范围内不同注水量的导弹表面温度比较接近。

导弹在筒外运动阶段（0.3 ~ 0.4 s），导弹逐渐远离筒口，燃气射流从发动机喷口喷出之后，大部分燃气从内筒进入，然后从内外筒之间向外排出。当导弹距离筒口较近时，导弹被筒内排出的燃气包围，其表面的温度较高；随着导弹逐渐远离筒口，导弹不再被筒内排出的燃气包围时，其表面的温度便开始下降。

图 6-114 所示为各典型时刻下不同注水量的外筒内表面轴向的温度曲线。

导弹在筒内运动阶段（0 ~ 0.3 s），外筒内表面的高温段的长度随时间变长，0.05 s 时刻整个内外筒表面的温度均较低，0.2 s 之前同一时刻下外筒内表面的温度随注水量的增大而降低。这是由于注水量增大之后，筒内驻留的液态水的含量增多，内外筒之间的燃气中含有的液态水含量亦较多，燃气中的汽化现象较为明显，有利于降低燃气温度和改善发射环境。0.25 s 时刻不同注水量的外筒内表面的温度分布情况较为接近，注水量为 1.00m 和 1.25m 的情况下筒口处的温度较高，这是由于此时筒内的液态水均已基本排出筒外，筒内液态水含量均较少，对降低筒内燃气温度和外筒内表面的温度作用不大。注水量较多的情况下，筒口分布有一定的液态水，因此温度较低；注水量

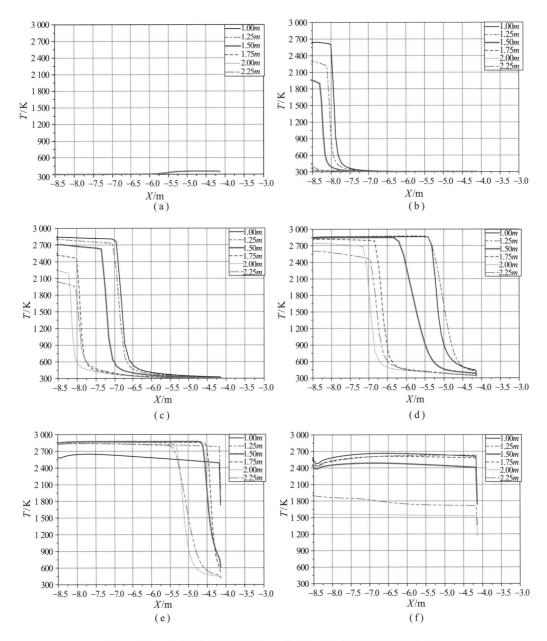

图6-114 各典型时刻下不同注水量的外筒内表面轴向的温度曲线

（a）0.05 s时刻外筒内表面的温度曲线；（b）0.10 s时刻外筒内表面的温度曲线；

（c）0.15 s时刻外筒内表面的温度曲线；（d）0.20 s时刻外筒内表面的温度曲线；

（e）0.25 s时刻导弹表面的温度曲线；（f）0.30 s时刻导弹表面的温度曲线

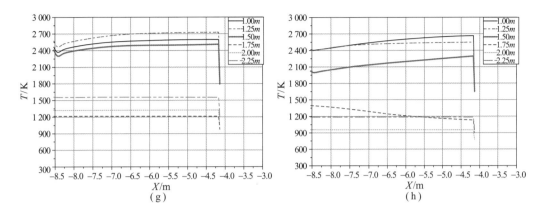

图 6-114 各典型刻下不同注水量的外筒内表面轴向的温度曲线（续）

（g）0.35 s 时刻导弹表面的温度曲线；（h）0.40 s 时刻导弹表面的温度曲线

较少的情况下，筒口分布较少的液态水，因此温度较高。0.3 s 时刻注水量为 2.00m 和 2.25m 的情况下导弹表面的温度较低，这可能是因为筒底注水量较多的情况下，导弹周围分布的液态水含量较多。

导弹在筒外运动阶段（0.3~0.4 s），外筒内表面的温度较高。在这一阶段中，导弹逐渐远离筒口，燃气射流从发动机喷口喷出之后，大部分燃气从内筒进入，然后从内外筒之间向外排出。注水量较少的情况下，导弹出筒时液态水已经基本排出筒外，筒内驻留的液态水较少，内外筒之间的汽化现象均较弱，温度较高；注水量较多的情况下，燃气从喷管喷出后在液态水的作用下温度降低，因此，进入筒内的燃气的温度稍低。

3）压强计算结果

图 6-115 所示为导弹发射过程中不同注水量情况下外筒底部所受平均压力随时间变化的曲线。由图可见，导弹发射初期外筒底部所受的燃气压力最大，导弹发射过程中逐渐减小，出现这一变化趋势的原因已在 6.3.2 节中进行了分析。总体来说，外筒底部受到的燃气压力随注水量的增大而增加，压力增加幅度较小。这是由于外筒底部注水量增多后，导弹发射过程中驻留在筒底部空间的液态水会有所增多，筒底部空间的燃气中发生的汽化程度较大，产生的水蒸气的质量便随之增多，这会在一定程度上提高燃气的压力，从而提高外筒底部的压力。因此，筒底部的注水量增加之后，外筒底部受到的燃气压力随之提高。

图 6-116 所示为导弹发射过程中导弹底部所受平均压力随时间变化的情况。由图可见，导弹底部的压力在发射初期取得最大值并在发射过程中逐渐减小，导弹底部所受的压力随注水量增多而有所提高。这一变化趋势与外筒底部所受压力的变化趋势类似。

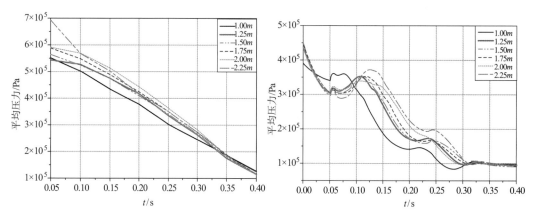

图 6 - 115　不同注水量情况下外筒底部
平均压力随时间变化

图 6 - 116　不同注水量情况下导弹底部
平均压力随时间变化

4）Al_2O_3 颗粒对壁面的侵蚀

图 6 - 117 所示为各典型时刻不同注水量情况下颗粒对筒底部的侵蚀率沿着 Y 向的侵蚀率曲线。由曲线可知，颗粒对筒底的侵蚀率在 0.1 s 时刻最大，之后随着时间减小，原因同 6.3.2 节的分析。0.15 s 以前颗粒对筒底的侵蚀率随着注水量的增大而减小，这主要是因为注水量增大后，筒底部分布的液态水较多，对颗粒起到缓冲作用，使得颗粒到达筒底部时速度减小，因此对筒底部的侵蚀率减小。

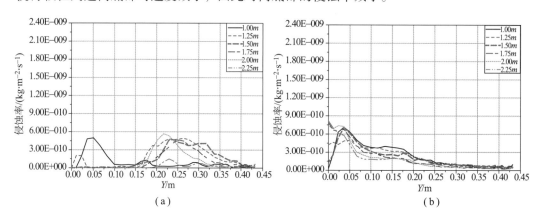

(a)　　　　　　　　　　　　　　　　　(b)

图 6 - 117　各典型时刻不同注水量情况下颗粒对筒底部的侵蚀率沿 Y 向的分布

（a）0.05 s 时刻颗粒对筒底的侵蚀率；（b）0.10 s 时刻颗粒对筒底的侵蚀率

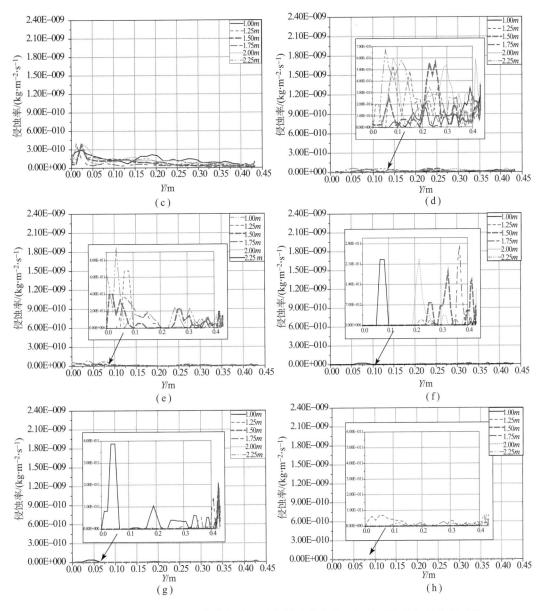

图 6 - 117　各典型时刻不同注水量情况下颗粒对筒底部的侵蚀率沿 Y 向的分布（续）

（c）0.15 s 时刻颗粒对筒底的侵蚀率；（d）0.20 s 时刻颗粒对筒底的侵蚀率；

（e）0.25 s 时刻颗粒对筒底的侵蚀率；（f）0.30 s 时刻颗粒对筒底的侵蚀率；

（g）0.35 s 时刻颗粒对筒底的侵蚀率；（h）0.40 s 时刻颗粒对筒底的侵蚀率

　　颗粒对筒底部侵蚀率最大值位于导流锥附近，该位置受到颗粒的直接冲击，颗粒速度较大，因此导流锥附近受到颗粒的侵蚀程度最为严重。0.2 s 以后注水量对筒底部侵蚀率的影响较小，这是因为此时大部分液态水已经排出筒外，筒内液态水含量均较少，液态水对流场结构的影响也较小，因此颗粒运动受液态水的影响较小。这与筒底注水量对流场温度的影响趋势一致。

由以上分析可知，在内外筒间隙和喷管出口与水面距离一定的前提下，湿式同心筒底部的注水量越多，导弹发射初始阶段导弹表面和外筒内表面的温度越低。注水量增加后，外筒底部和导弹底部的压力有所提高。注水量增加后，筒底部分布的液态水增多，液态水对颗粒的缓冲作用使得 0.15 s 之前颗粒对筒底部的侵蚀率减小，同时，注水量的增加会增大发射装置的体积和质量。在湿式同心筒的工程设计中，应综合考虑这几个因素的影响，选择合理的注水量。

6.3.5　湿式同心筒发射过程影响因素研究——喷管与筒底水面距离

喷管出口与水面的距离是湿式同心筒结构的一个重要尺寸，该尺寸的变化可能会对燃气流场产生一定的影响，有必要对其进行详细研究。

1. 计算条件

图 6-118 所示为湿式同心筒结构示意图。内外筒间隙为 $1.28d$，外筒底部水室中的注水量为 m，l 代表喷管出口到水面的距离，本节对 l 分别为 $1.5d$、$2.0d$、$2.5d$、$3.0d$、$3.5d$、$4.0d$ 这 6 种条件下导弹发射过程中的燃气流场进行了计算。在以后的描述中，将喷管出口到水面的距离简称为间距。

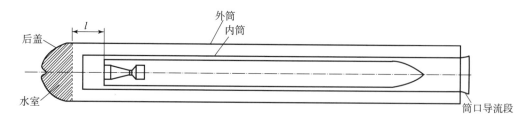

图 6-118　湿式同心筒结构及喷管出口到水面的距离示意图

本节所采用的网格划分及初边界条件与 6.3.3 节的相同，此处不再给出。

2. 结果与讨论

1）液态水的分布情况

图 6-119 所示为 0.1 s 时刻不同间距下流场液态水的体积分数分布云图。由图可知，间距为 $1.5d$ 和 $2.0d$ 情况下筒底部基本没有液态水分布，其余情况下筒底部分布有较少的液态水。由于内外筒间隙较大，筒内的液态水基本分布在内外筒间隙，在内筒和导弹之间分布的较少。

图 6-120 所示为 0.2 s 时刻不同间距下流场液态水的质量分数分布云图。由图可知，此时大部分液态水已排导出筒，内外筒之间含有一定量的液态水，内筒和导弹之间液态水分布较少，不同工况下液态水的分布趋势较为接近。

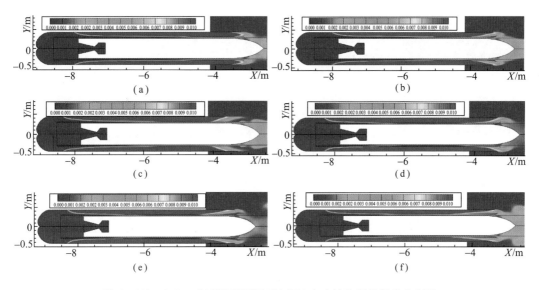

图 6 − 119　0.1 s 时刻不同间距下流场液态水的体积分数分布云图

（a）间距为 1.5d；（b）间距为 2.0d；（c）间距为 2.5d；

（d）间距为 3.0d；（e）间距为 3.5d；（f）间距为 4.0d

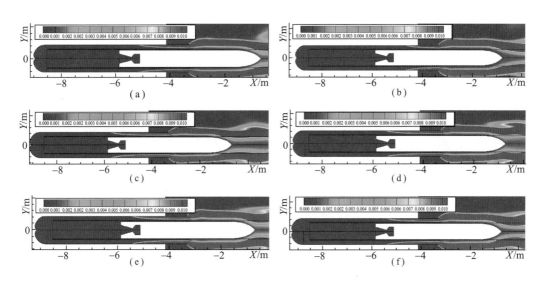

图 6 − 120　0.2 s 时刻不同间距下流场液态水的质量分数分布云图

（a）间距为 1.5d；（b）间距为 2.0d；（c）间距为 2.5d；

（d）间距为 3.0d；（e）间距为 3.5d；（f）间距为 4.0d

图 6 − 121 所示为 0.3 s 时刻不同间距下流场液态水的体积分数分布云图。由图可知，此时导弹已运动出筒，大部分液态水已运动至导弹头部附近的区域，导弹中后部和筒内含有的液态水含量较少，不同工况下液态水含量分布的位置有细微的变化。总体来说，不同工况下液态水的分布趋势较为接近。

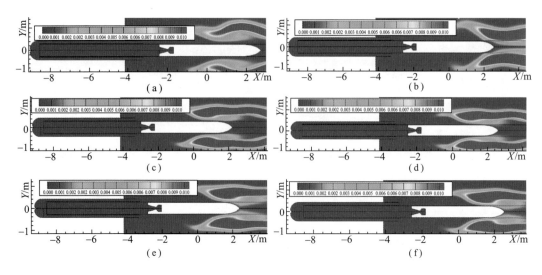

图 6 – 121 0.3 s 时刻不同间距下流场液态水的体积分数分布云图

（a）间距为 1.5d；（b）间距为 2.0d；（c）间距为 2.5d；

（d）间距为 3.0d；（e）间距为 3.5d；（f）间距为 4.0d

图 6 – 122 所示为 0.4 s 时刻不同间距下流场液态水的体积分数分布云图。由图可知，此时导弹距筒口有一定的距离，已排出筒口的液态水向前运动速度较为缓慢，由于导弹运动速度相对较快，故导弹会穿过液态水，此时液态水将弹身包住，这有利于降低导弹表面的温度。总体来说，0.4 s 时不同间距下液态水的分布趋势较为接近。

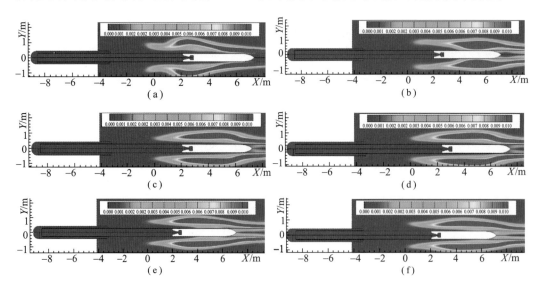

图 6 – 122 0.4 s 时刻不同间距下流场液态水的体积分数分布云图

（a）间距为 1.5d；（b）间距为 2.0d；（c）间距为 2.5d；

（d）间距为 3.0d；（e）间距为 3.5d；（f）间距为 4.0d

2）温度计算结果

图 6 - 123 所示为 0.1 s 时刻不同间距流场温度云图。由图可知，燃气射流从喷管出口喷出之后向后运动，遇到外筒底部导流锥之后沿着外筒壁面从内外筒之间向筒外运动，同时，一部分燃气从外筒底部壁面向前反射，一部分燃气从内筒和导弹之间的空间向筒外运动，筒底部的空间充满了温度较高的燃气。内外筒之间的大部分空间流场温度较低，这是由于这一区域内存在较多的液态水，燃气与液态水相互接触并发生显著的汽化现象，极大地降低了流场温度。这表明液态水的存在可以起到降低燃气温度、改善发射环境的作用。对比发现，不同间距下燃气流场的温度分布趋势较为接近，其中 1.5d 时筒底部的燃气温度相对略高，这是由于该距离下筒底部的空间最小，使得燃气在此受到的压缩程度相对较大，在一定程度上提高了筒底部的流场温度。

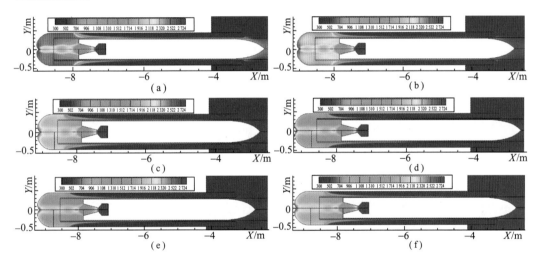

图 6 - 123　0.1 s 时刻不同间距流场温度云图

（a）间距为 1.5d；（b）间距为 2.0d；（c）间距为 2.5d；
（d）间距为 3.0d；（e）间距为 3.5d；（f）间距为 4.0d

图 6 - 124 所示为 0.2 s 时刻不同间距流场温度云图。由图可知，燃气射流从喷管出口喷出之后在外筒底部聚集较多，导致该处燃气温度普遍较高；大部分燃气从内外筒之间向筒外运动，由于内外筒之间靠近筒口的地方存在较多的液态水，故该区域内燃气温度下降较多；燃气从发动机喷出之后，轴线附近速度较快，温度相对较低。通过对比发现，不同间距下燃气流场的温度分布趋势较为接近。

图 6 - 125 所示为 0.3 s 时刻不同间距流场温度云图。此时导弹已运动出筒，燃气射流从喷管出口喷出之后在外筒底部聚集较多，导致该处燃气温度普遍较高；大部分燃气从内外筒之间向筒外运动，该区域内燃气温度较高。燃气从发动机喷出之后，轴线附近速度较快，温度相对较低。从筒口排出的燃气沿着弹身表面向前运动，使得大

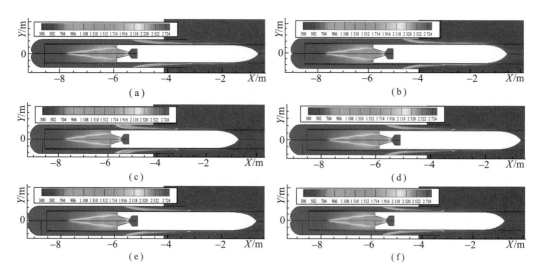

图 6 - 124 0.2 s 时刻不同间距流场温度云图

（a）间距为 1.5d；（b）间距为 2.0d；（c）间距为 2.5d；

（d）间距为 3.0d；（e）间距为 3.5d；（f）间距为 4.0d

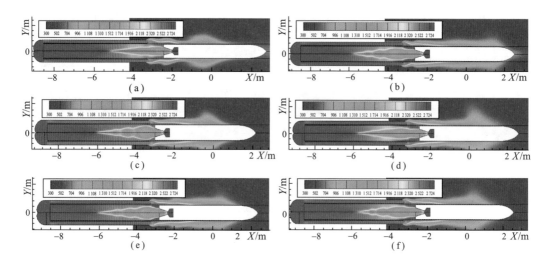

图 6 - 125 0.3 s 时刻不同间距流场温度云图

（a）间距为 1.5d（b）间距为 2.0d；（c）间距为 2.5d；

（d）间距为 3.0d；（e）间距为 3.5d；（f）间距为 4.0d

部分弹身被部分燃气包围。对比发现，不同间距下筒内燃气流场的温度分布趋势较为接近，筒外燃气射流流场的温度分布有所差别，总体来看变化不大。

图 6 - 126 所示为 0.4 s 时刻不同间距流场温度云图。由图可知，此时导弹的位置距离筒口较远。燃气射流从喷管喷出之后到达筒口处时温度已有所下降，射流直径大于内筒和外筒直径，因此部分燃气会进入筒内，部分燃气和筒口排出的燃气相遇，使

得筒口附近堆积了较多的燃气。相对来说，筒底部和内外筒之间的燃气温度较高。由于导弹距离筒口较远，弹身已脱离燃气聚集区，此时导弹表面受到燃气的加热效应较小。通过对比发现，不同间距下筒内燃气流场的温度分布趋势较为接近，筒外燃气射流流场的温度分布有所差别，总体来看变化不大。

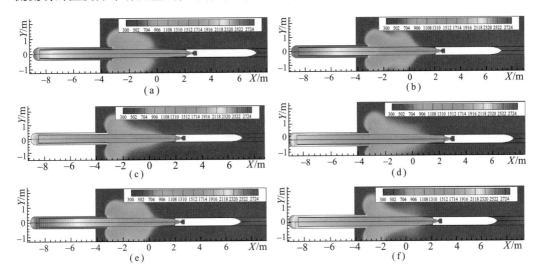

图 6 - 126　0.4 s 时刻不同间距流场温度云图

（a）间距为 1.5d；（b）间距为 2.0d；（c）间距为 2.5d；
（d）间距为 3.0d；（e）间距为 3.5d；（f）间距为 4.0d

计算结果表明，0～0.3 s 为导弹在筒内运动阶段，0.3～0.4 s 为导弹在筒外运动阶段。下面对各典型时刻导弹表面和外筒内表面的温度曲线进行分析。

图 6 - 127 所示为各典型时刻不同间距导弹表面轴向的温度曲线。

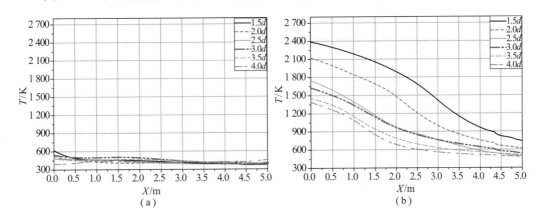

图 6 - 127　各典型时刻不同间距导弹表面轴向的温度曲线

（a）0.05 s 时刻导弹表面的温度曲线；（b）0.10 s 时刻导弹表面的温度曲线

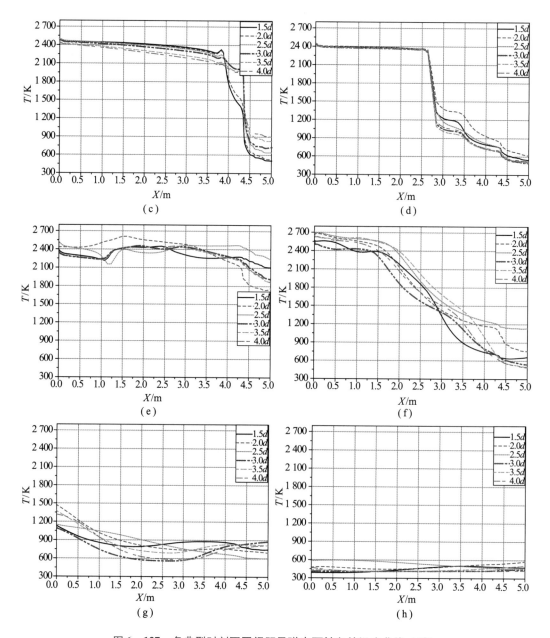

图 6 - 127　各典型时刻不同间距导弹表面轴向的温度曲线（续）

（c）0.15 s 时刻导弹表面的温度曲线；（d）0.20 s 时刻导弹表面的温度曲线；

（e）0.25 s 时刻导弹表面的温度曲线；（f）0.30 s 时刻导弹表面的温度曲线；

（g）0.35 s 时刻导弹表面的温度曲线；（h）0.40 s 时刻导弹表面的温度曲线

导弹在筒内运动阶段（0~0.3 s），0~0.1 s 内导弹表面的温度随着间距的增大而减小，这是因为在发射初始阶段，间距增大后，燃气运动的水面遇到液态水产生反射需要的时间较长，燃气排导的时间较靠后，因此 0~0.1 s 内导弹表面的温度随着间距的增大而减小。0.15~0.2 s 内导弹在筒外的部分表面的温度降低,在筒内部分导弹表面温度较高。这主要是因为此时液态水已经基本运动出筒,包围了导弹的弹头位置,使得导弹出筒部分的温度降低;而在筒内的部分,由于导弹表面没有液态水包围,故导弹表面的温度较高,在此阶段,导弹表面温度随间距变化较小。0.25 s 时刻导弹表面的温度都较高,这是因为此时导弹基本已经出筒,穿过筒口的高温区域,还未到达液态水包围的区域,因此,整个导弹表面的温度都较高。0.3 s 时刻导弹前半部分的温度较低,后半部分的温度较高,这是因为导弹前半部分穿过液态水区域,温度降低,间距对温度的影响较小。

　　导弹在筒外运动阶段(0.3~0.4 s),导弹逐渐远离筒口,导弹表面的温度均较低,这主要是因为此时导弹已经远离筒口高温燃气包围的区域,因此温度降低。不同间距对导弹表面的温度影响较小。

　　图 6-128 所示为各典型时刻不同间距下的外筒内表面轴向的温度曲线。

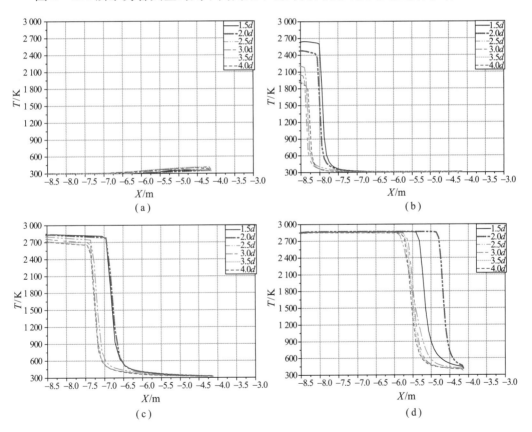

图 6-128　各典型时刻不同间距的外筒内表面轴向的温度曲线

(a) 0.05 s 时刻外筒内表面的温度曲线;(b) 0.10 s 时刻外筒内表面的温度曲线;
(c) 0.15 s 时刻外筒内表面的温度曲线;(d) 0.20 s 时刻外筒内表面的温度曲线

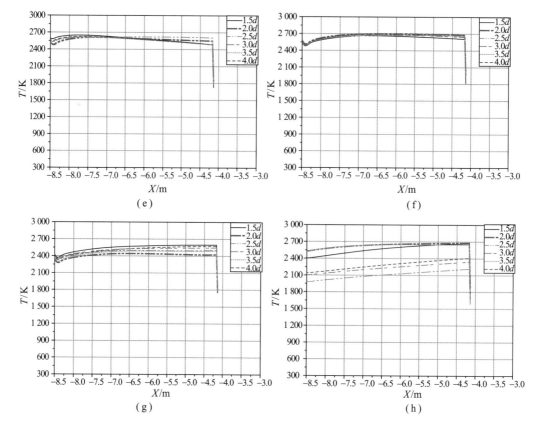

图 6 - 128 各典型时刻不同间距的外筒内表面轴向的温度曲线（续）

（e）0.25 s 时刻外筒内表面的温度曲线；（f）0.30 s 时刻外筒内表面的温度曲线；

（g）0.35 s 时刻外筒内表面的温度曲线；（h）0.40 s 时刻外筒内表面的温度曲线

导弹在筒内运动阶段（0～0.3 s），初始时刻外筒内表面的温度随着间距的增大而减小，这是因为在发射初始阶段，间距增大后，燃气运动的水面遇到液态水产生反射需要的时间较长，燃气排导的时间较靠后，因此，0～0.1 s 内外筒内表面的温度随着间距的增大而减小。0.15 s 时刻后外筒内表面的温度随间距的变化规律不明显，且比较接近，这表明在这一阶段内，间距变化对内外筒之间的燃气流场的温度分布情况影响较小。

导弹在筒外运动阶段（0.3～0.4 s），外筒内表面的温度都较高，因为此时液态水已经排出筒外，筒内被高温燃气充满，因此温度均较高，不同间距对外筒内表面的温度影响较小。

3）压强计算结果

图 6 - 129 所示为导弹发射过程中外筒底部所受平均压力随时间的变化情况。由图可见，导弹发射初期，外筒底部所受的燃气压力最大，导弹发射过程中该压力逐渐减

小。出现这一变化趋势的原因已在5.1.2节中进行了分析。通过对比发现，不同间距对筒底初始平均压力有一定影响，之后外筒底部受到的燃气压力均比较接近，表明喷管到水面的距离对外筒底部的压力影响不大。这是由于内外筒间隙均较大，燃气从内外筒之间的空间排导比较顺利，使得由喷管到水面的距离改变引起的筒底部空间的变化对外筒底部的压力影响较小。

图6-130所示为导弹发射过程中导弹底部所受平均压力随时间的变化情况。由图可见，间距为1.5d的情况下，导弹底部的压力在发射初期取得最大值并在发射过程中逐渐减小；其余间距情况下，导弹底部的平均压力在0.1 s时刻取得最大值，随后逐渐减小。导致这个差别的原因可能是间距较小时，燃气冲击到底部的水室，迅速产生大量的水蒸气，对导弹底部产生较大的压力；间距增大后，底部初容增大，底部压力的建立需要一定的时间，且初始时刻导弹的运动较慢，因此在0.1 s时刻达到最大值。这一变化趋势与外筒底部所受的压力的变化趋势类似，这是由于外筒底部和导弹底部均处于筒底部同一空间，这两处所受的燃气压力的变化规律具有相似性。

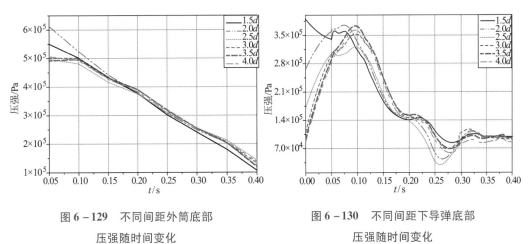

图6-129　不同间距外筒底部　　　　图6-130　不同间距下导弹底部
压强随时间变化　　　　　　　　压强随时间变化

4）Al$_2$O$_3$颗粒对壁面的侵蚀

图6-131所示为各典型时刻下不同间距情况下颗粒对筒底部的侵蚀率沿着Y方向的侵蚀率曲线。由曲线可知，颗粒对筒底的侵蚀率在0.1 s时刻最大，之后随着时间减小，原因同6.3.2节的分析。0.15 s以前，颗粒对筒底的侵蚀率基本是随着间距的增加而减小，这是因为间距增大后，筒底初容增大，导致颗粒到达筒底的时间变长，颗粒的速度变慢，因此侵蚀率减小。0.2 s之后，侵蚀率变化与间距关系较小，这是因为此时筒内已经基本没有液态水，颗粒的随机脉动现象可能导致颗粒对筒底壁面的侵蚀率不同，由于此时侵蚀率已经较小，考察间距对侵蚀率的影响规律时应重点考察初始时刻的侵蚀率。

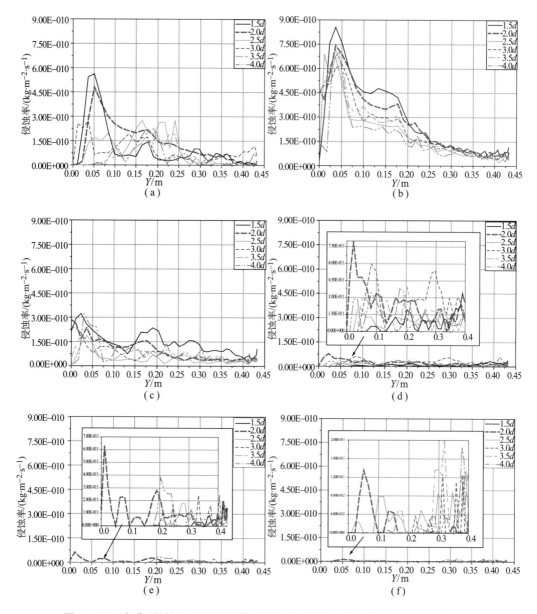

图 6 – 131   各典型时刻下不同间距情况下颗粒对筒底部的侵蚀率沿 Y 方向的分布

（a）0.05 s 时刻颗粒对筒底的侵蚀率；（b）0.10 s 时刻颗粒对筒底的侵蚀率；

（c）0.15 s 时刻颗粒对筒底的侵蚀率；（d）0.20 s 时刻颗粒对筒底的侵蚀率；

（e）0.25 s 时刻颗粒对筒底的侵蚀率；（f）0.30 s 时刻颗粒对筒底的侵蚀率

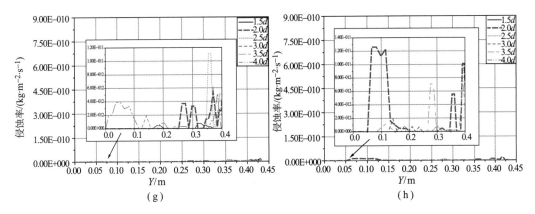

图 6 - 131　各典型时刻下不同间距情况下颗粒对筒底部的侵蚀率沿 Y 方向的分布（续）

（g）0.35 s 时刻颗粒对筒底的侵蚀率；（h）0.40 s 时刻颗粒对筒底的侵蚀率

由以上分析可知，在内外筒间隙和注水量一定的前提下，湿式同心筒喷管出口与水面的距离增大后，导弹发射初始阶段导弹表面和外筒内表面的温度降低，间距变化对筒底和导弹底部的平均压力影响较小。间距增大后，喷管出口的颗粒到达筒底的时间变长，使得初始时刻颗粒对筒底的侵蚀率减小。总体来说，喷管出口与水面的距离对发射过程中燃气流场影响较小。

6.3.6　湿式同心筒发射小结

由以上分析可知，湿式同心筒发射装置具有以下主要特点：

①湿式同心筒可以有效降低发射过程中导弹表面的温度。导弹在筒内运动阶段，由于液态水的汽化吸热作用，使得导弹和液态水相互接触的部分表面温度较低。

②导弹出筒之后，导弹运动经过筒口附近液态水存在的区域时，液态水的汽化降温作用使得导弹表面的温度较低。

③由于液态水的排导较快，在发射的后期，液态水基本已经被排出筒外，汽化现象可降低燃气的温度。

由此可知，湿式同心筒在降低导弹表面温度、改善发射效应方面比另外三种结构具有明显的优势，有必要对其进行深入和全面的研究。

6.4　引射同心筒概述

通过本章对 CCL 发射筒发射导弹过程的理论分析，证明了热环境是 CCL 发射方式存在的最主要问题，如何尽可能地降低在发射过程中导弹周围燃气温度，是 CCL 发射方式的关键所在。

本章提出了全新的引射同心筒的设计概念，为彻底解决 CCL 发射筒发射导弹时导弹周围高温环境问题提供了一种全新、可靠的技术途径，并且通过求解定常/非定常、三维 Navier－Stokes 方程的方法，从理论上证明了引射同心筒可以大大降低发射过程中导弹周围的气体温度，同时，对影响引射同心筒的各种因素进行了全面深入的计算模拟，总结出了引射同心筒的设计方法，针对某型导弹，完成了优化引射同心筒的设计试验模型。

6.4.1　引射同心筒概念的提出

由标准同心筒发射过程的流场变化情况可知，导弹在筒内运动阶段，内筒和导弹之间会出现引射效应，使得从内外筒之间排出的高温燃气被吸入内筒，向导弹底部运动，导致导弹表面被燃气包围，温度较高，不利于导弹的热防护。针对这一问题，本书提出了引射同心筒发射结构，以利用引射效应降低导弹表面的温度。

通过对 CCL 发射筒的全面计算分析和大量的试验研究，导弹在发射过程中不可避免地要经过两个高温燃气环境：第一阶段是导弹在发射筒内要承受从筒底部反射进入弹与内筒之间的高温燃气（对于无间隙适配器发射没有该过程）；第二阶段是导弹出筒时出筒部分要承受从内外筒之间喷出的高温燃气，而且，在导弹飞离发射筒一定距离内，导弹一直受该燃气的冲击。这对导弹提出了耐高温燃气冲击的要求，因此，如何从根本上改善导弹周围的高温燃气环境，对采用同心筒发射技术具有非常重大的意义。

理论和试验表明，在采用 CCL 发射筒发射导弹时，导弹周围在两个阶段出现高温燃气冲击的根本原因是从内外筒流出高温高速燃气。由于该气流流速很高（平均在 800 m/s 左右），而且隔断了发射筒出口与周围的大气环境（即在发射筒筒口形成了一环形燃气幕），在发射筒筒口处，该燃气对导弹与内筒之间的气体具有非常强烈的引射效应，使得筒口压力不断降低，从而将发射筒底部燃气从导弹与内筒之间的通道吸向筒口，最终形成了燃气通过导弹与内筒之间向筒内回流，使得导弹在发射筒内运动过程中也处在高温燃气包围的环境中；导弹运动出筒部分，由于两路反射高温燃气（首先是内外筒之间反射的气流，一定时间后，还有从导弹与内筒之间反射的高温燃气）直接冲击，导弹出筒部分一直处在高温燃气的环境中。

要解决导弹在发射过程中的热环境问题，必须从两方面入手：首先，保证导弹在筒内运动过程中没有底部燃气通过导弹与内筒之间的通道向筒口的反射；同时，要降低从内外筒之间反射出发射筒口后燃气的温度，并且使该燃气在条件许可的情况下尽量离导弹远些。如果在导弹发射过程中，可以一直将周围空气通过导弹与内筒之间的通道引入，使得该空气流形成从筒口向筒底运动规律，则导弹在筒内运动过程中一直处于空气的包围中，从而可以很好地解决了导弹在发射筒内的高温环境。同时，由于空气的不断引入，使得其在发射筒底部与高温燃气掺混。由于空气温度比燃气的低得多，故可以降低从内外筒之间反射的燃气温度，在筒口加一定的导流角度，使该空气流离弹稍远些，就可以解决导弹出筒部分周围气体温度过高的问题。这就是新型引射同心筒概念产生的初衷。

6.4.2 引射同心筒结构设计

为了引入发射筒周围的空气，在发射筒筒口必须给周围空气留出进入弹与内筒之间的通道，可以通过在内外筒形成的环形通道内加数根有一定宽度的"桥"来实现。该"桥"面上方在发射筒筒口将周围空气与导弹和内筒之间相通，保证导弹在发射过程中周围空气可以通过"桥"面源源不断地进入导弹与内筒之间。有一定宽度的"桥"体从筒口一直延伸到发射筒筒底，在内外筒之间就将燃气分割成数股，燃气从内外筒筒口喷出后就形成了数股气流，各股气流之间是有一定间隙的，这些间隙就是周围空气进入导弹和内筒之间的流动通道。这样，就可保证导弹发射时，由于发动机射流对导弹与内筒间气体具有引射效应，即在筒口压力与周围大气压力相近的情况下，从发射筒周围补充进入的空气可以沿着导弹与内筒之间的流动通道连续地从筒口向筒底流动。这就是希望出现的流动状态。导弹在发射过程中如果出现上述的流动状态，则表明：导弹在发射筒内的弹体部分由于有引射空气的包围，没有燃气的影响；引入的温度较低的空气流过弹体后，就和发动机高温燃气相混，使燃气温度降低 300 ~ 500 K，这样，也就降低了从内外筒喷出燃气的温度，从而达到了减小该燃气对导弹出筒部分的热效应的目的。如果在筒口加装有一定角度的导流装置，通过对导流角度的控制，就可调节喷到导弹表面的气流温度，使该温度在导弹可以承受的范围内。这就是引射同心筒的基本原理，如图 6 – 132 所示。

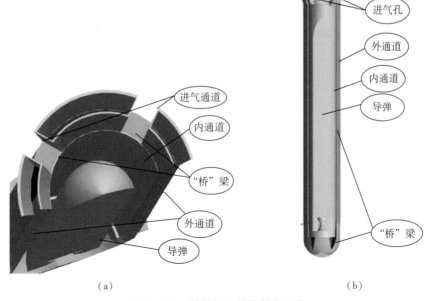

（a）　　　　　　　　　　（b）

图 6 – 132 引射同心筒的基本组成

6.4.3 引射同心筒发射过程流场研究

由于引射同心筒的结构和流场具有对称的特点，故采用三维 1/4 圆柱区域计算模型进行流场计算。图 6－133 所示为引射同心筒的网格划分以及域动分层法动网格的区域设置情况。导弹的运动速度根据牛顿第二定律进行求解。

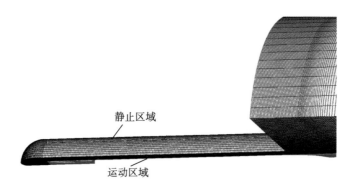

图 6－133 引射同心筒的网格划分及动网格区域设置

图 6－134 所示为 0.1 s 时刻流场的温度和速度云图。由云图可知，内外筒间隙的温度较高，内筒和导弹之间的温度较低，这是因为内筒和导弹之间引射入了低温的空气。由速度云图可以看出，内外筒之间的燃气速度较大，这是因为内外筒间隙较大，大部分燃气从内外筒间隙排导，内筒和导弹之间靠筒口与筒底的压力差吸入空气，速度较小。

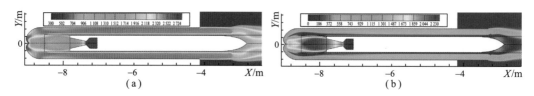

图 6－134 0.1 s 时刻流场的温度和速度云图

(a) 温度云图；(b) 速度云图

图 6－135 所示为 0.1 s 时刻引射同心筒导弹底部及筒口处流场速度矢量图。由图可知，内筒和导弹底部之间的速度方向朝向筒内，表明内筒和导弹之间存在引射效应。内外筒之间向外排导的燃气被纵梁打断，使得内筒可以从筒口纵梁附近吸入周围低温空气，降低导弹表面的温度。

图 6－136 所示为 0.2 s 时刻引射同心筒的流场温度和速度云图。由图可以看出，由于筒口引射入低温空气，导弹在筒内的部分温度较低，但是导弹出筒的部分还是要经历筒口的高温燃气区域，表面温度较高。

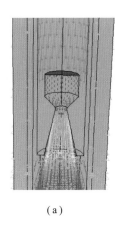
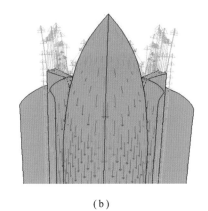

（a）　　　　　　　　　　　（b）

图 6 - 135　0.1 s 时刻引射同心筒导弹底部及筒口处流场速度矢量图

（a）速度矢量图；（b）速度矢量图

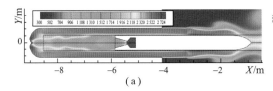
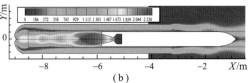

（a）　　　　　　　　　　　（b）

图 6 - 136　0.2 s 时刻引射同心筒的流场温度和速度云图

（a）温度云图；（b）速度云图

图 6 - 137 所示为 0.2 s 时刻引射同心筒导弹底部及筒口处速度矢量图。由图可知，0.2 s 时刻内筒和导弹底部之间的速度是向着筒内的，此时导弹运动一段距离，喷管出口与筒口的距离变近，筒口处吸入的燃气速度变大。

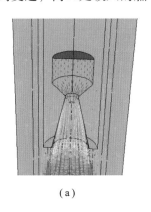
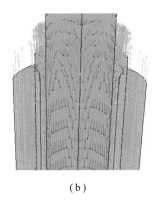

（a）　　　　　　　　　　　（b）

图 6 - 137　0.2 s 时刻引射同心筒导弹底部及筒口处流场速度矢量图

（a）速度矢量图；（b）速度矢量图

图 6 - 138 所示为 0.3 s 时刻引射同心筒的流场温度和速度云图。由图可知，此时导弹已经完全出筒，导弹通过筒口的高温燃气区域，表面的温度升高。

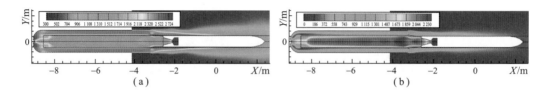

图 6-138 0.3 s 时刻引射同心筒的流场温度和速度云图

(a) 温度云图；(b) 速度云图

图 6-139 所示为 0.4 s 时刻引射同心筒的流场温度和速度云图。由图可知，此时形成较为清晰的马赫结构，导弹已经远离筒口的高温区域，导弹表面的温度有所降低。

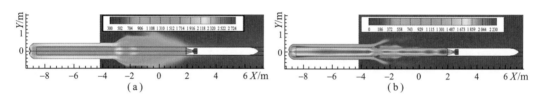

图 6-139 0.4 s 时刻引射同心筒的流场温度和速度云图

(a) 温度云图；(b) 速度云图

图 6-140 所示为各典型时刻引射同心筒中粒径为 1 μm 的 Al_2O_3 颗粒速度分布图。由图可知，由于 Al_2O_3 颗粒粒径较小，颗粒的惯性小，与燃气射流的跟随性较好，与流场速度的分布趋势基本一致。引射同心筒的筒口附近的纵梁对流场有一定的干扰作用，受此影响，Al_2O_3 颗粒出筒后速度分布的紊乱程度变大。

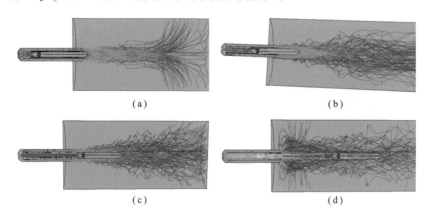

图 6-140 各典型时刻引射同心筒中粒径为 1 μm 的 Al_2O_3 颗粒速度分布

(a) 0.1 s 时刻 1 μm 颗粒速度分布；(b) 0.2 s 时刻 1 μm 颗粒速度分布；
(c) 0.3 s 时刻 1 μm 颗粒速度分布；(d) 0.4 s 时刻 1 μm 颗粒速度分布

6.4.4　引射同心筒结构优化设计

为了证明上面所描述的引射同心筒流动现象的存在以及在什么条件下存在，采用求解三维、定常/非定常、雷诺平均 Navier – Stokes 方程的方法，对各种结构形式、尺寸的引射同心筒发射导弹的过程进行数值计算，计算研究主要以 4 根 "桥" 梁的情况为主，对 2 根 "桥" 梁、8 根 "桥" 梁以及其他结构形式的引射同心筒也进行了计算模拟，具体计算工况如下。

①以 4 根 "桥" 梁为基础，计算工况为：内外筒间隙 35 mm、梁宽 40 mm，筒口无导流；内外筒间隙 40 mm、梁宽 40 mm，筒口无导流；内外筒间隙 40 mm、梁宽 51 mm，筒口无导流；内外筒间隙 43 mm、梁宽 40 mm，筒口带导流；内外筒间隙 45 mm、梁宽 40 mm，筒口带导流；内外筒间隙 45 mm、梁宽 40 mm，筒口无导流等 6 种方案，计算工况见表 6 – 3。

表 6 – 3　4 根 "桥" 梁结构参数

编号	纵梁长度/mm	纵梁宽度/mm	内外筒间隙/mm	纵梁根数	筒口有无导流
方案一	1 840	40	35	4	无
方案二	1 846	40	40	4	无
方案三	1 846	51	40	4	无
方案四	1 846	40	43	4	有
方案五	1 851	40	45	4	有
方案六	1 851	40	45	4	无

②2 根 "桥" 梁的结构方式：内外筒间隙 45 mm、梁宽 80 mm，筒口带导流。

③3 根 "桥" 梁方案的研究分析，共进行内外筒间隙 30 mm、梁宽 48 mm 及内外筒间隙 40 mm、梁宽 71 mm 两种方案的数值仿真。

④8 根 "桥" 梁的结构方式：内外筒间隙 45 mm、梁宽 20 mm，筒口带导流。

⑤研究甲板面对发射过程的影响。

⑥内外筒间隙 45 mm、梁宽 40 mm，筒口不带导流工况的非定常数值模拟，验证定常计算结果。

1. 具有 4 根 "桥" 梁的引射同心筒数值计算

1）内外筒间隙 35 mm、梁宽 40 mm 引射同心筒数值计算

由图 6 – 141 （a） 可以看出，由于内外筒之间的间隙过小，从发动机喷出的燃气不能全部由内外筒之间排出，造成部分燃气从弹与内筒之间的间隙进行排导，高温燃气会对导弹产生影响。从图 6 – 141 （b） 也可清楚地看出，弹与内筒之间的气体速度矢量和内筒外筒之间的速度矢量都是从下向上的，说明从火箭发动机喷出的高温气体通过发射筒底部的反射，全部由弹与内筒和内筒与外筒之间的间隙排出，没有达到所希望

的引射同心筒流动现象。该工况内外筒间隙过小，必须增大外筒尺寸。

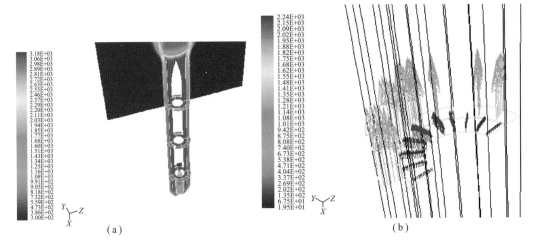

图 6-141　发射筒内流场温度分布（a）和发射筒中部截面上的气流速度矢量（b）

2）内外筒间隙 40 mm、梁宽 40 mm 引射同心筒数值计算

在导弹没有启动之前，采用了非定常三维计算方法，导弹启动后，采用了准定常计算方法，即，根据导弹的运动规律，固定导弹的运动位置，再完成流场的计算。共计算了导弹在 5 个时刻燃气流场的分布情况，具体如下。

（1）导弹点火 100 ms 时流场温度分布及速度矢量图。

此时，导弹向上运动了 118 mm，发射筒内流场温度分布如图 6-142（a）所示，轴向位置 $X=0$ m、$X=0.5$ m、$X=1$ m 处温度云图分别如图 6-142（b）、图 6-142（c）、图 6-142（d）所示，流场速度矢量图如图 6-143 所示。

由温度分布可以清楚地看出，弹与内筒之间的气体温度为 700 K 左右，内筒与外筒之间的气体温度为 2 700 K 左右，这说明引射同心筒流动现象已出现，即空气经过筒口 4 根 "桥" 梁的上方被源源不断地吸入弹与内筒之间，形成引射流动。同时，引入的空气在筒口处掺混了部分由内外筒之间排出高温气体，使得引射气流温度有一定的升高（常温为 300 K）。引射气流由上向下流经弹体后，再与由发动机喷出的高温燃气进行混合，对高温燃气起到降温的作用，使得由内外筒排出的气流温度为 2 700 K 左右；如果没有引射气流的降温，排出气流温度应该在 3 100 K 左右。图 6-143 也显示了引射气流的流动规律。

（2）导弹点火 150 ms 时流场温度分布及速度矢量图。

此时，导弹向前运动了 321 mm，此时的发射筒温度场分布如图 6-144（a）所示，轴向位置 $X=0$ m、$X=0.5$ m、$X=1$ m 处温度云图分别如图 6-144（b）、图 6-144（c）、图 6-144（d）所示，导弹出口处的速度矢量图如图 6-144（e）所示。

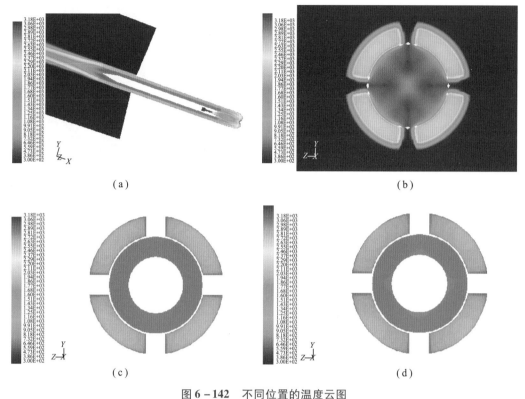

图 6 - 142　不同位置的温度云图

（a）发射筒全流场温度云图；（b）轴向位置 $X = 0$ m 处温度云图；

（c）轴向位置 $X = 0.5$ m 处温度云图；（d）轴向位置 $X = 1$ m 处温度云图

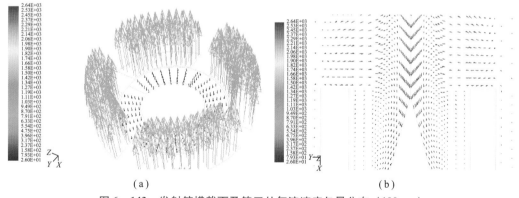

图 6 - 143　发射筒横截面及筒口处气流速度矢量分布（100 ms）

（a）横截面处；（b）筒口处

　　由图 6 - 144 温度场分布可以发现，在导弹点火后 150 ms 时，引射同心筒流动现象仍然存在，筒内导弹周围的温度在 600 ~ 800 K，导弹出筒部分由于受从内外筒喷出的高温燃气的影响，表面气体最高温度为 1 200 K 左右。图 6 - 145 清楚地显示了引射流动的规律，在弹与筒之间，引射气流由上向下流动；在内外筒之间，气流由下向上流动。

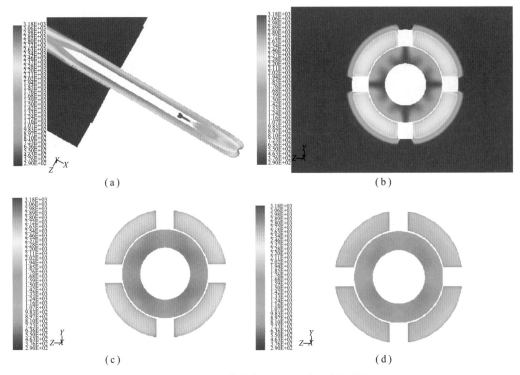

(a)   (b)

(c)   (d)

图 6 - 144   导弹点火 150 ms 时温度场分布

(a) 发射筒全流场温度云图;(b) 轴向位置 $X=0$ m 处温度云图;

(c) 轴向位置 $X=0.5$ m 处温度云图;(d) 轴向位置 $X=1$ m 处温度云图

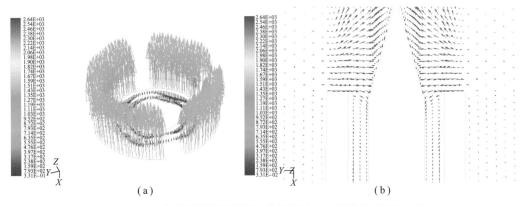

(a)   (b)

图 6 - 145   发射筒横截面及筒口处气流速度矢量分布（150 ms）

(a) 横截面处;(b) 筒口处

（3）导弹点火 200 ms 时流场温度分布及速度矢量图。

此时，导弹向前运动了 625 mm，发射筒全流场温度分布如图 6 - 146 (a) 所示，轴向位置 $X=0$ m、$X=0.5$ m、$X=1$ m 处温度分布分别如图 6 - 146 (b)、图 6 - 146 (c)、图 6 - 146 (d) 所示，气流速度矢量图如图 6 - 147 所示。

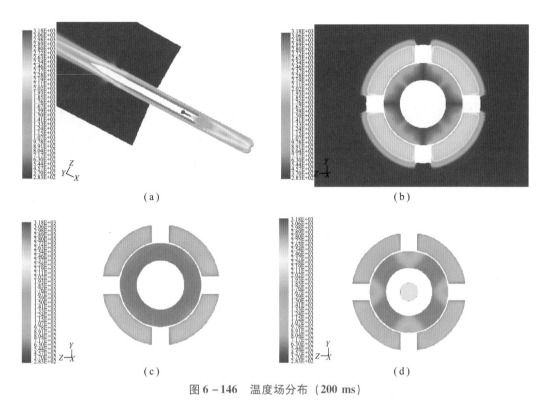

图 6 – 146　温度场分布（200 ms）

（a）发射筒全流场温度云图；（b）轴向位置 $X = 0$ m 处温度云图；

（c）轴向位置 $X = 0.5$ m 处温度云图；（d）轴向位置 $X = 1$ m 处温度云图

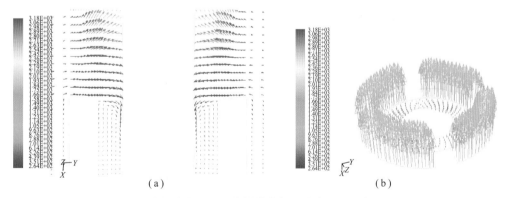

图 6 – 147　发射筒出口处和发射筒内气流速度矢量分布（200 ms）

（a）出口处；（b）出射筒内

由图 6 – 146 温度场分布可以看出，在导弹点火后 200 ms 时，引射同心筒流动现象明显，筒内导弹周围的温度在 600 ~ 800 K；导弹出筒部分由于受从内外筒喷出的高温燃气的影响，表面气体最高温度达 1 900 K 左右。图 6 – 147 清楚地显示了引射流动的规律，在弹与筒之间，引射气流由上向下流动；在内外筒之间，气流由下向上流动。

（4）导弹点火 250 ms 时流场温度分布及速度矢量图。

此时，导弹向前运动了 1 031 mm，此时的发射筒全流场温度分布如图 6 – 148（a）所示，轴向位置 $X = 0$ m、$X = 0.5$ m、$X = 1$ m 处温度分布分别如图 6 – 148（b）、图 6 – 148（c）、图 6 – 148（d）所示。流场速度矢量图如图 6 – 149 所示。

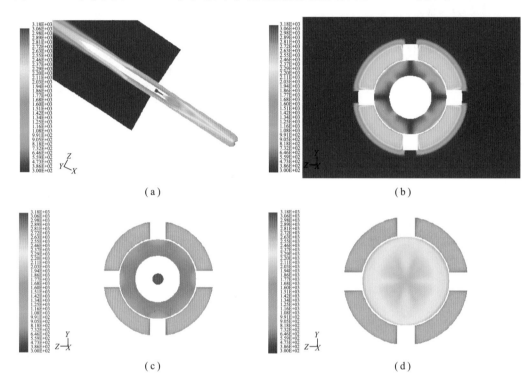

（a）　　　　　　　　　　　　　　（b）

（c）　　　　　　　　　　　　　　（d）

图 6 – 148　温度场分布（250 ms）

（a）发射筒全流场温度云图；（b）轴向位置 $X = 0$ m 处温度云图；

（c）轴向位置 $X = 0.5$ m 处温度云图；（d）轴向位置 $X = 1$ m 处温度云图

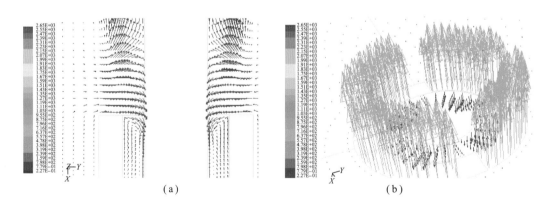

（a）　　　　　　　　　　　　　　（b）

图 6 – 149　发射筒出口处和发射筒内速度矢量分布（250 ms）

（a）出口处；（b）发射筒内

由图 6 - 148 温度场分布可以看出，在导弹点火后 200 ms 时，引射同心筒流动现象明显，筒内导弹周围的温度在 600 ~ 800 K，导弹出筒部分由于受从内外筒喷出的高温燃气的影响，表面气体最高温度达 2 500 K 左右。图 6 - 149 清楚地显示了引射流动的规律，在发射筒出口处，空气经过"桥"梁上部流入发射筒内，一部分被由内外筒之间流出的高速气流带走，另一部分被引射进入导弹与内筒之间，引射气流由上向下流动；在内外筒之间，气流由下向上流动。

（5）导弹点火 300 ms 流场温度分布及速度矢量图。

此时，导弹向前运动了 1 538 mm，此时的发射筒全流场温度分布如图 6 - 150（a）所示，轴向位置 $X = 0$ m、$X = 0.5$ m、$X = 1$ m 处温度分布分别如图 6 - 150（b）、图 6 - 150（c）、图 6 - 150（d）所示。流场速度矢量如图 6 - 151 所示。

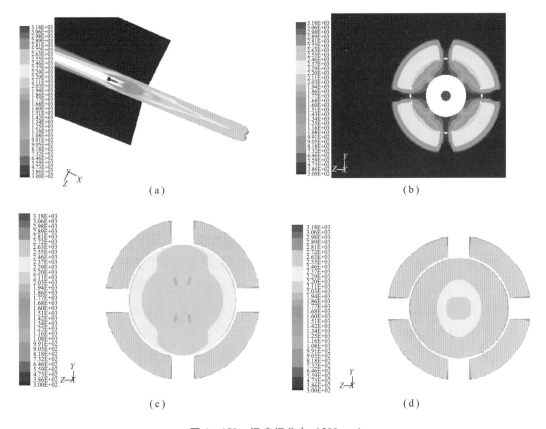

（a）　　　　　　　　　　　　　　　　（b）

（c）　　　　　　　　　　　　　　　　（d）

图 6 - 150　温度场分布（300 ms）

（a）发射筒全流场温度云图；（b）轴向位置 $X = 0$ m 处温度云图；
（c）轴向位置 $X = 0.5$ m 处温度云图；（d）轴向位置 $X = 1$ m 处温度云图

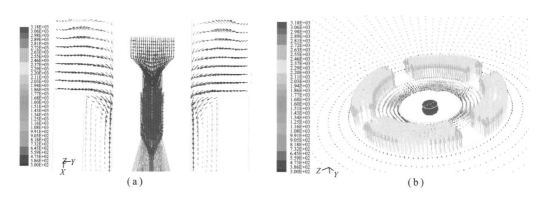

图 6 - 151　发射筒出口处和发射筒内速度矢量分布（300 ms）

（a）出口处；（b）发射筒内

由图 6 - 150 温度场分布和图 6 - 151 速度矢量分布可以看出，在导弹点火后 300 ms 时，导弹即将飞离发射筒，引射同心筒流动现象仍然存在。

（6）结论。

由导弹点火过程的三维非定常计算和导弹在 5 个特征位置处的准定常计算可以得出以下结论：

①内外筒间隙 40 mm、梁宽 40 mm 引射同心筒已存在引射同心筒现象。

②由于内外筒间隙较小及没有加装筒口导流装置，仍有部分由内外筒之间排出的高温燃气随空气被引射进入导弹与内筒之间的通道内，使得导弹和内筒之间的气体温度达 600 ~ 800 K。

3）内外筒间隙 40 mm、梁宽 51 mm 引射同心筒数值计算

与前面计算工况相同，在导弹没有启动之前，采用非定常三维计算方法，导弹启动后，采用了准定常计算方法，即根据导弹的运动规律，固定导弹的运动位置，再完成流场计算，共计算了导弹在两个时刻燃气流场的分布情况，具体如下。

（1）导弹点火 100 ms 时流场温度场及矢量图。

此时，导弹向上运动了 118 mm，发射筒内流场温度分布图如图 6 - 152（a）所示，轴向位置 $X = 0$ m、$X = 0.5$ m、$X = 1$ m 处温度云图分别如图 6 - 152（b）、图 6 - 152（c）、图 6 - 152（d）所示。流场速度矢量如图 6 - 153 所示。

从图中可以看出，由于纵梁以及内筒负压的存在，筒口处向内抽吸低温混合气体，使得导弹点火 100 ms 时刻，内筒和弹之间仍为低温气体，很好地保护了导弹。同时，内筒和弹之间的低温气体和发动机喷出的高温燃气混合后从内外筒之间排出，降低了内外筒之间排出的气体温度。

筒口处内外筒之间的温度为 2 800 K，内筒筒口处为低温气体，最高温度为 533 K，平均温度为 429 K，导弹的发射环境较好。

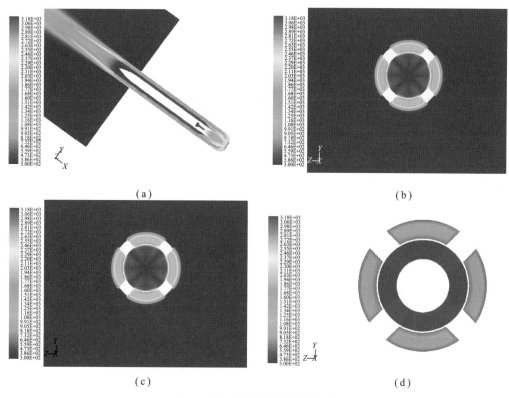

图 6-152　不同位置的温度云图

（a）发射筒全流场温度云图；（b）轴向位置 $X=0$ m 处温度云图；
（c）轴向位置 $X=0.5$ m 处温度云图；（d）轴向位置 $X=1$ m 处温度云图

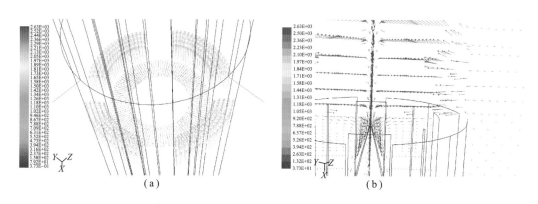

图 6-153　发射筒横截面及筒口处速度矢量分布（100 ms）

（a）横截面处；（b）筒口处

　　筒内距离筒口 0.5 m 处内外筒间隙的温度为 3 040 K，而内筒由于筒口的引射作用，其最高温度为 427 K，平均温度为 413 K，这对导弹的发射过程是有利的。

　　筒内距离筒口 1 m 处内外筒之间的温度较为平均，为 3 070 K，内筒由于筒口处的引射作用，其最高温度为 421 K，平均温度为 412 K，导弹周围环境温度较低，对导弹提供了很好的保护。

从图 6-153 中可以看出，筒口处的空气一方面由于内外筒之间高速排导燃气的引射作用而向前运动；另一方面，由于内筒负压的存在而向内筒和弹之间运动，这部分气体进入内筒后，有效地降低了内筒的温度，为导弹的发射提供了良好的热力学环境。

（2）导弹点火 200 ms 时流场温度及矢量图。

此时，导弹向前运动了 625 mm，发射筒全流场温度分布如图 6-154（a）所示，轴向位置 $X = 0$ m、$X = 0.5$ m、$X = 1$ m 处温度分布分别如图 6-154（b）、图 6-154（c）、图 6-154（d）所示。气流速度矢量如图 6-155 所示。

从图中可以看出，由于纵梁以及内筒负压的存在，筒口处向内抽吸低温混合气体，从而导弹点火 100 ms 时刻，内筒和弹之间仍为低温气体，很好地保护了导弹。该时刻导弹底部已经开始沿内筒筒壁向上反射燃气，反射一定距离后，和筒内低温气体混合后向下运动。内筒和导弹之间大部分区域还是低温状态。

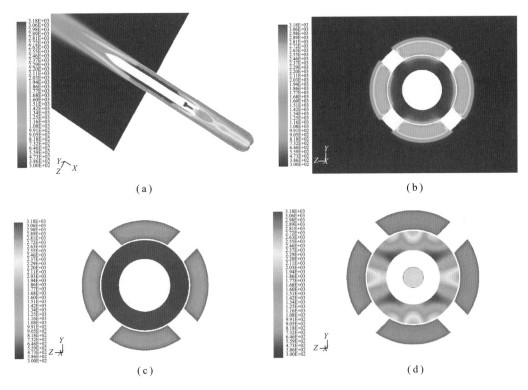

（a） （b）

（c） （d）

图 6-154　温度场分布（200 ms）

（a）发射筒全流场温度云图；（b）轴向位置 $X = 0$ m 处温度云图；
（c）轴向位置 $X = 0.5$ m 处温度云图；（d）轴向位置 $X = 1$ m 处温度云图

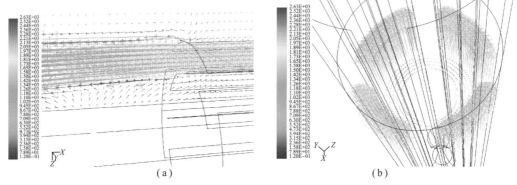

图 6 - 155　发射筒出口处和发射筒内速度矢量分布（200 ms）

（a）出口处；（b）发射筒内

筒口处内外筒之间向外排导燃气的温度为 2 820 K，而内筒由于筒口的引射作用，其最高温度为 590 K，平均温度为 460 K，导弹的发射环境良好。筒内距离筒口 0.5 m 处内外筒之间温度为 3 080 K，而内筒由于筒口的引射作用，其最高温度为 473 K，平均温度为 447 K，该截面上的导弹发射的热力学环境较好。

筒内距离筒口 1 m 处内外筒之间的最高温度为 3 090 K，平均温度为 2 869 K，而发射筒底部的反射现象明显，内筒的最高温度已经达到了 2 730 K，平均温度为 1 438 K，而靠近导弹壁面处的温度相对较低。

从图中可以看出，筒口处的一部分空气由于内外筒间隙高速向外排导燃气的引射作用而向外运动，同时，由于内筒的负压，筒口处的引射现象明显，部分空气向内筒运动，降低了筒内的温度，改善了导弹的发射环境。

（3）小结。

综合以上分析，对于内外筒间隙 40 mm、"桥"梁宽度 51 mm 的引射同心筒，可以得到以下结论：

①内筒筒口处的压力为负压值，同时，由于冷空气进入内筒的通道（纵梁）的存在，冷空气得以进入内筒。

②该方案中，导弹底部燃气都沿内筒壁面产生了反射，但是反射都没有到达筒口，而是与筒内低温气体混合后沿导弹表面再次向下运动，和发动机喷出的高温燃气混合后从内外筒之间排出，从而降低了自排筒排导出燃气的温度。

③该工况下，在导弹发射过程中，内筒和弹之间产生了反射现象，相对于 40 mm 间隙无纵梁工况，导弹发射的热力学环境较好。同时，内筒低温气体和喷管喷出的高温燃气混合后从内外筒之间排出，从而降低了筒口处的温度，较好地保护了导弹的出筒部分。

4）内外筒间隙 43 mm、梁宽 40 mm 引射同心筒（出口带导流）数值计算

（1）导弹点火 100 ms 时流场温度云图及速度矢量图。

此时，导弹向上运动了 118 mm，发射筒内流场温度分布及速度矢量图如图 6 - 156 所示。

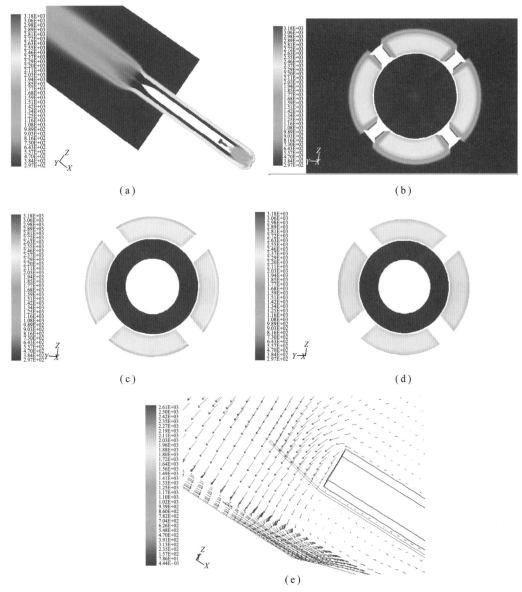

图 6 – 156 不同位置的温度云图及速度矢量图（100 ms）

（a）发射筒全流场温度云图；（b）轴向位置 $X=0$ m 处温度云图；

（c）轴向位置 $X=0.5$ m 处温度云图；（d）轴向位置 $X=1$ m 处温度云图；（e）引射孔口的速度矢量图

此种工况下筒口出口处带有导流且内外筒间隙为 43 mm，从图上可以清楚地看出，有明显的吸气现象，导弹被冷空气包围，这种情况下对导弹的发射较有利。

由温度分布可以清楚地看出，弹与内筒之间的气体温度为 300 K 左右，内筒与外筒之间的气体温度为 2 700 K 左右，说明引射同心筒流动现象非常明显，即空气经过筒口 4 根"桥"梁的上方被源源不断地吸入弹与内筒之间，形成引射流动。由于在该工况发射筒口加装了筒口导流装置，使得被吸入的高温燃气非常少，即导弹与内筒之间的气体温度几乎等于发射筒周围空气的温度。引射空气由上向下流经弹体后，再与由发动机喷出的高温燃气进行混合，对高温燃气起到降温的作用，使得由内外筒排出的气流温度为 2 700 K 左右。如果没有引射气流的降温，排出气流温度应该在 3 100 K 左右。图 6 – 156（e）也显示了引射气流的流动规律。

（2）导弹点火 150 ms 时流场温度云图及速度矢量图。

此时，导弹向前运动了 321 mm，此时的发射筒全流场温度分布如图 6 – 157（a）所示，轴向位置 $X = 0$ m、$X = 0.5$ m、$X = 1$ m 处温度云图分别如图 6 – 157（b）、图 6 – 157（c）、图 6 – 157（d）所示，引射筒处的流场速度矢量图如图 6 – 157（e）所示。

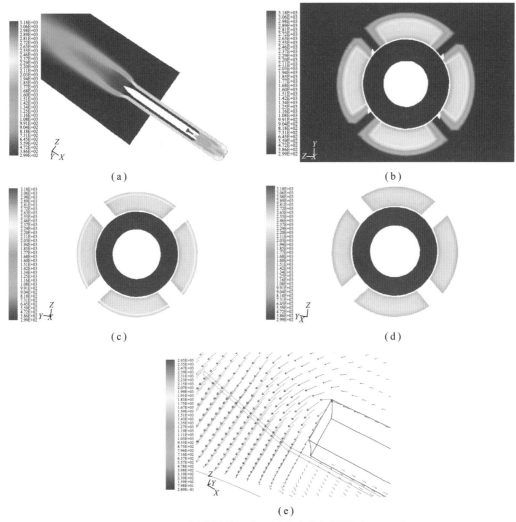

图 6 – 157　不同位置的温度云图及速度矢量图（150 ms）

（a）发射筒全流场温度云图；（b）轴向位置 $X = 0$ m 处温度云图；（c）轴向位置 $X = 0.5$ m 处温度云图；

（d）轴向位置 $X = 1$ m 处温度云图；（e）引射筒口处的流场速度矢量图

由温度场分布图可以发现，在导弹点火后 150 ms 时刻，引射同心筒流动现象仍然存在，筒内导弹周围的温度仍在 300 K 左右。导弹出筒部分由于受从内外筒喷出的高温燃气的影响，表面气体最高温度为 1 200 K 左右。图 6 – 157（e）清楚地显示了引射流动的规律，在弹与筒之间，引射气流由上向下流动；在内外筒之间，气流由下向上动。

（3）导弹点火 200 ms 时流场温度云图及速度矢量图。

此时，导弹向前运动了 625 mm，此时的发射筒全流场温度分布如图 6 – 158（a）所示，轴向位置 $X=0$ m、$X=0.5$ m、$X=1$ m 处温度分布分别如图 6 – 158（b）、图 6 – 158（c）、图 6 – 158（d）所示，引射筒口处的流场速度矢量图如图 6 – 158（e）所示。

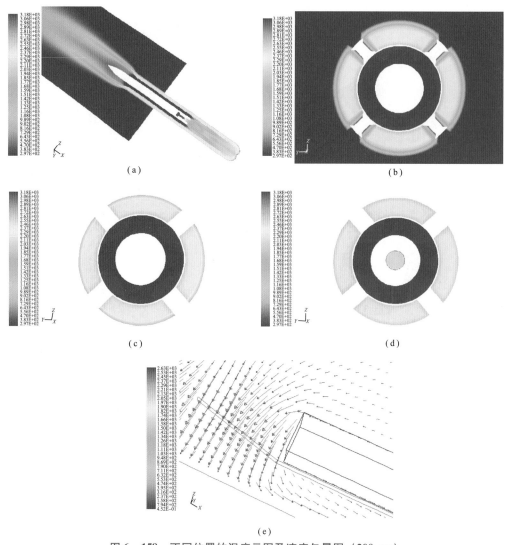

图 6 – 158　不同位置的温度云图及速度矢量图（200 ms）

（a）发射筒全流场温度云图；（b）轴向位置 $X=0$ m 处温度云图；（c）轴向位置 $X=0.5$ m 处温度云图；（d）轴向位置 $X=1$ m 处温度云图；（e）引射筒口处的流场速度矢量图

由温度场分布图可以看出，在导弹点火后 200 ms 时，引射同心筒流动现象明显，筒内导弹周围气体温度仍在 300 K 左右。导弹出筒部分由于受从内外筒喷出的高温燃气的影响，表面气体最高温度达 700 K 左右。

（4）导弹点火 250 ms 时流场温度云图及速度矢量图。

导弹向前运动了 1 031 mm，此时的发射筒全流场温度分布如图 6 – 159（a）所示，轴向位置 $X = 0$ m、$X = 0.5$ m、$X = 1$ m 处温度分布如图 6 – 159（b）、图 6 – 159（c）、图 6 – 159（d）所示，引射筒口处的流场速度矢量图如图 6 – 159（e）所示。

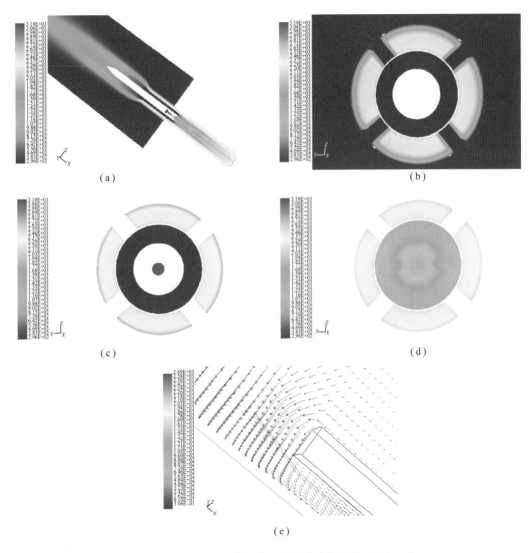

图 6 – 159　不同位置的温度云图及速度矢量图（250 ms）

（a）发射筒全流场温度云图；（b）轴向位置 $X = 0$ m 处温度云图；（c）轴向位置 $X = 0.5$ m 处温度云图；
（d）轴向位置 $X = 1$ m 处温度云图；（e）引射筒口处的流场速度矢量图

由温度场分布图可以看出，在导弹点火后 250 ms 时，引射同心筒流动现象明显，筒内导弹周围的气体温度仍在 300 K 左右。导弹出筒部分由于受从内外筒喷出的高温燃气的影响，表面气体最高温度达 800 K 左右。矢量图清楚地显示了引射流动的规律，在发射筒出口处，空气经过"桥"梁上部流入发射筒内，一部分被由内外筒之间流出的高速气流带走，另一部分被引射进入导弹与内筒之间，引射气流由上向下流动；在内外筒之间，气流由下向上流动。

（5）导弹点火 300 ms 时流场温度云图及速度矢量图。

此时，导弹向前运动了 1 538 mm，此时的发射筒全流场温度分布如图 6 - 160（a）

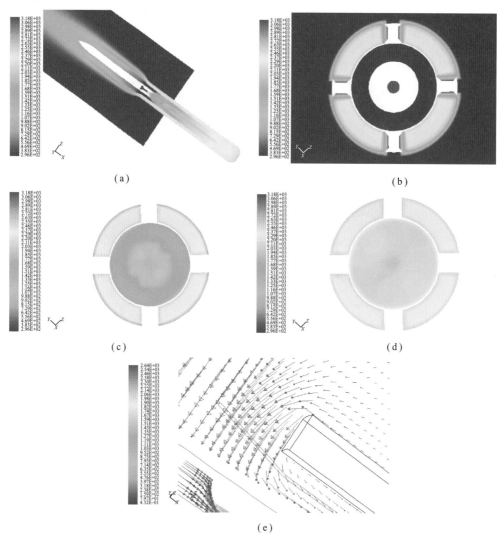

(a)

(b)

(c)

(d)

(e)

图 6 - 160　不同位置的温度云图及速度矢量图（300 ms）

（a）发射筒全流场温度云图；（b）轴向位置 $X = 0$ m 处温度云图；（c）轴向位置 $X = 0.5$ m 处温度云图；

（d）轴向位置 $X = 1$ m 处温度云图；（e）引射筒口处的流场速度矢量图

所示，轴向位置 $X=0$ m、$X=0.5$ m、$X=1$ m 处温度分布分别如图 6 – 160（b）、图 6 – 160（c）、图 6 – 160（d）所示，引射筒口处的流场速度矢量如图 6 – 160（e）所示。

由图 6 – 160（a）温度场分布和图 6 – 160（e）速度矢量分布可以看出，在导弹点火后 300 ms 时，导弹即将飞离发射筒，引射同心筒流动现象仍然明显。

（6）结论。

由导弹点火过程的三维非定常计算和导弹在 5 个特征位置处的准定常计算可以得出以下结论：

①内外筒间隙 43 mm、梁宽 40 mm 引射同心筒（出口带导流）存在引射同心筒现象。

②由于加装了筒口导流装置，由内外筒之间排出的高温燃气很少被引射进入导弹与内筒之间的通道内，使得导弹和内筒之间的气体温度一直在 300 K 左右。

5）内外筒间隙 45 mm、梁宽 40 mm 引射同心筒（出口带导流）数值计算

（1）导弹点火 100 ms 时流场温度云图及速度矢量图。

导弹向上运动了 118 mm，发射筒内流场温度分布如图 6 – 161（a）所示，轴向位置 $X=0$ m、$X=0.5$ m、$X=1$ m 处温度云图分别如图 6 – 161（b）、图 6 – 161（c）、图 6 – 161（d）所示，引射筒口处的流场速度矢量如图 6 – 161（e）所示。

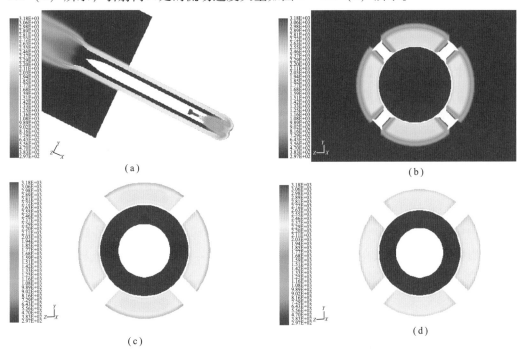

图 6 – 161　不同位置的温度分布及速度矢量图（100 ms）

（a）发射筒全流场速度云图；（b）轴向位置 $X=0$ m 处温度云图；
（c）轴向位置 $X=0.5$ m 处温度云图；（d）轴向位置 $X=1$ m 处温度云图

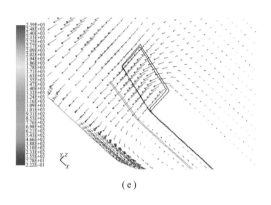

（e）

图 6 - 161　不同位置的温度分布及速度矢量图（100 ms）（续）

（e）引射筒口处的流场速度矢量图

此种工况下筒口出口处带有导流且内外筒间隙为 45 mm，从图 6 - 161 中可以清楚地看出，有明显的引射现象。

由温度分布图可以清楚地看出，弹与内筒之间的气体温度为 300 K 左右，内筒与外筒之间的气体温度为 2 650 K 左右，说明引射同心筒流动现象非常明显，即空气经过筒口 4 根"桥"梁的上方被源源不断地吸入导弹与内筒之间，形成引射流动。由于在该工况发射筒口加装了筒口导流装置，使得被吸入的高温燃气非常少，即导弹与内筒之间的气体几乎全是从发射筒外界吸入的空气。引射空气由上向下流经弹体后，再与由发动机喷出的高温燃气进行混合，对高温燃气起到降温的作用，使得由内外筒排出的气流温度为 2 650 K 左右。如果没有引射气流的降温，排出气流温度应该在 3 100 K 左右。图 6 - 161（e）也显示了引射气流的流动规律。

（2）导弹点火 150 ms 时流场温度云图及速度矢量图。

此时，导弹向前运动了 321 mm，发射筒全流场温度分布如图 6 - 162（a）所示，轴向位置 $X = 0$ m、$X = 0.5$ m、$X = 1$ m 处温度云图分别如图 6 - 162（b）、图 6 - 162（c）、图 6 - 162（d）所示，导弹出口处的速度矢量图如图 6 - 162（e）所示。

由温度场分布图可以发现，在导弹点火后 150 ms 时，引射同心筒流动现象仍然存在，筒内导弹周围的温度仍在 300 K 左右，导弹出筒部分由于受从内外筒喷出的高温燃气的影响，表面气体最高温度为 1 200 K 左右。图 6 - 162（e）清楚地显示了引射流动的规律，在弹与筒之间，引射气流由上向下流动；在内外筒之间，气流由下向上流动。

（3）导弹点火 200 ms 时流场温度云图及速度矢量图。

此时，导弹向前运动了 625 mm，发射筒全流场温度分布如图 6 - 163（a）所示，轴向位置 $X = 0$ m、$X = 0.5$ m、$X = 1$ m 处温度分布分别如图 6 - 163（b）、图 6 - 163（c）、图 6 - 163（d）所示，引射筒口处的流场速度矢量如图 6 - 163（e）所示。

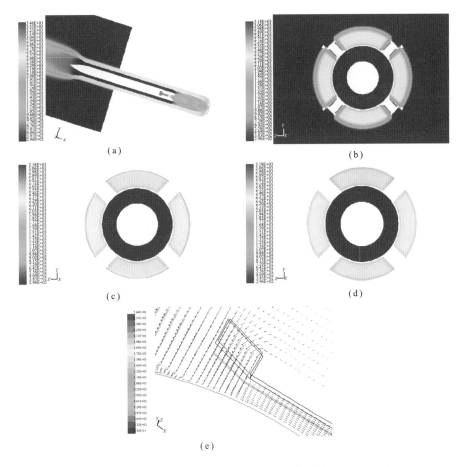

图 6 - 162 不同位置的流场温度分布及速度矢量图（150 ms）

（a）发射筒全流场温度云图；（b）轴心位置 $X=0$ m 处温度云图；

（c）轴向位置 $X=0.5$ m 处温度云图；（d）轴向位置 $X=1$ m 处温度云图；（e）引射筒口处的流场速度矢量图

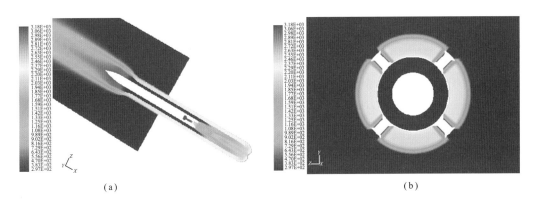

图 6 - 163 不同位置的流场温度分布及速度矢量图（200 ms）

（a）发射筒全流场温度云图；（b）轴向位置 $X=0$ m 处温度云图

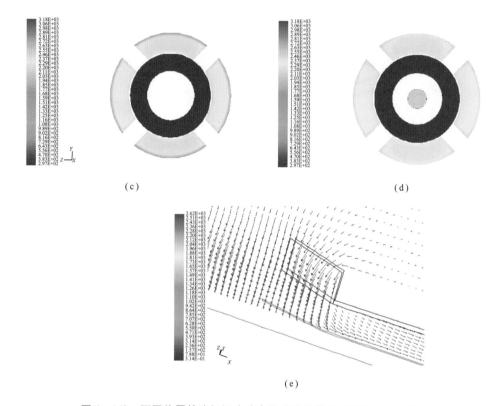

图 6 – 163　不同位置的流场温度分布及速度矢量图（200 ms）（续）

（c）轴向位置 $X = 0.5$ m 处温度云图；（d）轴向位置 $X = 1$ m 处温度云图；

（e）引射筒口处的流场速度矢量图

由温度场分布图可以看出，在导弹点火后 200 ms 时刻，引射同心筒流动现象明显，筒内导弹周围气体温度仍在 300 K 左右，导弹出筒部分由于受从内外筒喷出的高温燃气的影响，表面气体最高温度达 650 K 左右。

（4）导弹点火 250 ms 时流场温度云图及速度矢量图。

此时，导弹向前运动了 1 031 mm，发射筒全流场温度分布如图 6 – 164（a）所示，轴向位置 $X = 0$ m、$X = 0.5$ m、$X = 1$ m 处温度分布如图 6 – 164（b）、图 6 – 164（c）、图 6 – 164（d）所示，流场速度矢量图如图 6 – 164（e）所示。

由温度场分布图可以看出，在导弹点火后 250 ms 时，引射同心筒流动现象明显，筒内导弹周围的气体温度仍在 300 K 左右。导弹出筒部分由于受从内外筒喷出的高温燃气的影响，表面气体最高温度达 750 K 左右。矢量图清楚地显示了引射流动的规律，在发射筒出口处，空气经过"桥"梁上部流入发射筒内，一部分被由内外筒之间流出的高速气流带走，另一部分被引射进入导弹与内筒之间，引射气流由上向下流动；在内外筒之间，气流由下向上流动。

（5）导弹点火 300 ms 时流场温度云图及速度矢量图。

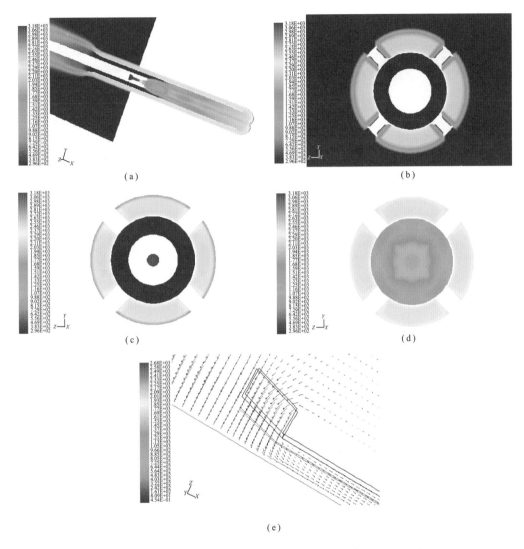

图 6 - 164　不同位置的流场温度分布及速度矢量图（250 ms）

（a）发射筒全流场温度云图；（b）轴向位置 $X=0$ m 处温度云图；

（c）轴向位置 $X=0.5$ m 处温度云图；（d）轴向位置 $X=1$ m 处温度云图；（e）引射筒口处的流场速度矢量图

此时，导弹向前运动了 1 538 mm，发射筒全流场温度分布如图 6 - 165（a）所示，轴向位置 $X=0$ m、$X=0.5$ m、$X=1$ m 处温度分布分别如图 6 - 165（b）、图 6 - 165（c）、图 6 - 165（d）所示，筒口处的流场速度矢量图如图 6 - 165（e）所示。

由图 6 - 165（a）温度场分布和图 6 - 165（e）速度矢量分布可以看出，在导弹点火后 300 ms 时刻，导弹即将飞离发射筒，引射同心筒流动现象仍然明显。

（6）结论。

由导弹点火过程的三维非定常计算和导弹在 5 个特征位置处的准定常计算可以得

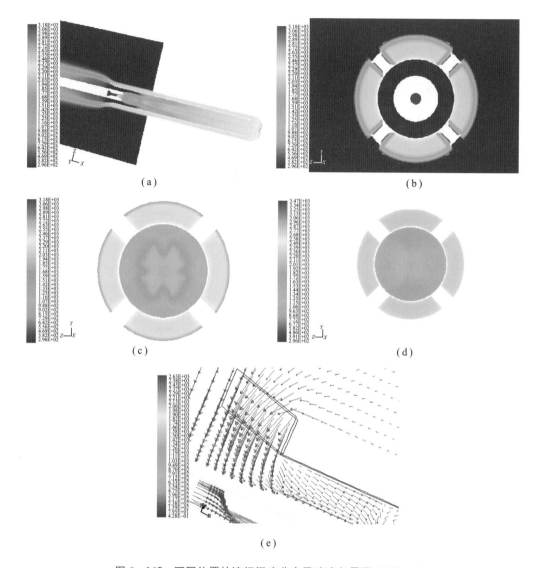

图 6 - 165　不同位置的流场温度分布及速度矢量图（300 ms）

（a）发射筒全流场温度云图；（b）轴向位置 $X = 0$ m 处温度云图；（c）轴向位置 $X = 0.5$ m 处温度云图；

（d）轴向位置 $X = 1$ m 处温度云图；（e）引射筒口处的流场速度矢量图

出以下结论：

①内外筒间隙 45 mm、梁宽 40 mm 引射同心筒（出口带导流）存在引射同心筒现象。

②由于加装了筒口导流装置，由内外筒之间排出的高温燃气很少被引射进入导弹与内筒之间的通道内，使得导弹和内筒之间的气体温度一直在 300 K 左右。

③内外筒间隙适当增加，对引射现象有利。

6）内外筒间隙 45 mm、梁宽 40 mm 引射同心筒数值计算与前面计算工况相同，在导弹没有启动之前，采用非定常三维计算方法，导弹启动后，采用准定常计算方法，即根据导弹的运动规律，固定导弹的运动位置，再完成流场的计算。共计算了导弹在两个时刻燃气流场的分布情况，具体如下：

（1）导弹点火 100 ms 时流场温度及速度矢量图。

此时，导弹向上运动了 118 mm，发射筒内流场温度分布如图 6 – 166（a）所示，轴向位置 $X=0$ m、$X=0.5$ m、$X=1$ m 处温度云图分别如图 6 – 166（b）、图 6 – 166（c）、图 6 – 166（d）所示。流场速度矢量图如图 6 – 167 所示。

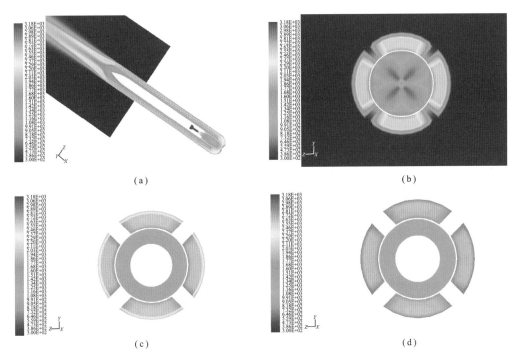

图 6 – 166　不同位置的温度云图

（a）发射筒全流场温度云图；（b）轴向位置 $X=0$ m 处温度云图；
（c）轴向位置 $X=0.5$ m 处温度云图；（d）轴向位置 $X=1$ m 处温度云图

从图 6 – 166 中可以看出，由于纵梁以及内筒负压的存在，筒口处向内抽吸低温混合气体，从而导弹点火 100 ms 时刻，内筒和弹之间仍为低温气体，很好地保护了导弹。同时，内筒与导弹之间的低温气体和发动机喷出的高温燃气混合后，从内外筒之间排出，降低了内外筒之间排出的气体温度。筒口处内外筒之间的平均温度为 2 432 K，内筒由于筒口处的引射作用，其最高温度为 1 430 K，平均温度为 934 K。筒内距离筒口 0.5 m 处，内外筒之间的平均温度为 2 644 K。内筒由于筒口处的引射作用，其最高温度为 1 430 K，平均温度为 968.3 K。筒内距离筒口 1 m 处，内外筒之间的平均温度为 2 666 K，内筒由于筒口处的引射作用，其最高温度为 1 040 K，平均温度为 973.3 K。

内筒各个位置的平均温度相对于筒口处添加导流的方案中内筒温度有较大升高，这是由于筒口处的空气和内外筒之间排出的燃气混合后进入内筒，混合气体温度较高。

从图 6-167 中可以看出，筒口周围的空气由于筒口的引射作用而向上流动，同时，由于内筒负压以及纵梁的存在，内筒处的气体向内流动，筒口处的引射现象明显，从而降低了内筒和导弹之间气体的温度。

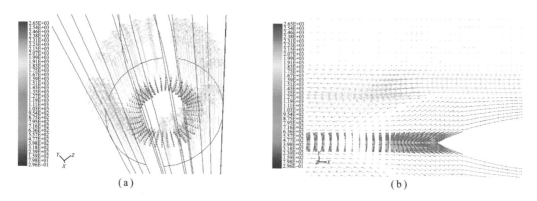

图 6-167　导弹点火 100 ms 时发射筒横截面及筒口处速度矢量分布

(a) 横截面处；(b) 筒口处

（2）导弹点火 200 ms 时流场温度及速度矢量图。

此时，导弹向前运动了 625 mm，此时的发射筒全流场温度分布如图 6-168 (a) 所示，轴向位置 $X = 0$ m、$X = 0.5$ m、$X = 1$ m 处温度分布分别如图 6-168 (b)、图 6-168 (c)、图 6-168 (d) 所示。流场速度矢量图如图 6-169 所示。

从图 6-168 中可以看出，由于纵梁以及内筒负压的存在，筒口处向内抽吸低温混合气体，从而导弹点火 200 ms 时刻，内筒和弹之间仍为低温气体，但是相对于筒口添加导流装置的方案五中内筒和导弹之间的气体温度已经大大上升。内筒与导弹之间的气体和发动机喷出的高温燃气混合后，从内外筒之间排出，降低了内外筒之间排出的气体温度。

筒口处内外筒之间的平均温度为 2 424 K，内筒由于筒口处的引射作用，其最高温度为 2 100 K，平均温度为 1 079 K。筒内距离筒口 0.5 m 处，内外筒之间的平均温度为 2 620 K，内筒由于筒口处的引射作用，其最高温度为 1 530 K，平均温度为 1 026 K。筒内距离筒口 1 m 处，内外筒之间的平均温度为 2 642 K。内筒由于筒口处的引射作用，其最高温度为 1 300 K，平均温度为 1 050 K。内筒各个位置的平均温度相对于筒口处添加导流的方案中内筒温度都有较大升高，这是由于筒口处的空气和内外筒之间排出的燃气混合后进入内筒，而混合气体温度较高。

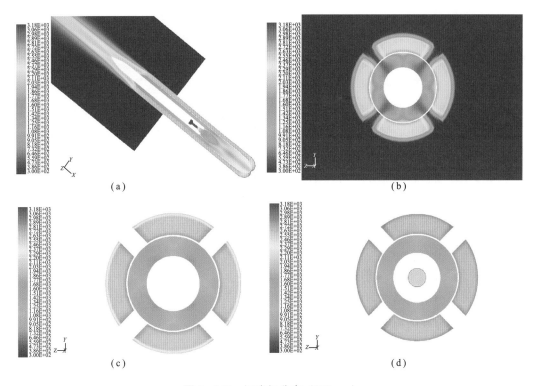

图 6 - 168　温度场分布（200 ms）

（a）发射筒全流场温度云图；（b）轴向位置 $X = 0$ m 处温度云图；

（c）轴向位置 $X = 0.5$ m 处温度云图；（d）轴向位置 $X = 1$ m 处温度云图

　　从图 6 - 169 中可以看出，由于内筒负压以及纵梁的存在，同心筒外的空气向内流动，内筒处的气体沿内筒空间向下流动，从而降低了内筒和弹之间气体的温度。图 6 - 169 清楚地显示了引射流动的规律，在弹与筒之间，引射气流由上向下流动；在内外筒之间，气流由下向上流动。

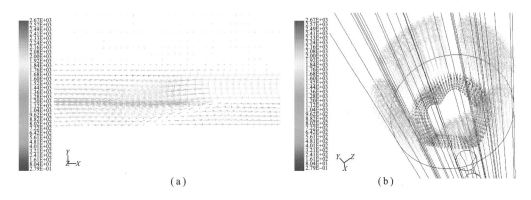

图 6 - 169　导弹点火 200 ms 时发射筒出口处和发射筒内速度矢量分布

（a）出口处；（b）发射筒内

（3）小结。

综合上述分析，对于内外筒间隙45 mm、"桥"梁宽度40 mm，筒口不添加导流装置的引射同心筒方案，可以得到如下结论：

①该方案下，筒口的引射现象明显。

②内筒内的低温空气和发动机喷出的高温燃气混合后，从内外筒之间排出，降低了从内外筒之间排出的气体温度，从而降低了导弹出筒部分周围气体的温度，较好地保护了导弹的出筒部分。

③该工况下，在导弹发射过程中，内筒和导弹之间的最高温升在800 K以下，导弹在筒内部分的发射热力学环境相对于内外筒间隙45 mm、"桥"梁宽度40 mm，筒口添加导流装置的方案较为恶劣，而相对于没有添加纵梁的计算工况，内筒和弹之间温度升高还是较低的。

2. 具有2根"桥"梁的引射同心筒数值计算

在导弹没有启动之前，采用非定常三维计算方法，导弹启动后，采用准定常计算方法，即根据导弹的运动规律，固定导弹的运动位置，再完成流场的计算。共计算了导弹在5个时刻燃气流场的分布情况，具体如下。

（1）导弹点火100 ms时流场温度云图及速度矢量图。

从图6-170中可以看出，由于纵梁以及内筒负压的存在，筒口处向内抽吸低温混

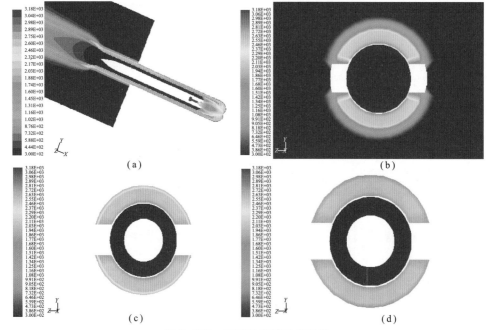

图6-170 不同位置的温度云图

（a）发射筒全流场温度云图；（b）轴向位置 $X=0$ m处温度云图；
（c）轴向位置 $X=0.5$ m处温度云图；（d）轴向位置 $X=1$ m处温度云图

合气体，故导弹点火 100 ms 时刻，内筒和弹间仍为低温气体，很好地保护了导弹。同时，内筒和弹之间的低温气体与发动机喷出的高温燃气混合后，从内外筒之间排出，降低了内外筒之间排出的气体温度。内外筒之间的平均温度为 2 500 K 左右。内筒由于筒口处的引射作用，平均温度为 500 K 左右，内筒和弹之间的热力学环境良好。

从图 6 - 171 中可以看到，2 根 "桥" 梁方案下，筒口纵梁处的引射现象明显。

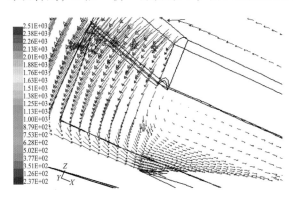

图 6 - 171　导弹点火 100 ms 时引射筒筒口处的流场速度矢量图

（2）导弹点火 150 ms 时流场温度云图及速度矢量图。

由温度分布图 6 - 172 可以清楚地看出，弹与内筒之间的气体温度为 300 K 左右，内筒与外筒之间的气体温度为 2 600 K 左右，说明引射同心筒流动现象非常明显，即空气经过筒口 2 根 "桥" 梁的上方被源源不断地吸入弹与内筒之间，形成引射流动。由于在该工况发射筒口加装了筒口导流装置，使得被吸入的高温燃气非常少，即导弹与内筒之间的气体几乎全是从发射筒外界吸入的空气。引射空气由上向下流经弹体后，再与由发动机喷出的高温燃气进行混合，对高温燃气起到降温的作用，使得由内外筒排出的气流温度为 2 600 K 左右。如果没有引射气流的降温，排出气流温度应该在 3 100 K 左右。

从图 6 - 173 中可以看到，2 根 "桥" 梁方案下，发动机点火 150 ms 时刻，筒口 "桥" 梁处的引射现象明显。

（3）导弹点火 200 ms 时流场温度云图及速度矢量图。

由图 6 - 174 可以清楚地看出，弹与内筒之间的气体温度为 300 K 左右，内筒与外筒之间的气体温度为 2 600 K 左右，说明引射同心筒流动现象非常明显，即空气经过筒口 2 根 "桥" 梁的上方被源源不断地吸入弹与内筒之间，形成引射流动。由于在该工况发射筒口加装了筒口导流装置，使得被吸入的高温燃气非常少，即导弹与内筒之间的气体几乎全是从发射筒外界吸入的空气。引射空气由上向下流经弹体后，再与由发动机喷出的高温燃气进行混合，对高温燃气起到降温的作用，使得由内外筒排出的气流温度为 2 600 K 左右，相对发动机总温降低了 500 K 左右。

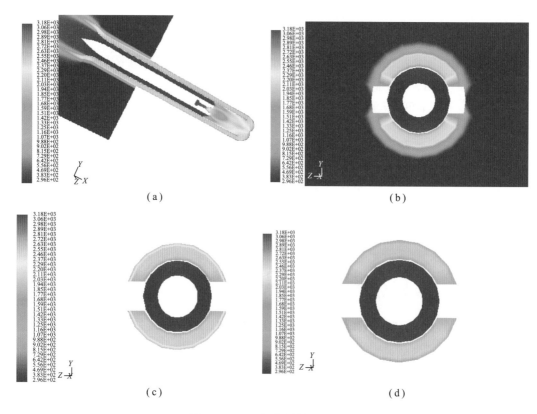

图 6-172　不同位置的温度云图

（a）发射筒全流场温度云图；（b）轴向位置 $X = 0$ m 处温度云图；
（c）轴向位置 $X = 0.5$ m 处温度云图；（d）轴向位置 $X = 1$ m 处温度云图

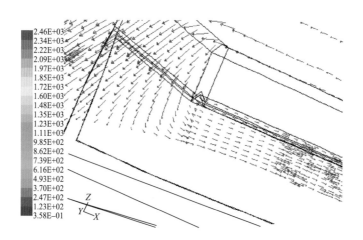

图 6-173　导弹点火 150 ms 时引射筒筒口处的流场速度矢量图

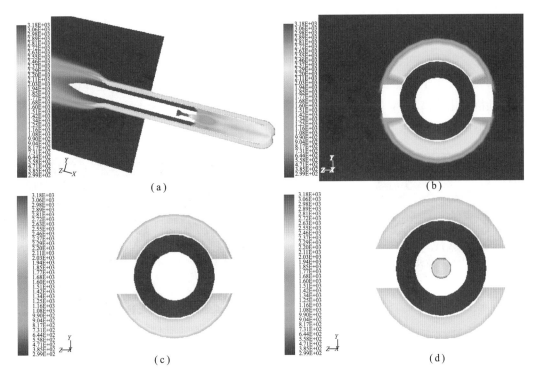

图 6-174　不同位置的温度云图

（a）发射筒全流场温度云图；（b）轴向位置 $X=0$ m 处温度云图；

（c）轴向位置 $X=0.5$ m 处温度云图；（d）轴向位置 $X=1$ m 处温度云图

从图 6-175 中可以看到，2 根"桥"梁方案下，发动机点火 200 ms 时刻，筒口"桥"梁处的引射现象明显。

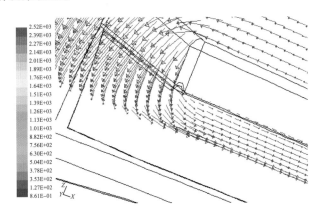

图 6-175　导弹点火 200 ms 时引射筒筒口处的流场速度矢量

（4）导弹点火 250 ms 时流场温度云图及速度矢量图。

由图 6-176 可以清楚地看出，弹与内筒之间的气体温度为 300 K 左右，内筒与外筒之间的气体温度为 2 600 K 左右，说明引射同心筒流动现象非常明显，即空气经过筒口 2 根"桥"梁的上方被源源不断地吸入弹与内筒之间，形成引射流动。同时，由于在该方案发射筒口加装了筒口导流装置，使得被吸入的高温燃气非常少，导弹与内筒之间的气体几乎全是从发射筒外界吸入的空气。引射空气由上向下流经弹体后，再与由发动机喷出的高温燃气进行混合，对高温燃气起到降温的作用，使得由内外筒排出的气流温度为 2 600 K 左右，相对发动机总温降低了 500 K 左右。

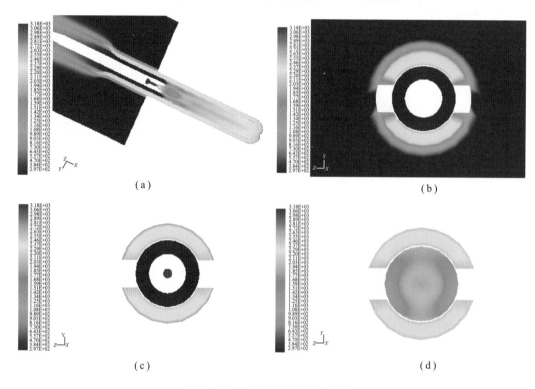

(a) (b)

(c) (d)

图 6 - 176 不同位置的温度云图

(a) 发射筒全流场温度云图；(b) 轴向位置 $X = 0$ m 处温度云图；
(c) 轴向位置 $X = 0.5$ m 处温度云图；(d) 轴向位置 $X = 1$ m 处温度云图

从图 6 - 177 中可以看到，2 根"桥"梁方案下，发动机点火 250 ms 时刻，筒口"桥"梁处的引射现象明显。

（5）导弹点火 300 ms 时流场温度云图及速度矢量图。

从图 6 - 178 中可以看出，由于筒口纵梁的引射作用，发动机喷管出口面以上的区域内仍然为 300 K 左右的低温气体；而由于筒口纵梁的存在，导弹运动出筒部分周围气体的温度同样很低，在 1 000 K 左右，大大降低了导弹出筒部分周围的温度。由于筒口吸入的低温空气和发动机喷出的高温燃气混合后从内外筒之间排出，故内外筒之间的温度也在 2 500 K 左右，相对发动机总温降低了 600 K 左右。

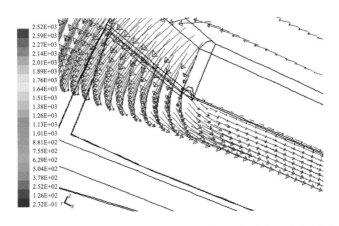

图 6 - 177　导弹点火 250 ms 时引射筒筒口处的流场速度矢量图

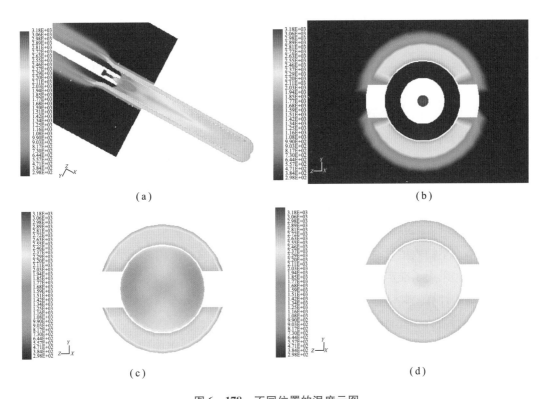

图 6 - 178　不同位置的温度云图

（a）发射筒全流场温度云图；（b）轴向位置 $X = 0$ m 处温度云图；

（c）轴向位置 $X = 0.5$ m 处温度云图；（d）轴向位置 $X = 1$ m 处温度云图

从图 6 - 179 中可以看到，在 2 根"桥"梁方案下，发动机点火 300 ms 时刻，筒口"桥"梁处的引射现象明显。

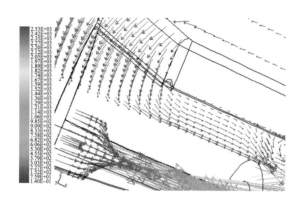

图 6 – 179　导弹点火 300 ms 时引射筒筒口处的流场速度矢量图

（6）小结。

由导弹点火过程的三维非定常计算和导弹在 5 个特征位置处的准定常计算可以得出以下结论：

①内外筒间隙 45 mm、梁宽 80 mm 引射同心筒（出口带导流）筒口处存在引射现象。

②由于加装了筒口导流装置，由内外筒之间排出的高温燃气很少被引射进入导弹与内筒之间的通道内，使得导弹和内筒之间的气体温度一直在 300 K 左右。

③加大"桥"梁的宽度、减少"桥"梁的数量同样可以达到降低导弹周围气体温度的目的。

3. 具有 3 根"桥"梁的引射同心筒研究

1）内外筒间隙 30 mm、梁宽 48 mm 引射同心筒数值计算

对于本方案的数值计算，同样在导弹没有启动之前，采用非定常三维计算方法，导弹启动后，采用了准定常计算方法，即根据导弹的运动规律，固定导弹的运动位置，再完成流场的计算。共计算了导弹在两个时刻燃气流场的分布情况，具体如下。

（1）导弹点火 100 ms 时流场温度及速度矢量图。

此时，导弹向上运动了 118 mm，发射筒内流场温度分布如图 6 – 180（a）所示，轴向位置 $X=0$ m 处温度云图如图 6 – 180（b）所示。$X=0.5$ m 处和引射筒筒口处流场速度矢量图如图 6 – 181 所示。

由图 6 – 180 可以看出，由于内外筒之间燃气排导面积过小，虽然有纵梁的存在，燃气还是反射到了筒口处，导弹在筒内部分完全被高温燃气包围，内外筒之间的最高温度均为 3 100 K 左右，导弹的发射环境恶劣。

由图 6 – 181 可以看到，本方案下，发动机点火 100 ms 时刻，内筒和弹之间的反射现象明显，从而导致内筒和弹之间的温度达到了发动机总温，导弹发射环境恶劣。

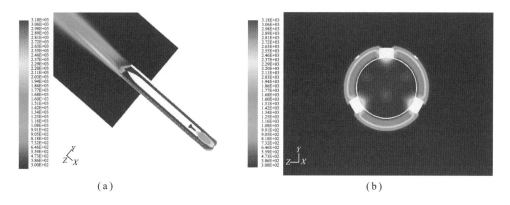

(a)   (b)

图 6 – 180　不同位置的温度云图（100 ms）

（a）发射筒全流场温度云图；（b）轴向位置 $X = 0$ m 处温度云图

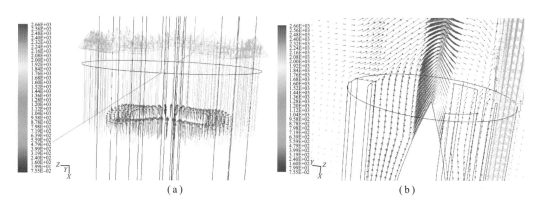

(a)   (b)

图 6 – 181　筒内距离筒口 0.5 m 处以及引射筒筒口处速度矢量分布（100 ms）

（a）筒内距离筒口 0.5 m 处；（b）引射筒筒口处

（2）导弹点火 200 ms 时流场温度及速度矢量图。

此时，导弹向前运动了 625 mm，发射筒全流场温度分布如图 6 – 182（a）所示，轴向位置 $X = 0$ m 处温度如图 6 – 182（b）所示。$X = 0.5$ m 处和发射筒筒口处气流速度矢量如图 6 – 183 所示。

由图 6 – 182 可以看出，由于内外筒之间燃气排导面积过小，虽然有纵梁的存在，燃气还是反射到了筒口处，导弹在筒内部分完全被高温燃气包围，内外筒之间的最高温度均为 3 100 K 左右，导弹的发射环境恶劣。

由图 6 – 183 可以看到，本方案下，发动机点火 200 ms 时刻，内筒和导弹之间的反射现象明显，从而导致内筒和导弹之间的温度达到了发动机总温，导弹发射环境恶劣。

（3）小结。

由导弹点火过程的三维非定常计算和导弹在两个特征位置处的准定常计算可以得出以下结论：

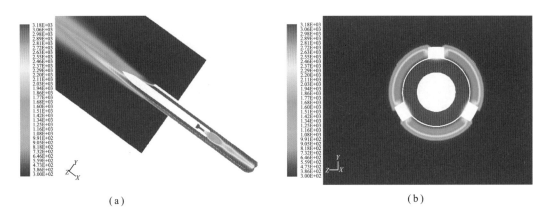

(a)   (b)

图 6 – 182　温度场分布（200 ms）

（a）发射筒全流场温度云图；（b）轴向位置 $X = 0$ m 处温度云图

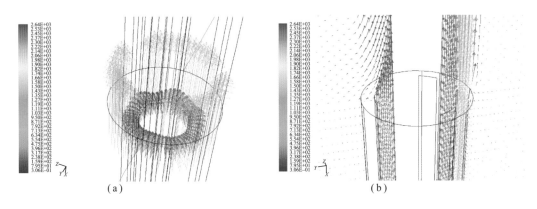

(a)   (b)

图 6 – 183　筒内距离筒口 0.5 m 处以及发射筒筒口处速度矢量分布（200 ms）

（a）筒内距筒口 0.5 m 处；（b）发射筒筒口处

①该工况下，由于内外筒之间排导燃气的空间过小，内筒和弹之间的反射现象明显。

②该工况下，内筒和导弹之间的区域完全被高温气体包围，不能达到降低内筒温度的目的。

③为了达到降低内筒温度的目的，对于引射同心筒的设计，应该增加内外筒间隙或减小"桥"梁宽度。

2）内外筒间隙 40 mm、梁宽 71 mm 引射同心筒的数值计算

对于本方案的数值计算，同样在导弹没有启动之前，采用非定常三维计算方法，导弹启动后，采用准定常计算方法，即根据导弹的运动规律，固定导弹的运动位置，再完成流场的计算。共计算了导弹在两个时刻燃气流场的分布情况，具体如下：

（1）导弹点火 100 ms 时流场温度场及速度矢量图。

此时，导弹向上运动了 118 mm，发射筒内流场温度分布如图 6 – 184 （a） 所示，轴向位置 $X = 0$ m、$X = 0.5$ m、$X = 1$ m 处温度云图分别如图 6 – 184 （b）、图 6 – 184 （c）、图 6 – 184 （d） 所示。流场速度矢量如图 6 – 185 所示。

从图 6 – 184 中可以看出，筒底部产生了部分反射，但是反射的燃气并没有到达筒口，而是和内筒低温气体混合后返回筒底，和喷管喷出的燃气混合后从内外筒之间排出，降低了内外筒之间排导气体的温度。

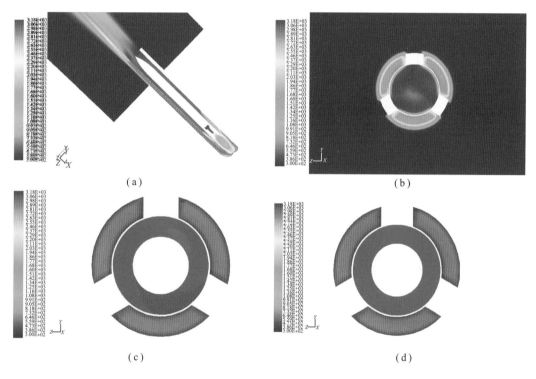

（a）　　　　　　　　　　　　　　　　　　（b）

（c）　　　　　　　　　　　　　　　　　　（d）

图 6 – 184　不同位置的温度云图 （100 ms）

（a） 发射筒全流场温度云图；（b） 轴向位置 $X = 0$ m 处温度云图；
（c） 轴向位置 $X = 0.5$ m 处温度云图；（d） 轴向位置 $X = 1$ m 处温度云图

该时刻筒口处内外筒之间的温度较为均匀，平均温度 2 804 K。内筒由于上部纵梁处反射的燃气到达筒口，其最高温度达到 649 K，而平均温度为 508 K。筒内距离筒口 0.5 m 处，内外筒之间的平均温度为 2 935 K，而内筒内依然为低温气体，且温度分布较为均匀，其最高温度为 561 K，平均温度也达到了 542 K。筒内距离筒口 1 m 处，内外筒之间的平均温度已经达到了 2 965 K，而内筒依然为低温气体，并且温度分布较为均匀，内筒内的最高温度为 549 K 左右，平均温度为 543 K。

从图 6 – 185 中可以看出，筒口处 "桥" 梁处有引射现象。

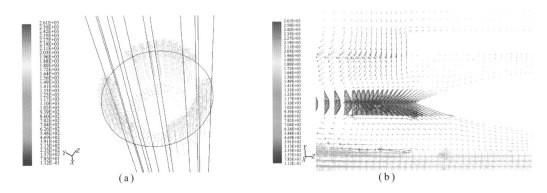

图 6 – 185　导弹点火 100 ms 时发射筒横截面及筒口处速度矢量分布

(a) 横截面处；(b) 筒口处

(2) 导弹点火 200 ms 时流场温度及速度矢量图。

此时，导弹向前运动了 625 mm，发射筒全流场温度分布如图 6 – 186 (a) 所示，轴向位置 $X = 0$ m、$X = 0.5$ m、$X = 1$ m 处温度分布分别如图 6 – 186 (b)、图 6 – 186 (c)、图 6 – 186 (d) 所示。气流速度矢量如图 6 – 187 所示。

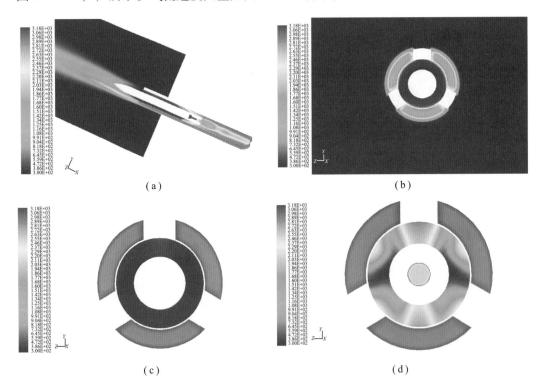

图 6 – 186　温度场分布 (200 ms)

(a) 发射筒全流场温度云图；(b) 轴向位置 $X = 0$ m 处温度云图；

(c) 轴向位置 $X = 0.5$ m 处温度云图；(d) 轴向位置 $X = 1$ m 处温度云图

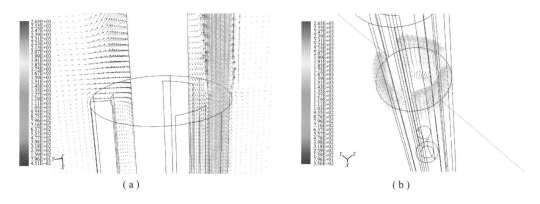

图 6 - 187   发射筒筒口处和发射筒内速度矢量分布（200 ms）

（a）筒口处；（b）筒内

从图 6 - 186 中可以看出，发动机点火 200 ms 时刻，内筒和导弹之间已经开始有燃气的反射现象出现。但是反射的燃气并没有到达筒口，而是和内筒的低温空气混合后再次向下运动，和喷管喷出的高温燃气混合后从内外筒之间排出，降低了内外筒之间排出燃气的温度。

筒口处内外筒之间的平均温度为 2 754 K，内筒由于筒口处的引射作用，其平均温度为 393 K，最高温度为 479 K。由于燃气和低温气体混合后才从内外筒之间排出，筒内距离筒口 0.5 m 处内外筒之间的平均温度为 2 879 K，内筒由于筒口处的引射作用，其平均温度为 395 K，最高温度为 663 K。筒内距离筒口 1 m 处内外筒之间的平均温度为 2 879 K，内筒反射的燃气到达该位置，最高温度达到了 2 970 K，其平均温度为 1 723 K，导弹的发射环境相对良好。

从图 6 - 187 中可以看出，该方案下筒口处存在引射现象。

（3）小结。

由导弹点火过程的三维非定常计算和导弹在两个特征位置处的准定常计算可以得出以下结论：

①该工况下，内筒筒口处测点的压力为负值。

②该工况下，发动机点火 100 ms 和 200 ms 时刻，内筒和导弹之间由于内筒负压以及纵梁结构的存在，筒口处向内引射低温气体，所以，内筒和导弹之间的大部分空间内温度较低。

③该计算工况下，100 ms 和 200 ms 时刻底部都产生了反射现象，但是反射的燃气都没有到达筒口，而是和内筒的低温气体混合后再次返回排筒底部，与发动机喷出的高温燃气混合后从内外筒之间排出，降低了内外筒之间气体的温度。

④证明了新型同心筒结构设计的正确性，同时内筒温度上升较低，可以满足设计要求。

4. 具有8根"桥"梁的引射同心筒（出口带导流）数值模拟

为了研究梁的数量对引射同心筒发射导弹的影响，采用了8根"桥"梁的方案，以内外筒间隙为45 mm、每根梁宽20 mm为例，对其发射导弹过程中的燃气射流流场进行了数值模拟。在导弹未动前，采用了非定常计算方法，在导弹运动后，采用了准定常计算方法。对导弹在5个特征时刻的流场进行了三维数值模拟，具体计算结果如下：

（1）导弹点火100 ms时流场温度分布及速度矢量图。

导弹向上运动了118 mm，发射筒内流场温度分布如图6-188（a）所示，轴向位置 $X=0$ m、$X=0.5$ m、$X=1$ m处温度云图分别如图6-188（b）、图6-188（c）、图6-188（d）所示。流场速度矢量如图6-189所示。

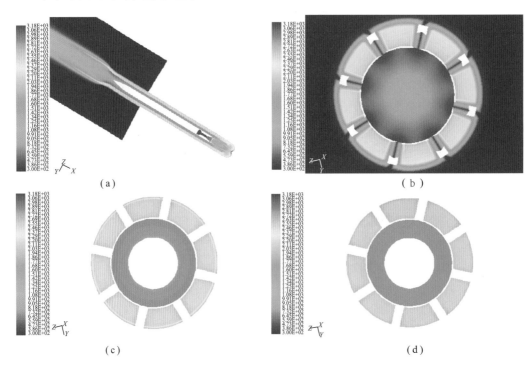

（a）   （b）

（c）   （d）

图6-188　不同位置的温度云图

（a）发射筒全流场温度云图；（b）轴向位置 $X=0$ m处温度云图；

（c）轴向位置 $X=0.5$ m处温度云图；（d）轴向位置 $X=1$ m处温度云图

从图6-188中可以看出，由于纵梁以及内筒负压的存在，筒口处向内抽吸低温混合气体，从而导弹点火100 ms时刻，内筒和弹之间仍为低温气体，很好地保护了导弹。同时，内筒和导弹之间的低温气体与发动机喷出的高温燃气混合后，从内外筒之间排出，降低了内外筒之间排出的气体温度。内外筒之间的平均温度为2 700 K左右，内筒由于筒口处的引射作用，平均温度为800 K左右，导弹的发射环境良好。

从图6-189中可以看出，该方案下筒口"桥"梁处存在引射现象。

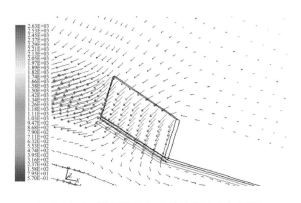

图 6 - 189   引射筒筒口处的流场速度矢量图

（2）导弹点火 150 ms 时流场温度云图及速度矢量图。

从图 6 - 190 中可以看出，由于筒口处引射现象的存在，从而导弹点火 150 ms 时刻，内筒和弹之间仍为低温气体，很好地保护了导弹。同时，内筒和导弹之间的低温气体与发动机喷出的高温燃气混合后，从内外筒之间排出，降低了内外筒之间排出的气体温度。内外筒之间的平均温度为 2 700 K 左右，内筒和弹之间平均温度为 800 K 左右，导弹的发射环境良好。

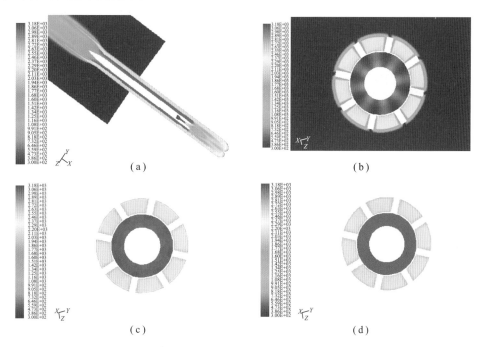

图 6 - 190   不同位置的温度云图

（a）发射筒全流场温度云图；（b）轴向位置 $X = 0$ m 处温度云图；

（c）轴向位置 $X = 0.5$ m 处温度云图；（d）轴向位置 $X = 1$ m 处温度云图

从图 6 – 191 中可以看出，该方案下筒口"桥"梁处存在引射现象。

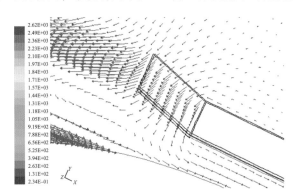

图 6 – 191　引射筒筒口处的流场速度矢量图

（3）导弹点火 200 ms 时流场温度云图及速度矢量图。

从图 6 – 192 可以看出，由于筒口引射现象的存在，发动机点火 200 ms 时刻，内筒和导弹之间仍然为低温混合气体，平均温度为 600 K 左右。同时，由于内筒与导弹之间的低温气体和发动机喷出的高温燃气混合后经底部反射后从内外筒之间排出，内外

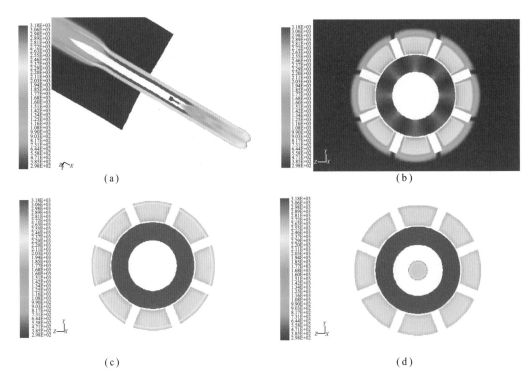

（a）　　　　　　　　　　　（b）

（c）　　　　　　　　　　　（d）

图 6 – 192　不同位置的温度云图

（a）发射筒全流场温度云图；（b）轴向位置 $X=0$ m 处温度云图；

（c）轴向位置 $X=0.5$ m 处温度云图；（d）轴向位置 $X=1$ m 处温度云图

筒之间的温度为 2 700 K 左右，这样就降低了导弹出筒部分周围气体的温度，较好地保护了导弹的出筒部分。如果没有"桥"梁的存在，导弹在筒内部分以及出筒部分周围气体的温度都在 3 000 K 左右。

从图 6-193 中可以看出，该方案下筒口"桥"梁处的引射现象明显。

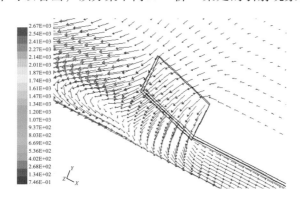

图 6-193　引射筒筒口处的流场速度矢量图

（4）导弹点火 250 ms 时流场温度云图及速度矢量图。

从图 6-194 可以看出，发动机点火 250 ms 时刻，由于筒口的引射现象，内筒和弹

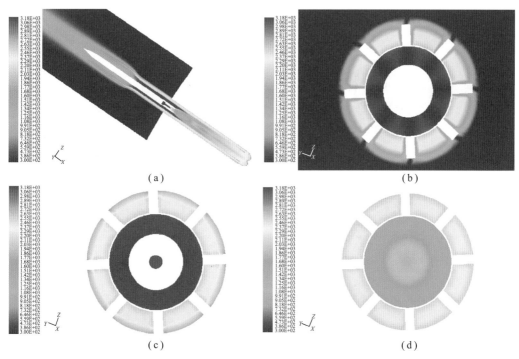

（a）　　　　　　　　　　　　　　（b）

（c）　　　　　　　　　　　　　　（d）

图 6-194　不同位置的温度云图

（a）发射筒全流场温度云图；（b）轴向位置 $X=0$ m 处温度云图；
（c）轴向位置 $X=0.5$ m 处温度云图；（d）轴向位置 $X=1$ m 处温度云图

之间仍然为低温气体，其平均温度为 600 K 左右，内外筒之间的平均温度为 2 600 K 左右，导弹出筒部分周围的气体温度为 1 500 K 左右。导弹的发射环境依然良好。

从图 6 – 195 中可以看出，该时刻本方案下筒口"桥"梁处的引射现象依然明显。

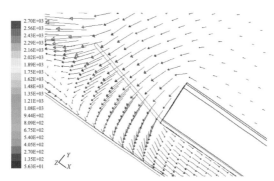

图 6 – 195　引射筒筒口处的流场速度矢量图

（5）导弹点火 300 ms 时流场温度云图及速度矢量图。

从图 6 – 196 中可以看出，发动机点火 300 ms 时刻，导弹大部分已经运动出筒，发动机之前的内筒和导弹之间区域内由于筒口的引射作用，依然保持低温，平均温度为 800 K 左右，导弹出筒部分周围的气体温度为 1 500 K 左右，导弹的热力学环境相对良好。

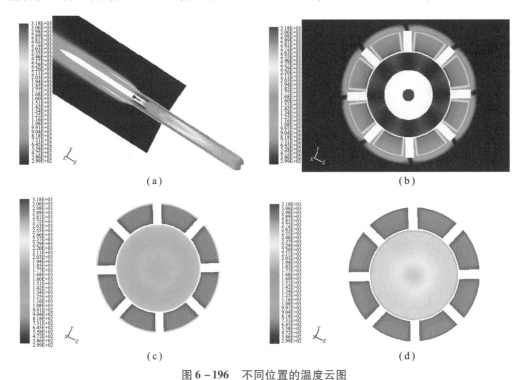

(a)　　　　　　　　　　　　　　(b)

(c)　　　　　　　　　　　　　　(d)

图 6 – 196　不同位置的温度云图

（a）发射筒全流场温度云图；（b）轴向位置 $X = 0$ m 处温度云图；
（c）轴向位置 $X = 0.5$ m 处温度云图；（d）轴向位置 $X = 1$ m 处温度云图

从图 6 – 197 中可以看出，发动机点火 300 ms 时刻，本方案下筒口"桥"梁处的引射现象依然明显。

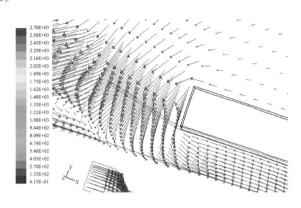

图 6 – 197　引射筒筒口处的流场速度矢量图

（6）小结。

综上所述，针对 8 根"桥"梁的仿真工况，可以得到如下结论：

①内外筒间隙 45 mm、梁宽 20 mm 引射同心筒（出口带导流）筒口处存在引射现象。

②本方案下，内筒和导弹之间气体的温度相对 2 根和 4 根"桥"梁方案下内筒和弹之间的温度都有所上升。

③减小"桥"梁的宽度、增加"桥"梁的数量可以达到降低导弹周围气体温度的目的。

5. 研究甲板面对发射过程的影响

由于同心筒将要装备的是军舰，因此，研究甲板对发射过程的影响非常必要，采用 4 根"桥"梁的方案，以内外筒间隙为 45 mm、梁宽 40 mm 为例，对其发射导弹过程中的燃气射流流场进行了数值模拟。在导弹未动前，采用了非定常计算方法，在导弹运动后，采用了准定常计算方法，对导弹在 3 个特征时刻的流场进行了三维数值模拟。

（1）甲板的位置示意图。

甲板上表面与同心筒筒口导流装置的底部平齐，仿真中甲板的位置如图 6 – 198 所示。

（2）导弹点火 100 ms 时流场温度云图。

从图 6 – 199 中可以看出，仿真中添加甲板后，内筒和弹之间在不同的位置依然为 400 K 以下的低温气体。甲板对引射同心筒的影响较小，导弹周围的热力学环境良好。

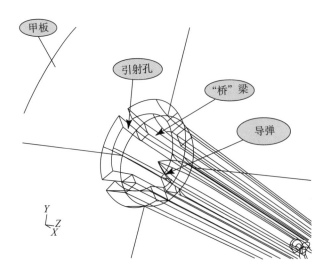

图 6 – 198　甲板位置示意图

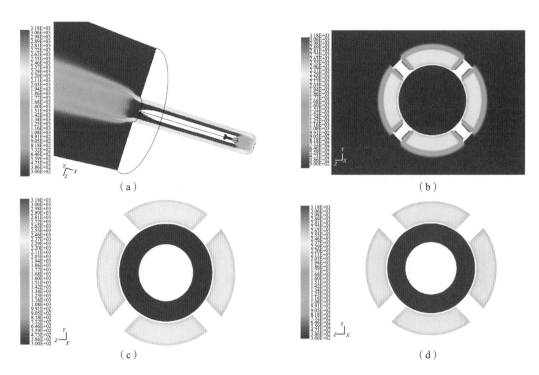

图 6 – 199　不同位置的温度云图

（a）整体温度云图；（b）甲板平面上温度云图；

（c）筒内距离甲板平面 0.5 m 处温度云图；（d）筒内距离甲板平面 1 m 处温度云图

由图 6 – 200 中可见，筒口处的引射现象明显，正是由于该处的引射作用，内筒和导弹之间才得以保持低温。

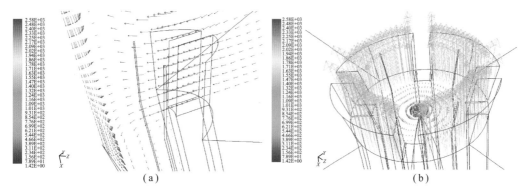

图 6 - 200　筒口处的速度矢量图

（a）甲板面筒口处速度矢量图；（b）发射箱筒口处速度矢量图

（3）导弹点火 200 ms 时流场温度云图。

从图 6 - 201 中可以看出，仿真中添加甲板后，导弹发动机点火 200 ms 时刻，内筒和导弹之间在不同的位置依然为 400 K 以下的低温气体。甲板对引射同心筒的影响较小，导弹周围的热力学环境良好。

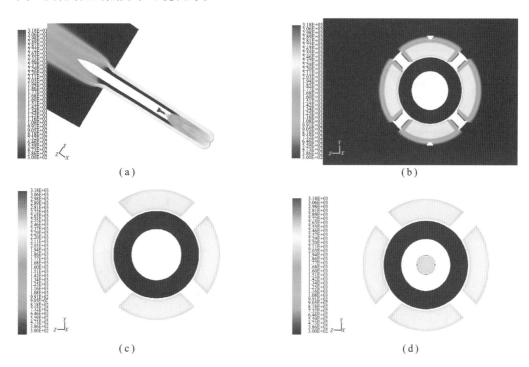

图 6 - 201　不同位置的温度云图

（a）整体温度云图；（b）甲板平面温度云图；

（c）筒内距离甲板平面 0.5 m 处温度云图；（d）筒内距离甲板平面 1 m 处温度云图

由图 6 - 202 中可见，筒口处的引射现象明显，正是由于该处的引射作用，内筒和导弹之间才得以保持低温。

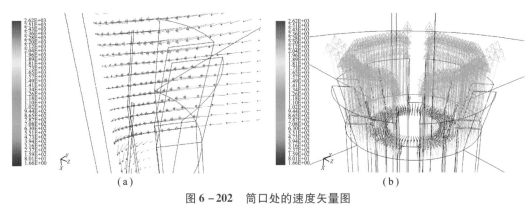

(a)   (b)

图 6-202　筒口处的速度矢量图

(a) 甲板面筒口处速度矢量图；(b) 发射箱筒口处速度矢量图

（4）导弹点火 300 ms 时流场温度云图。

从图 6-203 中可以看出，仿真中添加甲板后，导弹发动机点火 300 ms 时刻，内筒和导弹之间在发动机喷管出口面以上位置处依然为 400 K 以下的低温气体。甲板对引射同心筒的影响较小，导弹周围的热力学环境良好。

从图 6-204 中可以看出，筒口处的引射现象依然明显，甲板对筒口处引射影响较小。

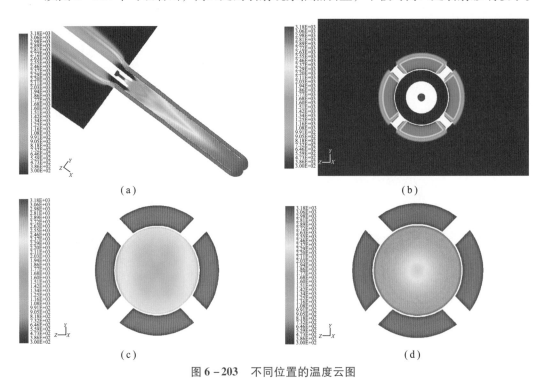

(a)   (b)

(c)   (d)

图 6-203　不同位置的温度云图

(a) 整体温度云图；(b) 甲板平面温度云图；

(c) 筒内距离甲板 0.5 m 处的温度云图；(d) 筒内距离甲板 1 m 处的温度云图

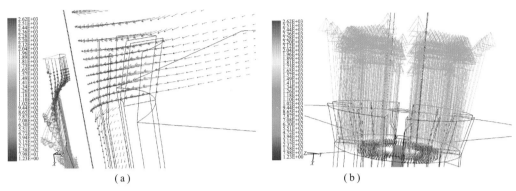

图 6 – 204　筒口处的速度矢量图

（a）甲板面筒口处速度矢量图；（b）发射箱筒口处速度矢量图

（5）小结。

综上所述，甲板面对导弹发射过程影响较小，导弹发射过程中，内筒和导弹之间依然为 400 K 以下的低温气体，导弹的发射环境良好。

6. 引射同心筒的发射筒口不带导流时的非定常数值模拟

（1）导弹点火 100 ms 时刻结果。

从图 6 – 205 中可以看出，发动机点火 100 ms 时刻内筒和导弹之间为低温气体，

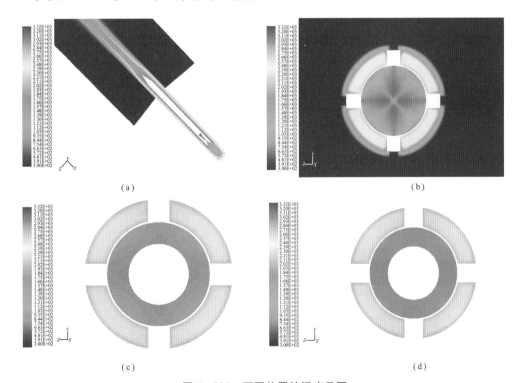

图 6 – 205　不同位置的温度云图

（a）整体温度云图；（b）筒口处的温度云图；（c）筒口以下 0.5 m 处的温度云图；（d）筒口以下 1 m 处的温度云图

其温度大概在 900 K 左右。这是由于筒口没有添加导流装置，从而筒口吸入的为空气和内外筒之间排出的燃气的混合气体，使内筒和导弹之间的温度达到了 900 K。该部分混合气体和发动机喷出的燃气混合后，从内外筒之间排出，使内外筒之间的温度也降低到了 2 500 K 左右，这样可以降低导弹出筒部分周围气体的温度。

筒口处内筒内仍然为低温气体（即燃气和空气的混合气体），内筒筒口下部直到导弹底部的区域内均为低温气体，其温度为 900 K 左右，对导弹发射过程中的热力学环境改善明显。

从筒口纵梁处的速度矢量图（图 6 - 206）可以看出，由于内筒的压力为负压，筒口从纵梁处向内筒抽吸空气，可以很好地降低筒内的温度，引射现象明显。

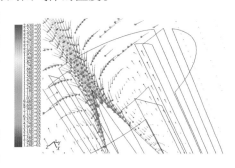

图 6 - 206　筒口纵梁处的速度矢量图

（2）导弹点火 150 ms 时刻结果。

发动机点火 150 ms 时刻，由于筒口引射口的存在，内筒和导弹之间仍然为低温气体，温度为 700 K 左右，为导弹的发射提供了较好的热力学环境，同时，导弹运动出筒部分周围气体的温度也在 900 K 左右。

从图 6 - 207 中可以看出，内筒在筒口处依然为低温气体，其温度大概为 700 K 左右，内筒从筒口向下 1 m 处均为低温气体，说明导弹发射环境良好。

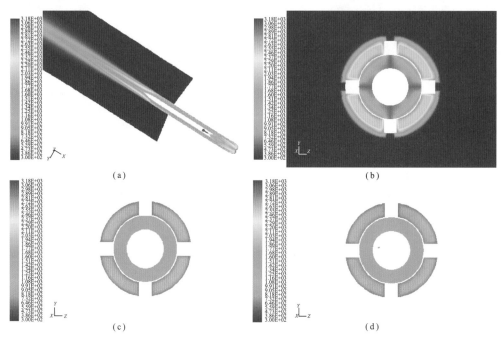

(a)　　　　　　　　　　　　　　　　(b)

(c)　　　　　　　　　　　　　　　　(d)

图 6 - 207　不同位置的温度云图

(a) 整体温度云图；(b) 筒口处的温度云图；(c) 筒口以下 0.5 m 处的温度云图；(d) 筒口以下 1 m 处的温度云图

从图 6 - 208 中可以看出，外部冷空气在筒口的引射作用下，在纵梁处向内筒流动，大大降低了内筒的温度，筒口处的引射现象明显。

（3）导弹点火 200 ms 时刻结果。

导弹点火 200 ms 时刻，由于筒口引射作用的存在，内筒和导弹之间仍然为低温混合气体，气体温度在 900 K 左右。同时，由于该部分

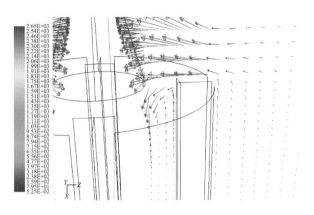

图 6 - 208　筒口纵梁处的速度矢量

混合气体与发动机燃气射流的混合，也降低了内外筒之间的温度，为 2 700 K 左右，而导弹运动出筒部分周围气体的温度为 2 300 K 左右。

从图 6 - 209 中可以看出，发动机点火 200 ms 时刻，内筒从筒口到导弹发动机处的导弹周围均为低温气体，为导弹发射提供了良好的热力学环境。

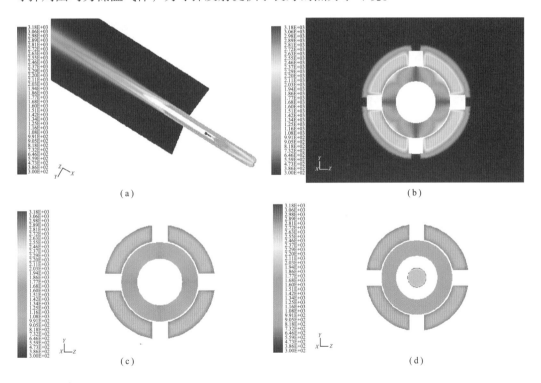

图 6 - 209　同心筒横截面上的温度云图

（a）整体温度云图；（b）筒口处的温度云图；

（c）筒口以下 0.5 m 处的温度云图；（d）筒口以下 1 m 处的温度云图

从图 6-210 可以看出，发动机点火 200 ms 时刻，筒口依然从纵梁处向内抽吸空气，很好地降低了筒内气体的温度，筒口处的引射现象明显。

（4）导弹点火 250 ms 时刻结果。

导弹点火 250 ms 时刻，由于筒口引射入低温混合气体，内筒和导弹之间仍然为低温气体，气体温度在 900 K 左右，导弹运动出筒部分周围气体的温度为 2 300 K 左右。同时，由于低温气体和发

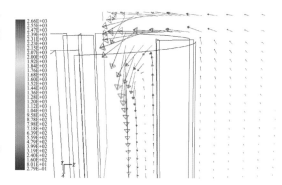

图 6-210　筒口纵梁处的速度矢量图

动机喷出的高温燃气混合后从内外筒之间排出，内外筒之间的温度也得到了较大的降低，为 2 700 K 左右。

从图 6-211 中可以看出，发动机点火 200 ms 时刻，导弹未出筒部分包裹在内筒的低温气体中，为导弹发射提供了良好的热力学环境。

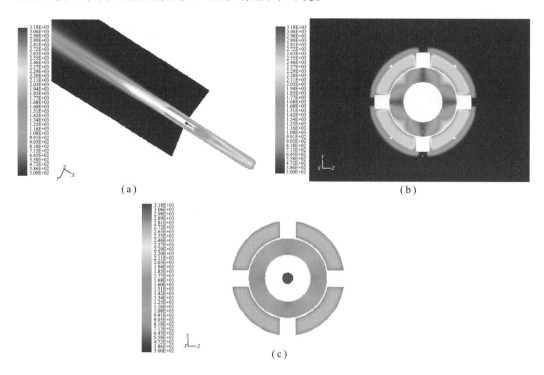

图 6-211　不同位置的温度云图

（a）整体温度云图；（b）筒口处的温度云图；（c）筒口以下 0.5 m 处的温度云图

从图 6-212 可以看出，发动机点火 250 ms 时刻，筒口依然从纵梁处向内抽吸空气，引射现象明显。

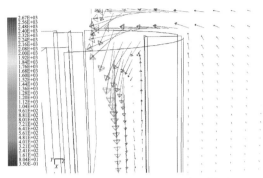

图 6 - 212　筒口纵梁处的速度矢量图

（5）导弹点火 300 ms 时刻结果。

从图 6 - 213 可以看出，导弹点火 300 ms 时刻，内筒和导弹之间仍然为低温气体，气体温度在 800 K 左右，而导弹出筒部分周围的气体温度为 2 300 K 左右。

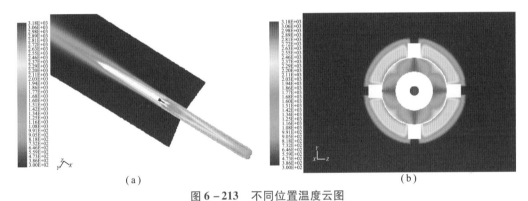

（a）　　　　　　　　　　　　　　　　　　（b）

图 6 - 213　不同位置温度云图

（a）整体温度云图；（b）筒口处的温度云图

由图 6 - 213 可以看出，由于筒口引射入低温混合气体，筒口处导弹周围依然是低温气体。由于导弹已经运动到筒口，发动机喷管以下的内筒区域已经完全成为高温区域。

从图 6 - 214 可以看出，发动机点火 300 ms 时刻，筒口纵梁处在向内筒抽吸空气，引射现象明显。

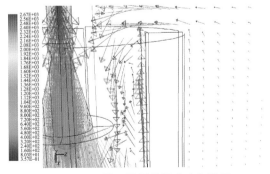

图 6 - 214　筒口纵梁处的速度矢量图

（6）仿真过程各个测点结果。

①测点位置。

仿真计算中根据试验测点的位置设置了相应的测点，见表6-4。

表6-4 测点位置列表

测点名称	X 向位置/mm	Y 向位置/mm
TNS	250	97
TNX	1 410	97
TWS	250	145
TWX	1 410	145
PNS	300	97
PNX	1 460	97
PWS	300	145
PWX	1 460	145
注：表中以筒口圆心为原点，同心筒的轴线向下为 X 的正向，通过纵梁且垂直于 X 轴向上为 Y 轴正向。		

仿真过程中由于布点的误差，将 PWS 和 TWS 测点布到了外筒之外，因此，在后面的讨论中将该两点做抛弃处理，不再赘述。

②温度测点。

从 TNS 测点曲线图 6-215（a）中可以看出，导弹发动机点火 35 ms 左右，内外筒之间的燃气流到达筒口。同时，由于筒口没有添加导流装置，筒口开始向内抽吸冷空气和燃气的混合气体，该测点的温度开始上升到 700 K 左右，之后在导弹运动到该测点前时间内，该测点的温度一直稳定在 700 K 左右，不再上升。导弹运动经过该测点在发动机点火后，该点温度开始急剧上升，最高温度达到了 2 800 K 左右。

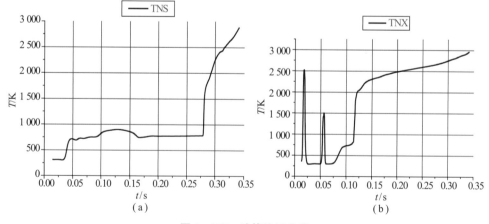

图6-215 计算结果曲线

（a）TNS 测点；（b）TNX 测点

而对于 TNX 测点曲线（图 6 - 215（b）），仿真开始 20 ms 左右，由于燃气的反射，该测点的温度很快上升到 2 500 K 左右。之后，由于发动机的引射作用将筒内的冷空气向下抽吸，该测点的温度很快又下降到 300 K 左右，之后，随着导弹的运动，底部反射的燃气再次到达该测点，使其温度又有一次上升，同样，由于发动机的引射，其温度再次下降到 300 K 左右，在发动机点火 77 ms 时刻，筒口吸入的混合气体到达该测点，使其温度上升到 700 K 左右，点火 114 ms 时刻，导弹已经运动经过该点并且燃气直接作用到该测点上，使其温度很快上升到 2 300 K 左右。随着导弹的运动，该点的温度继续缓慢上升，在 340 ms 时刻，该点达到了 2 900 K 左右的最高温度。

如图 6 - 216 所示，发动机点火后，TWX 测点的温度很快达到 2 900 K 左右，随后由于发动机的引射，吸入低温冷空气。随着冷空气和燃气的混合，该点的温度迅速下降到 2 300 K 左右。筒内冷空气和燃气混合完后，燃气和筒口吸入的混合气体进行混合后，从内外筒之间排出，该点的温度稳定在 2 700 K 左右。

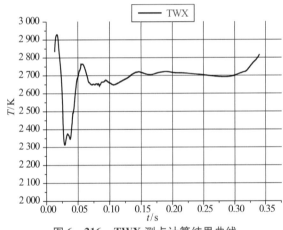

图 6 - 216　TWX 测点计算结果曲线

③压力测点。

如图 6 - 217 所示，发动机点火后，内筒抽吸空气，PNS 测点为负压，直到导弹出

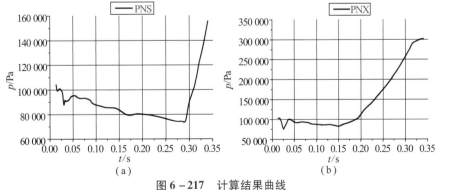

图 6 - 217　计算结果曲线

（a）PNS 测点；（b）PNX 测点

筒该测点一直为负压，出筒后，燃气射流膨胀，挡住筒口，该点压力上升，压力最大1.55个大气压（绝对压力）。

导弹点火后，PNX测点的压力一直为负压，随着导弹的运动，压力逐渐上升，到仿真结束，压力上升到3个大气压。

如图6-218所示，导弹点火后，燃气从内外筒之间流出经过PWX测点，该测点的压力为正压。在0.025 s时刻，内筒低温气体和喷管喷出的燃气混合后从内外筒之间排出，由于该测点在该时刻温度急剧降低，根据理想气体状态方程，压力急剧下降，随着导弹的运动，筒内冷空气与燃气逐渐混合，温度、压力上升，压力最大达到2.1个大气压。

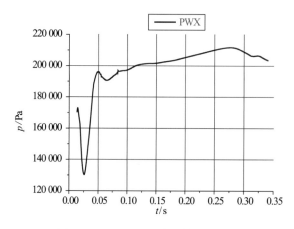

图6-218　PWX测点计算结果曲线

（7）温度数据总结分析。

根据前述对流场温度的分析，总结出非定常计算工况和方案六工况内筒和弹之间、内外筒之间在筒内0.5 m处的平均温度，以进行对比分析。

从表6-5中可以看出，非定常计算和方案六工况计算结果非常接近，内筒和弹之间的平均温度均在1 000 K左右，而且定常工况内筒和弹之间的温度比非定常计算结果相对要高一些，说明定常计算可以得到非定常计算的结果。

表6-5　内筒和弹之间在筒内0.5 m处的平均温度　　　　　　　　　K

工况名称	100 ms	200 ms
非定常	812	947
方案六	969	1 026

从表6-6中可以看出，两种工况内外筒之间的温度非常接近，同样可以说明定常计算和非定常结算结果具有良好的可比性。

表 6-6　内外筒之间在筒内 0.5 m 处的平均温度　　　　　　　K

工况名称	100 ms	200 ms
非定常	2 611	2 684
方案六	2 644	2 620

（8）小结。

①本计算工况下，流场参数和方案六工况计算结果非常接近，说明定常计算结果与非定常计算结果具有可比性。

②从内筒测点的温度值可以看出，在导弹尾焰直接作用到各个测点前，各点的温度均在 700 K 左右，尾焰直接作用到内筒测点后，各点的温度才开始上升到 2 300 K 左右。

③内外筒之间的温度稳定在 2 700 K 左右，相对于发动机总温有较大降低。

④内筒和导弹之间在导弹发射过程中一直在向内抽吸低温气体，从而降低了内筒和导弹之间的温度。同时，该部分低温气体向导弹底部运动，和发动机喷出的高温气体混合后从内外筒之间排出，降低了内外筒之间排出气体的温度，即降低了导弹出筒部分周围的气体温度，既保护了导弹在筒内的部分，同时也改善了导弹出筒部分周围的热力学环境。

7. 引射同心筒理论分析总结

根据上述对引射同心筒的方案设计及仿真分析，本小节可以得到如下结论：

①从 3 根内外筒间隙 30 mm、梁宽 48 mm，4 根内外筒间隙 35 mm、梁宽 40 mm 的仿真结果可以看出，如果内外筒之间排导燃气的通道过小，内筒和弹之间将产生反射，导弹周围的气体温度将达到发动机内总温，这对于导弹的发射过程是非常不利的。

②内外筒间隙为 40 mm、梁宽分别为 51 mm（4 根）和 71 mm（3 根）时，内筒和导弹之间产生了反射现象，但是反射没有到达筒口，而是在与内筒和导弹之间的低温气体混合后向下运动，从内外筒之间排出。

③适当增加内外筒之间燃气排导通道面积，可以降低发射筒底部压力，降低筒口处的负压值，增大吸入内筒和导弹之间的气体量，从而降低内筒和导弹之间以及内外筒之间的温度。

④从内外筒间隙 45 mm、梁宽 40 mm（筒口不添加导流）工况的仿真结果可以看出，如果内外筒之间燃气排导面积较大，而纵梁宽度较小，由于内筒负压较大，同时筒口周围空气一部分随内外筒之间高速排导的燃气向前运动，吸入内筒的就是高温气体和空气的混合气体，从而导致内筒和导弹之间的温升较大。

⑤增大内外筒间隙，设计合理的纵梁宽度，同时，在筒口添加导流装置，一方面

可以大大降低内筒和导弹之间的温度，另一方面可以降低导弹出筒部分周围的气体温度，极大地改善了导弹的发射环境。

⑥对于筒口添加导流装置的自排筒，内外筒间隙45 mm、纵梁宽度40 mm，筒口添加导流装置工况的仿真效果是最佳的。

⑦对于筒口不添加导流装置的自排筒而言，内外筒间隙40 mm、纵梁宽度分别为40 mm（4根）和51 mm（4根）的工况都可以满足设计要求；内外筒间隙45 mm、纵梁宽度40 mm且筒口不添加导流装置的工况，内筒和弹之间的温度比没有添加纵梁的工况有较大降低。

⑧军舰甲板面对于导弹发射过程中引射同心筒内的热力学环境影响较小。

⑨非定常计算工况下，流场参数和内外筒间隙45 mm、梁宽40 mm（筒口不添加导流）的工况计算结果非常接近，说明定常计算结果与非定常计算结果具有良好的可比性。

6.4.5　引射同心筒试验研究

引射同心筒为新提出的概念性同心筒，其试验共进行了一种结构的三发试验，以下将对该试验采用引射同心筒的结构进行简单介绍，并将试验结果与仿真结果进行对比分析。

1. 引射同心筒结构简介

引射同心筒试验采用的同心筒结构为内外筒间隙45 mm、纵梁宽度40 mm，筒口添加导流装置。由于其筒口导流装置和仿真中的导流装置区别较大，试验同心筒和没有添加导流装置的仿真工况较为接近，因此，将以不添加导流装置的引射同心筒的非定常仿真结果与该试验结果进行对比分析。

试验用引射同心筒主要由后封盖、内筒、外筒、"桥"梁、筒口导流等组成，试验中使用了最新的量程可以达到3 300 K的温度传感器。图6-219~图6-225所示为缩比试验发射筒、测试传感器测点位置及组装图。

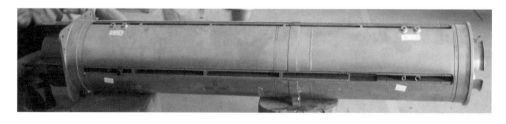

图6-219　同心筒整体结构外观

图 6 - 220　同心筒后封盖

图 6 - 221　同心筒头部导流及 "桥" 梁

图 6 - 222　温度及压力测点（上部）

图 6 - 223　温度及压力测点（下部）

图 6 - 224　同心筒底部 "桥" 梁及收缩段

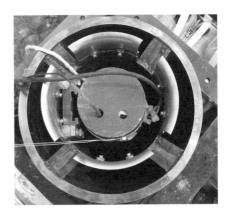

图 6 - 225　已装配重弹的发射筒

图 6 - 226、图 6 - 227 所示为引射同心筒发射瞬间及试验后的配重弹照片。

图 6 – 226　引射同心筒发射瞬间

图 6 – 227　试验后的配重弹

从图 6 – 226 中可以看到，"桥"梁所在位置有较为明显的低温区域存在（即图 6 – 226 中颜色较浅的地方）。从试验后配重弹的照片中可以看出，弹表没有高温烧蚀的现象，经试验后红外测温仪测量显示，弹表温度升高在 20 ℃以下，这同样说明了导弹的发射环境良好。

2. 试验结果对比分析

1）压力数据比较

在导弹尾焰直接作用到 PNS 测点之前，该点的压力值均为负压，而尾焰作用到该点后，该点处的压力迅速上升。仿真与测试结果的变化趋势和负压值都非常接近（图 6 – 228（a））。

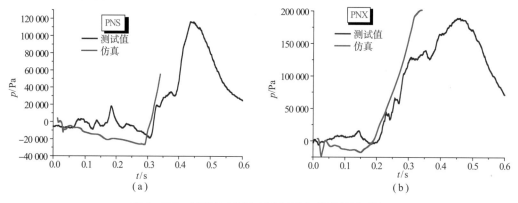

图 6 – 228　PNS 和 PNX 测点试验与仿真结果对比

（a）PNS 测点；（b）PNX 测点

在发动机尾焰直接作用到 PNX 测点前，该点的压力均为负压，发动机尾焰直接作用到该点后，该点的压力迅速上升。仿真和测试结果变化趋势吻合良好，该点仿真值峰值为 2 个大气压左右，和测试结果吻合得非常好（图 6 – 228（b））。

对于测试结果来讲，发动机点火后，PWX 测点的压力很快上升，测试结果该点的压力峰值为 0.8 个大气压左右，仿真结果的峰值与之吻合良好（图 6 – 229）。

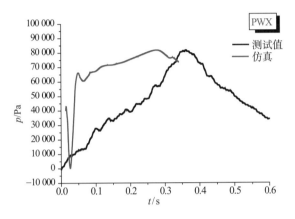

图 6 – 229　PWX 测点测试和仿真结果

2）温度数据比较

在发动机尾焰直接作用到 TNS 点前，该点仿真和测试结果的最大温度升高都在 500 ℃左右；而发动机尾焰直接作用到该点后，该点上的温度迅速上升，对于测试结果而言，该点的最高温度达到了 2 100 ℃左右，而仿真结果该点的最高温度升到了 2 600 ℃左右。TNS 测点的变化趋势仿真结果和测试结果吻合良好（图 6 – 230（a））。

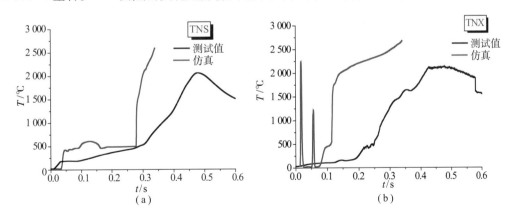

图 6 – 230　TNS 和 TNX 测点测试与仿真结果
(a) TNS 测点；(b) TNX 测点

TNX 测点的仿真结果经过了两次燃气的反射后，发动机尾焰直接作用到了该点，该点的温度迅速上升到 2 000 ℃左右，在尾焰直接作用到该点前的大部分时间内，该点的温度均在室温左右；而测试结果显示，该点的温度也是在发动机尾焰作用到该点之前均为低温，尾焰作用到该点后，该点的温度迅速上升到 2 000 ℃ 左右。该点温度的变化趋势，仿真结果与测试结果也可以较好地吻合（图 6 – 230（b））。

从图 6 – 231 中可以看出，对于仿真结果而言，发动机点火后，该点处的温度迅速上升到 2 500 ℃ 左右，测试结果在发动机点火后同样很快上升到了 2 100 ℃ 左右，两者的变化趋势相同。

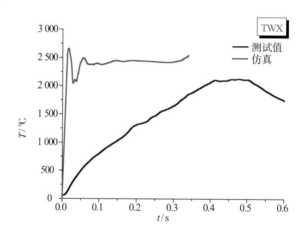

图 6 – 231　TWX 测点测试与仿真结果

3. 小结

从引射同心筒仿真结果与试验结果的对比分析，可以得到以下结论：

①仿真结果与试验结果吻合良好，可以很好地说明引射同心筒的工作原理。

②发动机尾焰直接作用到内筒测点前，内筒压力测点为负压，从而产生筒口的引射作用，内筒温度测点最高温升为 500 ℃，内筒和导弹之间保持低温环境，为导弹的发射过程提供了良好的热力学环境。

③对于内外筒之间的测点而言，由于为燃气的主要排导空间，发动机点火后该处测点的温度很快升高，压力也同样很快上升。

本章小结

本章在标准同心筒以及引射同心筒试验研究的基础上，与相应的仿真数据进行了对比分析，得到了如下结论：

①试验结果与仿真结果吻合良好，仿真结果正确可靠；

②试验和仿真结果都可以很好地说明标准同心筒以及引射同心筒的工作原理；

③试验表明，本结构设计的引射同心筒内筒和导弹之间的热力学环境良好，可以较好地满足引射同心筒的设计要求。

第7章 运载火箭/大型地－地导弹发射气体动力学问题

运载火箭、大型地－地导弹发射时的发射环境效应问题一直是一个重大课题，它对火箭导弹发射是否成功具有重要影响。随着航空航天技术的发展，运载火箭发射环境效应影响逐渐受到国内外专业人士的关注。

火箭、导弹发射环境效应主要是燃气射流形成的，在发射时，发射环境效应主要包括动力冲击、冲击波作用、地震波作用、噪声作用、引射作用、冲击振动、热冲击及综合作用等方面的影响。其中，动力冲击和热冲击是燃气射流对外部环境的主要作用方式。动力冲击是指发动机点火之初的起始冲击波超压和射流冲击的危害；而热冲击指发射时强烈的火焰和热流所具有的严重破坏性。两种作用的主要表现是武器发射时的冲击、振动、噪声、烧蚀和热辐射对塔架、塔上设备及武器本身的危害。

7.1 运载火箭喷水降温降噪分析

7.1.1 研究背景

运载火箭是用于输送飞船、卫星等有效载荷的重要且唯一的运输工具，各航天大国都在大力发展。随着人类对宇宙探索的不断深入，对运载火箭的飞行距离和运载能力的要求也越来越高。而运载火箭的运载能力主要取决于捆绑火箭发动机的个数和单台发动机的推力，推力越大，捆绑个数越多，则运载能力越大。而现役的运载火箭已满足不了大有效载荷、长飞行距离的需求，新一代大型运载火箭应运而生。

与现役运载火箭相比，新一代运载火箭在地面推力、发动机出口参数等方面变化显著，燃气射流的温度、速度、火焰长度、一级发动机总排气量、点火后火箭在发射台上的停留时间以及发射时的噪声等都显著增加，而与之相配套的新型发射场导流系统则需要承受比原来发射环境严苛得多的热效应、冲击效应、烧蚀效应等相关效应。为了保证发射场导流系统的使用寿命并节约成本，需要想办法来减少燃气射流所带来的环境效应问题。而国外部分发射场为了达到相同目的，已经进行了探索，并且取得了较好的效果。

欧洲 Ariane 火箭发射时（图 7-1）就采用注水的方式来降低导流装置的温度，并进行了仿真计算，得到了许多有用的结果。美国肯尼迪航天发射中心（图 7-2）也采用注水方式来降低装置温度，并且有效地降低了燃气射流噪声，防止其对火箭飞行产生重大影响。而注水方式是一种简易而有效的高性价比降温降噪方式，因此，配置大流量冷却水系统用来冷却发射台、导流槽等装置并降低火箭起飞前时间段内的噪声成为首选方案。

图 7-1　Ariane 火箭发射瞬间

图 7-2　肯尼迪航天发射中心

7.1.2　国内外研究现状

根据国外资料，喷水冷却系统在欧洲 Ariane 火箭发射平台上获得了应用，法国航天局于 1992—1993 年组织进行了大量的小比例试验，从而确定了冷却水的优化喷射方案。

1998—1999 年，法国航天局应用仿真软件对某固体火箭发动机发射试验台喷水降温问题进行了专门研究，并根据仿真结果确定了最终的喷水方案，其设计结果可以有效降低导流槽壁面附近的燃气温度达 18%，降低燃气流速达 20%。喷水设施分为两个部分：一部分为径向喷水，其目的是吸收射流的动能和热能，喷水量为燃气流量的 40%；另一部分为底部喷水，目的是冷却射流冲击到的导流槽壁面，喷水量为燃气流量的 110%。其部分研究结果如图 7-3~图 7-5 所示。

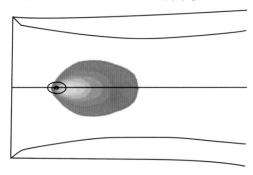

图 7-3　未喷水导流槽内温度

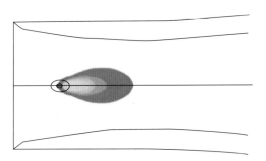

图 7 – 4　初步设计喷水系统作用后导流槽内温度

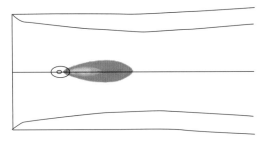

图 7 – 5　优化设计喷水系统作用后导流槽内温度

3 张图中显示的温度最低值统一设成了 300 K。从图中可以看出，经优化设计后的喷水系统可以极大地降低导流槽内的燃气射流影响范围。

美国 NASA 于 1997 年开始对高速喷管进行喷水降噪的研究，主要研究喷水对混合区降噪的影响。美国相关报告的研究方法为针对喷水的质量流量、喷水位置以及雾化模式三个方面进行研究，研究结论分别为：

①喷水的质量流量越大，噪声降低越明显；

②在喷管出口位置喷水比在射流混合区喷水降噪效果更为显著；

③喷水越接近喷管轴线，降噪效果越好；

④雾化模式对降噪的影响相对较小。

美国 NASA 相关试验装置如图 7 – 6 所示。此外，苏联拜科努尔航天发射场在导流槽内同样采用了喷水降噪技术，而在国内关于此方面的研究还较少。

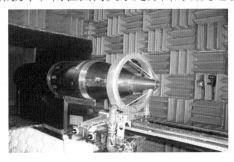

图 7 – 6　NASA 喷水降噪试验装置

7.1.3 研究内容与方法

本小节研究内容主要集中在两个方面：一是对导流槽的优化设计与性能分析，因为导流槽的导流效果直接关系到火箭发射阵地的气体环境，有效的导流可以降低火箭发射时环境效应所带来的不良影响，对火箭的成功发射起到关键作用；二是对喷水降温降噪技术进行仿真分析，主要集中在喷水环境对火箭燃气流的降温效果、降噪效果等的理论分析，得出相关结论，为工程设计提供理论参考。

喷水冷却系统的仿真总体拟采用计算流体力学工具 FLUENT 软件平台，结合用户编制的冷却水汽化仿真模型进行冷却水流场分布的数值仿真；建立流场与噪声仿真软件 SYSNOISE 接口，根据流场仿真结果对火箭发射的噪声场进行研究。

仿真的整体实现思路如图 7 - 7 所示。

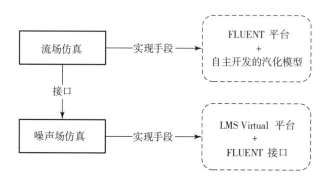

图 7 - 7　仿真的整体实现思路

1. 导流槽设计与优化

1）导流槽性能评价指标

为了通过合理的指标参数评价导流槽内燃气射流场的流动情况，分析导流槽内流场流动特性，选定部分参数作为导流槽性能评价的量化指标，以这些指标为依据，分析导流槽的流场特性。具体参数见表 7 - 1。

表 7 - 1　导流槽气动外形量化评价参数

评价内容	评价参数	表示方法	指标描述
导流槽冲击和烧蚀强度评价参数	导流面最高温度	T_{Fmax}	导流面燃气最高温度
	导流面最大压力	p_{Fmax}	导流面燃气最大压力
	流道最高温度	T_{Wmax}	流道壁面燃气最高温度
	流道最大压力	p_{Wmax}	流道壁面燃气最大压力

评价内容	评价参数	表示方法	指标描述
导流通畅性评价参数	引射系数	γ	燃气稳定排导过程中，导流槽入口处被引射气体质量流率与燃气质量流率的比值。引射系数越大，表明导流槽入口处被引射进去的空气越多，导流能力越强
	主流动量修正系数	β_s	流道截面上主流方向总动量与该截面上平均动量的比值。表征截面被引射气体与燃气流混合的均匀程度或燃气射流对周围气体的带动能力。主流动量修正系数越小，说明被引射气体与燃气流的混合越充分，引射能力越强
	主流动能流率损失系数	λ_s	流道各截面上的流体动能流率与入口截面处流体动能流率的比值。表征导流槽内流体流动过程中的动能损失情况。该系数越大，说明流体在导流槽内流动过程中的动能损失越小，引射效率越高

表中，$T_{F\max}$、$p_{F\max}$、$T_{W\max}$、$p_{W\max}$ 由流场仿真结果直接得到；γ、β_s、λ_s 在流场仿真结果基础上统计得到，引射系数是导流槽导流通畅性的宏观评价指标，而主流动量修正系数和主流动能流率损失系数是导流通畅性的微观评价指标，各参数计算方法如下。

（1）引射系数：

$$\gamma = \frac{m_T - m_J}{m_J}$$

式中　m_T——导流槽入口气体总质量流率；

m_J——一级发动机燃气射流总质量流率。

（2）动量修正系数：

$$\beta_s = \frac{\iint\limits_A \rho \boldsymbol{v} \cdot \boldsymbol{n} v \mathrm{d}A}{\bar{\rho}\, \bar{v}^2 A}$$

式中　A——截面面积；

$\boldsymbol{v}$——截面面积微元 $\mathrm{d}A$ 处的速度矢量；

v——截面主流速度大小；

ρ——密度；

$\boldsymbol{n}$——截面面积微元法向量；

$\overline{\rho}$——截面流体平均密度，$\overline{\rho} = \dfrac{\iint\limits_{A}\rho\mathrm{d}A}{A}$；

$\overline{v}$——主流方向平均速度，$\overline{v} = \dfrac{\iint\limits_{A}v\mathrm{d}A}{A}$。

（3）动能流率损失系数：

$$\lambda_s = \frac{\left(\iint\limits_{A}\dfrac{1}{2}\rho\boldsymbol{v}\cdot\boldsymbol{n}v^2\mathrm{d}A\right)_C}{\left(\iint\limits_{A}\dfrac{1}{2}\rho\boldsymbol{v}\cdot\boldsymbol{n}v^2\mathrm{d}A\right)_I}$$

下标 C 代表截面，下标 I 代表入口。截面位置示意图如图 7 - 8 所示。

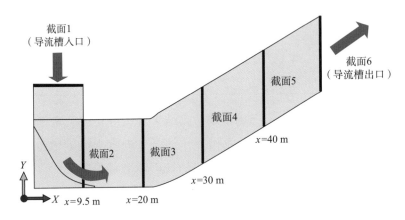

图 7 - 8   导流槽截面位置示意图

2）导流槽设计方案和数值仿真

导流槽是发射场设备中关系发射安全的重要环节。其功能是将火箭一级发动机高温、高速燃气射流迅速、通畅地导向远离发射台的地方，防止冲击波正面反射、燃气射流回卷及燃气射流冲向地面造成溅起物危及火箭、航天器和地面设施的安全。

（1）确定问题的区域，建立几何模型。

确定所分析问题的明确范围，将问题的边界定在边界条件已知的位置。如果不知道精确的边界而必须做假定时，要将分析的边界设在远离研究重点关注的区域，不要将边界设在求解变量变化梯度大的位置。如有必要，可先做试探性分析，再根据结果来修改分析区域。在本问题中，重点研究火箭热发射过程中燃气射流在导流槽内流场分布以及其造成的发射环境热、力学效应，所涉及的区域是导流槽及其出入口附近充满气体的空间，可以根据导流槽方案建立几何模型。航天发射场导流槽结构示意图如图 7 - 9（a）所示。导流面设计了圆锥形和楔形两种方案，导流面母线采用了相同的线型，如图 7 – 9（b）所示。燃气排导流场的计算区域包括火箭发动机喷管、导流槽以及中间发射台区域。

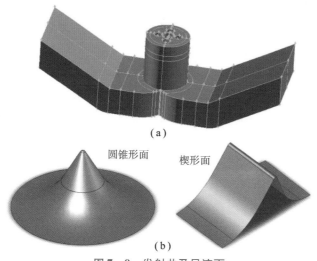

（a）

圆锥形面　　　楔形面

（b）

图 7 – 9　发射井及导流面

（a）航天发射场导流槽结构示意图；（b）导流面母线及方案

（2）生成有限元网格。

计算域的网格划分如图 7 – 10 所示。针对超声速燃气射流流场的物理区域和计算

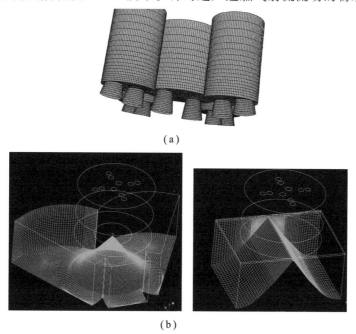

（a）

（b）

图 7 – 10　计算域的网格划分

（a）发动机出口附近壁面网格示意图；（b）导流槽模型网格划分示意图

区域特点，需要遵循以下一些网格划分的准则：在发动机喷管出口和壁面处进行适当的网格加密；喷管出口处进行适当调整，使网格尽量正交；导流面承受燃气的直接冲刷，激波近区燃气参数变化剧烈，因此，相应提高了这些位置的网格密度；在流速较低的水平段和折流段位置，网格较粗。导流面上的网格尽量和燃气流动方向一致，以减少数值上的耗散误差。

发动机燃烧室为压力入口边界，给定总温、总压以及相应的湍流边界条件；出口边界为火箭周围空间和亚声速的导流槽折流段出口，给定出口压力为大气压力，其他出口边界参数由外推得到；发动机及导流槽壁面均取无滑移绝热条件。

为便于数值仿真计算并保证计算精度，对模型做以下假设：

①由于导流槽壁面和火箭箭体对导流槽内部流场的影响非常小，假设导流槽壁以及火箭箭体为刚体；

②发动机内部的化学反应过程对燃气射流流场影响较小，假设射流起始处为发动机燃烧室出口，给定总温、总压参数；

③假设离开喷口的射流已经发生完全的化学反应；

④计算中空气以及燃气处理为理想流体。一般来说，当气体压力小于 20 MPa、温度大于 1 400 K 时，可认为是理想气体。

（3）设置模拟类型和主参数。

在进行模拟前，还要确定所模拟的问题流态方程，对于火箭发动机喷管燃气射流，为高温高速湍流模型，计算中采用标准 $k-\varepsilon$ 湍流模型进行模拟。

在考核导流槽冲击烧蚀性能和通畅性的仿真计算中，瞬时的高温、高压对导流槽耐火材料状态产生的影响较小，短时间内微弱回流也无法影响正常发射，重点关注的是燃气射流流场稳定以后的冲击烧蚀特性评价考核参数以及通畅性评价考核参数。因此，计算采用定常方法，一方面可以提高计算效率；另一方面，定常计算对网格的要求低于非定常计算，可以有效节约计算资源。

3）定义边界条件

（1）入口边界条件。

导流槽流场仿真计算中选取发动机燃烧室出口喉部为流场入口，根据所给定的发动机热力学参数，给定喉部的总温、总压条件为流场的入口边界条件，并根据不同发动机设定各自的流体类型，将前面编辑的流体赋予对应的发动机。

（2）壁面边界条件。

导流槽壁面和发动机表面均给定固定壁面边界条件，壁面边界条件中，物面边界采用无滑移壁面边界条件，近壁面湍流计算采用标准壁面函数法处理。由于发动机出口燃气射流速度非常快，其在导流槽内部流动过程所需时间很短，传热和导热过程基本可以忽略不计，计算中假定壁面均为绝热固壁边界条件，不发生热传导；而在混凝土烧蚀等材料特性研究中，将对这方面问题予以考虑。

（3）出口边界条件。

给定当地的大气环境为开放边界条件，参考压力为 101 325 Pa，参考温度为 300 K。

（4）设置求解控制参数。

根据问题的实际情况，选择求解模式、迭代的次数以及收敛的精度等参数。在本研究中，采用一阶迎风格式，收敛精度是 0.001。

（5）设置输出控制。

①通过设置输出控制，控制模拟结果的输出。每隔 500 迭代步输出一个瞬时结果文件，保存为 *.cas 文件。

②完成以上的工作后，将最终文件保存为 *.cas 文件，以备在 FLUENT 仿真软件中计算求解。

③进入 FLUENT 的求解器进行求解，在求解过程中，可以同时给出求解信息以及收敛曲线。

④在 CFD - Post 中可以查看计算结果，如温度、压强、密度、速度等参数信息。

4）数值仿真结果与实测结果验证

选择某次发射过程中火箭发动机燃气射流流场测量结果来验证本研究采用的数值仿真计算方法的可靠性。模拟火箭点火后发动机射流在导流槽内部建立流场的过程，获得导流槽内流场分布特性及热力学参数结果。图 7 - 11 中给出了流动稳定导流槽底面的温度分布情况。图 7 - 12 给出了导流槽底面上某测量点的温度 - 时间变化曲线与仿真结果的对比情况，发现二者的曲线变化规律基本吻合。仿真结果较好地反映了射流流场的真实特性，该方法能够正确地求解射流流场问题，计算结果具有较高的可信度。

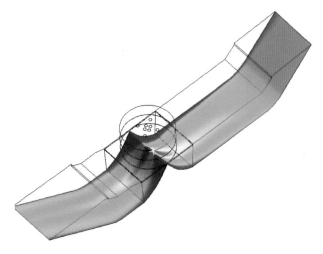

图 7 - 11　导流槽底面温度分布云图

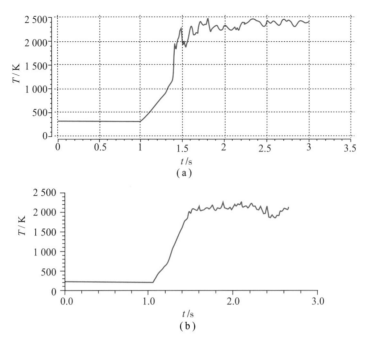

(a)

(b)

图 7 – 12　导流槽底面某点温度 – 时间曲线

（a）仿真结果；（b）实测结果

5）结论分析

（1）导流槽形面分析。

图 7 – 13 为两种导流面的发动机轴线剖面的马赫数云图。图 7 – 14 为导流面上温度和压力云图的对比。结果表明，导流面形式对发动机射流的核心区流场结构影响没有

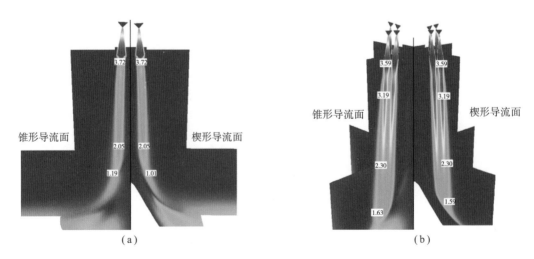

(a) (b)

图 7 – 13　发动机轴线剖面的马赫数云图

（a）主发动机；（b）助推发动机

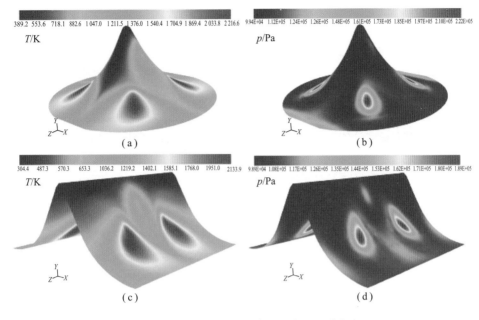

图 7 – 14　导流面上温度和压力云图对比

（a）锥形导流面温度云图；（b）锥形导流面压力云图；

（c）楔形导流面温度云图；（d）楔形导流面压力云图

较大区别，楔形面上燃气马赫数较低，可见在楔形面上有更多的燃气动能转化为压力能。锥形导流面上最高温度为 2 216.6 K，作用区域在直线段末端及圆弧段。导流面上最大压力为 0.222 MPa，同样由助推发动机尾焰引起，主要作用在圆弧段上。楔形导流面作用区域同锥形导流面，导流面最高温度为助推级发动机的 2 133.9 K，最大压力约为 0.189 MPa。可见，锥形导流面上的高温烧蚀要大于楔形导流面的，同时，受到的燃气冲刷更严重。

图 7 – 15 为流道内各个截面上的温度和速度云图及速度矢量图。可以看出，楔形导流面后的流道内，燃气流比较均匀地沿着流道底面流动，速度和温度梯度较小。锥形导流面后的流道内，燃气从地面中心逐渐向两侧壁面卷动，并扩散到流道顶部的两侧，最后在顶部中心区形成无燃气的空洞区，另外，高温燃气集中在流道底面两侧底角。

图 7 – 16 给出了沿流道底面两侧底角的温度分布和压力曲线。通过曲线的比较可以发现，锥形导流面在整个流道范围内，侧壁底角的高温燃气堆积整体上都高于楔形导流面，尤其在导流面和侧壁面相交区域的燃气堆积更为严重，温度可达 1 200 K 以上，同时，燃气压力也在相应区域达到约 0.17 MPa。进入流道后，两种方案下侧壁压力变化趋势基本一致。

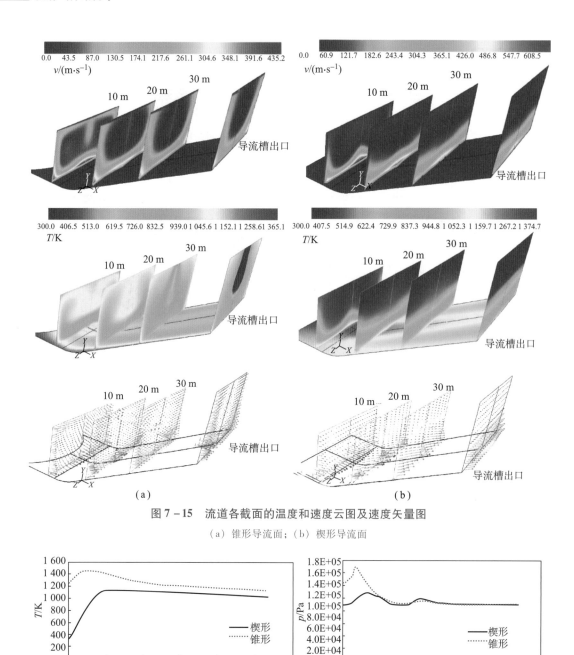

图 7 − 15 流道各截面的温度和速度云图及速度矢量图

（a）锥形导流面；（b）楔形导流面

图 7 − 16 沿流道底面两侧底角的温度分布和压力曲线

（a）温度分布；（b）压力曲线

引射系数 λ 表征了导流槽的排导通畅性。设导流槽入口秒流量为 $\dot{m}_{in}$，发动机秒流量为 $\dot{m}_e$，则 λ 可表示为 $\lambda = \dot{m}_{in}/\dot{m}_e$。表 7 − 2 列出了两种方案的流量及引射系数。锥形导流面的引射系数略高于楔形导流面的，幅度为 0.68%。

表 7 – 2　流量及引射系数

截面	锥形导流面		楔形导流面	
	流量 / (kg · s⁻¹)	引射系数	流量 / (kg · s⁻¹)	引射系数
$\dot{m}_{in}$	3 711. 17	4. 43	3 685. 37	4. 40
$\dot{m}_e$	837. 48		837. 53	

通过以上一系列的结果分析可以看出，楔形和锥形导流面两种结构方案在各个性能对比中体现出了各自的优缺点。锥形导流面具有理论上的无限导流性，因此，在抗烧蚀和抗冲刷方面性能更好；楔形导流面的导流方向明确，因此，在燃气流动均匀性方面效果明显好于锥形方案，使导流流道结构可以获得更小的结构应力和热应力。在燃气排导通畅性的比较中，由于两种方案的导流槽的基本结构形式差别不大，因此，获得的引射特性也是基本相同的。

（2）导流槽冲击烧蚀特性分析。

本部分以锥形面导流模型为例进行分析。图 7 – 17 和图 7 – 18 是导流面上温度和压力的分布。由自由射流仿真结果分析可知，芯级发动机出口的拦截正激波强度较大，经过激波后的燃气射流为亚声速流动，燃气射流的温度也下降较快，在导流面形成的冲击和烧蚀强度较弱。由于助推发动机出口拦截正激波退化，并未形成马赫盘，因此，经过出口拦截激波后的燃气射流仍然为超声速流动，燃气射流的温度下降较慢，到达导流面时形成的冲击和烧蚀强度较大，形成了局部高温高压区域。导流面上的最高温度和最大压力均出现于助推级发动机作用在导流面上的位置处，并随着流动向下游延伸，到达导流面与侧壁面交界位置。导流面上部承受芯级发动机冲击的区域内温度和压力均远低于下游助推发动机的核心冲击区。导流面上最高温度为 2 270 K，最大压力为 0. 315 MPa。

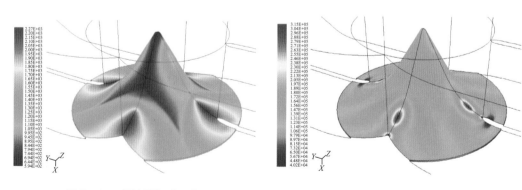

图 7 – 17　导流面温度云图　　　　　图 7 – 18　导流面压力云图

燃气射流从发动机出口沿着射流方向流动，遇到导流面后发生转向，沿着导流面流动并形成原始的冲击区，在导流面上形成一定面积的高温高压区域。由于发动机布局的原因，转向后的燃气射流在沿着导流面向下游流动的过程中冲击导流槽侧壁面和中间隔墙，在侧壁面和隔墙上发生第二次转向并形成第二个高温高压区域。壁面上的温度压力分布如图 7 - 19 和图 7 - 20 所示。由图可知，壁面上形成的高温高压区域主要集中在导流槽底部壁面和底面交界的区域内，主要因为燃气射流在此经壁面导流发生强制转向，转为沿着导流槽通道朝出口方向流动。侧壁面最高温度达到 2 100 K，最大压力为 0.31 MPa，略低于导流面上的峰值。值得注意的是，由于导流槽宽度的影响，燃气射流冲击导流面转向之后，很快再次形成对侧壁面的冲击。两次冲击区域距离较近，因而两者的温度和压力峰值非常接近。在不同发动机布局方案中，这种情况对发射和导流是很不利的。

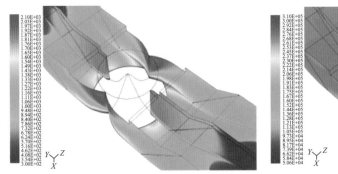

图 7 - 19　导流槽壁面温度云图　　　　图 7 - 20　导流槽壁面压力云图

　　燃气射流在导流面和侧壁面上两次强制转向后，燃气进入导流槽通道进行排导，流动方向为导流槽出口方向。由前面分析可知，发动机射向特征决定了占据燃气射流主要部分的助推级发动机的燃气射流正对着侧壁面和中间隔墙。锥形导流面自身结构并未对燃气射流方向形成强制约束，而是造成燃气流的扩散效应，使燃气从底面开始向侧壁面流动，并在流动过程中不断向上方发展，形成螺旋式流动结构，最终占据了大部分流道面积。导流槽内部流动壁面温度分布如图 7 - 21 所示。导流槽出口处速度、温度云图分别如图 7 - 22 和图 7 - 23 所示。由图可知，经过导流槽通道之后，在导流槽出口处大部分的燃气流动贴近外侧壁面，在导流槽通道中间形成空穴，气流有向通道中间卷起形成旋涡的趋势。

　　（3）导流槽导流通畅特性分析。

　　导流槽的主要作用在于将发动机排出的高温高速燃气迅速通畅地排导向远离发射台的地方，降低燃气射流对发射安全的影响。导流通畅性指标参数是评价导流槽排焰能力的重要依据。

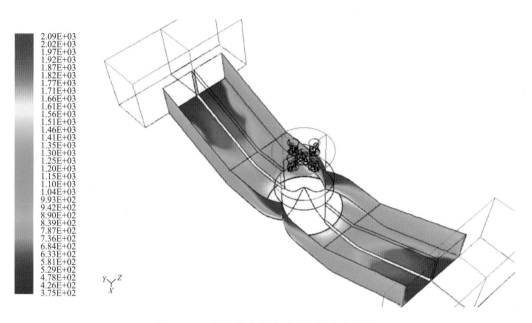

图 7 − 21　导流槽内部流动壁面温度分布图

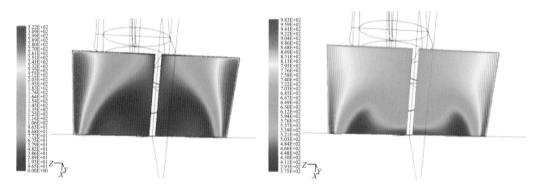

图 7 − 22　导流槽出口处速度云图　　　　图 7 − 23　导流槽出口处温度云图

　　燃气稳定排导过程中，导流槽入口处被引射气体质量流率与燃气质量流率的比值称为引射系数。引射系数越大，表明导流槽入口处被引射进去的空气越多，导流能力越强。在以往的发射测量结果中，引射系数大于 2.6 时导流槽排焰的通畅性即可满足需求，不发生燃气流回火现象。导流槽设计方案仿真计算引射系数为 5.37，即导流槽入口处引射的空气流量为燃气射流的 5.37 倍。

　　通道主流动量修正系数定义为流道截面上主流方向总动量与该截面上平均动量的比值，其表征截面被引射气体与燃气流混合的均匀程度或燃气射流对周围气体的带动能力。主流动量修正系数越小，说明被引射气体与燃气流的混合越充分，引射能力越强。在流动的开始阶段，燃气射流的方向比较明确，主要是因为燃气流冲击到导流面和侧壁面上的强制转向，加上燃气射流与引射空气的掺混耗散程度不大，燃气流基本沿着底面与侧壁的交界流动，流动方向比较一致，动量修正系数的变化不大；随着燃气流向着导流槽出口方向发展，燃气流的发展并无明确的限制，燃气流与引射的空气以及导流槽内部原有的空气的掺混程度加剧，流动影响的空间不断增加。由前面的分析可知，由于燃气流主流贴近侧壁面并向流道中间卷起，故流道截面上的切向二次流动不断加强，主流的动量损失增加，动量修正系数不断上升，如图7-24所示。

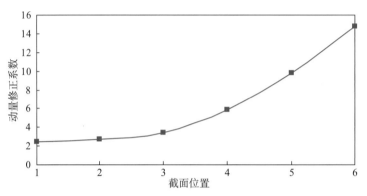

图7-24　导流槽通道内流动的动量修正系数变化

通道主流动能流率损失系数定义为流道各截面上的流体动能流率与入口截面处流体动能流率的比值，表征导流槽内流体流动过程中的动能损失情况。该系数越大，说明流体在导流槽内流动过程中的动能损失越小，引射效率越高。从导流槽入口开始，由于燃气射流的速度很快，与空气的速度差较大，燃气射流与引射空气迅速掺混，射流的动能发生耗散，动能流率的损失急剧上升。在冲击到导流面上之后，燃气流的能量发生转化，部分动能转化为热能，形成导流面上的高温烧蚀区，燃气流的速度大幅度下降。经过与侧壁面的冲击第二次转向之后，燃气流的速度进一步下降，与周围引射气流的速度差进一步减小，两者之间的掺混形式从前面的边界层湍流耗散转化为通道内的二次流耗散，速度的方向变化取代了速度大小的变化并成为流动的主要特征。因此，动能流率的变化幅度减小，动能的损失降低，如图7-25所示。

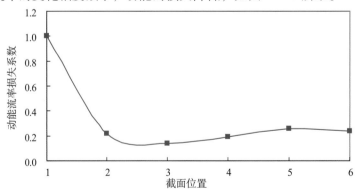

图7-25　导流槽通道内流动的动能流率损失系数变化

2. 冷却水降温效果研究

火箭喷出的超声速流在导流系统底部产生正冲激波，造成激波后的局部高压，势必有部分高温燃气流反吹，使火箭处于高温状态，这对火箭及整个发射系统来说是非常危险的。因此，必须采取强有效的消防措施来降低火箭箭体的温度，以确保整个发射系统的安全。在发射台周围布置喷水系统最初是以消防为主要目的的，在紧急关机和火箭起飞后对发射台和箭体进行冷却降温，将喷水过程扩展到新型大推力火箭发射过程中，可以有效应对发动机工作时造成的极端工作环境，实现对发射台和导流槽的热防护任务。然而，目前国内外对火箭燃气射流喷水的研究还主要集中在抑制超压和降噪方面，对喷水冷却热防护的研究却很少。本部分专门就超声速射流中的喷水两相流问题进行理论研究，为运载火箭发射场导流槽的设计和应用提供有价值的参考。

向燃气流场中注水是一种性价比较高的降温手段，早已应用于欧美各种大小型发射场，而注水对火箭发动机尾焰流场所产生的影响鲜见详细报道。Giordan 等人通过使用商业软件 FLUENT 对欧空局 Ariane 火箭发射的不同工况下的注水效果进行了仿真模拟，对注水的降温防护效果进行了比较分析。Miller 等人通过多组试验来分析注水的降温效果，确定了燃气与水动量之比对热通量的影响（国内尚未见公开发表的文献）。然而，燃气射流与水的作用是一个非常复杂的两相流问题，仅从理论研究出发不能得出令人满意的答案，存在以下几个疑问：首先，注入的水射流能否进入燃气主流？如果能进入，需要什么样的条件？其次，注水如果能进入燃气主流，能否达到降温的目的？如果能降温，其降温机制是什么？是否会出现水流反弹现象，从而影响降温效果？最后，也是最为关注的，就是是否存在最优的参数组合达到最佳降温效果？以下进行的研究将对这些疑问进行解答。

许多设计参数影响了注水的降温效果，包括：水/气质量流率之比、轴向注水位置、注水角度、喷头数量、注水方式（柱状或者雾状）、水流速度以及水温等。而这些影响因素很多是耦合在一起共同发挥作用的，要想将这些影响因素完全研究清楚，需要大量的针对性试验和数值仿真。本部分的研究结果主要针对发射场工程应用，由于注水位置受到发射场各种地面设备布置的限制，而注水角度的选择还需要兼顾降噪效果，因此，本部分并不就注水位置和注水角度的影响进行研究。此外，为了便于注水的工程实现，一般采用常温水进行降温，而喷头注水方式也一般采用柱状，因此，这两个因素在本部分中也视为常量。

本部分主要针对水质量流率 $\dot{m}_w$（本部分所有的试验、仿真所用的发动机为相同发动机，其各种燃气参数完全一致，包括燃气秒流量 $\dot{m}_g$，因此，改变水的质量流率则改变了水/气质量流率比 k）、喷头数量 n、水流速度 v、喷头出口截面积 S 这四个因素对注水降温效果进行研究。以上几个因素并不是相互独立的影响因素，其中 $\dot{m}_w = \rho_w Svn$。

在常温常压下，水的密度是一定的，因此，所研究的四个因素只需确定其中三个即可。通常情况下，如果一个研究对象的影响因素有多种，为了研究各种因素各自的效应，需要进行单一变量法研究；而本部分所研究的这四个因素并不完全独立，因此采用保持两个因素不变，改变另外两个因素的双变量法。

降温效果主要体现在以下这些方面：降低射流轴线温度、降低地面温度和减少烧蚀现象等。除了这些参数之外，为了更好地理解注水降温的机制，需要对注水燃气复杂两相流场进行深入分析。因此，本部分还将对流场迹线分布概况、沿轴线等距截面及对称面等进行研究，旨在得到可说明注水降温机制的流场形态特征。

为避免混淆，本部分发动机喷管出口简称为喷管出口，而注水喷头出口简称为水管出口。

1）仿真计算

利用含燃气流、冷却水及水蒸气共同作用的气液两相仿真模型，建立流场计算模型，通过数值模拟研究混合流场分布情况，从而研究冷却水降温效果。本部分采用有限体积法来离散控制方程，湍流模型选用 RNG $k-\varepsilon$ 模型，壁面附近采用标准壁面函数。气液两相流模型采用耦合了液态水汽化方程的 MIXTURE 多相流计算模型，通过非定常算法计算各个时间步内流场分布，直到流场稳定。

（1）几何模型及初边条件。

以双水管注水工况为例，计算域如图 7-26 所示。坐标原点 O 为喷管出口中心，X 轴为发动机射流轴线，XOY 平面为水管所在平面，XOZ 平面为无水管平面。需要说明的是，如果水管数量变为 4，则在 XOZ 平面上再添加一组水管即可。计算域共包含两个入口和一个出口，喷管出口为燃气相入口，水管出口为水相入口，计算域外边界则为出口。从喷管出口至地面距离为 1.76 m，注水的交汇点为距喷管出口 0.26 m 处，注水方向与发动机轴线夹角为 60°。根据对称性，选取 1/4 面对称三维计算域进行计算（图 7-26）。边界条件设置见表 7-3，具体位置如图 7-27 所示。

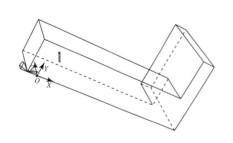

图 7-26　计算域示意图

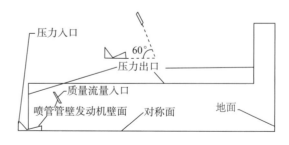

图 7-27　边界条件示意图

表 7 – 3　边界条件设置

参数	压力入口	压力出口	质量入口
T/K	3 000	300	300
p/MPa	7	0. 101 325	0. 301 325
$q/$ (kg · s^{-1})	—	—	1. 5, 5. 25, 7. 5, 10. 5, 52. 5

①初始条件。

在进行数值模拟之前，必须对流场进行初始化，即给定流场的初始条件。本次计算中，喷管以外计算区域的初始流场取静止大气的参数：$p = 101\ 325$ Pa，$T = 300$ K，$v = 0$ m/s；初始情况下只有水管出口内有液态水存在，且体积分数为100%；喷管内初始条件为：$p = 7$ MPa，$T = 3\ 000$ K。

②压力入口边界条件。

压力入口的边界条件即发动机喷管入口处的条件，由于不考虑点火瞬间的压力攀升过程，发动机的燃烧室压力基本保持恒定，所以压力入口条件为：$p_0 = 7$ MPa，$T_0 = 3\ 000$ K。

③质量入口边界条件。

质量入口边界条件即水管入口处的条件，根据本部分各种工况下的注水量的不同而不同。

④对称面边界条件。

由于计算域关于 XOY 平面和 XOZ 平面均对称，为了减少计算量，则将这两个面都设置为对称面边界条件，这样可以将计算网格数降低为无对称边界条件下的1/4。

⑤壁面边界条件。

在数值模拟的过程中，喷管壁面、水管壁面、地面等固壁处采用壁面边界条件。壁面边界条件中，物面边界采用无滑移壁面和绝热壁面边界条件，近壁面湍流计算采用标准壁面函数法处理。

⑥压力出口边界条件。

压力出口的边界条件即周围环境的条件，设为常温常压，位于计算域的外围。$p_{out} = 101\ 325$ Pa，$T_{out} = 300$ K。

（2）计算工况

由于 $\dot{m}_w = \rho_w Svn$ 中 $\dot{m}_w$、S、v、n 这四个影响因素并不完全独立，因此，采用保持两个因素不变，改变另外两个因素的双变量法。在工程实际应用中，最为关心的是下面几种情况：

①当水的流量 $\dot{m}_w$ 和水管数量 n 已经固定时，是否可以通过调整单个水管出口截面积 S 来调整流速 v，从而达到优化降温效果的目的；

②当水流速度 v 和水管数量 n 已经固定时，是否可以通过增大单个水管出口截面积 S 来增大流量 $\dot{m}_w$，从而达到优化降温效果的目的；

③当水流速度 v 和单个水管出口截面积 S 已经固定时，是否可以通过增加水管数量 n 来增大流量 $\dot{m}_w$，从而达到优化降温效果的目的；

④当单个水管出口截面积 S 和水管数量 n 已经固定时，是否可以通过提高出口速度 v 来增大流量 $\dot{m}_w$，从而达到优化降温效果的目的。

根据所关心情况并且本着最大限度利用所设置的工况进行多组对比，将 8 种工况设置如下，分为 4 组，分别进行对比，见表 7-4~表 7-7。以下将分别对这几组工况展开详细研究，需要说明的是，如某些个别工况是几组中同时包含的，将不再重复介绍。

表 7-4　水的流量与水管数量固定条件下各个工况

参数	A	B	C
质量流率之比 Q_w/Q_g	5.5	5.5	5.5
出口水流速度/（m·s^{-1}）	24.5	34.6	44.7
水管数量/个	2	2	2
单个水管出口面积/m^2	0.000 161	0.000 115	0.000 088 3
水质量流量/（kg·s^{-1}）	8.25	8.25	8.25
水射流动量/（kg·m·s^{-2}）	202.125	285.45	368.775

表 7-5　水的流速与水管数量固定条件下各个工况

参数	B	D	E
质量流率之比 Q_w/Q_g	5.5	1	3.5
出口水流速度/（m·s^{-1}）	34.6	34.6	34.6
水管数量/个	2	2	2
单个水管出口面积/m^2	0.000 115	0.000 020 5	0.000 073 6
水质量流量/（kg·s^{-1}）	8.25	1.5	5.25
水射流动量/（kg·m·s^{-2}）	285.45	51.9	181.65

表 7-6　单个水管出口截面积与水管数量固定条件下各个工况

参数	F	G
质量流率之比 Q_w/Q_g	3.5	7
出口水流速度/（m·s^{-1}）	15	15
水管数量/个	2	4

续表

参数	F	G
单个水管出口面积/m^2	0.000 169	0.000 169
水质量流量/（kg·s^{-1}）	5.25	10.5
水射流动量/（kg·m·s^{-2}）	78.75	157.5

表 7 – 7　单个水管出口截面积与水管数量固定条件下各个工况

参数	G	H
质量流率之比 Q_w/Q_g	7	35
出口水流速度/（m·s^{-1}）	15	75
水管数量/个	4	4
单个水管出口面积/m^2	0.000 169	0.000 169
水质量流量/（kg·s^{-1}）	10.5	52.5
水射流动量/（kg·m·s^{-2}）	157.5	3 937.5

此外，作为各种注水工况的对比工况，对无水自由射流情况下的流场也进行了计算。无水自由射流工况下流场迹线图如图 7 – 28 所示。图 7 – 29 显示的是轴线上距喷管出口距离分别为 0.1 ~ 1.3 m、间距为 0.1 m 的 13 个截面上燃气射流分布温度云图，其他计算结果会在与其他工况的比较中列出。燃气流量约为 1.5 kg/s，出口速度约为 2 000 m/s，则燃气主流的动量为 $\dot{m}_g = 3\ 000\ \text{kg·m/s}^2$。（注：本部分所有迹线图左侧显示的均为温度范围，单位为 K；同时，本部分所有温度云图单位也均为 K。）

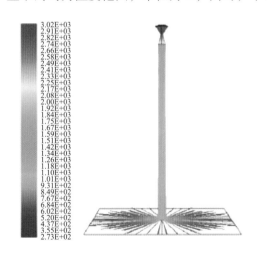

图 7 – 28　无水自由射流流场迹线图

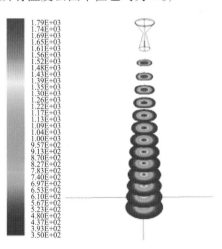

图 7 – 29　截面温度云图
（$x = 0.1, 0.2, \cdots, 1.3$ m）

2）结论分析

（1）单个水管出口截面积与流速的影响。

$\dot{m}_w = \rho_w Svn$，其中 $\dot{m}_w = 5.5 \times 1.5 = 8.25(\text{kg/s})$，$n = 2$，而这一组共选择三种工况，分别为：工况 A：$S = 0.000\,161\ \text{m}^2$，$v = 24.5\ \text{m/s}$；工况 B：$S = 0.000\,115\ \text{m}^2$，$v = 34.6\ \text{m/s}$；工况 C：$S = 0.000\,088\,3\ \text{m}^2$，$v = 44.7\ \text{m/s}$。

工况 A

①流场迹线分布概况。

从无水自由射流流场迹线图（图7-28）来看，其轴对称特性非常明显，在地面上的燃气分布也呈轴对称形式。从工况 A 两相流场迹线图（图7-30）来看，水射流注射到燃气主流上没有出现反弹现象，也没有截断燃气主流，而是紧贴燃气主流的外围，顺着燃气主流往下流动，并且可以很明显地看出水射流的降温效果。

从燃气主流流场迹线图（图7-31）中可以更清晰地看出燃气主流并没有被水射流截断，其燃气流场大致形状没有发生变化，但是由于注水的冲击挤压作用，在水射流与燃气流接触位置出现了明显的压缩现象和压缩后的膨胀现象。此外，燃气主流的温度从与水射流接触开始也有了显著降低，由于水射流的汽化吸热作用，形成一个类似锥形的 1 000 K 以上的高温区域，而不是像无水自由射流状态下从喷管出口到地面整体温度都高于 1 000 K。同时，注水工况下地面温度也有大幅度降低，最低温度甚至降低到了 600 K 以下，与水射流的温度相近。可见，水射流对燃气射流边界附近的燃气降温效果十分明显。尤其是可以清楚地看出，由于水射流的挤压作用，在地面上形成了 4 股明显的射流堆积，沿着正方形地面对角线方向流去。

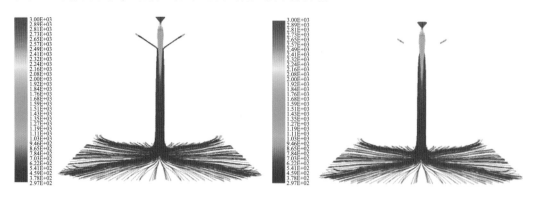

图7-30　工况 A 两相流场迹线图　　　图7-31　工况 A 燃气主流流场迹线图

从水射流流场迹线图（图7-32）来看，水射流的温度上升速度也非常快，根据不同压力下的水的饱和温度可以看出，跟燃气主流接触之后的大部分水射流的温度已经高于其饱和温度。也就是说，大部分水射流都通过与燃气主流进行热量传递吸热汽化了，并且汽化效果十分明显。在燃气射流的边界部分，水射流和燃气组分的温度基本上一致，说明热量交换已经完成，并且可以看出水射流迹线与地面并没有接触，因此可知，从注水与燃气主流接触开始直到两相混合流体流出计算域为止，水相一直是附着在燃气相之上的。

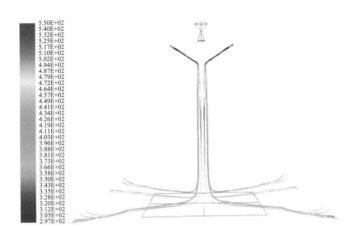

图 7 – 32　工况 A 水射流流场迹线图

图 7 – 33 的两幅图表示的是工况 A 燃气相流场迹线的剖面图，剖面为 *XOZ* 平面，图 7 – 33（a）为侧视图，图 7 – 33（b）为正视图。从图 7 – 33（a）和图 7 – 33（b）中可以看出，燃气主流受到水射流的挤压作用出现了十分明显的局部压缩现象，说明了水射流的动量作用对燃气流场的分布有很大影响，并且出现了燃气主流的分叉现象。水射流与燃气主流发生动量交换和热量交换，使得燃气主流变形、分叉，在水射流的冲击作用下，燃气主流正冲击面向内凹进，而无水射流冲击的面则向外凸出。在水射流的挤压作用下，燃气主流向两边扩散，中间出现分叉，其扩张角度为 30° 左右。

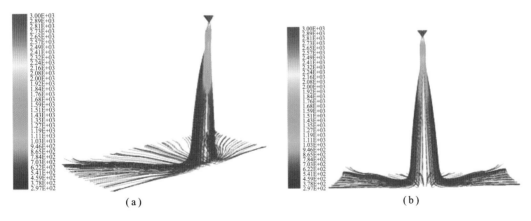

（a）　　　　　　　　　　　　　　　　　　（b）

图 7 – 33　工况 A 燃气相流场迹线剖面图

（a）侧视图；（b）正视图

图 7 - 34 表示的是工况 A 水相流场迹线的剖面图,剖面为 XOZ 平面,图 7 - 34(a)为侧视图,图 7 - 34(b)为正视图。从图 7 - 34 中可以看出,水射流没有反弹,也没有截断燃气主流,而是由一股分叉成许多小股射流,或者说是成为面状射流,附着在燃气主流的外边界,同时,发生剧烈的热交换和汽化吸热。由于水管出口水流截面积较大,大致分成 4 股,并且沿着 45°对角线方向向四周流动,在这个流动过程中不断分叉,但大致流向基本不变。

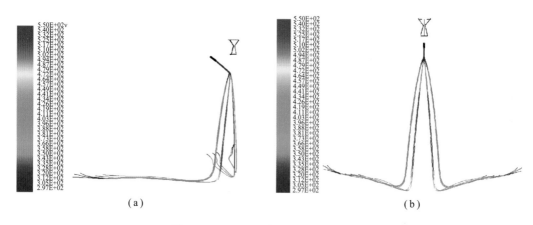

图 7 - 34　工况 A 水相流场迹线剖面图

(a) 侧视图;(b) 正视图

②沿轴线等距截面及对称面。

从图 7 - 35 ~ 图 7 - 39 中可以很清晰地看出燃气主流的分布范围和水射流的分布范围。由于水射流的挤压作用,原本为圆形的燃气主流截面变成了"蝴蝶"状,与水射流

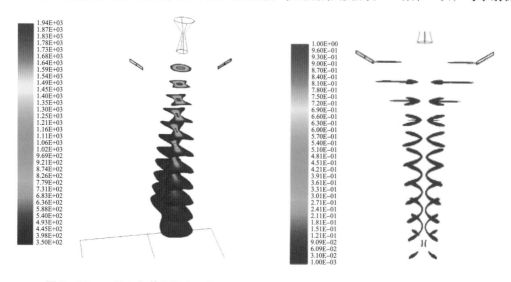

图 7 - 35　工况 A 各截面温度云图　　　　图 7 - 36　工况 A 各截面水相体积分数云图

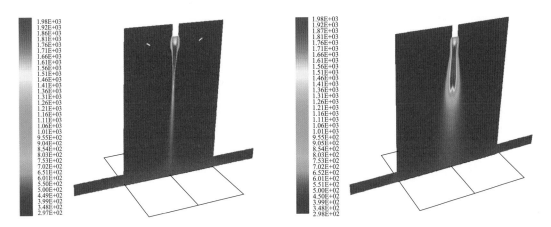

图 7 - 37　工况 A 中 *XOY* 平面温度云图　　　图 7 - 38　工况 A 中 *XOZ* 平面温度云图

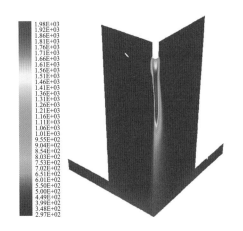

图 7 - 39　工况 A 中 1/4 模型两个对称面的温度云图

接触的部分呈现弧形往内压缩，而没接触的部分则向外扩张，从而形成了不规则的"蝴蝶"状高温燃气截面。而水射流则分叉成多股，或者说是一个弧形扇面附着在主流上，类似于一对圆括号"）（"。

从图 7 - 37 可以看出，燃气主流在 *XOY* 对称面上被水射流挤压得非常厉害，以注水汇集点为顶点，往上的高温区域呈倒三角形分布，往下的高温部分则仅局限在轴线附近的狭长地带；反观 *XOZ* 对称面，由于在注水方向上受到挤压，燃气主流均向垂直方向扩散，导致该对称面上燃气主流膨胀得十分厉害，远大于无水情况下的对称面燃气分布，并且从受到挤压这点开始，往下呈三角形分布。可以从图 7 - 38 中看出燃气主流存在一定程度的分叉，而燃气主流的这种形态是与迹线图相互呼应的。而从图 7 - 39 中则能更显著地看出燃气主流的这种一侧受挤压、另一侧膨胀的分布规律。因此，可以看出燃气主流受到水射流的阻滞作用还是十分明显的。高温核心区在水射流交汇点之后基本就向水流两侧分叉了。

③轴线及地面温度分布。

从图7-40中无水自由射流的轴线温度分布（实线）可以很清晰地看出，燃气射流存在一个高温核心区，其分界点位置在0.95~1 m处。在此分界点之前，燃气温度虽有振荡，但始终维持在一个较高的温度范围；在此分界点之后，温度迅速下降（可同时参考图7-41中速度的迅速衰减分界点），直到地面处出现滞止升温现象（由于燃气主流冲击到地面，速度瞬间变成零，导致动能转化为热能，出现滞止升温现象）。从工况A的轴线温度分布曲线同样可以看出，以0.55 m位置为界，存在一个高温核心区，只不过由于注水影响，与无水状态下相比，其长度大大缩短，并且不再出现滞止升温现象。这是由水射流的挤压和吸热效应导致燃气主流能量被分散和消耗所致，这与迹线图中所看到的燃气主流分叉现象是一一对应的。正是由于燃气主流受到水射流作用而分叉，从而导致高温核心区长度由0.95 m左右变为0.55 m。需要注意的是，在0~0.55 m这段区域，由于水射流阻挡了燃气主流的流经通道，导致燃气主流的速度降低（图7-41），这部分动能转化为热能，因此，这段区域的温度反而比无水自由射流状态下的温度更高。从后处理结果中可以读出：轴线平均温度为1 453 K，温度为514~1 976 K。

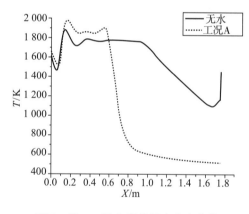

图7-40 工况A轴线温度分布曲线　　　图7-41 工况A轴线速度分布曲线

图7-42显示了所对比的线段的位置，一条线段位于Y轴上，另一条位于Z轴上。由于无水自由射流工况的对称性，其OY、OZ线上的流场特征均相同，因此可以将两条曲线合并为一条，如图7-42中实线所示。从图7-43中可以看出，地面的降温效果也十分明显，中心点附近降低了900 K以上，而Y轴、Z轴上其他位置也有不同程度的降低。由于水射流与燃气主流接触之后迅速分叉，从而导致在Y轴上的降温效果反而不如Z轴上的降温效果，但总体来说，两者差距不大。从后处理结果中可以读出：地面平均温度为430 K，温度为307~514 K。

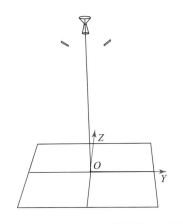

图 7 – 42　地面 Y、Z 轴位置示意图

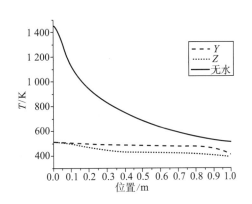

图 7 – 43　工况 A 与无水状态下地面温度对比

工况 B

①流场迹线分布概况。

从工况 B 两相流场迹线图（图 7 – 44）来看，水射流注射到燃气主流上没有出现反弹现象，也没有截断燃气主流，而是紧贴燃气主流的外围，顺着燃气主流往下流动，并且可以很明显地看出水射流的降温效果。其基本流场形态与工况 A 的比较相似。

从燃气主流场的迹线图（图 7 – 45）中可以更清晰地看出燃气主流并没有被水射流截断，其燃气流场大致形状没有发生变化，在与工况 A 相似的位置出现了明显的压缩现象和压缩后的膨胀现象。此外，其他流场形态也与工况 A 的比较类似。

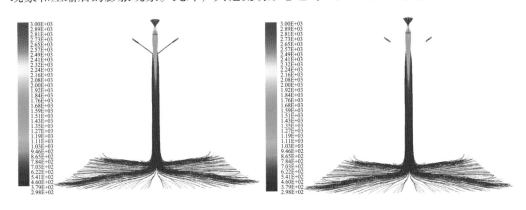

图 7 – 44　工况 B 两相流场迹线图　　　　图 7 – 45　工况 B 燃气主流场迹线图

从水射流的迹线图（图 7 – 46）来看，水相流场与工况 A 比较相似，但该工况下注水射流的分叉现象没有工况 A 那么明显，每个水管出口出来的水柱只有两个主要的分叉。

图 7 – 47 表示的是工况 B 燃气相流场迹线的剖面图，剖面为 XOZ 平面，图 7 – 47（a）为侧视图，图 7 – 47（b）为正视图。从图 7 – 47 中可以看出，燃气主流由于

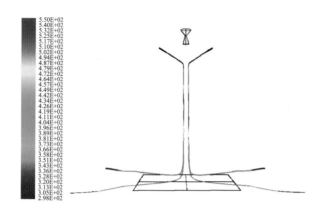

图 7 - 46　工况 B 水相流场迹线图

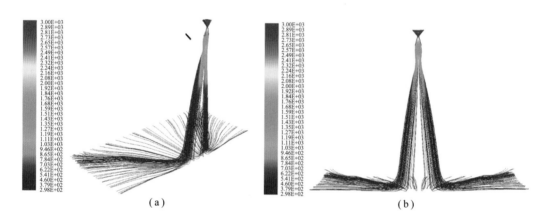

(a)　　　　　　　　　　　　　　　(b)

图 7 - 47　工况 B 燃气相流场迹线剖面图

（a）侧视图；（b）正视图

受到水射流的挤压作用，出现了十分明显的局部压缩现象和燃气主流的分叉现象，与工况 A 非常类似，但分叉更加明显。在水射流的挤压作用下，其扩张角度约为 35°。

图 7 - 48 表示的是工况 B 水相流场迹线的剖面图，剖面为 *XOZ* 平面，图 7 - 48 （a）为侧视图，图 7 - 48 （b）为正视图。从图 7 - 48 中可以看出，水射流没有反弹，也没有截断燃气主流，而是由一股射流分叉为两股射流，附着在燃气主流的外边界，同时发生剧烈的热交换和汽化吸热，并且沿着 45° 对角线方向向四周流动。在这个流动过程中不断分叉，但大致流向基本不变。

②沿轴线等距截面及对称面。

从图 7 - 49 ~ 图 7 - 53 中可以很清晰地看出燃气主流的分布范围和水射流的分布范围。由于水射流的挤压作用，原本为圆形的燃气主流截面变成了"蝴蝶"状，与水射流接触的部分呈现弧形往内压缩，而没接触的部分则向外扩张，从而形成了不规则的

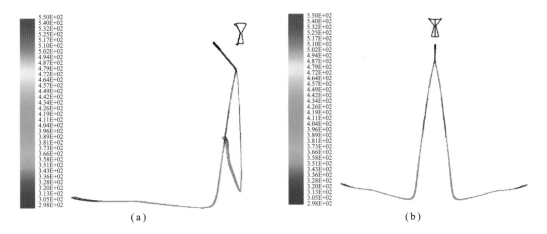

(a)   (b)

图 7 - 48 工况 B 水相流场迹线剖面图

（a）侧视图；（b）正视图

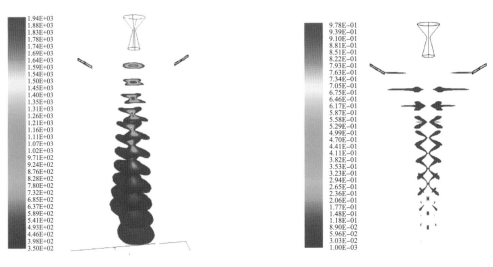

图 7 - 49 工况 B 各截面温度云图   图 7 - 50 工况 B 各截面水相体积分数云图

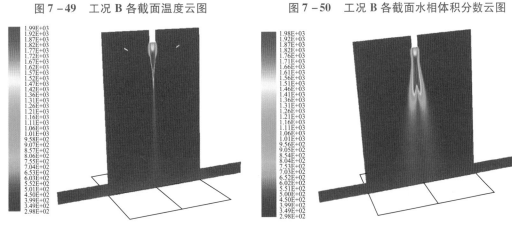

图 7 - 51 工况 B 中 *XOY* 平面温度云图   图 7 - 52 工况 B 中 *XOZ* 平面温度云图

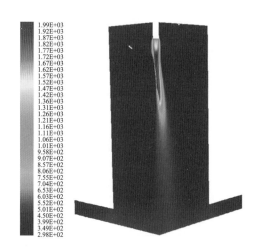

图 7 - 53　工况 B 中 1/4 模型两个对称面的温度云图

"蝴蝶"状高温燃气截面。而水射流则分叉成多股，或者说是一个弧形扇面附着在主流上。与工况 A 有所不同的是，该工况水射流的挤压作用更加明显，使得高温区域的面积更狭小，而水射流所形成的型面也由两条圆弧逐渐转为类似于一对尖括号 "＞＜"形，这也与迹线图相互呼应。

从图 7 - 51 中可以看出，燃气主流在 *XOY* 对称面上被水射流挤压得非常厉害，以注水汇集点为顶点，往上的高温区域呈倒三角形分布，往下的高温部分则仅局限在轴线附近的狭长地带；反观 *XOZ* 对称面（图 7 - 52），由于在注水方向上受到挤压，燃气主流均向垂直方向扩散，导致该对称面上燃气主流膨胀得十分厉害，远大于无水情况下的对称面燃气分布，并且从受到挤压这点开始，往下呈三角形分布。从图 7 - 52 中可以看出，燃气主流存在非常明显的分叉，而燃气主流的这种形态是与迹线图相互呼应的。从图 7 - 53 中则能更显著地看出燃气主流的这种一侧受挤压、另一侧膨胀的分布规律。因此，可以看出燃气主流受到水射流的阻滞作用还是十分明显的。高温核心区在水射流交汇点之后基本就向水流两侧分叉了。

③轴线及地面温度分布。

从图 7 - 54 中工况 B 的轴线温度分布曲线（虚线）同样可以看出，由于注水影响，以 0.42 m 位置为界，存在一个缩短的高温核心区。由于水射流的挤压和吸热效应，导致燃气主流能量被分散和消耗，地面不再出现滞止升温现象，这与迹线图中所看到的燃气主流分叉现象是一一对应的。正是由于燃气主流受到水射流作用而分叉，从而导致高温核心区长度由 0.95 m 左右变为 0.42 m。需要注意的是，在 0~0.42 m 这段区域，由于水射流阻挡了燃气主流的流经通道，导致燃气主流的速度降低（图 7 - 55），这部分动能转化为热能，因此，这段区域的温度反而比无水自由射流状态下的温度更高。从后处理结果中可以读出：轴线平均温度 1 297 K，温度范围为 456~1 984 K。

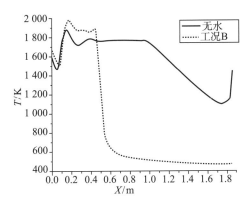

图 7 - 54　工况 B 轴线温度分布曲线

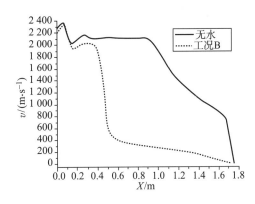

图 7 - 55　工况 B 轴线速度分布曲线

从图 7 - 56 中可以看出，地面的降温效果也十分明显，中心点附近降低了 1 000 K 左右，而 Y 轴、Z 轴上其他位置也有不同程度的降低。需要注意的是，Z 轴上中心点位置温度不是最高的，这说明水射流的挤压效应非常明显，导致燃气主流中轴线附近的燃气能量都向外扩散，使得温度最高点出现在距离中心点 0.15 m 处的 Z 轴上。但整体来说，地面温度分布比较平均，温度差值不是很大。从后处理结果中可以读出：地面平均温度 420 K，温度范围在 307 ~ 472 K。

工况 C

①流场迹线分布概况。

从工况 C 两相流场迹线图（图 7 - 57）来看，燃气主流受到挤压之后的厚度变得更小，由此可以知道该工况挤压作用比前两个工况更加明显。

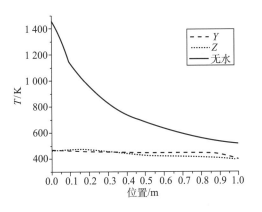

图 7 - 56　工况 B 与无水状态下地面温度对比

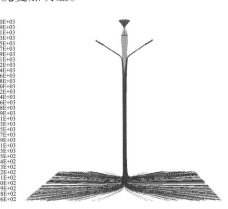

图 7 - 57　工况 C 两相流场迹线图

从燃气相流场迹线图（图 7 - 58）中可以更清晰地看出燃气主流并没有被水射流截断，但其燃气流场形状发生了较大变化，受到水射流的挤压后明显变薄了。从温度分布来看，从燃气主流与水射流接触开始，温度有了显著降低，由于水射流的汽化吸热作用，形成一个类似锥形的 1 000 K 以上的高温区域，地面温度也有大幅度降低，最低温度也降低到了 450 K 以下，与水射流的温度一样，可见水射流对燃气射流边界附近的燃气降温效果十分明显。射流堆积现象不明显，在地面上分布较为均匀。

从水相射流的迹线图（图 7-59）来看，水相流场与工况 A、B 的比较相似，但该工况下注水射流的分叉现象比工况 A 更加明显，每个水管出口出来的水柱分叉非常严重。

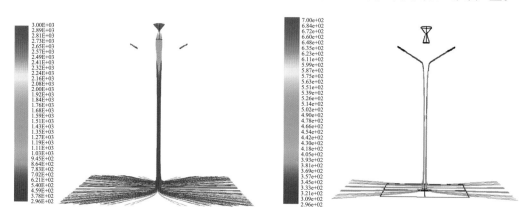

图 7-58　工况 C 燃气相流场迹线图　　　　图 7-59　工况 C 水相流场迹线图

图 7-60 表示的是工况 C 燃气相流场迹线的剖面图，剖面为 XOZ 平面，图 7-60（a）为侧视图，图 7-60（b）为正视图。从图 7-60 中可以看出，燃气主流由于受到水射流的挤压作用，出现了十分明显的局部压缩现象和燃气主流的分叉现象，与工况 A、B 比较类似，但分叉比工况 A、B 更加明显。在水射流的挤压作用下，其扩张角度约为 38°。

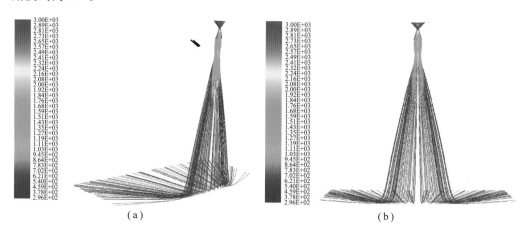

（a）　　　　　　　　　　　　　　　　（b）

图 7-60　工况 C 燃气相流场迹线剖面图

（a）侧视图；（b）正视图

图 7-61 表示的是工况 C 水相流场迹线的剖面图，剖面为 XOZ 平面，图 7-

61（a）为侧视图，图 7 – 61（b）为正视图。从图 7 – 61 中可以看出，水射流没有反弹，也没有截断燃气主流，而是由一股分叉成许多小股射流。或者说是成为面状射流，附着在燃气主流的外边界，同时，发生剧烈的热交换和汽化吸热。由于水管出口水流截面积较小，出口速度快，导致水射流与燃气主流接触后分叉迅速，最终几乎形成一个扇面形状的水帘顺着燃气主流往下发展，并在流动过程中不断分叉，增大接触面积。

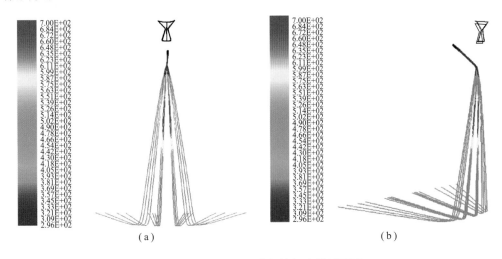

图 7 – 61　工况 C 水相流场迹线剖面图

（a）侧视图；（b）正视图

②沿轴线等距截面及对称面。

从图 7 – 62 ~ 图 7 – 66 中可以很清晰地看出燃气主流的分布范围和水射流的分布范围。在水射流的挤压作用下，燃气主流截面不再呈现"蝴蝶"状，而是呈现两头大、中间细的"骨头"状。而水在燃气主流表面方向上也连接起来，形成连续的整体。这是燃气截面变得狭长、水射流可将其包裹所造成的。水射流的截面也类似于一对花括号"{ {"。

从图 7 – 64 中可以看出，燃气主流在 *XOY* 对称面上被水射流挤压得非常厉害，以注水汇集点为顶点，往上的高温区域呈倒三角形分布，往下的高温部分则仅局限在轴线附近的狭长地带；反观 *XOZ* 对称面（图 7 – 65），由于在注水方向上受到挤压，燃气主流均向垂直方向扩散，导致该对称面上燃气主流膨胀得十分厉害，远大于无水情况下的对称面燃气分布，并且从受到挤压这点开始，往下呈三角形分布。从图 7 – 65 中可以看出，燃气主流存在一定程度的分叉，而燃气主流的这种形态是与迹线图相互呼应的。从图 7 – 66 中则能更显著地看出燃气主流的这种一侧受挤压、另一侧膨胀的分布规律。因此，可以看出燃气主流受到水射流的阻滞作用还是十分明显的。高温核心区在水射流交汇点之后基本就向水流两侧分叉了。

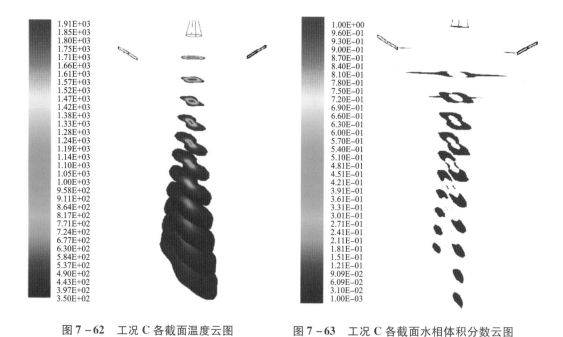

图7-62 工况C各截面温度云图   图7-63 工况C各截面水相体积分数云图

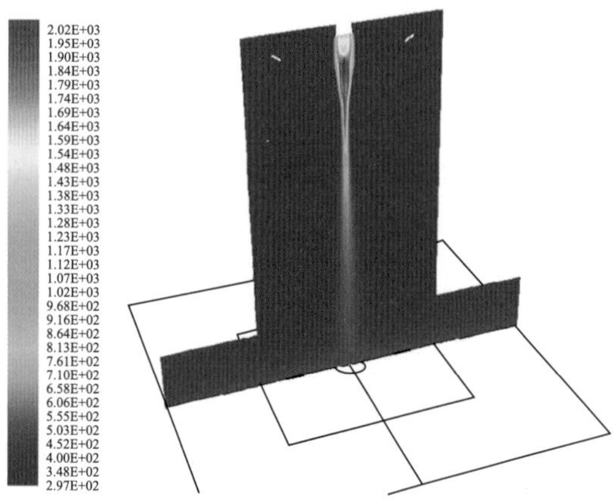

图7-64 工况C中 *XOY* 平面温度云图 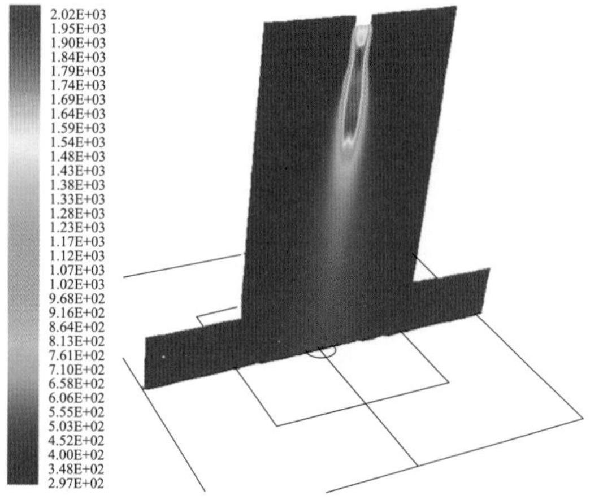   图7-65 工况C中 *XOZ* 平面温度云图

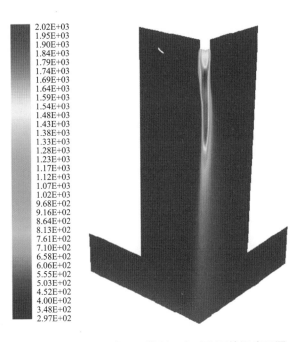

图 7-66　工况 C 中 1/4 模型两个对称面的温度云图

③轴线及地面温度分布。

从图 7-67 中工况 C 的轴线温度分布曲线（虚线）同样可以看出，由于注水影响，以 0.42 m 位置为界，存在一个缩短的高温核心区。由于水射流的挤压和吸热效应导致燃气主流能量被分散和消耗，地面不再出现滞止升温现象，这与迹线图中所看到的燃气主流分叉现象是一一对应的。正是由于燃气主流受到水射流作用而分叉，从而导致高温核心区长度由 0.95 m 左右变为 0.50 m。需要注意的是，在 0～0.50 m 这段区域，由于水射流阻挡了燃气主流的流经通道，导致燃气主流的速度降低（图 7-68），这部

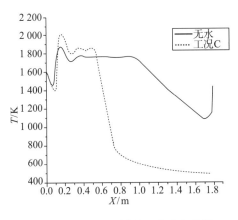

图 7-67　工况 C 轴线温度分布曲线

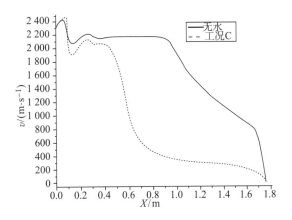

图 7-68　工况 C 轴线速度分布曲线

分动能转化为热能,因此,这段区域温度反而比无水自由射流状态下更高。此外,在 0.15 m 附近注水工况也出现了局部速度偏高、温度偏低的现象,这是由于水射流速度非常高,导致这部分燃气主流的波动更大,因此,在个别位置出现了与整体趋势不一致的情况。从后处理结果中读出:轴线平均温度 1 462 K,温度范围为 499~2 016 K。

从图 7-69 中可以看出,地面的降温效果也十分明显,中心点附近降低了 950 K 左右,而 Y 轴、Z 轴上其他位置也有不同程度的降低。由于水射流与燃气主流接触之后迅速分叉,从而导致在 Y 轴上的降温效果反而不如 Z 轴上的降温效果,但总体来说,两者差距不大。从后处理结果中读出:地面平均温度 445.230 71 K,温度范围为 363.523 6~498.939 3 K。

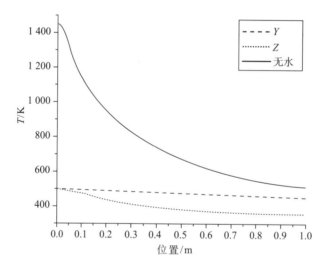

图 7-69 工况 C 与无水状态下地面温度对比

小结:

①流场形态对比。

a. A、B、C 三个工况随着流速的增大,水射流对燃气主流的挤压和阻滞效应越加明显,使得燃气主流的分叉角度越来越大,从 30°变为 35°,最后变成 38°。

b. A、B、C 三个工况在水射流的挤压作用下,燃气主流沿轴线等距截面由圆形分别变成了类似于圆括号")("、尖括号"> <"、花括号"¦ ¦"三种形状。

c. 在相同水流量和相同水管数量的前提下,增大水管出口截面积,则水柱变粗、速度变小,与燃气主流接触面变大,但穿透能力不足;减少水管出口截面积,则水柱变细、速度变大,穿透能力更强,但容易散开。

②轴线温度及核心区长度对比。

从图 7-70 轴线温度分布来看,A、B、C 核心区长度分别为 0.55 m、0.42 m、0.50 m。从对比图上也可以很清晰地看出,在减小核心区长度方面,B 的效果最好,C

次之，A 最差。平均温度分别为 1 453 K、1 297 K、1 462 K，就平均降温效果来说，也是 B 最佳，A 次之，C 最差。最高温度分别为 1 976 K、1 984 K、2 016 K，由于水射流的速度越大，其阻滞效应越强，故降速升温效果越明显；最低温度分别为 514 K、456 K、499 K，可见就最低温度（均位于轴线与地面相交点）来说，B 最佳，C 次之，A 最差。就轴线温度来说，最重要的是代表能量的核心区长度，以及关注高温对地面的烧蚀作用（体现在最低温度），就这两项来说，B 都是最好的。此外，B 在平均温度方面的降温效果也最好。

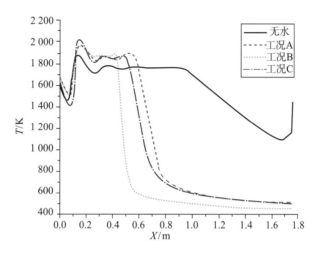

图 7 – 70　工况 A、B、C 与无水状态下轴线温度对比

③地面温度分布对比（图 7 – 71、图 7 – 72）。

首先从地面平均温度对比来看，A、B、C 分别为 430 K、420 K、445 K，就降低地面平均温度来看，B 的效果最好，A 次之，C 最差；其次是最高温度对比，A、B、C 分别为 514 K、472 K、499 K，就温度极限值的降低效果来看，B 最佳，C 次之，A 最差。

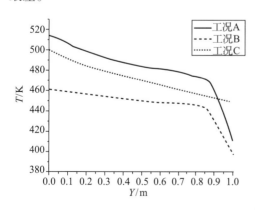

图 7 – 71　工况 A、B、C 的 Y 轴线温度对比

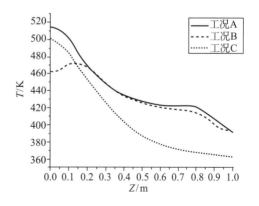

图 7 – 72　工况 A、B、C 的 Z 轴线温度对比

（2）单个水管出口截面积与流量的影响。

$\dot{m}_w = \rho_w S v n$，其中 $v = 34.6\ \text{m/s}$，$n = 2$，而这一组共选择三种工况，分别为工况 D：$S = 0.000\,020\,5\ \text{m}^2$，$\dot{m}_w = 1 \times 1.5 = 1.5\,(\text{kg/s})$；工况 E：$S = 0.000\,073\,6\ \text{m}^2$，$\dot{m}_w = 3.5 \times 1.5 = 5.25\,(\text{kg/s})$；工况 B：$S = 0.000\,115\ \text{m}^2$，$\dot{m}_w = 5.5 \times 1.5 = 8.25\,(\text{kg/s})$。

工况 D

①流场迹线分布概况。

从工况 D 两相流场迹线图（图 7 - 73）来看，水射流注射到燃气主流上没有出现反弹现象，也没有截断燃气主流，而是紧贴燃气主流的外围，顺着燃气主流往下流动，但是由于流量较小，故不能完全包裹燃气流场。从图 7 - 73 中还可以看出，水射流的挤压作用并不是很明显，整体流场还是基本呈轴对称特性，与无水自由射流流场相似。

从燃气相流场的迹线图（图 7 - 74）中可以更清晰地看出燃气主流并没有被水射流截断，其燃气流场形状基本呈轴对称，可见水射流的挤压作用很小。但从温度分布来看，燃气主流与水射流接触开始，温度有了显著降低，由于水射流的汽化吸热作用，同样形成了一个类似于锥形的 1 000 K 以上的高温区域，不过该高温区域的面积比前三个工况要大很多。地面温度也有所降低，但不改变地面的轴对称迹线分布，可见水射流对燃气射流边界附近的燃气降温效果还比较明显。射流堆积现象不明显，在地面上分布较为均匀。

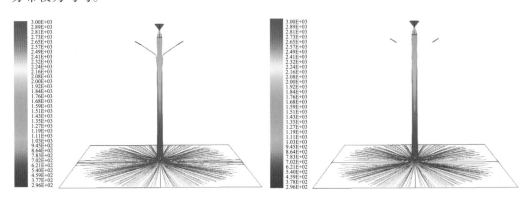

图 7 - 73　工况 D 两相流场迹线图　　　图 7 - 74　工况 D 燃气相流场迹线图

从水射流的迹线图（图 7 - 75）来看，水射流的温度上升速度非常快。根据不同压力下水的饱和温度可以看出，跟燃气主流接触之后的大部分水射流的温度已经高于其饱和温度，也就是说，大部分水射流都通过与燃气主流进行热量传递吸热汽化了，并且汽化效果十分明显。在燃气射流的边界部分，水射流和燃气组分的温度基本上一致，说明热量交换已经完成。但水流迹线在地面分布范围很小，仅分布在靠近 Y 轴线附近区域，可见由于流量小，其影响区域范围也缩小很多。

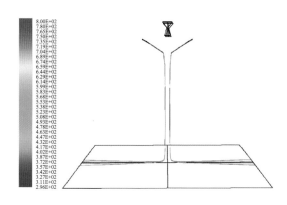

图 7 – 75　工况 D 水相流场迹线图

图 7 – 76 表示的是工况 D 燃气相流场迹线的剖面图，剖面为 XOZ 平面，图 7 – 76 (a) 为侧视图，图 7 – 76 (b) 为正视图。从图 7 – 76 中可以看出，燃气主流受到水射流的挤压作用出现了细微的局部压缩现象，说明水射流的动量作用对燃气流场的分布影响很小，基本不出现燃气主流的分叉现象。在水射流的挤压作用下，燃气主流向两边扩散角度很小，只有 5°左右。

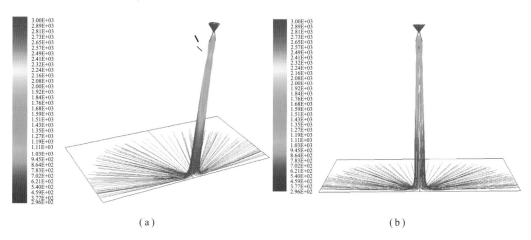

(a)　　　　　　　　　　　　　　　(b)

图 7 – 76　工况 D 燃气相流场迹线剖面图

(a) 侧视图；(b) 正视图

图 7 – 77 表示的是工况 D 水相流场迹线的剖面图，剖面为 XOZ 平面，图 7 – 77 (a) 为侧视图，图 7 – 77 (b) 为正视图。从图 7 – 77 中可以看出，水射流没有反弹，也没有截断燃气主流，基本上没有分叉，只在与地面接触之后产生了小股分叉，但分布范围都较小，紧贴 Y 轴线。这是由于水量较小，所以无法覆盖大部分区域。

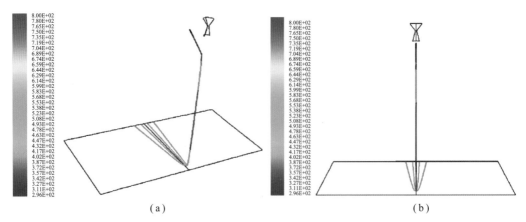

图 7 – 77 工况 D 水相流场迹线剖剖面图

（a）侧视图；（b）正视图

②沿轴线等距截面及对称面。

从图 7 – 78 ~ 图 7 – 82 中可以很清晰地看出燃气主流的分布范围和水射流的分布范围。在水射流的挤压作用下，燃气主流截面不再呈现"蝴蝶"状，而是呈现为一个在对称位置挖掉两个角的圆形。在水射流与燃气主流刚接触的部位效果比较显著，压缩效应比较明显，随着射流发展，影响越来越小，或者说是水基本都汽化吸热，从而损失掉了。

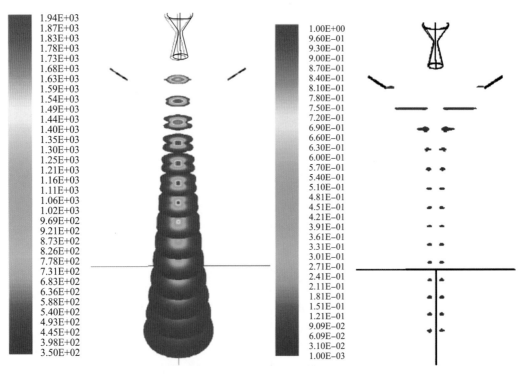

图 7 – 78 工况 D 各截面温度云图   图 7 – 79 工况 D 各截面水相体积分数云图

从图 7 – 80 中可以看出，燃气主流在 *XOY* 对称面上受到水射流一定程度的挤压，但其高温区域形状基本不发生变化；反观 *XOZ* 对称面（图 7 – 81），由于在注水方向上受到挤压较小，燃气主流往垂直方向扩散程度也小，导致该对称面上燃气主流膨胀不很厉害，因此，其燃气主流的分叉效应也小，而燃气主流的这种形态是与迹线图相互呼应的。从图 7 – 82 中则能更显著地看出水射流对燃气主流的这种轻微挤压作用。高温核心区在水射流交汇点之后依然可以从 *XOY* 平面清晰地看出来。

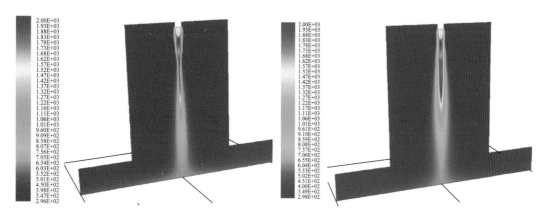

图 7 – 80　工况 D 中 *XOY* 平面温度云图　　　　图 7 – 81　工况 D 中 *XOZ* 平面温度云图

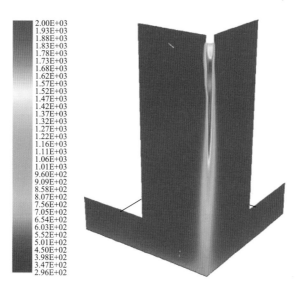

图 7 – 82　工况 D 中 1/4 模型两个对称面的温度云图

③轴线及地面温度分布。

从图 7 – 83 中工况 D 的轴线温度分布曲线（虚线）同样可以看出，由于注水影响，以 0.69 m 位置为界，存在一个缩短的高温核心区。由于水射流的挤压和吸热效应导致燃气主流能量被分散和消耗，地面不再出现滞止升温现象，这与迹线图中所看到的燃气主流分叉现象是一一对应的。正是由于燃气主流受到水射流作用而分叉，从而导致高温核心区长度由 0.95 m 左右变为 0.69 m。而需要注意的是，在 0 ~ 0.69 m 这段区域，由于水射流阻挡了燃气主流的流经通道，并且该水射流流量小、速度高，因此导致了这部分燃气主流波动变大，因此，在几个位置都出现了温度、速度波动变大（图 7 - 84）的情况。这是由于水射流面积小且速度非常高，穿透力很强，大大增加了这部分燃气主流的波动性。从后处理结果中读出：轴线平均温度 1 590 K，温度范围为 637 ~ 1 998.51 K。

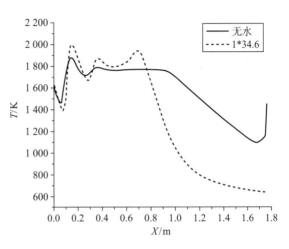

图 7 - 83　工况 D 轴线温度分布曲线

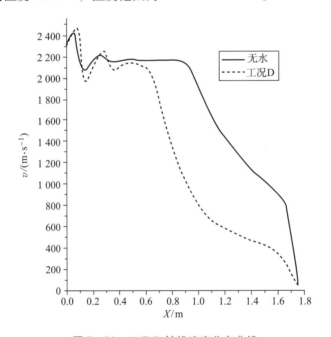

图 7 - 84　工况 D 轴线速度分布曲线

从图 7 - 85 中可以看出，地面的降温效果也十分明显，中心点附近降低了 800 K 左右，而 Y 轴、Z 轴上其他位置也有不同程度的降低。从后处理结果中读出：地面平均温度 519 K，温度范围为 407 ~ 637 K。

工况 E

①流场迹线分布概况：

从工况 E 两相流场迹线图（图 7 – 86）来看，水射流注射到燃气主流上没有出现反弹现象，也没有截断燃气主流，而是紧贴燃气主流的外围，顺着燃气主流往下流动，但是由于流量不大，故不能完全包裹燃气流场。从图 7 – 85 中还可以看出水射流的挤压作用比较明显，整体流场不再呈轴对称特性。

从燃气主流的迹线图（图 7 – 87）

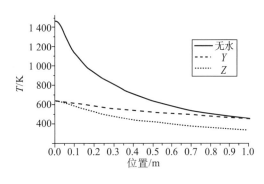

图 7 – 85　工况 D 与无水状态下地面温度对比

中可以更清晰地看出燃气主流并没有被水射流截断，其燃气流场大致形状没有发生变化，出现了明显的压缩现象和压缩后的膨胀现象。此外，燃气主流的温度从与水射流接触开始也有了显著降低，由于水射流的汽化吸热作用，同样形成了一个类似锥形的 1 000 K 以上的高温区域，而不是像无水自由射流状态下从喷管出口到地面整体温度都高于 1 000 K。同时，在注水工况下地面温度也有大幅度降低，最低温度甚至降低到了 600 K 以下，与水射流的温度一样，可见水射流对燃气射流边界附近的燃气降温效果十分明显。尤其是可以清楚地看出，由于水射流的挤压作用，在地面上形成了 4 股明显的射流堆积，这 4 股射流构成两个抛物线形状，最终沿着平行于 Y 轴方向流去。

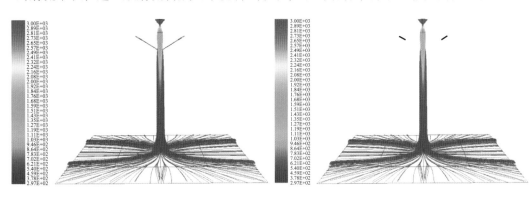

图 7 – 86　工况 E 两相流场迹线图　　　　图 7 – 87　工况 E 燃气相流场迹线图

从水相射流的迹线图（图 7 – 88）来看，水射流的温度上升速度非常快。根据不同压力下水的饱和温度可以看出，跟燃气主流接触之后的大部分水射流的温度已经高于其饱和温度，也就是说，大部分水射流都通过与燃气主流进行热量传递吸热汽化了，并且汽化效果十分明显。在燃气射流的边界部分，水射流和燃气组分的温度基本上一致，说明热量交换已经完成。但水流迹线在地面分布范围较小，仅分布在靠近 Y 轴线附近的抛物线区域内。可见相比于 A、B、C 工况，由于流量较小，其影响区域范围也缩小了一些。

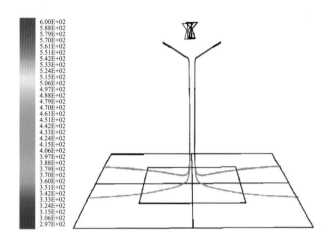

图 7-88　工况 E 水相流场迹线图

图 7-89 表示的是工况 E 燃气相流场迹线的剖面图，剖面为 XOZ 平面，图 7-89（a）为侧视图，图 7-89（b）为正视图。从图 7-89 中可以看出，燃气主流受到水射流的挤压作用，出现了十分明显的局部压缩现象，说明水射流的动量作用对燃气流场的分布有很大影响，并且出现了燃气主流的分叉现象，而该分叉比较明显，其扩张角度为 28° 左右。

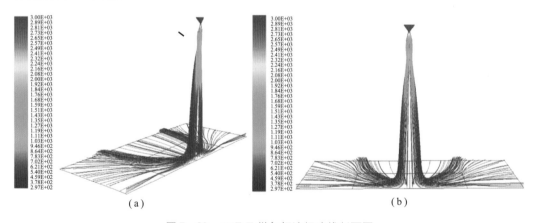

（a）　　　　　　　　　　　　　　　（b）

图 7-89　工况 E 燃气相流场迹线剖面图

（a）侧视图；（b）正视图

图 7-90 表示的是工况 E 水相流场迹线的剖面图，剖面为 XOZ 平面，图 7-90（a）为侧视图，图 7-90（b）为正视图。从图 7-90 中可以看出，水射流没有反弹，也没有截断燃气主流，而是主要由一股分叉成两股，不再沿着 45° 对角线方向流去，而是沿着抛物线方向向外流去。

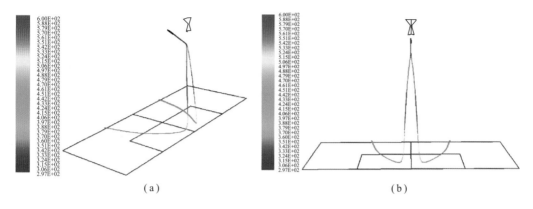

图 7 –90　工况 E 水相流场迹线剖面图

（a）侧视图；（b）正视图

②沿轴线等距截面及对称面。

从图 7 –91 ~图 7 –95 中可以很清晰地看出燃气主流的分布范围和水射流的分布范围。在水射流的挤压作用下，燃气主流截面呈现"蝴蝶"状，与工况 A、B 类似。其与工况 A、B 所不同的是，该工况下水射流所形成的型面介于圆括号和尖括号之间，这也与迹线图相互呼应。

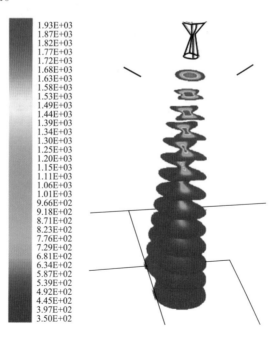

图 7 –91　工况 E 各截面温度云图

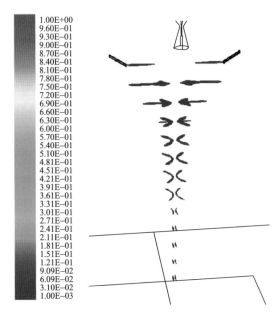

图 7-92　工况 E 各截面水相体积分数云图

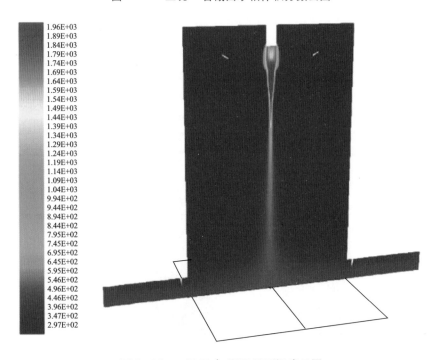

图 7-93　工况 E 中 *XOY* 平面温度云图

　　从图 7-93 中可以看出，燃气主流在 *XOY* 对称面上被水射流挤压得非常厉害，以注水汇集点为顶点，往上的高温区域呈倒三角形分布，往下的高温部分则仅局限在轴线附近的狭长地带；反观 *XOZ* 对称面（图 7-94），由于在注水方向上受到挤压，燃气

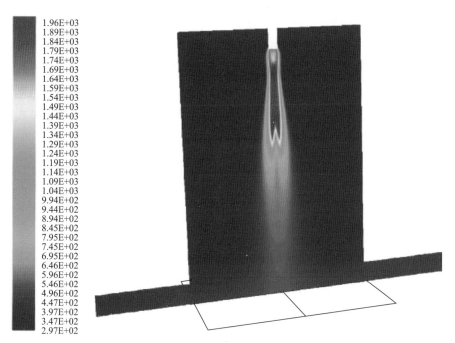

图 7 – 94 工况 E 中 *XOZ* 平面温度云图

主流均向垂直方向扩散，导致该对称面上燃气主流膨胀得十分厉害，远大于无水情况下的对称面燃气分布，并且从受到挤压这点开始，往下呈三角形分布。从图 7 – 94 中可以看出燃气主流存在非常明显的分叉，而燃气主流的这种形态是与迹线图相互呼应的。而从图 7 – 95 中则能更显著地看出燃气主流的这种一侧受挤压、另一侧膨胀的分布规律。因此，可以看出燃气主流受到水射流的阻滞作用还是十分明显的。高温核心区在水射流交汇点之后基本就向水流两侧分叉了。

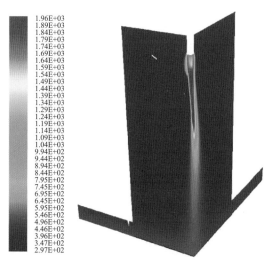

图 7 – 95 工况 E 中 1/4 模型两个对称面的温度云图

③轴线及地面温度分布。

从注水工况下轴线温度分布曲线图 7 - 96 同样可以看出，由于注水影响，以 0. 48 m 位置为界，存在一个缩短的高温核心区。由于水射流的挤压和吸热效应，导致燃气主流能量被分散和消耗，地面不再出现滞止升温现象，这与迹线图中所看到的燃气主流分叉现象是一一对应的。正是由于燃气主流受到水射流作用而分叉，从而导致高温核心区长度由 0. 95 m 左右变为 0. 48 m。需要注意的是，在分界点以上，由于注水影响，虽然水射流与燃气主流还没有接触上，但是由于水射流阻挡了燃气主流的流经通道，导致在交汇点上游速度降低（图 7 - 97），这部分动能转化为热能，因此这段区域的温度反而比无水自由射流状态下的温度更高。从后处理结果中可以读出：轴线平均温度为 1 352 K，温度范围为 542 ~ 1 956 K。

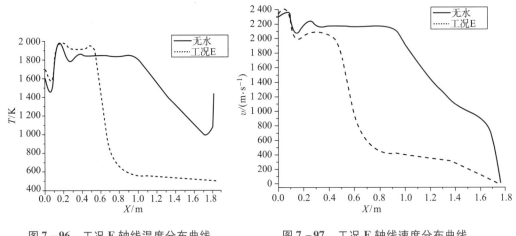

图 7 - 96　工况 E 轴线温度分布曲线　　　　图 7 - 97　工况 E 轴线速度分布曲线

从图 7 - 98 中可以看出，地面的降温效果也十分明显，中心点附近降低了 900 K 左右，而 Y 轴、Z 轴上其他位置也有不同程度的降低。整体来说，Y 向降温效果不及 Z 向的降温效果。从后处理结果中可以读出：地面平均温度为 445 K，温度范围为 338 ~ 542 K。

小结：

①流场形态对比。

a. D、E、B 三个工况随着单个水管出口截面积的增大，水射流对燃气主流的挤压和阻滞效应越加明显，使得燃气主流的分叉角度越来越大，从 5° 变为 28°，最后变成 38°。

b. D、E、B 三个工况随着单个水管出口截面积的增大，其水射流的渗透深度也越大，导致沿轴线等距截面形状由缺两个口的圆形变到"蝴蝶"状，最后变成尖括号状。

c. 在相同水流速度和相同水管数量的前提下，通过增大单个水管出口截面积来增大流量的方式使得水柱变得更粗，与燃气主流的接触面积更大，渗透效应也更佳。

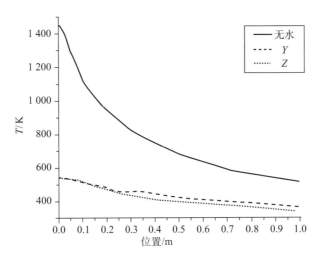

图 7 – 98　工况 E 与无水状态下地面温度对比

②轴线温度及核心区长度对比。

从图 7 – 99 轴线温度分布来看，首先关注核心区长度，D、E、B 分别为 0.69 m、0.48 m、0.42 m，从对比图上也可以很清晰地看出，在减小核心区长度方面流量越大越好。其次，平均温度分别为 1 590 K、1 352 K、1 297 K，就平均降温效果来说，也是流量越大越好。最后，最高温度分别为 1 999 K、1 956 K、1 984 K，最低温度分别为 637 K、542 K、456 K，可见，就最低温度（均位于轴线与地面的交点）来说，流量越大越好。对于轴线温度来说，最重要的是代表能量的核心区长度，以及关注高温对地面的烧蚀作用（体现在最低温度），就这两项来说，B 都是最好的。此外，B 在平均温度方面的降温效果也最好。

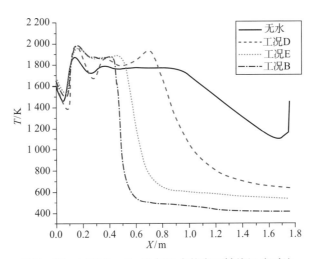

图 7 – 99　工况 D、E、B 与无水状态下轴线温度对比

③地面温度分布对比（图7-100、图7-101）。

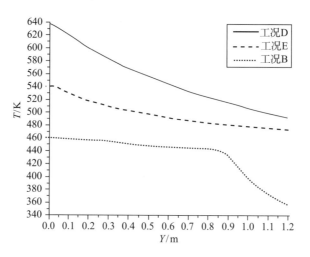

图7-100　工况 D、E、B 的 Y 轴线温度对比

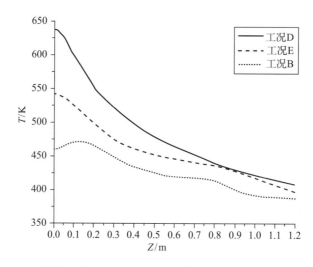

图7-101　工况 D、E、B 的 Z 轴线温度对比

首先从地面平均温度对比来看，D、E、B 分别为 519 K、445 K、420 K，就降低地面平均温度来看，水量越大，效果越好；其次是最高温度对比，D、E、B 分别为637 K、542 K、472 K，就温度极限值的降低效果来看，水量越大越好。

③水管数量与流量的影响。

$\dot{m}_w = \rho_w Svn$，其中 $S = 0.000\ 169\ \text{m}^2$，$v = 15\ \text{m/s}$，而这一组共选择两种工况，分别为工况 F：$n = 2$，$\dot{m}_w = 3.5 \times 1.5 = 5.25\ (\text{kg/s})$；工况 G：$n = 4$，$\dot{m}_w = 7 \times 1.5 = 10.5\ (\text{kg/s})$。

工况 F

①流场迹线分布概况。

从工况 F 两相流场迹线图（图 7 - 102）来看，水射流注射到燃气主流上没有出现反弹现象，也没有截断燃气主流，而是紧贴燃气主流的外围，顺着燃气主流往下流动。从图 7 - 102 中还可以看出水射流的挤压作用不太明显，整体流场还保持了部分轴对称特性。

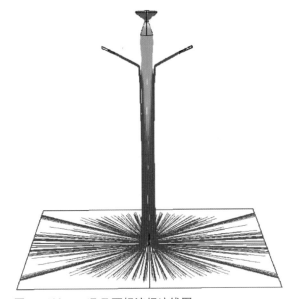

图 7 - 102　工况 F 两相流场迹线图

从燃气相流场的迹线图（图 7 - 103）中可以更清晰地看出，燃气主流并没有被水射流截断，其燃气流场形状没有发生大的变化，形成了一个类似锥形的高温区域，水射流对燃气射流边界附近的燃气降温效果十分明显。由于水射流的挤压作用，在地面上产生了不太明显的射流堆积，这 4 股不太明显的堆积射流向对角线方向流去。

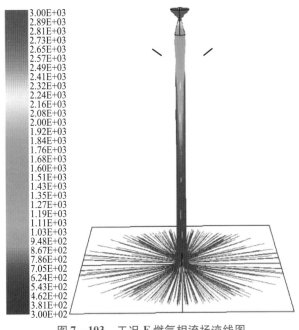

图 7 - 103　工况 F 燃气相流场迹线图

从水相流场的迹线图（图 7-104）来看，水相流场的迹线分布与 A、B、C 工况比较相似，覆盖面也比较广。

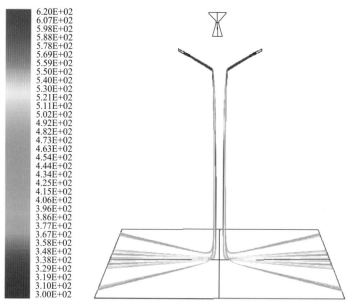

图 7-104　工况 F 水相流场迹线图

图 7-105 表示的是工况 F 燃气相流场迹线的剖面图，剖面为 *XOZ* 平面，图 7-105（a）为侧视图，图 7-105（b）为正视图。从图 7-105 中可以看出，燃气主流受到水射流的挤压作用，出现了较小的局部压缩现象，说明水射流的动量作用对燃气流场的分布影响很小，燃气主流出现很小的分叉现象。在水射流的挤压作用下，燃气主流向两边扩散角度很小，只有 10°左右。

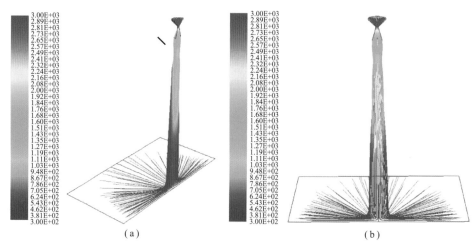

（a）　　　　　　　　　　　　　　（b）

图 7-105　工况 F 燃气相流场迹线剖面图

（a）侧视图；（b）正视图

图 7 – 106 表示的是工况 F 水相流场迹线的剖面图，剖面为 *XOZ* 平面，图 7 – 106（a）为侧视图，图 7 – 106（b）为正视图。从图 7 – 106 中可以看出，水射流呈帘状分叉下来，且水射流覆盖面积接近对角线位置，但小于对角线位置所占区域。

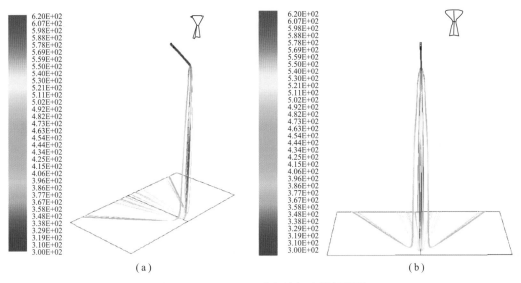

（a）　　　　　　　　　　　　　　　　　　　（b）

图 7 – 106　工况 F 水相流场迹线剖面图

（a）侧视图；（b）正视图

②沿轴线等距截面及对称面。

从图 7 – 107 ~ 图 7 – 110 中可以很清晰地看出燃气主流的分布范围和水射流的分布范围。在水射流的挤压作用下，燃气主流截面不再呈现"蝴蝶"状，而是呈现为一个个在对称位置挖掉两个角的圆形，与工况 D 类似，但是其渗透深度比 D 的要深一些。在水射流与燃气主流刚接触的部位效果比较显著，压缩效应比较明显，随着射流的发展，则影响越来越小，或者说是水基本都汽化吸热，从而损失掉了。到最后一个截面时，基本上已经恢复成圆形了。

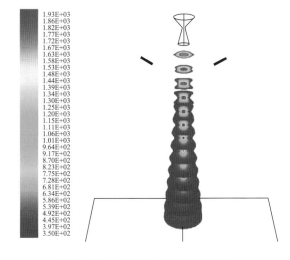

图 7 – 107　工况 F 各截面温度云图

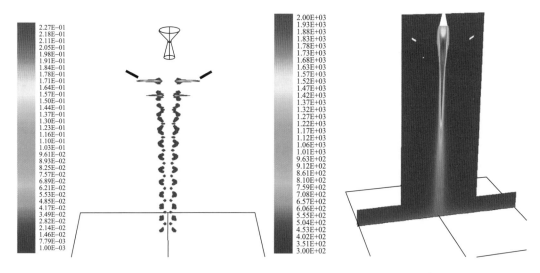

图 7-108　工况 F 各截面水相体积分数云图　　图 7-109　工况 F 中 *XOY* 平面温度云图

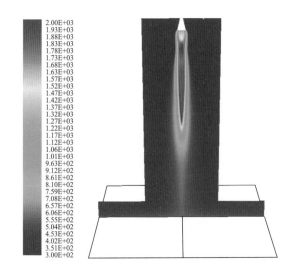

图 7-110　工况 F 中 *XOZ* 平面温度云图

　　从图 7-109 中可以看出，燃气主流在 *XOY* 对称面上受到水射流一定程度的挤压，但其高温区域形状基本不发生变化；反观 *XOZ* 对称面（图 7-110），由于注水方向上受到挤压较小，燃气主流往垂直方向扩散程度也小，导致该对称面上燃气主流膨胀不是很厉害，因此，其燃气主流的分叉效应也小，而燃气主流的这种形态是与迹线图相互呼应的。从图 7-111 中则能更显著地看出水射流对燃气主流的这种较小挤压作用。高温核心区在水射流交汇点之后依然可以从 *XOY* 平面清晰地看出来。

图 7 - 111　工况 F 中 1/4 模型两个对称面的温度云图

③轴线及地面温度分布。

从图 7 - 112 中工况 F 的轴线温度分布曲线（虚线）同样可以看出，由于注水的影响，以 0.79 m 位置为界，存在一个缩短的高温核心区。由于水射流的挤压和吸热效应，导致燃气主流能量被分散和消耗，地面不再出现滞止升温现象，这与迹线图中所看到的燃气主流分叉现象是一一对应的。正是由于燃气主流受到水射流作用而分叉，从而导致高温核心区长度由 0.95 m 左右变为 0.79 m。需要注意的是，在分界点以上，由于注水影响，虽然水射流与燃气主流还没有接触上，但是由于水射流阻挡了燃气

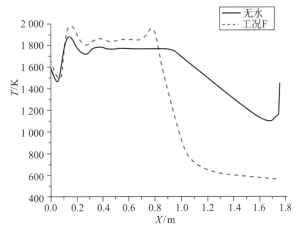

图 7 - 112　工况 F 轴线温度分布曲线

主流的流经通道，导致在分界点上游速度降低（图 7 - 113），而这部分动能转化为热能，因此，这段区域的温度反而比无水自由射流状态下的温度更高。从后处理结果中可以读出：轴线平均温度为 1 293 K，温度范围为 559 ~ 1 988 K。

从图 7 - 114 中可以看出，地面的降温效果也十分明显，中心点附近降低了 900 K 左右，而 Y 轴、Z 轴上其他位置也有不同程度的降低。从整体来看，Y 向降温效果和 Z 向降温效果几乎相同，这也与该工况轴对称特性相符。从后处理结果中可以读出：地面平均温度为 469 K，温度范围为 432 ~ 559 K。

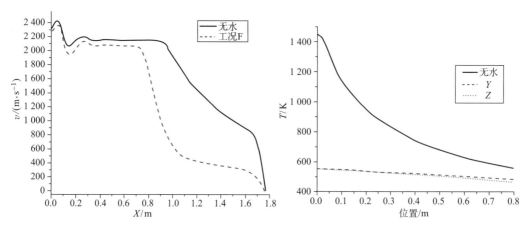

图 7 - 113　工况 F 轴线速度分布曲线　　　图 7 - 114　工况 F 与无水状态下地面温度对比

工况 G

①流场迹线分布概况。

从工况 G 两相流场迹线图（图 7 - 115）来看，水射流注射到燃气主流上没有出现反弹现象，也没有截断燃气主流，而是紧贴燃气主流的外围，顺着燃气主流往下流动。在相邻两个水管来的水射流之间出现了明显的干涉现象，造成在交界位置，即对角线方向，两股射流的汇合。

从燃气主流的迹线图（图 7 - 116）中可以更清晰地看出燃气主流并没有被水射流截断，但是燃气流场形状发生了很大的变化。在水射流交汇点位置附近形成了一个四角向外张开的拱形特殊流场形态，并且在地面出现了射流堆积现象。

从水射流的迹线图（图 7 - 117）来看，水射流的迹线在地面上基本上完全覆盖了燃气主流。由于相邻水射流的相互干涉，在对角线方向出现了 4 支较强的支流。

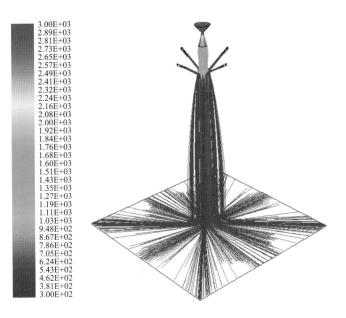

图 7－115　工况 G 两相流场迹线图

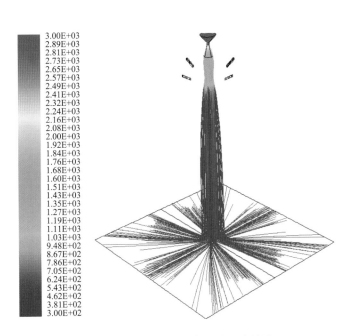

图 7－116　工况 G 燃气相流场迹线图

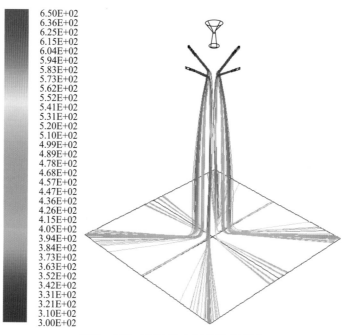

图 7 – 117　工况 G 水相流场迹线图

　　图 7 – 118 表示的是工况 G 燃气相流场迹线的剖面图，剖面为对称平面，图 7 – 118（a）为侧视图，图 7 – 118（b）为正视图。从图 7 – 118 中可以看出，燃气主流受到水射流的挤压作用出现了较小的局部压缩现象，说明了水射流的动量作用对燃气流场的分布影响不大。由于四方受到挤压，故不能再用分叉角度来进行描述了。但是可以看到，在水射流交汇点下游燃气主流厚度略为变大。

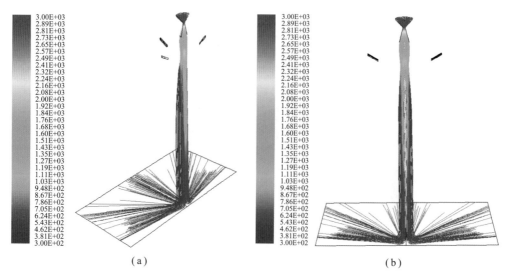

(a)　　　　　　　　　　　　　　(b)

图 7 – 118　工况 G 燃气相流场迹线剖面图

(a) 侧视面；(b) 正视图

图 7－119 表示的是工况 G 单个水管水射流所形成的流场迹线图，图 7－119（a）
为侧视图，图 7－119（b）为正视图。从图 7－119 中可以看出，水射流呈帘状分叉下
来，基本上覆盖了 1/4 的地面。

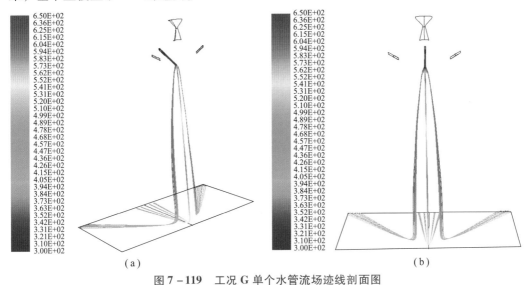

(a)   (b)

图 7－119　工况 G 单个水管流场迹线剖面图

(a) 侧视图；(b) 正视图

②沿轴线等距截面及对称面。

从图 7－120 和图 7－121 中可以很清晰地看出燃气主流的分布范围和水射流的分布
范围。在水射流的挤压作用下，燃气主流截面不再呈现"蝴蝶"状，而是呈现为四角
向外延伸的正方形。随着射流向下发展，其四个角逐渐消失，最后成为一个标准正方
形。此外，从水相分布可以看出，四个对角线方向水流汇集比较明显，与大部分分叉
不十分厉害的双喷管状态不同的是，其几乎完全包裹了燃气主流。

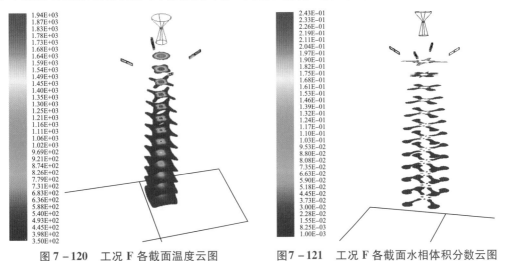

图 7－120　工况 F 各截面温度云图　　　　图 7－121　工况 F 各截面水相体积分数云图

从图 7-122 中可以看出燃气主流在对称面上受到水射流一定程度的挤压，但其高温区域形状基本不发生变化。因此，其燃气主流的分叉效应也非常小，而燃气主流的这种形态是与迹线图相互呼应的。高温核心区在水射流交汇点之后依然可以从对称平面清晰地看出来。

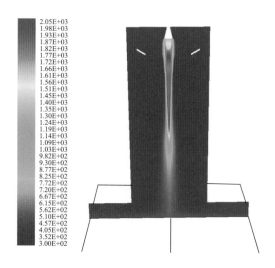

图 7-122　工况 G 中对称平面温度云图

③轴线及地面温度分布。

从图 7-123 中工况 G 的轴线温度分布曲线（虚线）同样可以看出，由于注水影响，以 0.81 m 位置为界，存在一个缩短的高温核心区。由于水射流的挤压和吸热效应，导致燃气主流能量被分散和消耗，地面不再出现滞止升温现象，这与迹线图中所看到的燃气主流分叉现象是一一对应的。正是由于燃气主流受到水射流作用而分叉，从而导致高温核心区长度由 0.95 m 左右变为 0.81 m。需要注意的是，在分界点以上，由于注水影响，虽然水射流与燃气主流还没有接触上，但是由于水射流阻挡了燃气主流的流经通道，导致在分界点上游速度降低（图 7-124），而这部分动能转化为热能，

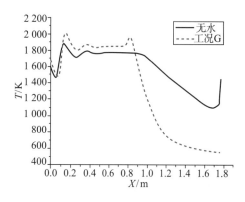

图 7-123　工况 G 轴线温度分布曲线

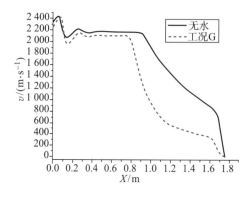

图 7-124　工况 G 轴线速度分布曲线

因此，这段区域温度反而比无水自由射流状态下更高。从后处理结果中可以读出：轴线平均温度为 1 358 K，温度范围为 557 ~ 2 007 K。

从图 7 – 125 中可以看出，地面的降温效果也十分明显，中心点附近降低了 900 K 左右，而其他位置也有不同程度的降低。从后处理结果中可以读出：地面平均温度为 442 K，温度范围为 380 ~ 559 K。

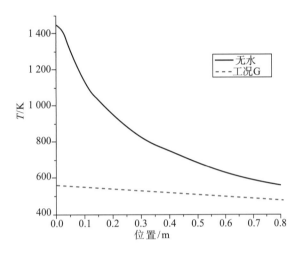

图 7 – 125　工况 G 与无水状态下地面温度对比

小结：

①流场形态对比。

由于双水管和 4 个水管所形成的两相流场有本质上的区别，尤其是出现了相邻水管之间水射流的相互干涉，因此，无法在分叉角度等其他方面进行对比。

②轴线温度及核心区长度对比。

从图 7 – 126 轴线温度分布来看，首先关注核心区长度，F、G 工况分别为 0.79 m 和 0.81 m，从对比图上也可以看出喷管数多的反而效果略差。其次，平均温度分别为 1 293 K 和 1 358 K，就平均降温效果来说，喷管数少则更好。最后，最高温度分别为 1 988 K 和 2 007 K，喷管数少则更好；最低温度分别为 559 K 和 557 K，喷管数多则稍好。对轴线温度来说，最重要的是代表能量的核心区长度，以及关注高温对地面的烧蚀作用（体现在最低温度），就这两项来说，

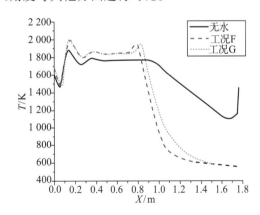

图 7 – 126　工况 F、G 与无水
状态下轴线温度对比

两者十分接近。

③地面温度分布对比（图7-127）。

首先从地面平均温度对比来看，F、G分别为469 K 和441 K，最高温度分别为558.6 K和559.1 K。就平均温度来说，喷管数多水量大效果较好；就最高温度来说，二者几乎一致。

（4）出口速度与流量的影响。

$\dot{m}_w = \rho_w S v n$，其中 $S = 0.000\ 169\ m^2$，$n = 4$，而这一组共选择两种工况，分别为工况 G：$v = 15\ m/s$，$\dot{m}_w = 7 \times 1.5 = 10.5$（kg/s）；工况 H：$v = 35\ m/s$，$\dot{m}_w = 35 \times 1.5 = 52.5$（kg/s）。

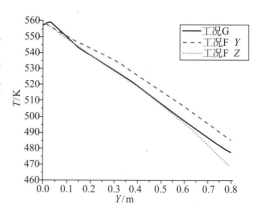

图 7-127　工况 F、G 的地面温度对比

工况 H

①流场迹线分布概况。

从工况 H 两相流场迹线图（图7-128）来看，水射流注射到燃气主流上没有出现反弹现象，基本上将燃气主流完全截断，燃气主流的下行通道被阻挡得很厉害。于是燃气主流出现了严重分叉，从水射流的空隙中向下发展。

从燃气相流场的迹线图（图7-129）中可以更清晰地看出燃气主流基本上被水射流截断，分叉现象非常严重，只占据了水射流之间的空隙区域。

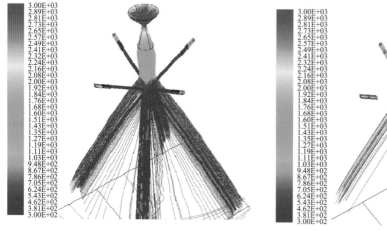

图 7-128　工况 H 两相流场迹线图

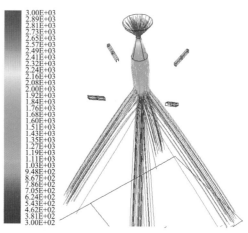

图 7-129　工况 H 燃气相流场迹线图

从水相流场的迹线图（图7-130）来看，水射流在中心汇集之后出现严重分叉，呈四棱锥形状向下游发展，其流场迹线在地面上并不明显。

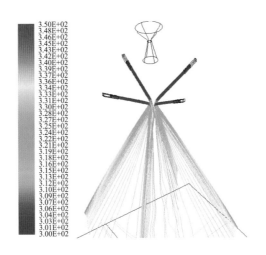

图 7 – 130　工况 H 水相流场迹线图

图 7 – 131 表示的是工况 H 燃气相流场迹线剖面图，可以看出燃气主流 4 个分叉
之中的每一支都是沿着两个水管中间的方向也就是地面对角线方向向下游发展的。
图 7 – 132 表示的是工况 H 单个水管水射流所形成的流场迹线图，从中可以看出，水射
流呈帘状分叉下来，覆盖面积十分广阔。

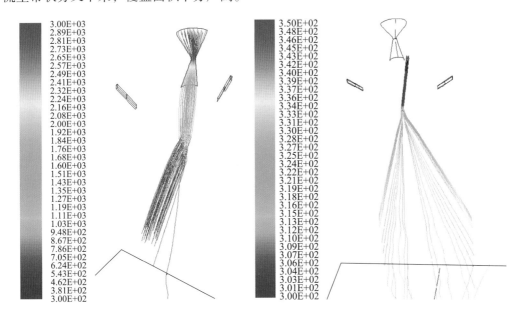

图 7 – 131　工况 H 燃气相流场迹线剖面图　　　图 7 – 132　工况 H 单个水管流场迹线图

②沿轴线等距截面及对称面。

从图 7 – 133 ~ 图 7 – 139 中可以很清晰地看出燃气主流和水射流的分布范围。在
燃气与水射流交汇点上游尚存部分高温区域，而下游则几乎不存在高温区域。相对

较高的燃气主流分支主要分为四股，与中心轴线大致呈45°角向地面的四个顶点流去。水射流则占据了中心轴线的绝大部分，同时其分叉也十分明显，大致沿着地面对角线方向分布，于是形成了水射流占主导位置、燃气主流夹杂其间的流场形态。

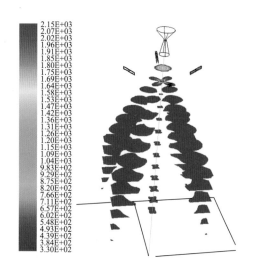

图7-133　工况H各截面温度云图

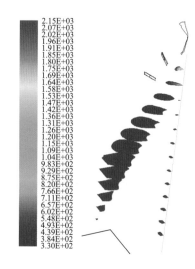

图7-134　工况H各截面温度云图（1/4）

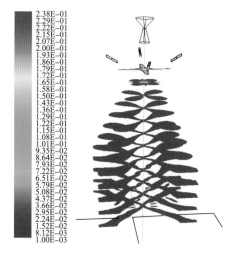

图7-135　工况H各截面水相
体积分数云图

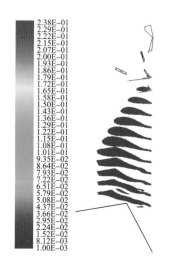

图7-136　工况H各截面水相
体积分数云图（1/4）

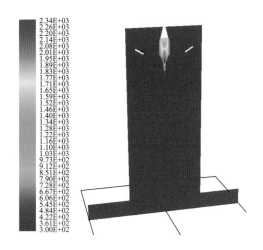

图 7 - 137　工况 H 中对称平面温度云图

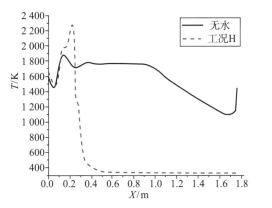

图 7 - 138　工况 H 轴线温度分布曲线

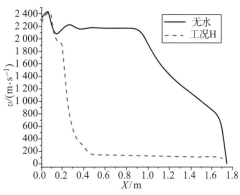

图 7 - 139　工况 H 轴线速度分布曲线

从图 7 - 137 中可以看出，由于水射流流量大，速度快，从水管出口喷出之后迅速膨胀，四个水柱汇合之后又向中心轴线上游扩张，导致汇集点上游核心区基本消失不见，而汇集点下游温度更是降低到常温附近。

③轴线及地面温度分布。

从图 7 - 138 中工况 H 的轴线温度分布曲线（虚线）同样可以看出，由于注水影响，以 0.22 m 位置为界，存在一个缩短的高温核心区。由于水射流的挤压和吸热效应，导致燃气主流能量被分散和消耗，地面不再出现滞止升温现象，这与迹线图中所看到的燃气主流分叉现象是一一对应的。正是由于燃气主流受到水射流作用而分叉，从而导致高温核心区长度由 0.95 m 左右变为 0.22 m。而由于注水量和速度都非常大，导致注水工况中分界点上游的温度比无水自由射流工况高很多，H 工况下的轴线最高温度达到了 2 294 K，比无水状态下轴线最高温度要高出 400 K 以上，并且由于核心区长度太短，故速度和温度的波动都变小。可见当注水量和速度都同时增大到一定程度后，流场形态会发生剧烈变化。从后处理结果中可以读出：轴线平均温度为707 K，温度范围为335～2 294 K。

从图7-140中可以看出，地面的降温效果也十分明显，中心点附近降低了1 100 K左右，而其他位置也有不同程度的降低。从后处理结果中可以读出：地面平均温度为323 K，温度范围为316～336 K。

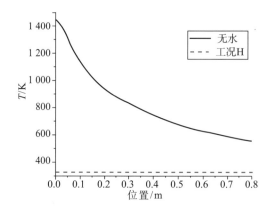

图7-140　工况H与无水状态下地面温度对比

小结：

①流场形态对比。

G、H两个工况随着水量的增大，流场形态出现了质的变化，水射流从附属地位（无法截断燃气主流）到成为主要射流（截断燃气流的通道），使得燃气流只能从水射流的空隙中通过。可见当水射流的流量和速度达到一定程度后，水射流将会成为两相流中的主导相。

②轴线温度及核心区长度对比。

从图7-141轴线温度分布来看，首先关注核心区长度，G、H工况分别为0.81 m和0.22 m，对比明显，水量越大越好。其次，平均温度分别为1 358 K和707 K，就平均降温效果来说，也是流量越大越好。最后，最高温度分别为2 007 K和2 294 K，流量和流速的增大，显著增加了最高温度；最低温度分别为557 K和335 K，可见就最低温度（均位于轴线与地面相交点）来说，流量越大越好。对轴线温度来说，最重要的是代表能量的核心区长度，以及关注高温对地面的烧蚀作用（体现在最低温度），就这两项来说，H工况都是最好的。此外，H在平

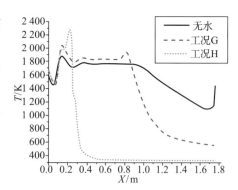

图7-141　工况G、H与无水
状态下轴线温度对比

均温度方面的降温效果也最好。

③地面温度分布对比（图 7 - 142）。

首先从地面平均温度对比来看，G、H 分别为
441 K 和 323 K，最高温度分别为 559 K 和 336 K，
就平均温度和最高温度两项指标来说，都是 H
更好。

3）本节小结

注水燃气流场的一些共性：

（1）流场形态：由于水射流的挤压和阻滞作
用，燃气主流都出现了不同程度的分叉，大致趋
势是水流量越大，水流速度越大，则分叉的角度

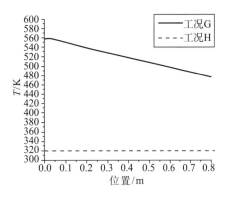

图 7 - 142　工况 G、H 的
地面温度对比

越大；在水射流的干预下，燃气主流沿射流轴线方向的一系列横截面的形状也发生了
变化，根据注水参数组合的不同，其横截面形状也由圆形变成了各种不同的形状。

（2）轴线温度及核心区长度：由于水射流的汽化吸热作用，燃气主流的轴线温度
都出现了不同程度的降低，大致趋势是水流量越大，水流速度越大，则降温效果越显
著；与此同时，核心区长度有不同程度的减小，表征了燃气主流的部分能量转移到水
相中汽化了。需要指出的是，虽然水射流整体上降低了轴线温度并且减小了核心区长
度，但由于其具有挤压和阻滞作用，升高了核心区内部燃气主流的温度，而升高的程
度根据注水参数的组合不同而不同。

（3）地面温度：由于水射流的汽化吸热效应，燃气主流与地面接触后出现的滞止
升温现象消失了，并且根据注水参数的不同，地面均出现了不同程度的降温。

机制分析：

在水流速度和水量均不太大的情况下（A～G 工况），即水的动量相对于燃气主流
的动量来说是个小量的时候，水射流在与燃气主流接触的时候发生了射流破碎现象，
由一股水射流分叉成了好几股，甚至变成水帘形态。由于黏性的存在，分叉后的水射
流附着在燃气主流之上，并且顺着燃气主流往下继续发展，并且在这一过程中不断地
继续破碎、分叉，并紧紧包裹在燃气主流之外，与燃气不断发生动量交换和热量交换。
同时，由于水射流的阻滞作用，使得部分燃气主流受到挤压，表现为出现分叉，并且
核心区温度较之无水工况反而升高了。

而当水流速度和水量均较大时（H 工况），即水的动量相对于燃气主流的动量来说
不再是小量的时候，水射流对燃气主流的阻滞效应则非常明显，在这种情况下，水相
拥有与燃气相相当的地位，而不再是从属地位。它将彻底改变燃气射流的流场形态，
迫使燃气射流不再占据中心轴线附近的空间，而是从水射流汇集点附近开始呈分叉状
态，从水射流周围的空隙中流过。在汇集点上方的轴线，其温度升高非常明显，而核

心区也就在汇集点附近消失殆尽了。

对工程比较关注的几种情况进行了对比分析，得出以下几个结论：

（1）在水的流量和喷管的数量已经固定的情况下，可以通过调整单个水管出口的截面积来调整流速，从而得到截面积和流速的最优组合，达到最大化降温效果的目的；

（2）在水流速度一定、喷管数量一定的情况下，通过增大水管出口截面积从而增大流量的方式，可以显著提高降温效果；

（3）在水流速度一定、单个喷管截面积一定的情况下，通过增加喷管数量来增大流量的方式，其降温效果甚微；

（4）在单个水管出口截面积一定、喷管数量一定的情况下，通过提高出口速度从而增大流量的方式，可以显著提高降温效果。

3. 冷却水降噪效果研究

建立流场与噪声分析工具接口，利用混合流场计算结果，通过仿真研究导流槽、发射塔架及导流槽出口噪声分布情况，分析冷却水降噪效果。

1）喷注噪声发生机理分析

圆形喷口形成的喷注如图7－143所示。

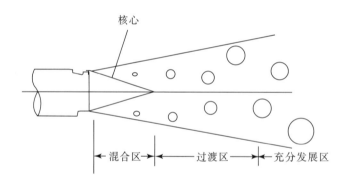

图7－143　喷口喷注示意图

图7－143所示为流体喷入静止空气时的情况，混合区中只有部分湍流现象，核心中的速度是常数，等于出口速度，核心长度大约是喷口直径的4.5倍。混合区后面是过渡区，过渡区中处处充满湍流，但平均速度随长度增加而渐减，过渡区大致延伸到10倍直径。以后就是充分发展的喷注了。喷注噪声大部分是由混合区和过渡区内的湍流产生的。

（1）冲击射流噪声特点。

高温高超声速射流与地面的相互作用经常出现在火箭发射以及飞行器垂直起降中。当使用亚声速或者低超声速冷射流作为研究对象时，发现射流与导流器之间的相互作用引起了噪声声压级的显著增加，这是由于射流冲击区域的壁面压力波动以及地面与喷管之间出现了反馈环。而恰恰相反的是，当火箭发动机射流冲击到各种不同型面的导流器上时，辐射声能反而减少了，特别是当作用距离非常短时，这种现象十分明显。在高温超声速射流中，宽带混合噪声的声压级非常高，以至于可以覆盖掉离散单音，离散单音对整体声压级的贡献就非常少了。射流平板的相互作用依赖于射流出口参数，因为对于冷射流来说有一个峰值，而对于热射流来说基本无影响。一般来说，当平板位于射流核心区顶点附近时，射流 – 平板相互作用噪声最大，但是当射流到平板的距离非常小时，在最低频段的噪声产生了衰减。实际上，并没有谁给出了冲击射流所辐射的声能的精确而全面的结果。Varnier 做了一系列试验对这个问题展开研究，得到在所选择的试验工况下，辐射声能几乎和障碍物形状以及喷管到障碍物的距离无关，而其中与本注水降温试验较为接近的试验结果发现，由冲击射流产生的噪声与自由射流噪声几乎一样。

（2）热射流噪声特点。

关于射流温度的作用，Lighthill 指出温度的不均一放大了紊流产生的声音，正像切应力影响了射流噪声的高频组分一样。根据莱特希尔的观点，速度和温度的影响不能完全分开。对于平均速度是常数的射流来说，在 $M_j < 0.7$ 时，声级随着射流平均温度增加而增加；而在大于 0.7 时，温度增加声级反而下降。对于亚声速射流来说，当射流速度固定时，射流温度增加，则减少了声能级。因此，在射流速度确定的情况下，温度效应不确定。另外，M_j 一定，射流温度增加，则加强了声能级。在适度加热和没加热的超声速射流中，存在明显差异。OASPL 峰值随着温度增加而增加，辐射顶角随着温度增加而减小，是对流马赫数增加的结果。冷热射流的谱含量完全不一样，在峰值频率和振幅上差别明显。

此外，通过喷水来降低冷射流噪声的方法早就得到了验证，主要是通过降低射流速度来实现。同样，往热射流中注水能够降低射流温度是显而易见的，但是，在降低射流温度的同时，会导致射流密度增大，从而增大雷诺应力项 $\rho u_i u_j$，因此噪声增大。Yann Marchesse 等通过研究发现，射流温度对降噪效果的影响不显著，而注水位置影响非常显著，但是同时也指出，由于射流温度是射流的重要参数，其变化会引起射流一系列重大物理特征的变化，因此，通过注水降温来降噪的效果还需要进一步研究。

（3）噪声控制理论。

对噪声的控制主要有三种方式：在声源处进行控制；在声音传播过程中进行控制；在声音接收处进行控制。根据发射场的特点，我们主要通过喷水的方式在声源处进行噪声的控制。

对冲击射流噪声的研究表明，冲击射流产生的噪声有三种明显不同的类型：湍流噪声、激波啸叫、宽频激波噪声。湍流噪声是影响声压级变化的主要因素，激波啸叫则主要影响了声压级的极值变化，宽频激波噪声在射流发展段占有主要作用。

喷水降噪技术的应用可以减弱上述三种射流噪声，其主要机制是发动机射流段喷水，使得射流速度和射流温度降低，从而达到降低噪声的目的。射流速度的降低是通过高速燃气与水的两相之间的动量转化来实现的，射流温度的降低是由于高温燃气与水混合时，水汽化吸收能量实现的，同时，在射流的速度和温度降低的过程中，射流的密度增加。

在喷水降噪技术中，几个重要的参数对于降噪效果有着重要的影响：喷水相对于燃气的流量比率、喷水位置、喷水角度、喷头的数量、喷水类型、水压、水温等。一个有效合理的喷水降噪系统需要对上述的各种参数根据实际情况进行合理的设计和计算。喷水试验表明，相对于燃气射流的流量比率是最为重要的一个参数。试验表明，水的流量比率在4以上能够获得较好的降噪效果。将水喷到射流柱上将会形成一个新的附面层，在附面层内水将被高温气体汽化。由于动量的转化，将使得附面层内的水、水蒸气随着射流一起向射流方向流动。附面层的薄厚直接对射流速度的大小产生影响，进而对噪声的抑制产生作用。附面层的薄厚与水的流量有着直接的关系，水量越大、流速越快，使得水能够更深入地渗透到射流内部，所以水的流量越大，对噪声的抑制作用也将越明显。水温对降噪效果的影响也受到流量的控制，小流量低温水的试验表明降噪效果不是非常明显，小流量高温水由于水能够即时汽化，将对射流的表面产生一定的作用，但是对于降噪效果也不是非常明显。喷水的方向、位置、角度、类型都会对降噪的效果产生一定的作用，但是水量的影响占有决定性作用。在喷水量达到燃气流量的4倍以上时，喷水的方向、位置等的优化对降噪效果产生积极的影响。

鉴于发射场的条件，水量、喷水位置、喷水方向等都将受到限制，所以，如何在发射场所能提供的条件下开展噪声控制研究是今后工作的重点。

2）噪声模型仿真与应用

（1）研究工具。

噪声分析工具为 LMS Virtual. lab。

LMS Virtual. lab 能够预测声波的辐射、散射和传递，以及声学载荷引起的声学响应。可计算得到的结果包括声压、辐射功率、质点速度、声强、板块贡献量、能量密度、声-振灵敏度、纯模态、结构挠度等。

为了描述声学媒质，LMS Virtual. lab 利用了最先进的数字方法。它们基于直接和间接边界元方法，或者声学有限元/无限元的声学方程。结构本身用结构有限元模型表达，可以从所有主流结构有限元和网格生成工具导入。所有分析模块都完全集成在核心环境中，支持多模型和三维图形。LMS Virtual. lab 有强大的集成前、后处理功能，有网格检查和修正工具。后处理可以画彩图、矢量场、变形后的结构，以及 XY 图线、柱状图和极坐标图，还包括动画显示和声音回放。

（2）分析流程。

针对不同的研究内容，依据图 7-144 所示流程进行研究分析。在第一阶段，依据任务内容进行方案研究，对研究问题进行准确描述，包括明确任务目标、选择理论方法、构建分析平台、准备模型参数、模型与方法评估等；在第二阶段，依据确定的分析方法和模型参数，建立分析模型；在第三阶段，依据计算结果进行分析，并对模型方案进行改进和完善，获得优化设计结果。

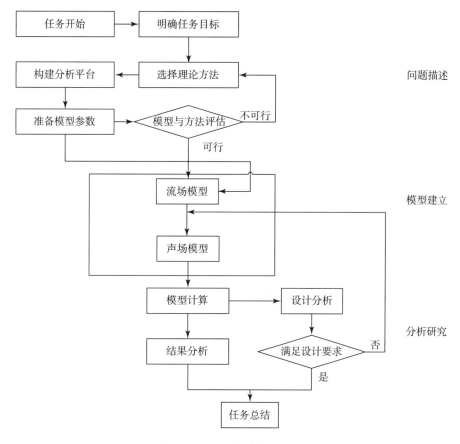

图 7－144　任务分析流程图

对于本次仿真实例，由于模型复杂，噪声影响因素较多，进行仿真计算需要较大篇幅说明，因此本书不再引用仿真实例，具体仿真步骤在下一节地下井发射中有专门论述，此处仅将喷水降噪效果做简要说明。

在理论方面，研究水滴降噪效果的很少，而这些首先与平面波有关。在两相介质中的声衰减研究始于 Sewell 在固定粒子中的假设。Epstein 和 Carhart 认为由粒子引起的声衰减允许粒子摆动并考虑了动量和热交换。他们比较了水滴尺寸理论值和测试值之间的差距。Temkin 和 Dobbins 提出了通过球形小滴的声的衰减和扩散，考虑了动量和热传递的粒子弛豫过程。Dupays 和 Vuillot 扩展了 Temkin 和 Dobbins 的研究，分析中包含小滴蒸发和燃烧效应。而近来 Max Kandula 基于之前一系列的研究建立了一个简单一维解析模型来预测由注水引起的射流混合噪声的降低，并与已有数据进行了对比，得到了较好的效果。但是其主要基本假设中有三个与本书所研究的模型不同，因此无法使用这个简单的一维解析模型。这三个基本假设分别是：

①针对完全膨胀射流；

②忽略了由于水的冲击碰撞和破碎产生的寄生噪声；

③喷水位置就在出口平面，也就是说，燃气一喷出出口，就与水接触。

而在试验方面，早在 20 世纪 90 年代，Zoppellari 和 Juve 就分别对各个参数变化对降噪效果的影响进行了系统试验研究。这些设计参数主要包括：水/气质量流率之比、轴向注水位置、注水角度、喷头数量、注水方式（柱状或者雾状）、小滴尺寸、水压以及水温等。为了设计一个高效的注水系统，需要优化上述设计参数。下面将列举其中一些参数影响效果的研究成果。

（1）注水位置影响。

为了降低噪声产生区域的射流速度，注水位置越靠近喷管出口越好。但是，注水会扰乱混合薄层，从而增加紊流率。此外，如果水射流渗透进入了核心区，冲击和曳力噪声将会由于该区域的高速度而变得非常显著。注水位置对总体声压级的影响相对较小，在高频段较为明显。离喷口近的高频降噪效果更好。最后发现，距离 1 倍喷管直径时效果最好。

（2）角度和小滴大小影响。

试验显示，在显著的水射流渗透空气射流和低冲击噪声中有个折中，垂直主射流轴线方向上的速度分量是个显著参数，它越大，则渗透越深入，混合速度越快，同时也意味着冲击噪声和曳力（流体与固体颗粒之间有相对运动时，将发生动量传递。颗粒表面对流体有阻力，流体则对颗粒表面有曳力。阻力与曳力是一对作用力与反作用力）噪声也越大。当水射流轴线与燃气射流轴线夹角为 60°时，效果最好，此时低频噪声基本不增加。

小滴大小也是个重要影响因素。渗透标准不是降噪的最重要的因素，水射流对于空气射流来说必须不能是个障碍，因此，分散的水比圆柱形射流产生的效果更好。

（2）注水质量流率影响。

在冷射流情况下，通过注水降噪主要是基于两相之间的动量传递来降速而达到的。对于有效动量传递，有一个临界质量流率之比（$Q_w/Q_g \approx 2$），超过这个量之后的降速效果以及由此而引起的降噪效果就很小了。而对于热射流来说，大量水的时候降噪很明显，因为部分水在渗透进入主射流之前已经汽化了，只有一部分液体对于降低空气射流速度来说是有效的。总的说来，低质量流率可以显著降低激波相关噪声；而高质量流率则主要影响混合噪声，其降噪机理是通过两相之间的动量传递来降低空气射流速度的，但同时这个对降噪有利的影响被与水射流相关联的新的寄生源的产生所部分抵消，该寄生源包括空气冲到水射流上所产生的冲击噪声、水射流的破碎，以及小滴的非定常运动。

此外，注水对射流噪声不同组分的影响也各不相同：在上游方向，高频段以激波相关噪声为主，注水降噪是最有效的；而在下游方向以湍流混合噪声为主，虽然高频段的降噪也很明显，但是由于低频段的噪声增加被部分抵消了，故降噪频率范围减小了。

由此可以看出，喷水对于激波相关噪声特别有效，宽带激波噪声与啸叫单音都得到显著了降低。流动受到水射流的很强的干扰，导致声源域内超声速混合层的长度减小了，激波强度减弱了。谱分析显示，降噪主要是在中高频段。大多数情况下，低频段噪声增加。对于非完全膨胀的射流来说，由于激波相关噪声普遍分布在高频段，因此高频降噪最为重要。

通过优化组合之后，在高角度、近距离、大质量流率情况下，最佳降噪可达 12 dB。对于热射流来说效果差点，但是也非常明显。通过两相之间的动量传递，降速主要降低了激波相关噪声，同时也对混合噪声的高频部分有效。

7.2　地下井发射

7.2.1　概述

导弹在地下井发射时，从发动机喷出的高温、高速燃气射流将对发射装置产生较为严重的冲击和烧蚀作用。因此，首先需要解决的技术问题就是井下排焰，即把导弹发动机排出的高温、高速燃气流通畅地导出井外，保证导弹可靠地发射出井，同时要求地下井与其设备不因发射受到严重损坏而影响重复使用。此外，导弹在井下点火启动后，发动机的噪声能量大部分被限制在发射井中。由于弹体和井壁的反射作用，会产生比地面发射时高出 7~8 dB 的噪声环境。导弹井下飞行过程中，如果结构响应为线性，振动加速度功率谱密度将增加 4~6 倍。在这样恶劣的环境中，弹上仪器设备，甚至弹体结构自身，都可能出现失效和疲劳破坏。因此，通常发射井和导弹自身都会采取一些降噪措施。由于井内空间有限，排焰道又长，故在地面发射时无须考虑瞬时回火引射效应、压力脉冲等问题，而在地下井热发射中则必须考虑。

地下井热发射中遇到的问题主要体现在三个方面：排焰、噪声和压力脉冲环境，互相之间有着内在的联系和制约。如对排焰环境而言，排焰道越短越好，增加发射井的深度可加大引射效应，对排焰环境改善有好处，亦可减弱回火高度，使压力脉冲幅值降低，但会增加噪声量级。而通常的降噪措施，如在发射井和排焰道内加吸声衬层、分割排焰道以拓宽衬层的吸声频带，均会缩小发射井、排焰道的孔径，影响排焰的通畅性。

因此，掌握和了解导弹井下发射过程中的力学、射流与噪声环境，对于井下发射环境控制、发射飞行安全管理，具有十分重要的意义。而由于井下发射时热场和流场相互作用的复杂性，以及理论分析方法不够成熟，只能依靠缩尺比模型等方法研究。近年来发展起来的数值仿真方法则为研究井下发射噪声环境提供了可行性。

7.2.2 排焰环境

井下热发射产生的排焰环境是指导弹在井下有限空间点火燃气流整体或局部的瞬时回流（或称回火）形成的温度环境、井下排焰的强大引射效应造成的空气的引射作用环境以及火箭发动机燃气流对地下井的冲刷烧蚀环境，这些环境大致可用压力、流速和温度三个基本参数表征。

井下热发射可以按燃气流排导方式分为无排焰道发射井和有排焰道发射井。一般大型液体推进剂导弹采用有排焰道的地下井，它由发射井和排焰道两部分组成。根据排焰道结构形式的区别，把具有单排焰道的地下井称为 U 形井、L 形井，而把具有双排焰道的地下井称为 W 形井。本小节以 W 形井为例（图 7 - 145）。

图 7 - 145 W 形地下井示意图

井下排焰环境影响因素较多，成因也很复杂，很难单纯用理论计算的办法来研究与预示这些环境。工程上通常以采用缩尺比模型试验为主，并结合理论分析的技术途径解决。这些缩尺比模型试验根据不同的试验目的，按一定的相似准则设计，故亦可称作模拟试验。其中，小比例模型热流试验用来研究井下排焰环境的成因、性质、影响因素，为理论计算提供依据；少量的大比例模型热流试验用来验证建立的相似准则与预测排焰环境，并为全尺寸试验井提供井型几何参数。全尺寸试验的目的是最后综合检验弹、井对热发射环境的适应性。

1. 流场研究方法

1）湍流模型

燃气相湍流模型采用 RNG $k - \varepsilon$ 计算模型。壁面采用标准壁面函数处理，其他参数保持面板默认数值。

2）计算格式

在求解不可压流和可压流问题中，都可采用有限体积法，它主要有两个优点：第一，具有良好的守恒性质；第二，可以方便地描述复杂的计算域。因此，在流场计算中采用 TVD 格式的有限体积法。

390

3）动网格技术

在导弹发射过程中，流场的计算区域随着导弹的运动会不断变化，研究过程中采用动网格技术来处理流场计算区域的变化过程。动网格技术可以模拟计算区域随时间运动变化的流场。计算区域的运动和变形可以通过指定计算区域边界的运动或变形来实现，也可以根据当前时刻计算结果求得相关的运动参数来实现。每个计算时刻，计算区域由于边界的运动或变形而发生变化，在相应时刻的迭代计算过程中，网格基于运动边界的新位置进行自动更新。

2. 流场计算方法校验

1）校验模型

为校验流场计算方法，针对发射井缩比试验和理论计算模型，建立流场计算模型，如图 7 - 146 所示。其压力分布云图如图 7 - 147 所示。选取计算所用发动机参数，与试验模型发动机参数一致，见表 7 - 8。校验模型仿真采用定常计算仿真，导弹固定在运动前位置。

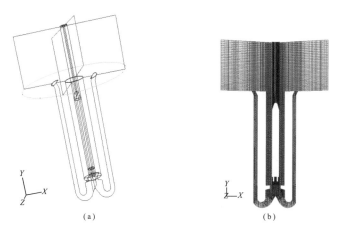

(a)　(b)

图 7 - 146　针对发射井缩比试验和理论计算模型，建立流程计算模型

（a）W 形发射井缩比仿真模型；（b）W 形发射井缩比模型剖面网格

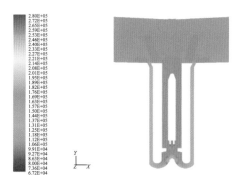

图 7 - 147　压力分布云图

表 7 - 8　仿真参数表

模拟参数	模型值
出口马赫数（Ma）	3.33
出口速度 $v/$（$m \cdot s^{-1}$）	2 321
绝热指数 k	1.22
定压比热 $C_p/$（$J \cdot kg^{-1} \cdot ℃^{-1}$）	1 758
气体常数 $R/$（$J \cdot kg^{-1} \cdot ℃^{-1}$）	325.4
出口压力 p/Pa	67 445

2）计算说明

①校验模型中给出的压力均为绝对压力；

②仿真模型中各坐标平面布置如图 7 - 146（a）所示；

③为了使仿真结果等值云图既能对排焰道进行剖分，也能对喷管进行剖分，采用如图 7 - 146（b）所示纵剖面作为云图截面。

3. 计算结果

通过仿真计算，可以获得缩比模型中燃气流场的详细结构，这里给出发射井纵剖面上的流场云图和 W 形排焰道壁面上的压力温度分布以供参考。

图 7 - 147 给出了某一纵剖面压力分布云图，可以看出，在排焰道冲击区压力较高，其他区域压力值较低。图 7 - 148 给出了某一纵剖面温度分布云图，由图可知，所取剖面不同，排焰道和发射井内温度差别较大。

图 7 - 149 所示为剖面速度分布云图。从速度分布上可以看出燃气流排焰通道的通畅性，在整个通道内燃气流速度均匀，并且没有出现速度滞止点。从图 7 - 150 中压力曲线可以看出，除了速度转折点处出现压力明显的波动外，整个通道压力均衡，速度基本为恒定值。

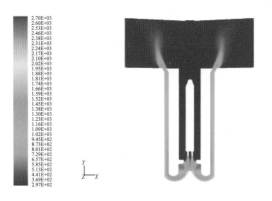

图 7 - 148　温度分布云图

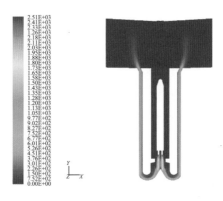

图 7 - 149　速度分布云图

图 7 – 151 给出了 W 形排焰道温度分布，横坐标为流场 Y 向坐标，纵坐标为温度值。

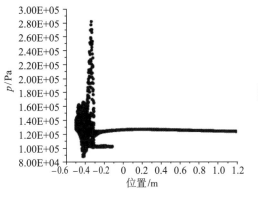

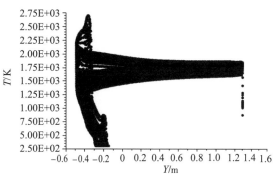

图 7 – 150　W 形排焰道压力分布　　　　图 7 – 151　W 形排焰道温度分布

为与试验值比较，定义 W 形排焰道导流锥附近为冲击区，转弯区为冲击区后，W 形排焰道直段为转弯区后，排焰道出口倾斜区域为出口区。给出 W 形发射井试验值、理论计算值，与仿真结果的比较见表 7 – 9，仿真结果给出该区域内的最大值。

表 7 – 9　W 形发射井模型试验值、理论计算值与仿真结果比较

		环境内容	模型试验值	理论计算值	仿真结果
排焰道环境	冲击区	燃气温度/℃	>2 200	2 800	2 412
	冲击区后	气流速度/ (m·s⁻¹)	1 770	1 980	1 700
		气流压力/MPa	0. 162	0. 348	0. 162
		燃气温度/℃	2 120	2 013	2 073
	转弯区后	气流速度/ (m·s⁻¹)	790	850	750
		气流压力/MPa	0. 130	0. 160	0. 126
		燃气温度/℃	1 890	2 000	1 763
	出口区	气流速度/ (m·s⁻¹)	382	398	380
		气流压力/MPa	0. 119	0. 100	0. 119
		燃气温度/℃	1 883	1 500	1 563

从比较结果可以看出，仿真结果与模型试验值吻合得比原有理论计算值更好。因此，前述流场计算方法可以用于发射井内流场模拟。

7.2.3　气动噪声研究方法

1）噪声环境

导弹在地下井发射时，发动机点火，把导弹发射出去，射流通过排焰道喷出，随着导弹的上升，射流逐渐从排焰道收缩到发射井中。当导弹出发射井 1/3 时，一部分射流在发射井中，一部分射流经排焰道排出井外，此时的声环境最为严重。在发射井中的射流噪声源受到井壁的限制和不断反射，产生了很强的噪声，而从排焰道辐射出的噪声和伸出排焰道的射流辐射噪声作用在导弹头部和仪器舱上，由于距声源近，噪声也很强。

地面发射和地下井发射的噪声场主要不同点在于前者近似于自由场，后者在井中主要是近似于混响后的漫射场，导弹出井后还受到排焰道方向辐射的噪声场作用。因此，对地下井采取的降噪方法首先是抵消发射井中的混响作用和减小或阻挡排焰道的辐射噪声，地下井加吸声衬层是达到减小发射井中的混响和排焰道射流噪声对外辐射作用的好方法，通常总是优先采用。

2）压力脉冲环境

导弹在井下点火启动后，由于在短时间内大量由火箭燃料燃烧产生的燃气体注入井下有限的空间内，发生较大的质量－体积变化，其动量、能量也瞬时加入到周期静止的环境气体中，致使发射井和排焰道内产生压缩波的冲击波源；与此类似，在发动机关机时，将产生稀疏波源，这两种波源都可能引起地下井内环境气体的瞬态响应－压力脉冲。

缩比模型的试验研究和全尺寸地下点火试验均表明，导弹发动机点火后，燃气开始从发动机喷管喷出。当燃烧室内压力继续增加，体积增加速度也随之提高时，喷出的燃气与周围空气的界面以接近或超过声速的速度产生压缩冲击波。在初始射流由喷口向外发展的同时，燃气与外界空气之间的高压界面（或称接触面）也被射流向外推进（如同一个变尺寸的活塞），接触面以同射流边界大致相近的形状压缩并加厚空气层使之一起向外扩展，此时好像有两个活塞，分别向左、右运动引起压缩波，并在井内传播。对于 30～50 m 深的地下发射井，压力波传至井口的时间为 0.1 s 量级。一般发动机排出喷气流约在 0.2 s 达到稳定状态。由于稳定喷气流的作用，使先前产生的蘑菇形状压力冲击波瓦解，产生压力脉冲的过程也就此终止。

压力脉冲的主要参数是过压量级和作用时间。相对高压来说，压力脉冲的量级可能较小，但如果作用在导弹的大面积薄蒙皮圆柱壳上，有可能造成结构局部或整体失稳，也可能损伤发射设施中的薄壁结构（如发射井壁上的吸声衬层）。

1. 气动声学类比法

声波是物质波，是在弹性介质中传播的压力、应力、质点运动等的一种或多种变化。当研究声波在气体和液体中传播时，是从流体动力学基本方程开始推导的，由质量守恒方程和动量守恒方程：

$$\frac{\partial \rho}{\partial t} + \frac{\partial}{\partial x_i}(\rho u_i) = 0$$

$$\frac{\partial}{\partial t}(\rho u_i) + \frac{\partial}{\partial x_j}(\rho u_i u_j) = -\frac{\partial p}{\partial x_i} + F_i$$

可得流体喷注波动方程：

$$\frac{1}{c_0^2}\frac{\partial^2 p'}{\partial t^2} - \frac{\partial^2 p'}{\partial x_i \partial x_j} = \frac{\partial \dot{Q}}{\partial t} - \frac{\partial F_i}{\partial x_i} + \frac{\partial^2 T_{ij}}{\partial x_i \partial x_j}$$

式中　c_0——声速；

　　　p'——声压波动；

　　　$\dot{Q}$——质量流速；

　　　F_i——作用于流体的外力；

　　　T_{ij}——包含动量通量、热量和黏性项的莱特希尔应力张量：

$$T_{ij} = \rho v_i v_j + p_{ij} - c_0^2 \rho \delta_{ij} = \rho v_i v_j + (p_{ij} - p\delta_{ij}) + (p - c_0^2\rho)\delta_{ij}$$

上式即气动噪声的微分方程式，式中都是未知量的微商，原则上不可解。1952 年，Lighthill 利用瑞利声学类比解法，提出气动声学类比方法，后由 Curle、Efowcs – Williams 和 Hawking 逐步发展。气动声学类比方法是把上式的右端项当作已知声源处理，等效成声场中密度变化的单极子辐射源，力的变化成为偶极子辐射源，应力变化则成为四极子辐射源，如图 7 – 152 所示。

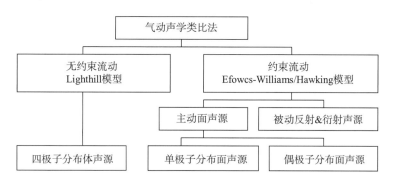

图 7 – 152　气动声学类比法

关于气动声学类比法，请参看相关文献。

2. 声场数值计算方法

声场数值算法采用间接边界元法（IBEM）。

边界元法（BEM）是求解数学物理方程的一种新的数值计算方法，这种方法是把所研究问题的微分方程变成边界积分方程，然后将区域的边界划分为有限个单元，也就是把边界积分方程离散化，得到只含有边界上的结点未知量的方程组，然后进行数值求解。

BEM 可以分为直接法与间接法，直接法只考虑声场一边的压力和速度变量，而间接法可以计算声场的内场和外场的压力变化。关于 IBEM 分析方法，详见相关文献。

3. 流场研究

1）计算模型

（1）计算区域。

针对仿真任务要求，以 W 形发射井的发射过程作为研究对象，建立计算区域，如图 7 - 153 所示。

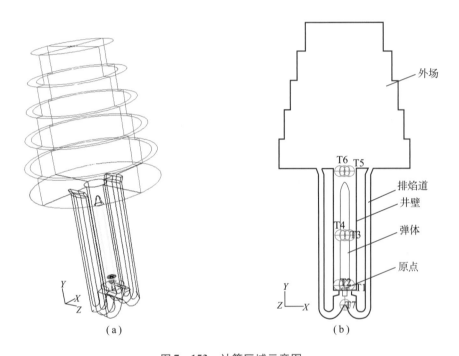

（a）　　　　　　　　　　　（b）

图 7 - 153　计算区域示意图

（a）计算区域三维示意图；（b）计算区域纵剖面示意图

图 7 - 153（a）中原点在导弹底部中心（即喷管出口中心），坐标方向如图 7 - 153（b）所示。其中 T1 ~ T7 为发射井内压力、温度测量点。T1、T2 位于发射井底部，其中 T1 沿 X 正向靠近壁面位置，T2 沿 Z 正向靠近壁面位置；T3、T4 位于发射井中部，其中 T3 沿 X 正向靠近壁面位置，T4 沿 Z 正向靠近壁面位置；T5、T6 位于发射井上部，其中 T5 沿 X 正向靠近壁面位置，T6 沿 Z 正向靠近壁面位置；T7 位于排焰道导流锥顶部。各测量点坐标见表 7 - 10。

表 7 – 10 测点坐标

测点	X/mm	Y/mm	Z/mm
T1	1 675	– 1 046	0
T2	0	– 1 046	1 675
T3	1 675	16 026	0
T4	0	16 026	1 675
T5	1 675	38 000	0
T6	0	38 000	1 675
T7	0	– 7 600	0

（2）网格布置。

为保证计算精度，计算区域内均采用结构化网格，其网格布置如图 7 – 154 所示。计算网格总数约为 40 万。

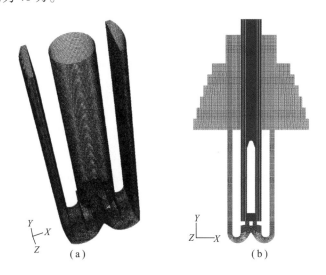

图 7 – 154 网格布置

（a）发射井壁面网格布置；（b）纵剖面网格布置

（3）边界条件和初始值。

①压力入口条件：设置发动机喷口作为计算区域的压力入口，其总压为 7.5 MPa，当地压力为 64 453 Pa，总温为 3 500 K。

②压力出口条件：设置计算区域的外场边界为压力出口，设定为大气条件。

③壁面条件：发射井壁、W 形排焰道壁及导弹壁面设为绝热壁面条件。

④对称面：由于整个计算区域在 X 方向和 Z 方向对称，设定 XOY 平面和 ZOY 平面为对称面。

⑤初值条件：设定为大气条件。

⑥动网格条件：未考虑发动机点火阶段，计算初始时刻为导弹开始运动时刻。

（4）流场分析的几点说明。

①流场中的压力值均采用绝对压力。

②仿真模型中各坐标平面布置如图7-153所示。为了使仿真结果等值云图既能对排焰道进行剖分，也能对喷管进行剖分，采用图7-153坐标系中的 $X/Z = 3$ 的纵剖面作为云图截面。

③计算中未考虑发动机点火阶段，计算初始时刻为导弹开始运动时刻，因此分析中不考虑引射气流建立过程；

④假设导弹运动加速度保持在 3 m/s² 。

2）流场分析

T1 测点：

在计算初始阶段，T1 测点压力受发射井底部隔离仓反射燃气影响，压力值增加；随着导弹运动和燃气流从排焰道排导，受燃气引射作用影响，测点处部分空气被燃气带走，压力值降低；此后发射井外气体进入发射井补充被带走的气体，测点压力上升，并在 1.5~3.5 s 这一阶段稳定在一个大气压左右；3.5 s 以后，由于导弹运动了较长一段距离，燃气流自由发展区对测点产生影响，测点压力值逐渐增加，如图7-155所示。

在计算初始阶段，T1 测点温度受发射井底部隔离仓反射燃气影响，温度值增加，出现第一个峰值和第二个峰值；此后，受燃气引射作用影响，发射井内其他地方气体和发射井外气体补充到测点位置，使测点温度在 1~2 s 内保持较低值（300 K）；2 s 以后，受燃气流混合区影响，温度值逐渐增加，并在 4.5 s 左右出现拐点，温度值降低，如图7-156所示。

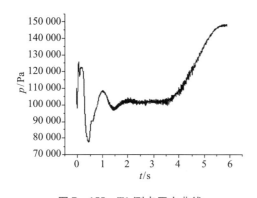

图7-155 T1测点压力曲线

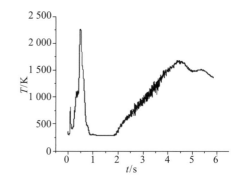

图7-156 T1测点温度曲线

T2 测点：

T2 测点布置在与 T1 同一高度的周向上，其压力变化与 T1 点的基本一致。在计算初始阶段，T2 测点压力受发射井底部隔离仓反射燃气影响，压力值增加；随着导弹运动和燃气流从排焰道排导，受燃气引射作用影响，测点处部分空气被燃气带走，压力值降低；此后，发射井外气体进入发射井补充被带走的气体，测点压力上升，并在 1.5 ~ 3.5 s 这一阶段稳定在一个大气压左右；3.5 s 以后，由于导弹运动了较长一段距离，燃气流自由发展区对测点产生影响，测点压力值逐渐增加，如图 7 – 157 所示。

T2 测点虽布置在与 T1 测点同一高度的周上向，但 T1 测点布置在与排焰道同向的一侧，T2 测点布置在不与排焰道同向的一侧。因此，T2 点测试变化虽与 T1 点的相似，但存在一定差异。在计算初始阶段，T2 测点温度受发射井底部隔离仓反射燃气影响，温度值增加；此后，受燃气引射作用影响，发射井内其他地方气体和发射井外气体补充到测点位置，使测点温度在 1.7 ~ 2.3 s 内保持较低值（300 K）；2.3 s 以后，受燃气流混合区影响，温度值逐渐增加，如图 7 – 158 所示。

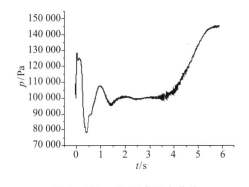

图 7 – 157　T2 测点压力曲线

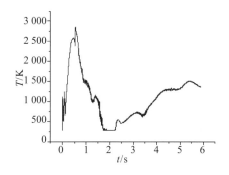

图 7 – 158　T2 测点温度曲线

T3 测点：

在计算初始阶段，T3 测点压力受发射井底部隔离仓反射燃气影响，压力值增加；随着导弹运动和燃气流从排焰道排导，受燃气引射作用影响，测点处部分空气被燃气带走，压力值降低；此后发射井外气体进入发射井补充被带走的气体，测点压力上升，并在 1.5 ~ 4.5 s 这一阶段稳定在一个大气压力左右；4.5 s 以后，由于导弹运动了较长一段距离，燃气流自由发展区对测点产生影响，测点压力值逐渐增加，如图 7 – 159 所示。

在计算初始阶段，T3 测点温度受发射井底部隔离仓反射燃气影响，温度值有小幅增加；此后，受燃气引射作用影响，发射井内其他地方气体和发射井外气体补充到测点位置，使测点温度在 0.8 ~ 4 s 内保持较低值（300 K）；4 s 以后，受燃气流混合区影响，温度值逐渐增加，并在 5.5 s 左右出现拐点，温度值降低，如图 7 – 160 所示。

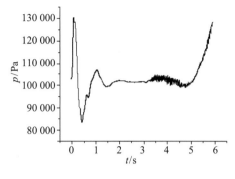

图 7 - 159　T3 测点压力曲线

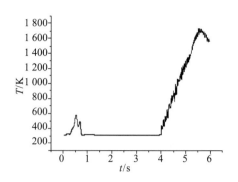

图 7 - 160　T3 测点温度曲线

T4 测点：

T4 测点布置在与 T3 同一高度上的周向上，其压力变化与 T3 点的基本一致。在计算初始阶段，T4 测点压力受发射井底部隔离仓反射燃气影响，压力值增加；随着导弹运动和燃气流从排焰道排导，受燃气引射作用影响，测点处部分空气被燃气带走，压力值降低；此后，发射井外气体进入发射井补充被带走的气体，测点压力上升，并在 1.5 ~ 4.5 s 这一阶段稳定在一个大气压左右；4.5 s 以后，由于导弹运动了较长一段距离，燃气流自由发展区对测点产生影响，测点压力值逐渐增加，如图 7 - 161 所示。

T4 测点虽布置在与 T3 测点同一高度上的周上向，但 T3 测点布置在与排焰道同向的一侧，T4 测点布置在不与排焰道同向的一侧，因此，T4 点测试变化虽与 T3 点的相似，但存在一定差异。在计算初始阶段，T4 测点温度受发射井底部隔离仓反射燃气影响，温度值有小幅增加；此后，受燃气引射作用影响，发射井内其他地方气体和发射井外气体补充到测点位置，使测点温度在 0.8 ~ 4 s 内保持较低值（300 K）；4 s 以后，受燃气流混合区影响，温度值逐渐增加，如图 7 - 162 所示。

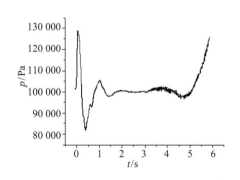

图 7 - 161　T4 测点压力曲线

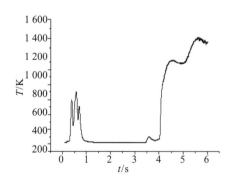

图 7 - 162　T4 测点温度曲线

T5 测点：

在计算初始阶段，T5 测点压力受发射井底部隔离仓反射燃气影响，压力值小幅增加；随着导弹运动和燃气流从排焰道排导，受燃气引射作用影响，测点处部分空气被燃气带走，压力值降低；此后，发射井外气体进入发射井补充被带走的气体，测点压力上升，并在 1.2 s 以后，压力值稳定在一个大气压左右，如图 7 – 163 所示。

在计算初始阶段，T5 测点温度受发射井底部隔离仓反射燃气影响，温度值有小幅增加；此后，温度值恢复初始值（300 K）；5.3 s 以后，受燃气流混合区影响，温度值逐渐增加，如图 7 – 164 所示。

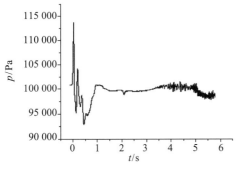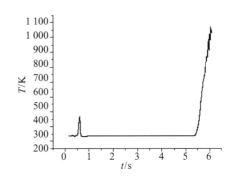

图 7 – 163　T5 测点压力曲线　　　　　　　图 7 – 164　T5 测点温度曲线

T6 测点：

T6 测点布置在与 T5 同一高度上的周向上，其压力变化与 T5 点的基本一致。在计算初始阶段，T6 测点压力受发射井底部隔离仓反射燃气影响，压力值小幅增加；随着导弹运动和燃气流从排焰道排导，受燃气引射作用影响，测点处部分空气被燃气带走，压力值降低；此后，发射井外气体进入发射井补充被带走的气体，测点压力上升，并在 1.2 s 以后，压力值稳定在一个大气压左右，如图 7 – 165 所示。

T6 测点布置在与 T5 同一高度上的周向上，其温度变化与 T5 点的基本一致。在计算初始阶段，T6 测点温度受发射井底部隔离仓反射燃气影响，温度值有小幅增加；此后温度值恢复初始值（300 K）；5 s 以后，受燃气流混合区影响，温度值逐渐增加，如图 7 – 166 所示。

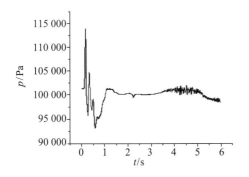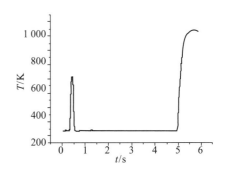

图 7 – 165　T6 测点压力曲线　　　　　　　图 7 – 166　T6 测点温度曲线

T7 测点：

T7 测点压力受燃气流直接影响，在初始阶段压力值就快速升高；在 0.5 s 左右，受引射作用影响，压力值降低；此后，受燃气流直接作用，压力一直保持较大值，如图 7 – 167 所示。

T7 测点温度受燃气流直接影响，在初始阶段温度值就快速增加；此后，随着导弹离发射井底部距离的增加，温度值逐渐降低，如图 7 – 168 所示。

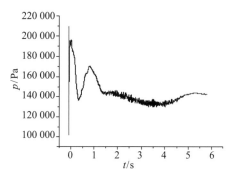

图 7 – 167　T7 测点压力曲线

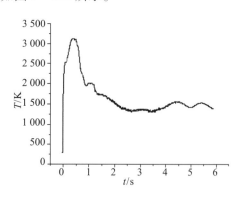

图 7 – 168　T7 测点温度曲线

3）温度场分析

为研究导弹运动不同时刻燃气流场结构，分别取导弹运动 0.2 s、0.6 s、1.6 s、3.6 s、5.6 s 时刻的温度分布云图和发射井壁与导弹壁面温度分布云图进行分析。

导弹运动 0.2 s 时，燃气流到达 W 形排焰道平直区域中部，此时流场中高温区域主要集中在发射井底部隔离仓受冲击部分以及隔离仓后部与导流锥之间的区域，最高温度达到 2 830 K，如图 7 – 169 所示。

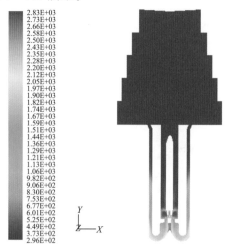

图 7 – 169　导弹运动 0.2 s 时温度场

导弹运动 0.6 s 时，燃气流已从排焰道排出，进入地面上方区域，此时流场中高温区域主要集中在发射井底部隔离仓受冲击部分、隔离仓后部与导流锥之间的区域及排焰道内，最高温度达到 2 810 K，如图 7 - 170 所示。

导弹运动 1.6 s 时，燃气流场已充分发展，此时流场中高温区域主要集中在发射井底部导流锥受冲击的区域，最高温度达到 2 320 K，如图 7 - 171 所示。

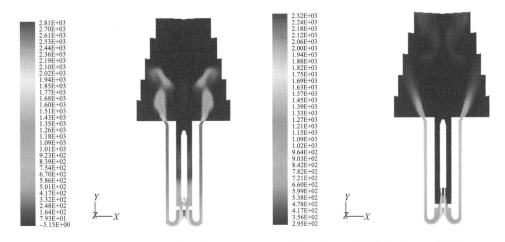

图 7 - 170　导弹运动 0.6 s 时温度场　　　　图 7 - 171　导弹运动 1.6 s 时温度场

导弹运动 3.6 s 时，燃气流场已充分发展，此时流场中高温区域主要集中在发动机喷管出口下游马赫结构区域，最高温度达到 2 270 K，如图 7 - 172 所示。

导弹运动 5.6 s 时，燃气流场已充分发展，此时流场中高温区域主要集中在发动机喷管出口下游马赫结构区域，最高温度达到 2 350 K，如图 7 - 173 所示。

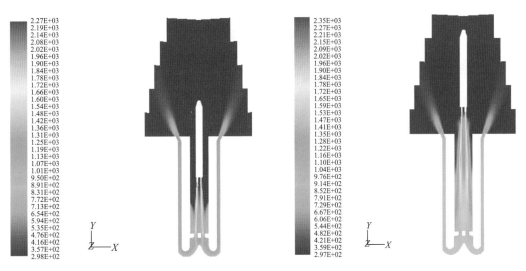

图 7 - 172　导弹运动 3.6 s 时温度场　　　　图 7 - 173　导弹运动 5.6 s 时温度场

图 7 - 174 所示为 W 形排焰道壁面温度分布，横坐标为高度坐标，纵坐标为温度分布。从图 7 - 174 中可以看出，在导弹运动 0.2 s 时，燃气流到达排焰道中部，在燃气到达的区域，由于燃气在排焰道内分布不均，温度分布范围较宽；而在燃气未到达的区域，温度仍为一较小的常数值。图 7 - 174 中两个温度较高的峰值分别位于发射井底部隔离仓上部和下部位置。

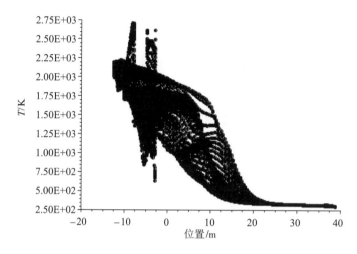

图 7 - 174　导弹运动 0.2 s 时 W 形排焰道壁面温度分布

从图 7 - 175 中可以看出，在导弹运动 0.6 s 时，燃气流已在排焰道内充分发展，温度分布范围较宽。在排焰道出口附近，受外界温度影响，分布范围较排焰道内的宽。

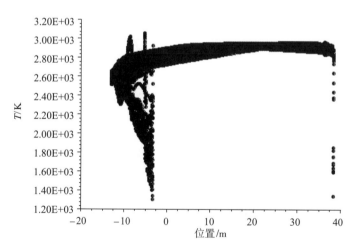

图 7 - 175　导弹运动 0.6 s 时 W 形排焰道壁面温度分布

从图 7 - 176 中可以看出，在导弹运动 1.6 s 时，燃气流已在排焰道内充分发展，温度分布范围较宽。

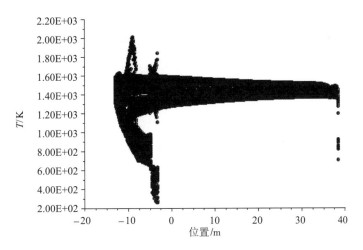

图 7 – 176　导弹运动 **1.6 s** 时 **W** 形排焰道壁面温度分布

从图 7 – 177 中可以看出，在导弹运动 3.6 s 时，燃气流已在排焰道内充分发展，温度分布范围较宽。

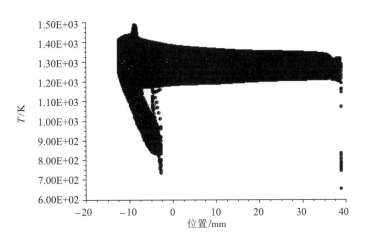

图 7 – 177　导弹运动 **3.6 s** 时 **W** 形排焰道壁面温度分布

从图 7 – 178 中可以看出，在导弹运动 5.6 s 时，导弹已离开发射井，燃气流在井内充分发展，因此，在排焰道内，燃气温度虽仍保持一定的范围分布，但同一截面上分布值只相差 60 K 左右。

4）速度场分析

为研究导弹运动不同时刻燃气流场结构，分别取导弹运动 0.2 s、0.6 s、1.6 s、3.6 s、5.6 s 时刻的速度云图分布进行分析。由于黏性作用，燃气流在壁面速度为零，因此不对壁面速度进行分析。

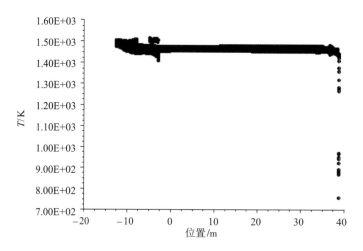

图 7 - 178　导弹运动 5.6 s 时 W 形排焰道壁面温度分布

从图 7 - 179 中可以看出，导弹运动 0.2 s 时，由于燃气流作用，排焰道内空气被燃气挤出，在排焰道出口具有一定的空气流动。

从图 7 - 180 中可以看出，导弹运动 0.6 s 时，由于燃气流已较充分发展，从排焰道流入外部空间，排焰道内速度为 1 000 m/s 左右。

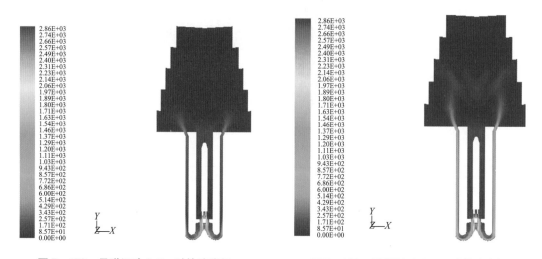

图 7 - 179　导弹运动 0.2 s 时的速度场　　　　图 7 - 180　导弹运动 0.6 s 时的速度场

从图 7 - 181 中可以看出，导弹运动 1.6 s 时，由于燃气流已较充分发展，从排焰道流入外部空间，排焰道内速度为 800 m/s 左右。

从图 7 - 182 中可以看出，导弹运动 3.6 s 时，由于燃气流已较充分发展，从排焰道流入外部空间，排焰道内速度为 750 m/s 左右。

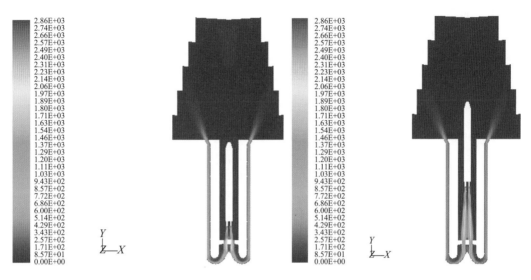

图 7 – 181　导弹运动 1. 6 s 时的速度场　　　图 7 – 182　导弹运动 3. 6 s 时的速度场

从图 7 – 183 中可以看出，导弹运动 5.6 s 时由于燃气流已较充分发展，从排焰道流入外部空间，排焰道内速度为 600 m/s 左右。

5）压力场分析

为研究导弹运动不同时刻燃气流场结构，分别取导弹运动 0.2 s、0.6 s、1.6 s、3.6 s、5.6 s 时刻的压力云图分布和发射井壁与导弹壁面压力分布进行分析。

从图 7 – 184 中可以看出，导弹运动 0.2 s 时燃气流受隔离仓和排焰道导流锥滞止，压力值升高，最大值达 0.348 MPa。

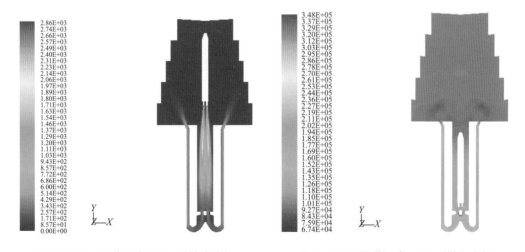

图 7 – 183　导弹运动 5. 6 s 时的速度场　　　图 7 – 184　导弹运动 0. 2 s 时的压力场

从图 7 – 185 中可以看出，导弹运动 0.6 s 时，燃气流在滞止区压力值升高，最大值达 0.3 MPa。

从图 7-186 中可以看出，导弹运动 1.6 s 时，燃气流在滞止区压力值升高，最大值达 0.224 MPa。

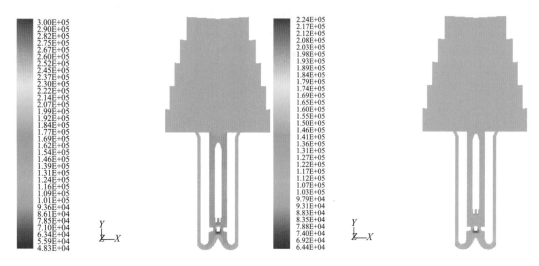

图 7-185　导弹运动 0.6 s 时的压力场　　　图 7-186　导弹运动 1.6 s 时的压力场

从图 7-187 中可以看出，导弹运动 3.6 s 时，燃气流大部分从隔离仓周围流过，在排焰道导流锥和转弯区形成滞止区，压力值升高，最大值达 0.193 MPa。

从图 7-188 中可以看出，导弹运动 5.6 s 时，燃气流在发射井内充分发展，在发射井底部和排焰道底部形成滞止区，压力值升高，最大值达 0.16 MPa。

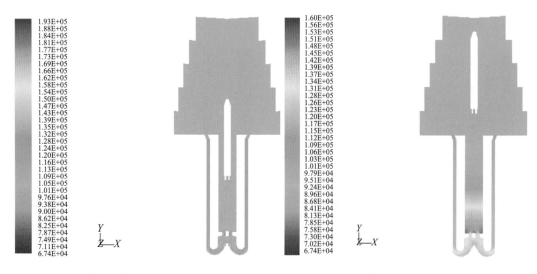

图 7-187　导弹运动 3.6 s 时的压力场　　　图 7-188　导弹运动 5.6 s 时的压力场

从图 7 – 189 中可以看出，在导弹运动 0.2 s 时，排焰道底部压力分布范围较宽；随着高度增加，压力值分布范围缩小，最大压力值降低；在出口转弯区，压力值分布范围又扩展。压力较大的两个峰值分别出现在发射井底部隔离仓上部和下部区域。

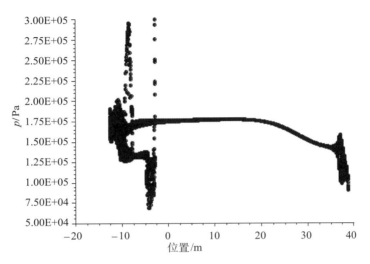

图 7 – 189   导弹运动 0.2 s 时 W 形排焰道压力分布

从图 7 – 190 中可以看出，在导弹运动 0.6 s 时，排焰道底部压力分布范围较宽，随着高度增加，压力值分布范围缩小；在出口转弯区，压力值分布范围又扩展。压力较大的两个峰值分别出现在发射井底部隔离仓上部和下部区域。

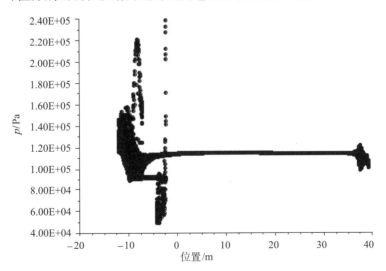

图 7 – 190   导弹运动 0.6 s 时 W 形排焰道压力分布

从图 7 – 191 中可以看出，在导弹运动 1.6 s 时，排焰道底部压力分布范围较宽，随着高度增加，压力值分布范围缩小；在出口转弯区，压力值分布范围又扩展。压力较大的两个峰值分别出现在发射井底部隔离仓上部和下部区域。

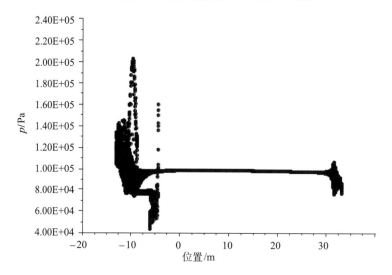

图 7 – 191　导弹运动 1.6 s 时 W 形排焰道压力分布

从图 7 – 192 中可以看出，在导弹运动 3.6 s 时，排焰道底部压力分布范围较宽，随着高度增加，压力值分布范围缩小；在出口转弯区，压力值分布范围又扩展。压力较大的两个峰值分别出现在发射井底部隔离仓上部和下部区域。

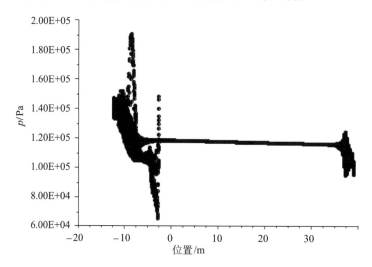

图 7 – 192　导弹运动 3.6 s 时 W 形排焰道压力分布

从图 7 – 193 中可以看出，在导弹运动 5.6 s 时，排焰道底部压力分布范围较宽，随着高度增加，压力值分布范围缩小，在出口附近分布范围增加。

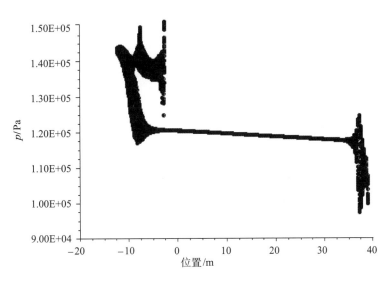

图 7 – 193   导弹运动 5.6 s 时 W 形排焰道压力分布

6）声场研究

（1）偶极子等效声源分析。

①计算模型。

地下井发射中，发射时产生的气动噪声也是对设备产生破坏的因素之一，本书通过简要的仿真示例对发射井内噪声环境进行介绍。

②偶极子分布。

偶极子计算模型如图 7 – 194 所示。导弹起飞时刻等效面声源 100 Hz 偶极子分布如图 7 – 195 所示。

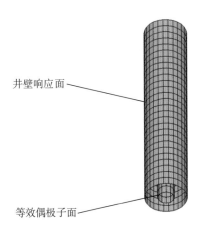

井壁响应面

等效偶极子面

图 7 – 194   偶极子计算模型

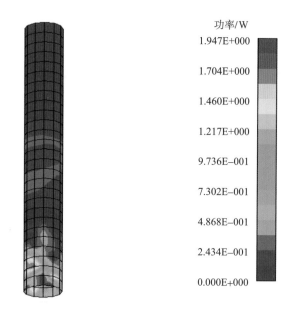

功率/W

1.947E+000
1.704E+000
1.460E+000
1.217E+000
9.736E−001
7.302E−001
4.868E−001
2.434E−001
0.000E+000

图 7−195　起飞时刻偶极子声源 100 Hz 功率分布图

从图 7−195 中可以看出，在高速射流喷注情况下，偶极子声源声功率非常小，大部分等效声源功率接近于零。

③发射井壁面频率响应分析。

指定发射井壁面作为待求解区域，解算偶极子等效声源在发射井壁面的声压。在导弹起飞时刻，偶极子声源 100 Hz 的井壁频率响应如图 7−196 所示。

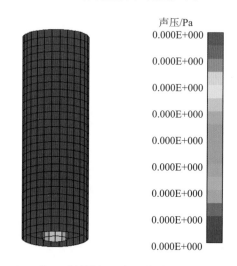

声压/Pa

0.000E+000
0.000E+000
0.000E+000
0.000E+000
0.000E+000
0.000E+000
0.000E+000
0.000E+000
0.000E+000
0.000E+000

图 7−196　起飞时刻偶极子声源井壁 100 Hz 声压分布图

从图 7−196 中的仿真结果可以看出，在高速气流噪声场中，等效偶极子声源辐射声功率值很小，因此，发射井壁面上响应等效偶极子声源的声压处处为零。

在导弹起飞时刻，取发射井底部的 T1 测点（测点位置详见表 7 –11），求解 0 ~ 20 kHz 声压，频谱如图 7 –197 所示。

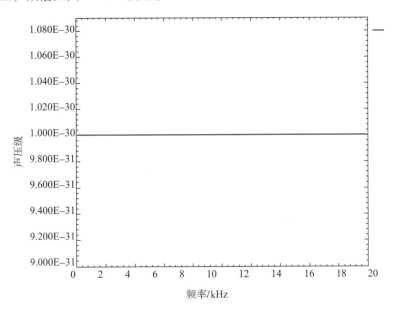

图 7 –197　起飞时刻 T1 测点偶极子 0 ~ 20 000 Hz 声压频谱图

由仿真结果可以看出，T1 测点的声压基本为零，在导弹运动的其他时刻，不同测点的数据与 T1 点的类似。因此，得出结论：在高速射流喷注情况下，偶极子等效声源对噪声场贡献非常小，可以忽略其影响。

（2）四极子等效声源分析。

计算模型四极子分布如图 7 –198 所示。

导弹起飞前（–0.5 s 时刻）发射井内的等效四极子体声源 750.7 Hz 分布如图 7 –199 所示。

导弹起飞时刻（0 s）等效四极子体声源 17 399.1 Hz 分布如图 7 –200 所示。

导弹出井 1/2 时刻等效四极子体声源 1 313.2 Hz 分布如图 7 –201 所示。

以上不同时刻的发射井内四极子分布图表明，在导弹运动过程中，燃气流受发射井底部的隔离仓作用而不能充分发展，造成井底等效四级子声源功率级略高于井顶部的；此外，沿井壁周向，越靠近导弹喷口，声源功率级越高。

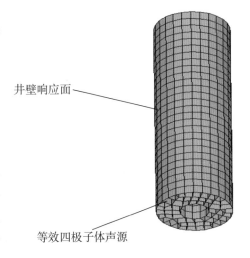

图 7 –198　四极子计算模型

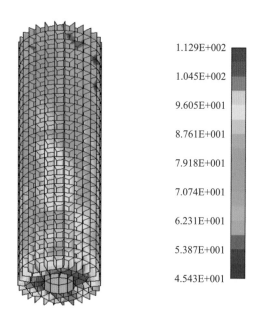

图 7 – 199　起飞前（–0.5 s 时刻）750.7 Hz 四极子分布图

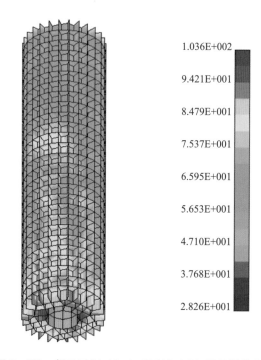

图 7 – 200　起飞时刻（0 s）17 399.1 Hz 四极子分布图

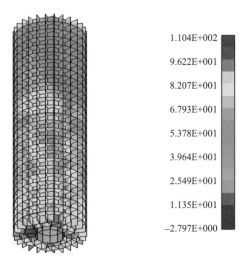

图 7 – 201　出井 1/2 时刻 1 313. 2 Hz 四极子分布图

发射井壁面频率响应分析：

为研究弹体运动在不同时刻、不同位置的发射井壁面频率响应，取导弹起飞前（约 – 0. 5 s）、起飞时（0 s）和弹体出井约 1/2 三个时刻，取发射井底部 – 11 层壁面的 T1 测点、发射井口壁面的 T5 测点，分别求解其 0 ~ 20 kHz 声压级，对其频谱进行分析（T1、T5 测点的确切位置详见表 7 – 11）。

①导弹起飞前（ – 0. 5 s 时刻）。

导弹起飞前（ – 0. 5 s 时刻）发射井底部 T1 测点的 26 ~ 199 72 Hz 声压频谱如图 7 – 202 所示。

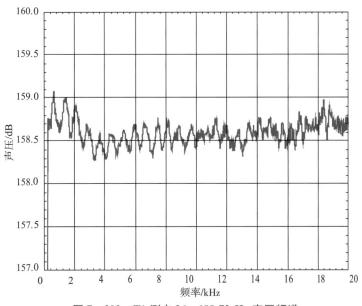

图 7 – 202　T1 测点 26 ~ 199 72 Hz 声压频谱

图 7 - 202 中，横坐标为频率，纵坐标为声压。由图 7 - 202 中可以看出，在仿真的 26～199 72 Hz 频段，发射井底部 T1 测点的声压分布在 158～160 dB，其中，当频率为 750.7 Hz 时，T1 测点出现声压峰值，约为 159.1 dB。

导弹起飞前 -0.5 s 发射井口 T5 测点的 26～19 972 Hz 声压频谱如图 7 - 203 所示。

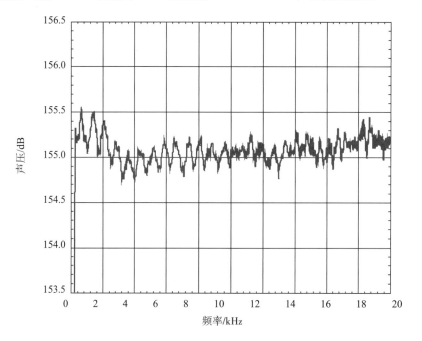

图 7 - 203　T5 测点 26～199 72 Hz 声压频谱

图 7 - 203 中，横坐标为频率，纵坐标为声压。由图 7 - 203 中可以看出，在仿真的 26～199 72 Hz 频段，发射井顶部 T5 测点的声压分布在 154～156 dB，其中，当频率为 750.7 Hz 时，T1 测点出现声压峰值，约为 155.6 dB。

②导弹起飞（0 s）时刻。

导弹起飞（0 s）时刻发射井底部 T1 测点的 26～199 72 Hz 声压频谱如图 7 - 204 所示。

图 7 - 204 中，横坐标为频率，纵坐标为声压。由图 7 - 204 可以看出，在仿真的 26～199 72 Hz 频段，发射井底部 T1 测点的声压分布在 146～150 dB，其中，当频率为 17 399.1 Hz 时，T1 测点出现声压峰值，约为 149.8 dB。

导弹起飞（0 s）时刻发射井口 T5 测点的 26～199 72 Hz 声压频谱如图 7 - 205 所示。

图 7 - 205 中，横坐标为频率，纵坐标为声压。由图 7 - 205 可以看出，在仿真的 26～199 72 Hz 频段，发射井顶部 T5 测点的声压分布在 145～149 dB，其中，当频率为 17 399.1 Hz 时，T5 测点出现声压峰值，约为 148.3 dB。

③导弹出井 1/2 时刻。

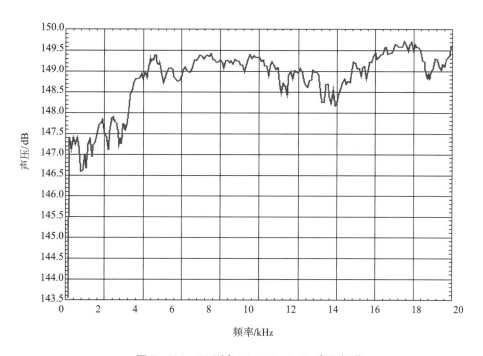

图 7 – 204 T1 测点 26 ~ 199 72 Hz 声压频谱

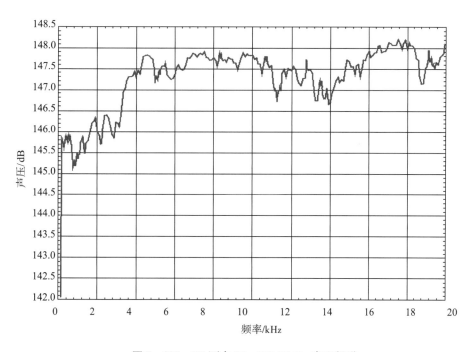

图 7 – 205 T5 测点 26 ~ 199 72 Hz 声压频谱

导弹出井 1/2 时刻井壁底部 T1 测点的 26 ~ 199 72 Hz 声压频谱如图 7 – 206 所示。

图 7 – 206 中，横坐标为频率，纵坐标为声压。由图 7 – 206 可以看出，在仿真的

26 ~ 19 972 Hz 频段，发射井底部 T1 测点的声压分布在 159 ~ 161 dB，其中，当频率为 1 313.2 Hz 时，T1 测点出现声压峰值，约为 160.7 dB。

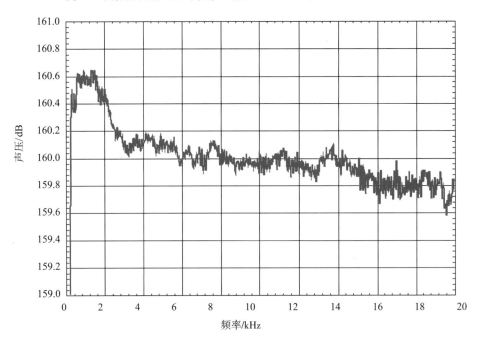

图 7 - 206　T1 测点 26 ~ 19972Hz 声压频谱

导弹出井 1/2 时刻井壁顶部 T5 测点的 26 ~ 19 972 Hz 声压频谱如图 7 - 207 所示。

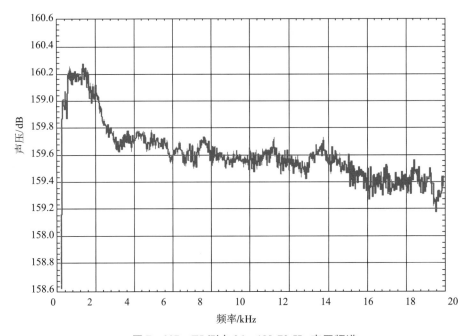

图 7 - 207　T5 测点 26 ~ 199 72 Hz 声压频谱

图 7 - 207 中，横坐标为频率，纵坐标为声压。由图中 7 - 207 可以看出，在仿真的 26 ~ 19 972 Hz 频段，发射井顶部 T5 测点的声压分布在 158 ~ 161 dB，其中，当频率为 1 313.2 Hz 时，T1 测点出现声压峰值，约为 160.2 dB。

小结：

①仿真结果表明，在高速射流喷注噪声场中，等效四极子体声源的贡献是主要的，等效偶极子面声源的作用可以忽略。

②在导弹高速射流稳定的喷注噪声场中，相同时刻发射井壁顶部和底部声压级频谱分布规律基本相同，底部声压级略高于顶部。

③导弹井下发射噪声场具有声压级高、分布频带宽的特点。

4. 小结

①导弹运动初期，燃气流受发射井底部隔离仓作用，产生反射作用，发射井底部压力和温度较高。

②导弹运动一段距离后，燃气流引射作用明显，使发射井外气体流入发射井内补充被带走的气体。

③导弹接近离井或离井后，燃气流充分发展，高温气体充满发射井底部和排焰道。

④W 形排焰道发射过程中，一方面由于排焰道能达到较好的排焰效果，另一方面，发射井外冷空气能够进入发射井内补充被带走的气体，因此，整个发射过程中发射井及导弹壁面温度较低。

⑤由于整个发射过程中燃气流具有反射、引射和充分发展阶段，发射井内气体速度场和压力场会产生较大的变化，因此，有必要针对发射井结构研究井内的噪声场分布并进一步评估噪声效应对弹体及发射设备的影响。

7.3　机动发射

7.3.1　概述

机动发射方式由于导弹的储运方式以及发射方式不同，导弹发射时燃气流所产生的环境效应有所不同，机动发射导弹储运方式分为双联装、"品"字形三联装、四联装等。随着装备技术和发射技术的发展，车载导弹单元的数量不断增加，而且一架多弹的共架发射也成为未来机动发射技术的发展趋势。对于导弹的不同装载方式，双联装发射装置一般适用于比较小的导弹如反坦克导弹等，燃气射流影响较小；"品"字形三联装发射装置主要用于巡航导弹发射；四联装发射装置导弹发射时燃气射流对相邻导弹影响较大，对相邻发射箱体会产生比较严重的烧蚀，容易产生导弹误点火等。

车载发射方式主要分为两种：倾斜发射与垂直发射。倾斜发射装置一般由起落架、回转装置、基座、发射箱等部分组成。倾斜发射的优点主要体现在：导弹起飞后不需要很大转弯就可以进入巡航飞行，导弹所需承受的过载小；设计发射架相对跟踪雷达的跟踪规律，可获得较小的杀伤近界；导弹易于捕获；缩短了目标截获时间；所得到的导弹飞行航迹阻力减小，利于减轻导弹的起飞质量。缺点主要体现在：燃气流影响范围广，特别是在发射初始阶段，导弹的燃气射流会对发射装置中的电子元器件、传导线路等产生烧蚀，工作人员避让不及会造成致命性的伤害，对发射装置以及工作人员的危害较大；发射装置复杂（发射装置与跟踪雷达同步随动系统等）；初始弹道稳定性差；射击低空目标时弹道会因重力而下沉；武器系统的反应时间和火力转移时间相对较长。国外著名型号如美军的爱国者导弹以及国内的 HQ - 12 防空导弹采用的就是倾斜发射方式（图 7 - 208、图 7 - 209）。

图 7 - 208　爱国者导弹

图 7 - 209　HQ - 12 防空导弹

垂直发射装置主要是导弹储运发射筒，储运发射筒主要由筒体、易碎前盖、金属保护盖、底座、后支座、弹射装置、燃气发生器、电插头收起装置等八部分组成。垂直发射的优点主要体现在：发射装置设备简单，工作可靠，操作方便，反应时间短，发射速率高；加速段阻力损耗小，加速发动机的推力质量比可以减小；爬高迅速，发射速率高；发射装置安排紧凑，发动机的喷气流影响范围小，相对而言，对发射装置以及工作人员的影响较小；采用了冷弹发射技术的弹筒可以重复使用，安全、经济、实用；大幅度减少了维护人员和维护费用；有利于射击高机动性的目标。缺点主要体现在：技术实现难度较大；导弹的平均速度减小；杀伤区域相对较大。著名的型号是俄罗斯生产的 S - 300 防空导弹（图 7 - 210）。

垂直发射系统虽然喷气流影响范围小，但高温高速的燃气射流沿弹体纵轴向喷管后方喷射出去，产生强大推力的同时，对发射装置也会产生强烈的冲击，而对于飞航导弹，助推器相对于弹体纵轴倾斜一定角度，一般为 10° ~ 15°，其射流冲击范围加大，对发射装置和人员产生更广泛的冲击和烧蚀等破坏作用，这样必须考虑采取一定的防护措施，对燃气射流进行有效的排导，以将燃气流引向无破坏作用的方向。

图 7 - 210　S - 300 防空导弹

导流器作为车载导弹垂直发射技术中燃气射流热防护的一个重要组成部分，其作用是承受燃气射流的冲击，并把燃气射流排导到有利于导弹发射的方向和空间，以防由于固体火箭发动机喷出的燃气射流对发射装置产生烧蚀和对人员造成伤害。对于燃气流的排导，可分为燃气内排导和燃气外排导两种方式，前者可以实现自主式排导，存在独立的燃气排导装置，而后者发射系统需要附近配置燃气导流设备，是常见的燃气排导方式。

同心筒式发射装置是燃气流内排导的代表。该装置由 5 部分组成：内筒、外筒、半圆形端盖、底板和支撑内筒的纵梁。内筒起支撑导向作用；内外筒之间构成燃气流排导通道。该系统没有导流器，外筒的半圆形后端盖起导流作用。导弹发射时燃气流在端盖的导流作用下转过 180°，进入环形空间向上排导。该导流装置结构简单，同心发射筒无运动部件，不会发生磨损，不需要维修（舰艇不需要检修甲板下结构）；利用新材料可使发射筒质量减轻，使舰艇、运载车辆能携带更多的武器；可以实现导弹垂直、水平、任意角度发射；可用于发射导弹、鱼雷、遥感装置等武器设备。同心筒式结构可采用各种导弹通用的发射方法，形体设计基本相同，可实现发射装置标准化。

燃气外排导一般多采用导流器使得燃气流按照预定方向排出。目前车载导弹垂直发射装置采用的导流器有单面导流器、双面导流器、圆锥形导流器、三面棱锥形导流器和四面棱锥形导流器，具体应根据火箭发射装置的结构来确定。对车载导弹垂直发射导流器及其周围地面的温度压强进行数值模拟和分析，针对车载导弹垂直发射时燃气射流的流动特性进行数值研究，研究结果将有助于优化导流器的气动外形设计，合理安排发射装置的布局，对燃气射流进行防护和排导，最大限度降低火箭导弹燃气射流对发射设备和周围人员的冲击效应，提高弹体发射安全性、稳定性和可靠性。

总体来说，导弹机动发射类似于运载火箭发射，高温高压燃气流所产生的冲击和烧蚀作用主要集中作用在导弹发射车以及导流槽上，但与运载火箭发射所不同的是，机动发射导流设备属于开放性排气装置，燃气导流通畅性较好。对于导流装置，需要考虑的影响主要以冲击和烧蚀为主，但由此造成了燃气流排焰距离较长，有效安全距离也随之增大。对发射阵地的开阔性有一定的要求，同时，由于导流槽与发射车距离较短，燃气流不可避免地要冲击到发射车上，因此，需对发射车的受力及受热进行分析，以保护车载设备正常工作。对于机动发射燃气流噪声影响，也较之运载火箭和地下井发射程度小很多，对于机动发射导弹燃气流所造成的热冲击效应以及噪声效分析可参考上一节，本节不再赘述。本节主要以车载垂直热发射导弹为例进行仿真分析，比较导流槽双面和单面排导的效果以及燃气射流对发射车的影响，并在此基础上就车载导弹导流器的排导规律进行简要概述，为导流器及发射车的设计与更新提供参考。

7.3.2 双面导流仿真计算

本计算工况基本情况为：双面导流，平地发射，计算域 X 向为 $-10 \sim 51$ m，Z 向为 $0 \sim 40$ m，Y 向为 $-1.6 \sim 10$ m，导弹飞行高度 0 m，发射车计算长度 5 m。具体如下：

模型介绍

双面导流情况下发射平台结构形式如图 7-211 所示，双面导流装置结构示意图如图 7-212 所示。

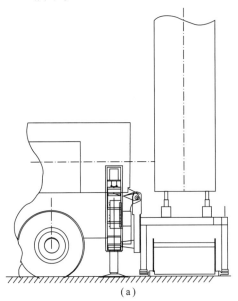
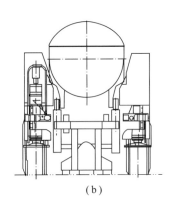

（a）
（b）

图 7-211 双面导流条件下发射平台结构形式

（a）侧视图；（b）正视图

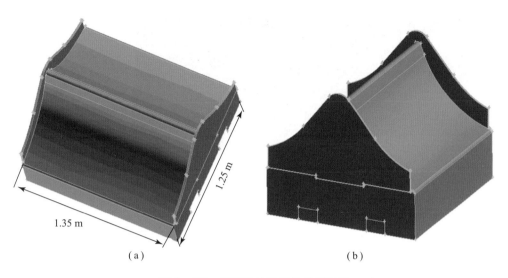

图 7 – 212　双面导流装置结构示意图

计算模型及网格

流场计算区域如图 7 – 213 所示，整个计算域大小为 80 m × 56 m × 11.6 m。

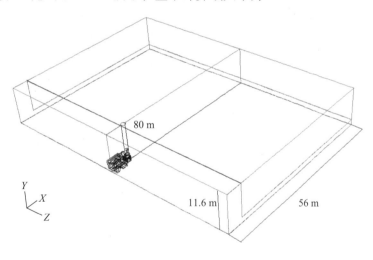

图 7 – 213　计算域示意图

　　流场区域中，坐标原点在发射车后导流装置回转轴与发射车对称面交界点，在发射车对称面内指向后部为 X 轴正向，指向上为 Y 轴正向，Z 轴正向符合右手定则，如图 7 – 214 所示。

　　发射装置模型及网格分布如图 7 – 215 所示，其中发射车由保温舱、仪器舱、轮胎等组成。

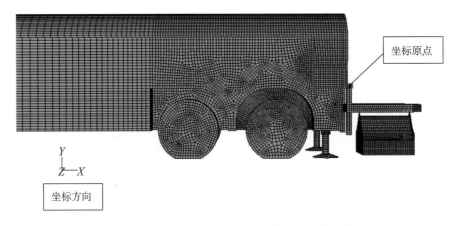

图 7-214　流场内坐标系及坐标原点位置示意图

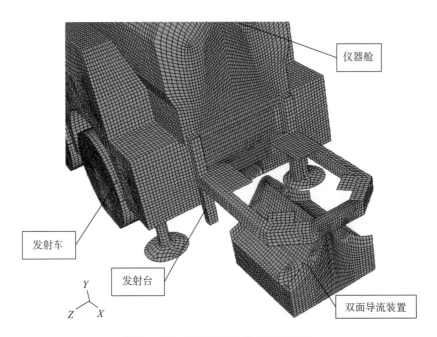

图 7-215　发射装置计算模型及网格

　　为了对网格分布有一个更清楚的了解，图 7-216 给出了整个流场区域的网格分布、导弹与地面上的网格分布以及发射车附近的网格分布。

初边值条件

1）初始条件

　　在进行数值仿真之前，必须对流场进行初始化，即所谓的初始条件。本次数值计算中，整个初始流场取外边界条件，即取周围静止大气的参数：$p = 101\ 325$ Pa，$T = 300$ K，$v = 0$ m/s，同时，导弹喷管处给定初始条件压力为 5.4 MPa，温度为 3 600 K。

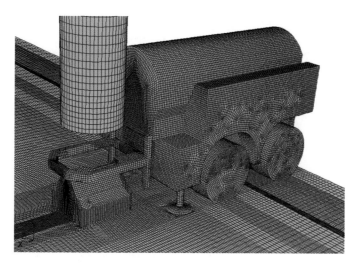

图 7 – 216　网格分布

2）边界条件

本次仿真计算中，计算区域的边界条件有压力入口边界条件、压力出口边界条件、对称边界条件以及壁面边界条件。

（1）压力入口边界条件。

压力入口的边界条件即发动机喷管入口处的条件，主要是发动机的 p – t 曲线以及燃烧室总温，这些是由任务书给出的。导弹飞行到 0 m 高度时，发动机总压取 5 MPa，发动机燃烧室的总温为 $T = 3\ 300$ K。

（2）压力出口边界条件。

所取自排筒外区域的外边界采用压力出口边界条件，指定一个出口静压用于亚声速出口边界。对于超声速出口边界，采用二阶外推。

（3）对称边界条件。

对于面对称几何体，其对称面设定为面对称边界条件。面上任意一点处的变量的值取其相邻网格单元的值。

（4）壁面边界条件。

在数值模拟的过程中，导弹表面、发动机表面、发射车、地面等固壁处采用壁面边界条件。壁面边界条件中，物面边界采用无滑移壁面和绝热壁面边界条件，近壁面湍流计算采用标准壁面函数法处理。

仿真结果

本部分给出整个流场内的温度、速度分布，给出对导弹发射流场整体的、直观的印象，为后面分析燃气射流对发射车、导弹以及环境的影响打下基础。

温度云图：

从图 7 – 217 中可以看出流场内最高温度位于喷管内部。从温度云图上可以直观地看出燃气流在平行于车的方向上几乎没有影响，可见导流槽导流效果显著。从图 7 – 218 中可以看到，沿燃气流导流方向，燃气流沿地面扩散到流场边界，并且燃气流在垂直于地面高度的方向上有一定的升高，因此，对安全发射空间来说，其要求较高。

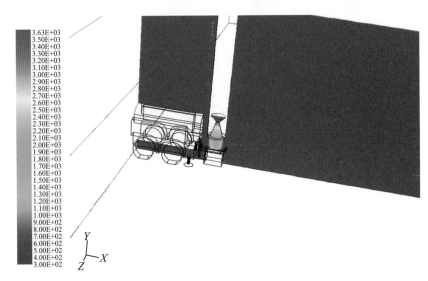

图 7 – 217　Z = 0 m 平面上的温度云图

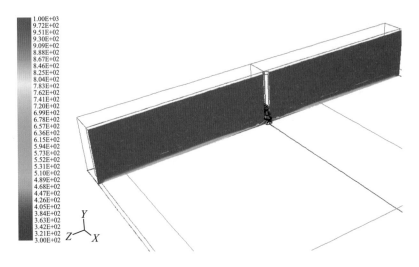

图 7 – 218　X = 1.04 m 平面上的温度云图

速度云图：

图 7 – 219 和图 7 – 220 给出了全流场内两个截面上的射流流速分布，最高流速为 2 760 m/s，位于导弹喷管出口处，并且从速度云图上也可以看出导流槽排导效果明显。

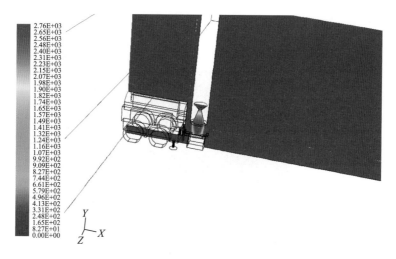

图 7 - 219　$Z = 0$ m 平面上的速度分布

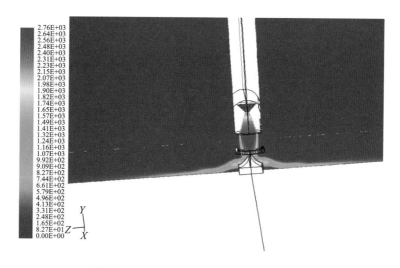

图 7 - 220　$X = 1.04$ m 平面上的速度分布

1. 对发射车的影响

温度云图：

图 7 - 221 给出了发射车上的温度分布，图中最高温度为 852 K。温度最高的地方位于支腿处，其主要是燃气流在导流槽出口处的膨胀引起，与导流槽的导流长度和型面有关。在工程设计时，应同时对导流槽的长度与发射车的可用空间等综合考虑加以优化。

压力及受力：

图 7 - 222 给出了发射车上的压力分布，最高压力为表压 2.0×10^3 Pa，位于发射车尾部。

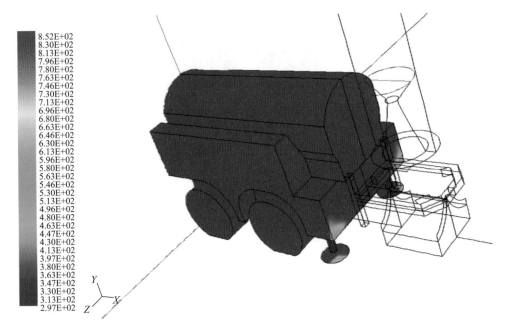

图 7 - 221   发射车上的温度分布

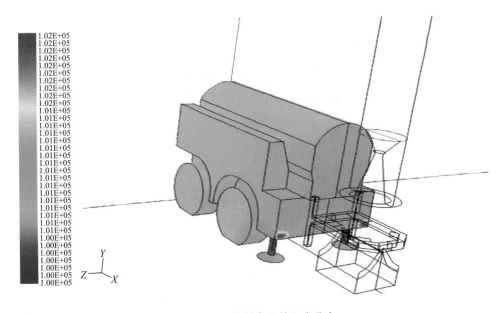

图 7 - 222   发射车上的压力分布

图 7 - 223 中最大压力为 6.67×10^5 Pa，位于导流器中间位置，是射流冲击最为严重的位置，此处也是整个流场中环境最恶劣的位置，同时，此处燃气流的烧蚀影响也最严重，是关键的防护区域。

表 7 - 11 为发射装置的受力分析，给出了对发射车燃气流场作用的定量分析。

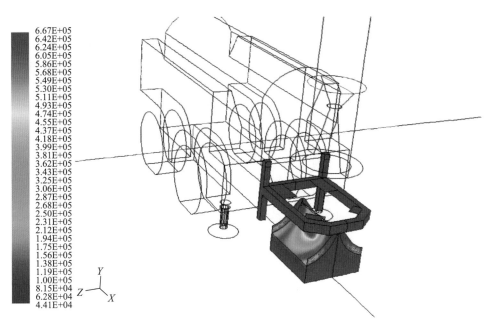

图 7 – 223　发射台及导流器上压力分布

表 7 – 11　发射装置受力 N

受力方向	X 向受力	Y 向受力
发射车	2 404. 236	2 858. 36
发射台及导流器	980. 354 72	– 258 958. 8
合力	3 384. 586	– 256 100. 44
注：X 向受力即发射车水平方向受力，向前推发射车的力为负值；Y 向受力即向下压发射装置的力，向下值为负。		

通过对发射车的仿真分析，可以总结出以下结论：

发射车上温度最高为 850 K 左右，位于支腿处，因此，在对发射车优化设计或者做热防护时应重点考虑。

发射车上最高压力为表压 2.0×10^3 Pa，主要作用在发射车尾部，压力作用效果不明显。

射流对发射车 X 向作用力约为 3. 38 kN，向下压发射装置（车、发射台、导流器）的力约为 256.1 kN，因此，对发射台的路面硬度标准有一定要求。

2. 对导弹的影响

小结：

从图 7 – 224、图 7 – 225 中可以看出，该工况下，射流没有对导弹产生影响。弹体上（除底部靠近发动机出口处外）压力为表压 675 Pa，温度为环境温度 300 K。

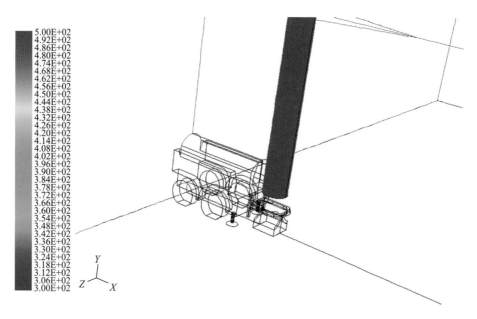

图 7-224　导弹上的温度分布（300～500 K）

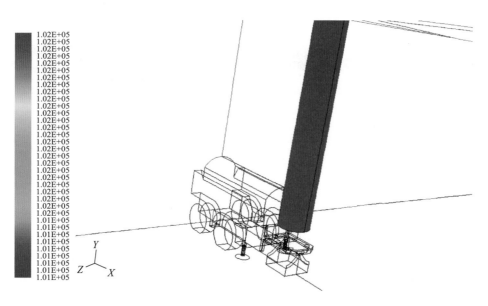

图 7-225　导弹上的压力分布（101 325～102 000 Pa）

3. 对环境的影响

温度云图：

图 7-226 中给出了地面上的温度分布。发射车附近最高温度达到 3 180 K，距发射车中心向后 15 m 以外的区域温度升高不大，发射车侧边向外 40 m 位置处仍有局部地方温度为 600 K 左右。图 7-227 大致提供了导弹发射时的安全距离标准。

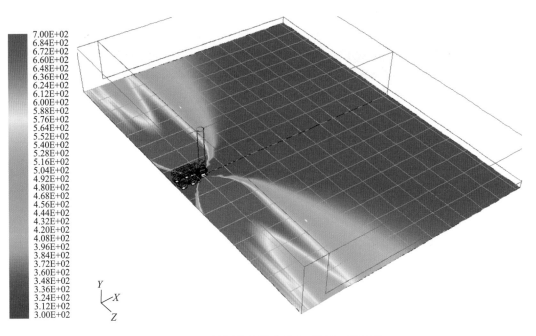

图 7 – 226　地面上的温度分布（300 ~ 700 K）

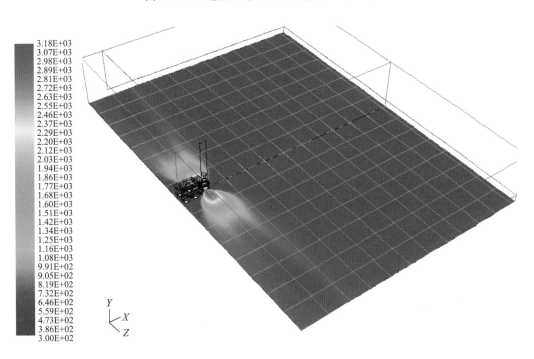

图 7 – 227　导弹发射时的安全距离标准

（上部 $X = 1.04$ m 位置为导弹中心所在位置，$X = 11.04$ m 指距导弹中心向后 10 m 位置）

表 7 – 12 给出了地面上各点的温度值。

表 7 - 12　地面各点的温度数据

X 坐标	Z 坐标								
	0	5	10	15	20	25	30	35	40
1.04	—	2 136.94	1 020.63	719.765	614.492	553.734	516.325	494.187	489.582
2.04	300	2 151.35	1 025.03	727.664	616.532	546.877	505.512	476.656	467.656
6.04	300	499.358	679.192	646.467	634.779	625.149	615.651	602.15	582.16
11.04	300	300	369.564	425.327	451.315	466.786	475.443	477.442	475.977
16.04	300	300	302.305	337.541	371.078	389.962	405.018	414.552	418.086
21.04	300	300	300	305.777	325.353	343.434	360.294	373.39	379.881
26.04	300	300	300	300	304.371	316.17	330.668	344.103	352.203
31.04	300	300	300	300	300.559	303.579	312.355	320.963	332.705
35	300	300	300	300	300	300	303.387	313.752	321.41
40	300	300	300	300	300	300	300	304.725	311.643

注：温度单位均为 K，坐标单位均为 m。

从表 7 - 12 中可以看出，地面上距离发射台中心向后 10 m 以外的区域内各点温度均低于 600 K，燃气流受导流槽导流效果显著。

压力云图：

从图 7 - 228 中可以看出，该工况下，地面上的最高压力为 1.30×10^5 Pa，作用在发射台附近。距离发射台 5 m 以外区域的地面压力均为 1 个大气压。

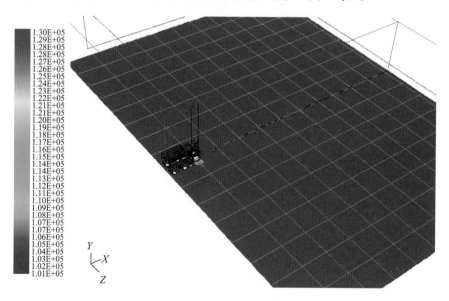

图 7 - 228　地面上的压力分布

小结：

①发射台向后 15 m 以外区域温度升高不明显。

②发射台侧边向外 40 m 位置处大部分位置温度低于 600 K，但仍有局部地方温度高于 600 K。

③地面压力最大值为表压 3.0×10^4 Pa，作用在发射台附近，距离发射台 5 m 以外区域地面压力均为 1 个大气压。

4. 总结

通过仿真分析可以得到，燃气流受双面排导作用，排导效果显著，对发射车的影响主要集中在车尾位置处，如该处的支腿。燃气流作用主要以烧蚀为主，压力作用效果微弱，可以忽略；对于导弹，燃气流几乎不存在影响，对于发射环境来说，燃气流的高温作用显著，并且作用范围较大，应重点考虑。同时，由于导流槽承受了燃气流的正冲击，因此导流槽受力最大，对导流槽安装位置处的地面硬度有一定的要求。

7.3.3　单面导流仿真计算

本计算工况基本情况为：单面导流，平地发射，计算域 X 向为 $-5.06 \sim 40$ m，Z 向为 $0 \sim 40$ m，Y 向为 $-1.69 \sim 10.1$ m，导弹飞行高度 0 m，发射车计算长度 5 m。具体如下。

计算模型及网格：

单面导流条件下发射平台结构形式如图 7 – 229 所示。单面导流装置结构示意图如图 7 – 230 所示。

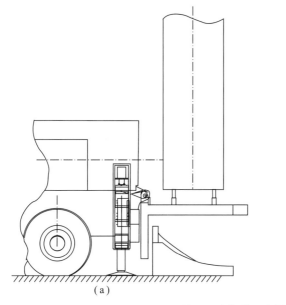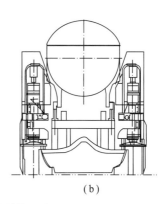

图 7 – 229　单面导流条件下发射平台结构形式

（a）侧视图；（b）正视图

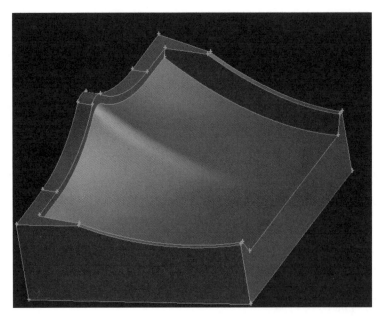

图 7 - 230 单面导流装置结构示意图

发射装置模型及网格分布如图 7 - 231 所示。其中发射车由保温舱、仪器舱、轮胎等组成。

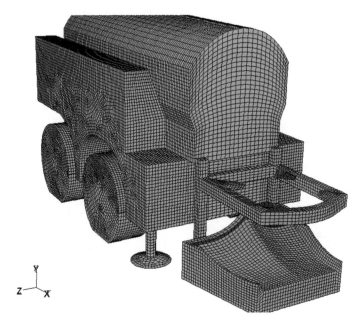

图 7 - 231 发射装置计算模型及网格

1. 流场整体结果

同双面导流仿真分析，本部分给出整个流场内的温度、速度分布，给出对导弹发射流场整体、直观的印象，为后面分析燃气射流对发射车、导弹以及环境的影响打下基础。

温度云图：

如图 7 – 232 和图 7 – 233 所示，从图中可以看出流场内最高温度位于喷管内部，同时，导流槽上的温度也比较高，接近于 3 200 K，而在导流装置向后 2 m 左右，温度在 2 000 K 左右。

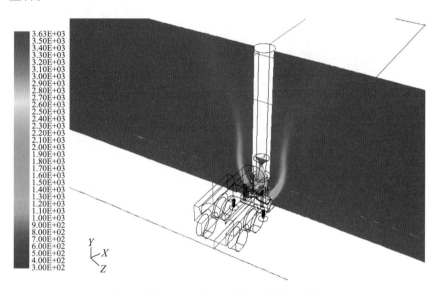

图 7 – 232　$X = 1.04$ m 平面上的温度云图

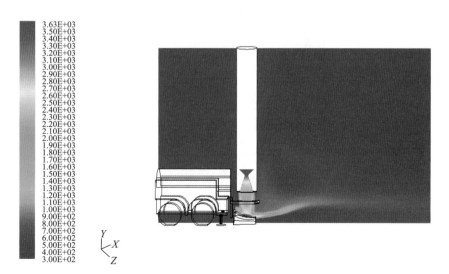

图 7 – 233　$Z = 0$ m 平面上的温度云图

为了对发射车附近的温度分布有一个直观的印象，图 7 - 234 和图 7 - 235 屏蔽了 1 000 K 以上的温度值，给出温度为 300 ~ 1 000 K 的温度云图。可以看到，单面导流时，射流作用到导流器之后向发射车的后方扩散开。图 7 - 234 中可以明显看出射流扩散后，往上有扩散，在导弹上部温度接近于 500 K 左右，对导弹有一定的热作用。

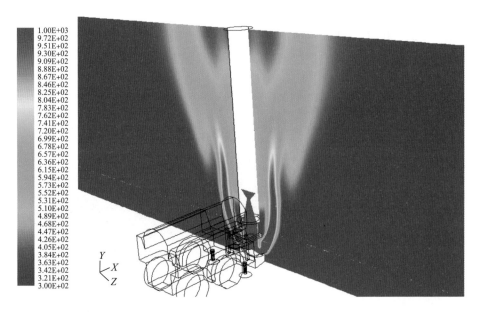

图 7 - 234　$X = 1.04$ m 平面上的温度云图（300 ~ 1 000 K）

图 7 - 235　$Z = 0$ m 平面上的温度云图（300 ~ 1 000 K）

速度云图：

图 7 – 236 和图 7 – 237 给出了全流场内两个截面上的射流流速分布。最高流速为 2 760 m/s，位于导弹喷管出口处，导流槽附近 X 向流速约为 900 m/s，Z 向约为 1 800 m/s。

图 7 – 236　$Z = 0$ m 平面上的速度分布

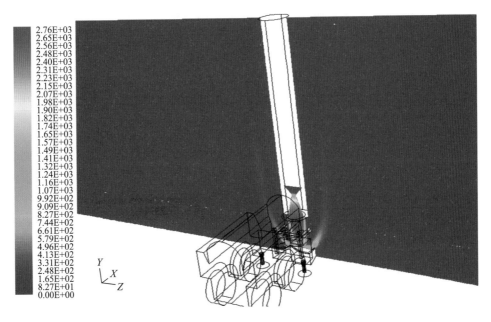

图 7 – 237　$X = 1.04$ m 平面上的速度分布

2. 对发射车的影响

温度云图:

图 7-238 给出了发射车上的温度分布。图中温度为 299~1 570 K,温度最高的地方位于发射车尾部的下部区域。较之双面导流,其对发射车烧蚀作用严重。

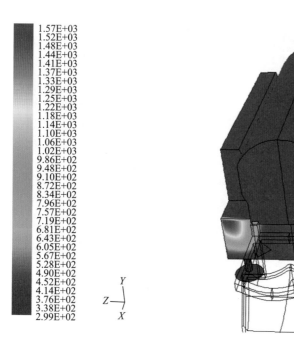

图 7-238　发射车上的温度分布

压力及受力:

图 7-239 给出了发射车上的压力分布。最高压力为表压 0.06 个大气压,最低为表压 -0.017 个大气压,同样高于双面导流。

图 7-240 中最大压力位于导流器中间位置,也是射流冲击最为严重的位置。

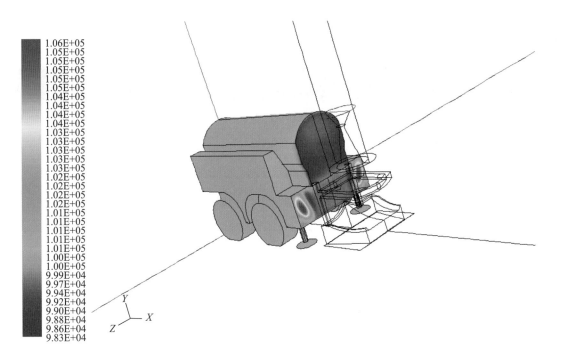

图 7 – 239　发射车上的压力分布

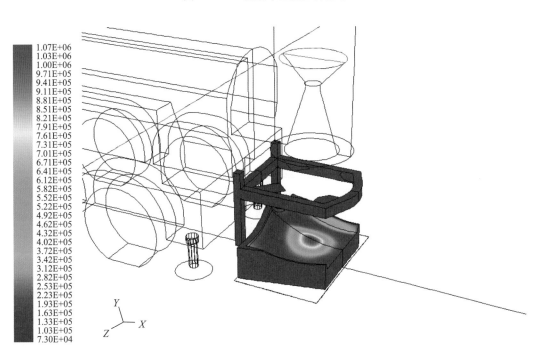

图 7 – 240　发射台及导流器上的压力分布

表 7 – 13 列出了发射装置受力情况。

表 7 – 13　发射装置受力

N

受力方向	X 向受力	Y 向受力
发射车	10 069.690 6	– 1 164.185 66
发射台及导流器	– 73 057.832	– 455 566.92
合力	– 62 988.141 4	– 456 731.105 66

注：X 向受力即发射车水平方向受力，向前推发射车的力为负值；Y 向受力即向下压发射装置的力，向下为负值。

小结：

①发射车上温度最高为 1 570 K，位于发射车尾部的下面部分；

②发射车上最高压力为表压 0.06 个大气压，主要作用在发射车尾部；

③射流向前推发射车的力约为 63 kN，向下压发射装置（车、发射台、导流器）的力约为 456 kN。

3. 对导弹的影响

图 7 – 241 所示为导弹上的温度分布。从图 7 – 242 显示的导弹附近速度矢量图中可以看出，由于导弹发动机的引射作用，单面导流排出的高温气流温度降低后，形成了回流，作用到导弹上，导致导弹侧边温度升高。

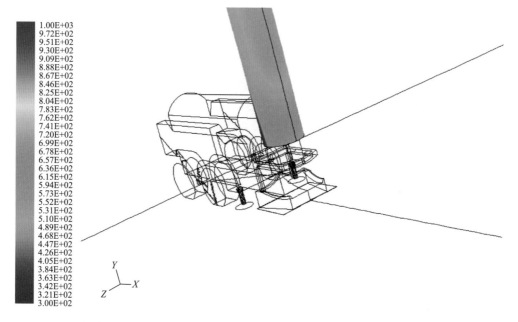

图 7 – 241　导弹上的温度分布（300 ~ 1 000 K）

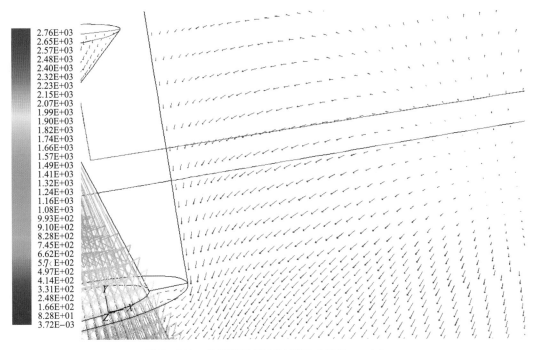

图 7 – 242　导弹附近速度矢量图（单位：m/s）

导弹 X 向受力为 647.02 N，即导弹受力指向为从发射车头指向发射车尾部，这是由弹体上负压影响引起的，如图 7 – 243 所示。

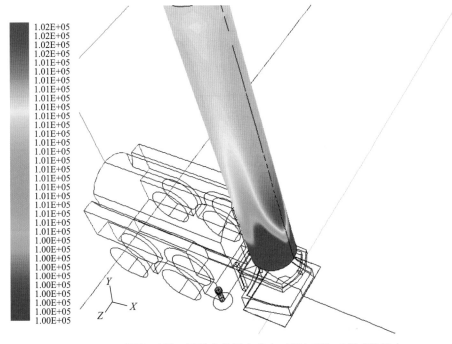

图 7 – 243　导弹上的压力分布（101 325 ~ 102 000 Pa）

小结:

导弹点火起飞时,由于受到燃气反溅流的作用,部分弹体的温度比较高,达到 650 K 左右,导弹上局部压力也受到反溅流的影响,高出 0.01 个大气压,导弹 X 向受力为 647 N。与双面导流效果相比,导弹所处燃气流环境较恶劣。

4. 对环境的影响

温度云图:

从表 7-14 中可以看出,$Z = 10$ m 以外区域流场温度基本没有升高;$X = 36$ m、$Z = 0$ m 时地面温度为 620 K 左右。

表 7-14 地面上各点温度值

X	Z								
	0	5	10	15	20	25	30	35	40
1.04	—	300	300	300	300	300	300	300	300
2.04	297.943	300	300	300	300	300	300	300	300
6.04	495.541	300	300	300	300	300	300	300	300
11.04	596.565	301.866	300	300	300	300	300	300	300
16.04	622.629	357.371	300	300	300	300	300	300	300
21.04	642.852	388.229	302.504	300	300	300	300	300	300
26.04	643.577	404.181	307.51	300	300	300	300	300	300
31.04	633.498	414.03	314.172	301.328	300	300	300	300	300
36.04	621.053	418.74	320.017	303.863	300	300	300	300	300

注:表中 $X = 1.04$ m 位置为导弹中心所在位置,$X = 6.04$ m 位置为距导弹中心向后 5 m 位置,其他依此类推。

图 7-244 中给出了地面上的温度分布,距发射车中心向后 6 m 内的区域温度为 467~510 K,6~21.04 m 区域内的温度为 680~723 K,21.04~30 m 区域内的温度为 638~680 K,31.04~40 m 区域内的温度为 595~638 K。

压力云图:

从图 7-245 中可以看出,该工况下,地面上的最高压力为 $1.015\ 9 \times 10^5$ Pa(表压 0.003 个大气压),作用在发射台后部 7 m 以外。距离发射台 7 m 外的区域,地面压力均低于 1 个大气压。

小结:

(1)距发射车中心向后 6 m 内的区域温度范围为 467~510 K,6~21.04 m 区域内的温度为 680~723 K,21.04~30 m 区域内的温度为 638~680 K,31.04~40 m 区域内的温度为 595~638 K。

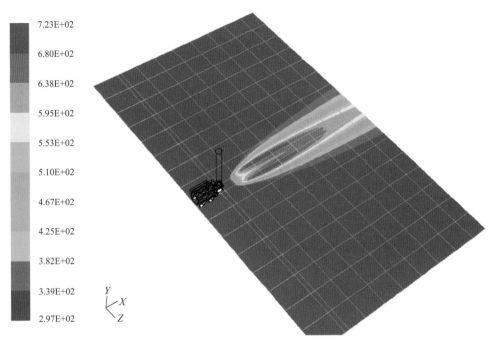

图 7 – 244　地面上的温度分布

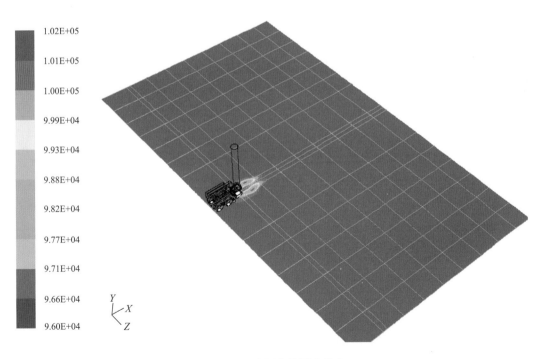

图 7 – 245　地面上的压力分布

（2）单面导流、导弹在初始位置情况下，燃气流对发射车侧边影响不大，侧边 10 m 以外温度升高不明显；

（3）地面压力最大值为表压 0.003 个大气压，作用在发射台 7 m 以后，距离发射台 7 m 以内区域地面压力均低于 1 个大气压。

5. 总结

与双面导流相比，单面导流对于发射车以及导弹的影响较为严重，可能会对弹上的仪器设备产生一定的影响，具体结果应进行评估。对于导流槽，单面导流状态受到的燃气流作用力较大，同时，由于单面冲击作用，会对沿车身方向产生较大推力作用，在分析导流槽受力时应相应考虑。对于发射环境的影响，两者的影响方式不同，因此，应根据具体的发射阵地确定。

7.3.4 单面导流器排导规律研究

1. 概述

对于单面导流器来说，导流效果同时受到自身因素的影响，如导流器的长度、与燃气发动机喷口的距离以及导流面的线型等。本节内容在 7.3.3 节单面导流分析的基础上，简化计算模型，分别从以上三个因素进行分析，得出导流器排导规律。

2. 计算条件

计算中，以导弹发动机点火后达到压力稳定时刻为初始设定值，取燃烧室内总压为 9 MPa，总温为 3 500 K。对于发射装置，加装导流器后，受射流影响，区域最恶劣位置为发射车车轮以及调平衡液压装置位置。取轮胎所在位置为监测点测定燃气射流的温度影响。同时，考虑射流对导流器稳定性的影响，取导流器为分析对象，对其进行受力分析。设导流器受到的与地面平行且指向车身方向的力为 F_X，垂直于地面的力为 F_Z。在初始时刻，导弹发动机喷管中心位置距离车厢尾部为 500 mm，距离地面高度为 2 000 mm。对于车载垂直热发射系统，导流器排导设计如图 7-246 所示。车后梁简化为六面体结构，后梁宽度简化为 2.4 m，如图 7-246 中 2 所示；导流器与车厢后梁处连接，形面侧视图，如图 7-246 中 3 所示。该设计可有效避免发射车受到射流的冲击和烧蚀作用。导流器型面视图如图 7-247 所示。顶端距离地面高度为 500 mm，宽度为 450 mm（图 7-246），底部与地面夹角为 30°，在此基础上针对排导规律进行研究。

加装导流器后，导弹发动机燃气射流因导流作用向发射装置周围排焰，应用数值模拟方法对导流器排导进行数值模拟。图 7-248 为燃气射流对地面的温度云图。从图中可以看出导流器对燃气射流的排导效果，在导流器后部安装的发射设备将不会受到燃气流的影响。

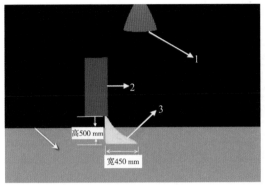

图 7 – 246　发射装置主要部件相对位置图

1—发动机喷管；2—车后梁；3—导流器；4—地面

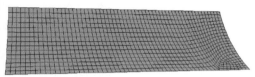

图 7 – 247　导流器型面视图

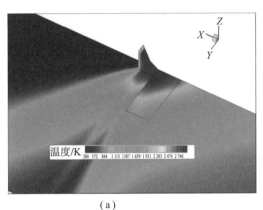

（a）

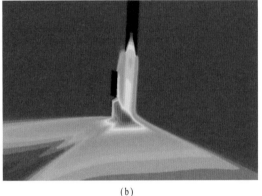

（b）

图 7 – 248　导流器对燃气射流排导

（a）导流器排导效果；（b）地面温度分布图

3. 导流器设计优化规律分析

1）导流器长度影响规律分析

本节讨论内容以图 7 – 246 所示导流器排导为准。根据图 7 – 248 所示仿真结果测量得出燃气流高温区直径约 0.4 m，因此，为了能有效排导燃气，导流器长度选取范围以大于燃气流核心区直径并小于车体宽度为准（0.4~2.4 m）。以 0.4 m 长度开始，计算0.4 m、0.5 m 的导流工况，之后以 0.1 m 等间距计算长度达到 2.4 m 共 22 种导流工况。通过对监测点处温度值进行拟合，得出导流结论。

下面对 0.4 m、1.6 m 长导流器排导效果进行对比分析。

从图 7 – 249、图 7 – 250 中可以看出，燃气流场对于导流器和地面的冲击基本不受导流器长度的影响，由此可以推断，燃气射流核心区全部冲击到导流器后，具有相似的扩散趋势。

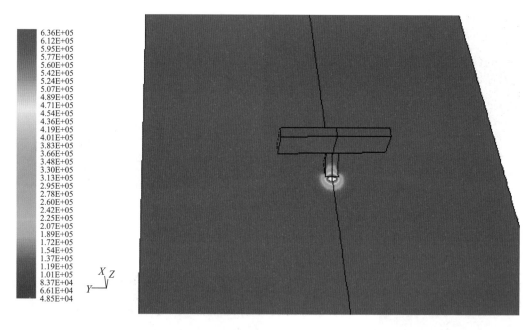

图 7 – 249　0.4 m 长导流器燃气流场压力云图

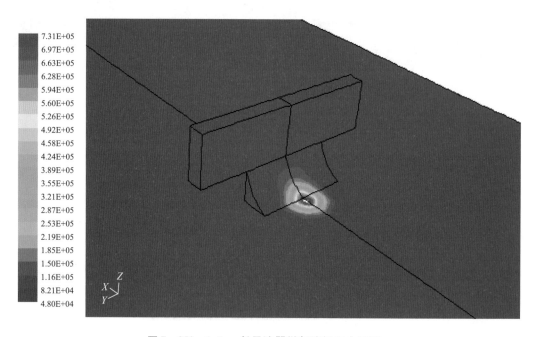

图 7 – 250　1.6 m 长导流器燃气流场压力云图

从图 7 - 251、图 7 - 252 中可以得出：燃气流场在导流器长度较短的情况下，导流器导向作用不明显，气流大部分导向发射车后部，但存在着较大的扩散流场。随着导流器长度的增加，导流效果逐渐显现，燃气流全部扩散到发射车后部空间。

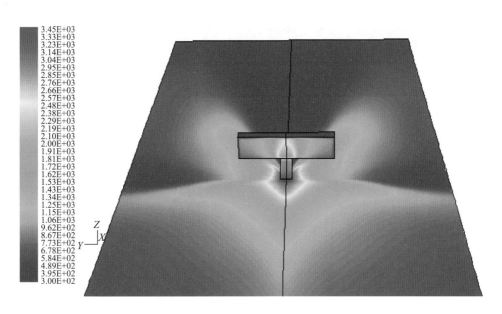

图 7 - 251　0.4 m 长导流器燃气流场温度云图

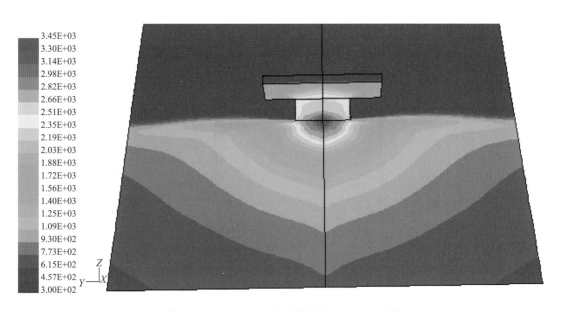

图 7 - 252　1.6 m 长导流器燃气流场温度云图

从图 7-253、图 7-254 中可以看出，在对称面上，燃气流场温度分布相似，但 0.4 m 长导流器云图上显示弹体周围温度稍高于 1.6 m 长的工况。据此可以判断，燃气射流冲击导流器所产生的回流随着导流器长度的增加而有所减弱。

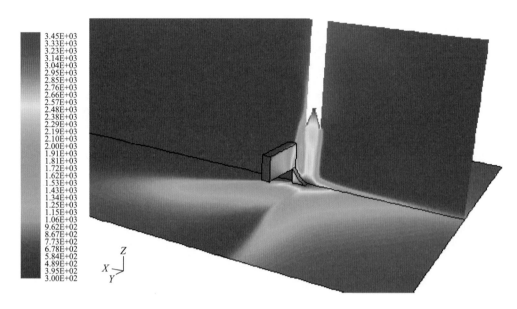

图 7-253　0.4 m 长导流器对称面温度云图

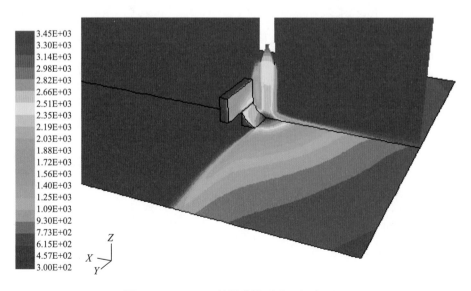

图 7-254　1.6 m 长导流器对称面温度云图

从图 7 – 255、图 7 – 256 中可以看出，随着导流器长度的增加，在发射车后梁上的温度分布范围增大，但最高温度有明显下降，尤其是射流冲击区域温度下降明显。由此可以说明，增加导流器的长度可以获得较好的导流效果。

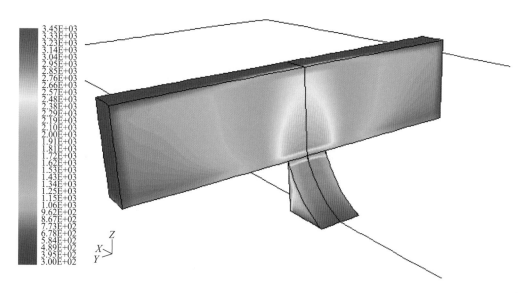

图 7 – 255　0.4 m 长导流器发射车后梁及导流器温度云图

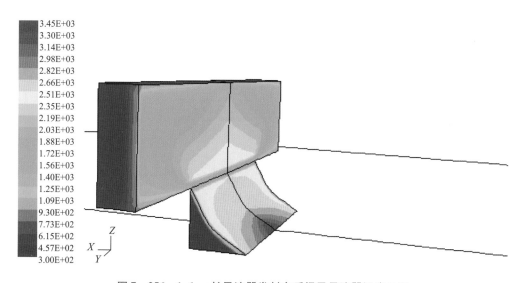

图 7 – 256　1.6 m 长导流器发射车后梁及导流器温度云图

导流器顶端离地高度为 0.5 m，因此，在离地 0.3 m 高度处燃气流冲击区域为导流器型面。从图 7 - 257、图 7 - 258 中可以看出，燃气流场的扩散形状基本形成，并与地面温度分布具有相似的边界形状。

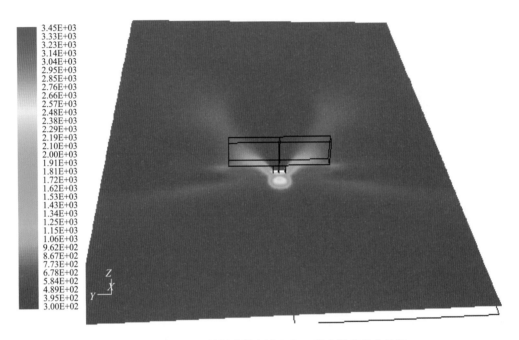

图 7 - 257　0.4 m 长导流器离地 0.3 m 高度温度分布云图

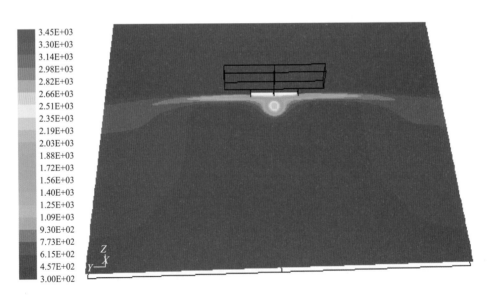

图 7 - 258　1.6 m 长导流器离地 0.3 m 高度温度分布云图

从图 7 – 259、图 7 – 260 中对比可知，发射车后梁部位在 0.4 m 长导流器排导作用下温度分布不明显，而从 1.6 m 长导流器导流效果看，温度分布具有明显的方向性，说明随着导流器长度的增加，导流效果明显。

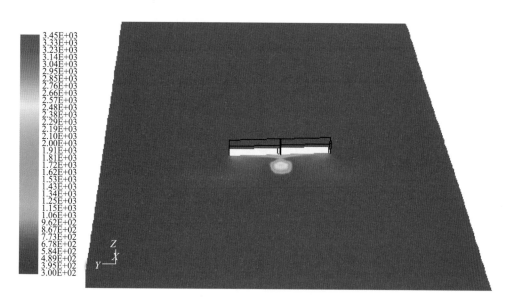

图 7 – 259　0.4 m 长导流器离地 0.8 m 高度温度分布云图

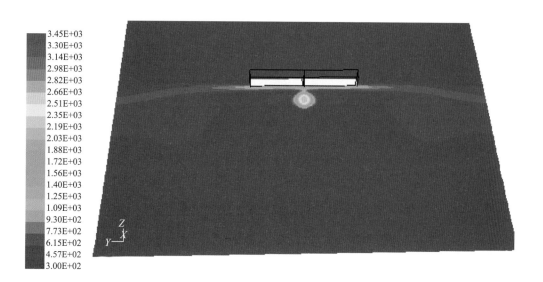

图 7 – 260　1.6 m 长导流器离地 0.8 m 高度温度分布云图

图 7 – 261 ~ 图 7 – 264 所示的速度矢量图中清楚地显示了导流器及后梁上燃气流

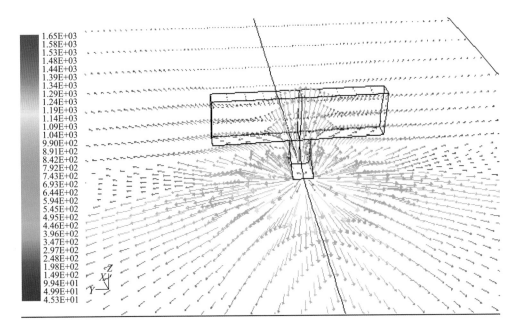

图 7 – 261　0.4 m 长导流器速度矢量图

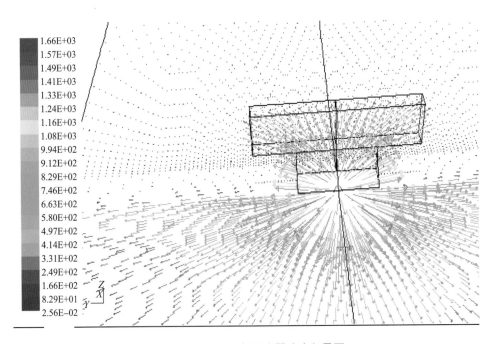

图 7 – 262　1.6 m 长导流器速度矢量图

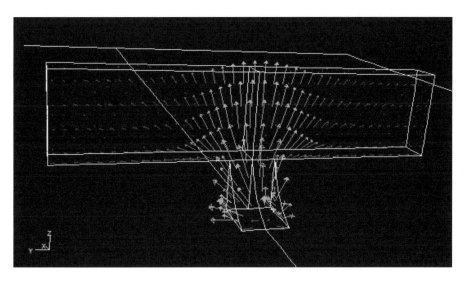

图 7 – 263　0.4 m 长导流器后梁速度矢量图

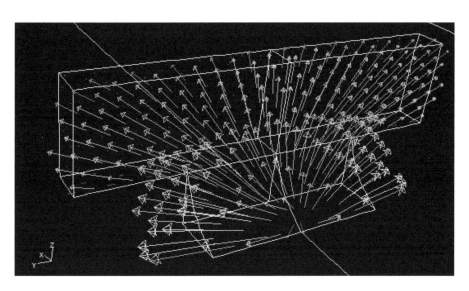

图 7 – 264　1.6 m 长导流器后梁速度矢量图

动状态。对比燃气流的流动及速度分布状态可知，燃气流场在 0.4 m 长导流器及后梁上速度分布集中并流向弹体，对弹体冲击较大；在 1.6 m 长导流器及后梁上燃气流向两侧扩散，减弱了对弹体的烧蚀，导流效果明显优于 0.4 m 长度。

图 7 – 265 显示了全部计算工况中导流器监测点温度随导流器长度变化的拟合曲线。从图中可以看出，导流器长度为 0.4 ~ 0.5 m 时监测位置温度变化剧烈，此长度约等于燃气射流直径。以此为分界点，随着导流器长度增加至与车同宽时，监测位置处温度不再发生变化，即车轮受燃气流的影响可以通过设计导流器长度加以避免，同时

说明对于燃气流的排导设计长度，应以射流主流全部冲击到导流器上为最低标准。

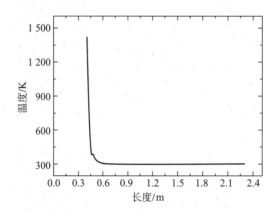

图 7 - 265　监测点处温度随导流器长度变化曲线

图 7 - 266 所示为导流器受燃气射流作用的平行于地面和垂直于地面方向上的作用力曲线。当板长度超出射流核心区直径（$L > 0.5$ m）时，射流对板的横向推力作用呈近似线性增加。为保持导流器稳定，应限制导流器受力在一定范围内。

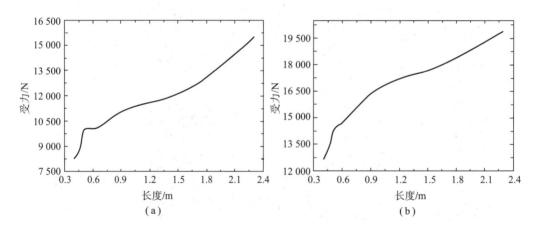

（a）　　　　　　　　　　　　　　　　（b）

图 7 - 266　导流器受燃气射流作用力随板长变化曲线
（a）导流器受平行于地面的推力；（b）导流器受垂直于地面的压力

表 7 - 15 为几种典型长度导流器受燃气射流作用力的数据。由表 7 - 15 可知，对于直径约为 0.5 m 的燃气流，导流器长度为 0.5 m 时监测点温度为 317 K，且此时导流器受到的作用力也较小，建议采用 0.5 m 长的导流器长度。可以推断，对于单面型导流器，其长度选取可以通过发动机燃气流膨胀直径作为基准，存在着一个最小长度，能够实现对发射车及车载设备的热防护，并且燃气流对导流器的冲击作用最小。

表 7 – 15　燃气射流对发射装置作用随导流器长度变化

导流器长度 /m	导流器受到推力 F_x/N	导流器受到压力 F_z/N	地面受射流压力 G_z/N	监测点温度 T/K
1	11 472	17 059	25 680	300
0.8	10 687	15 855	26 176	300
0.5	10 280	14 495	25 807	317
0.45	8 539	12 922	25 895	870
0.4	8 237	12 645	40 229	1 430

2）导流器型面导流规律分析

如图 7 – 267 所示，为研究型面导流规律，在长度尺寸上设计固定长度，通过前述理论选取 0.5 m 长度导流器为设计原型，高度和宽度不变，型面的设计为三折线形和圆弧形两种，通过改变型面夹角研究导流器排导规律。数值计算工况选取以 20°为基准，3°间隔递增至型面为直线型。共计 10 个对比样本。

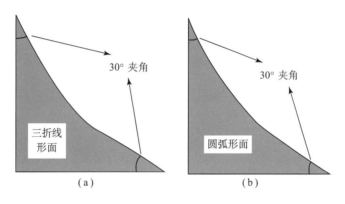

图 7 – 267　导流器型面设计示意图

（a）三折线型面；（b）圆弧型面

图 7 – 268 所示为燃气射流对不同型面角度的导流器射流效果的数值模拟得到的监测点温度变化曲线。从图 7 – 268 中曲线可以看出，随着与地面夹角的增加，在导流器型面与地面夹角为接近 30°时，监测位置的温度在两种类型导流器上都出现峰值。随着角度的继续增大，该位置处温度逐渐减小且始终未超出发射装置的温度允许范围。从温度影响分析，曲线型面导流器导流效果明显优于折线型导流器。

图 7 – 269 所示为燃气射流对不同型面的导流器作用的平行于地面方向的推力和垂直于地面的压力作用曲线。从图 7 – 269 中可以看到，随着角度的逐渐增大，两种型面的导流器受力变化规律相似，且两种型面受力大小接近，但折线型面导流器受力稍优于曲线型面导流器。

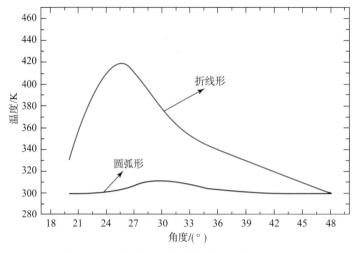

图 7 – 268　监测点处温度随型面角度变化曲线

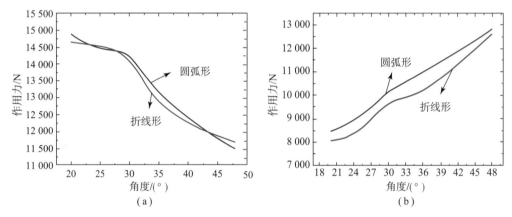

图 7 – 269　导流器受燃气射流作用力随角度变化曲线

（a）导流器受平行于地面方向的作用力（F_X）；（b）导流器受垂直于地面方向的作用力（F_Z）

3）导流器高度对排导的作用分析

导流器高度是指由发射装置下挡板与导流器连接点到地面的垂直距离，对于车载发射，发射台高度可调节量较小。对于上述车载发射装置，高度设计取值在 450～550 mm，因此，数值计算通过设计不同高度参数针对同一发射环境进行数值模拟计算，得出导流器高度与排导的作用效果之间的关系。计算中对不同长度（800 mm 和 500 mm）、不同型面（30°圆弧形和折线形）的 450 mm 和 550 mm 高度导流器进行模拟，对比燃气射流对于导流器、下挡板、周围环境的仿真压力、温度、速度矢量图等，从数据对比中可得出：在不同高度导流器导流效果下，所对比参数十分接近，因此，高度因素对导流效果的影响可以不加考虑。

4）总结

通过对导流器长度、型面和高度的仿真模拟，可以得到以下结论：

（1）导流器的导流作用主要集中在射流核心区，针对发射装置的防护，导流器长度选取大于射流核心区直径时，导流效果较为理想。对于长度的选取，可根据具体发射装置要求确定。

（2）导流器的型面类型的选取对于发射装置的温度影响较大，曲线型面优于折线型面，且型面与地面夹角为 25°～30° 时导流效果最佳。

（3）同一长度下不同型面导流器受到燃气射流的作用力相似。在满足发射装置对温度的要求前提下，可优先考虑折线型面。

7.3.5　随形单面导流器导流效果研究

1. 概述

对于本章第 7.3.3 节所述的发射车车载导流器，虽然具有较好的导流效果，但是在发射过程中，由于其体积较大，在转运过程中需要专门的运输车对其进行装载运输，对战备资源造成了浪费，并且在发射过程中展开过程复杂，消耗了大量准备时间，难以保障武器发射的快速性要求。在此基础上，本研究通过对导流器导流规律的研究总结，并根据导弹发射车各部件外形尺寸及占用空间，设计了车载随形导流装置，导流器形状如图 7 – 270 和图 7 – 271 所示。该模型安装于发射车后梁上，导流型线与后梁外形型面相匹配，长度与车体宽度相同，并且在运输发射过程中不占用专门的运输设备，发射准备时间极短，能够很好地适应现代车载发射技术的发展。

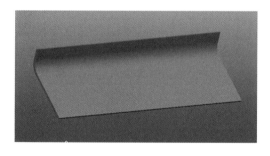

图 7 – 270　导流器模型　　　　　　　　　图 7 – 271　导流器装配图

2. 数值计算结果分析

对于上述随形导流器的导流效果，本节通过对上述发射车在单联装和双联装导弹发射过程中燃气流排导过程分析，以验证导流器设计的合理性。

1）单联装导弹导流效果分析

如图 7 – 272 所示，导弹发动机喷出燃气流冲击位置基本在地面上，发射车导流器以及车后梁和车厢表面上气流压力变化较小，因此，可以判断燃气流压力不会对发射车及车内设备造成冲击破坏。

在该工况下，监测发射车轮胎处温度为 300 K，不受燃气射流的影响；车后梁受射

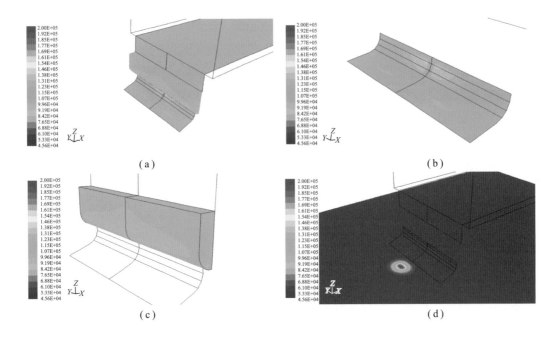

图 7 – 272　发射车车尾各部件表面燃气压力分布云图

（a）发射车表面燃气流压力分布云图；（b）导流器表面气流压力分布云图；

（c）车后梁表面气流压力分布云图；（d）地面上燃气流压力分布云图

流影响，气流温度最高处为 2 650 K。如图 7 – 273 所示，在发射车表面，高温燃气流的

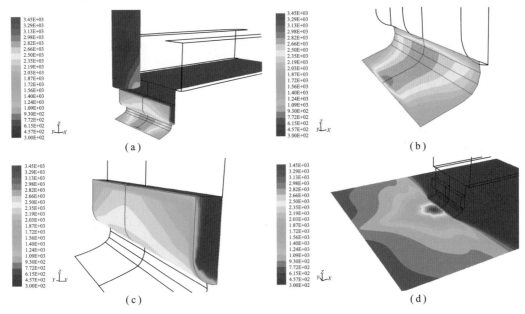

图 7 – 273　发射车各部位表面燃气温度分布云图

（a）发射车表面燃气流温度分布云图；（b）导流器表面燃气流温度分布云图；

（c）车后梁表面燃气流温度分布云图；（d）地面燃气流温度分布云图

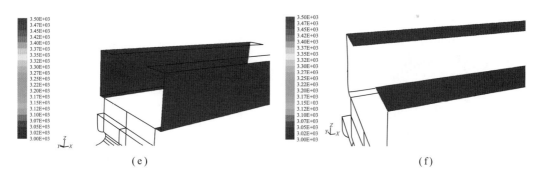

图 7 - 273　发射车各部位表面燃气温度分布云图（续）

（e）车厢表面燃气流温度分布云图；（f）车顶部位燃气流温度分布云图

主要作用区域集中在车尾导流器及后梁和弹体尾部。其中燃气流在导流器表面温度分布集中，气流温度较高，在车后梁部位也存在一定的高温燃气作用，而对于车体表面，燃气流高温作用不明显。分析地面燃气流温度分布可知，由于导流器的排导作用，燃气流基本全部扩散到发射车后部空间，几乎没有燃气流流向车身方向。由此证明导流器的导流效果能够满足发射要求。

对于导弹和导流器的稳定性分析，可以通过对导流器和导弹表面受力进行积分后判断。导弹受力为：沿车身方向为 - 162.64 N，以导弹底部喷管中心坐标为基准，受力力矩为 - 133.16 N·m，可以初步判断导弹稳定性较强。导流器上受力为：沿车身方向为 22 502 N，垂直于地面向下为 10 430 N，以导流器与车后梁相交线中点坐标为基准，导流器垂直于地面的作用力力矩使导流器向车头方向翻转，大小是 197.98 N·m，导流器受到水平指向车头的作用力力矩大小为 77.6 N·m，不会产生向后梁折叠的趋势。

2）双联装导弹导流效果分析

车载双联装导弹与单联装导弹在排导燃气流效果上最大的不同在于燃气流的冲击位置不同，双联装导弹发射时燃气流靠近导流器一侧，其扩散作用可能会导致燃气流对发射车的冲击与烧蚀作用。

如图 7 - 274 所示，同单联装导弹发射计算结果相似，发射装置表面受到燃气流压力作用较弱，因此不会对发射装置造成严重的冲击破坏。

如图 7 - 275 所示，对于双联装导弹发射状态，在该工况下，轮胎处温度为 300 K，不受燃气射流的影响，车后梁受射流影响，最高处达 2 450 K。燃气流并未冲击到发射车车身方向，导流器的排导效果显著。

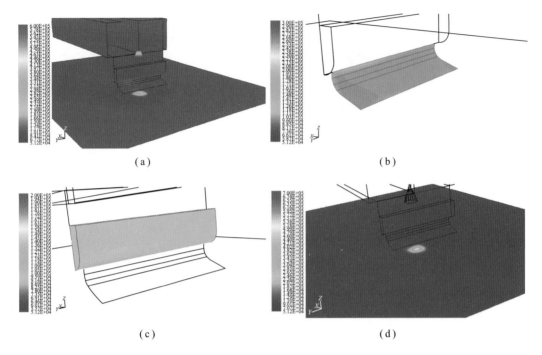

图 7 – 274　发射车车尾各部件表面燃气压力分布云图

（a）发射车表面燃气流压力分布云图；（b）导流器表面气流压力分布云图；

（c）车后梁表面气流压力分布云图；（d）地面上燃气流压力分布云图

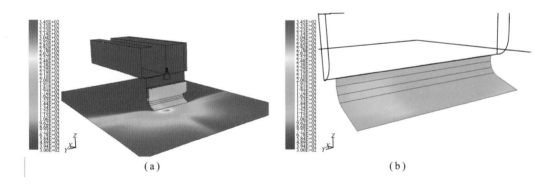

图 7 – 275　发射车各部位表面燃气温度分布云图

（a）发射车表面燃气流温度分布云图；（b）导流器表面燃气流温度分布云图

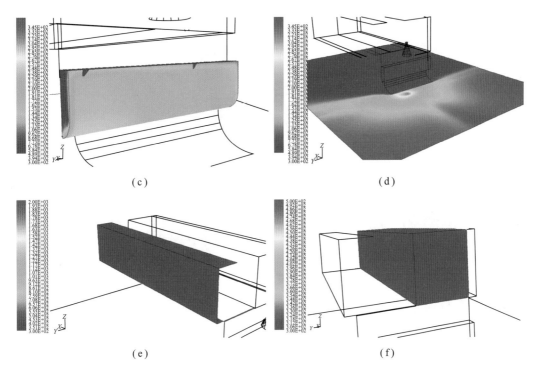

(c)　　　　　　　　　　　　　　　　　　(d)

(e)　　　　　　　　　　　　　　　　　　(f)

图 7 – 275　发射车各部位表面燃气温度分布云图（续）

（c）车后梁表面燃气流温度分布云图；（d）地面燃气流温度分布云图；

（e）车厢表面燃气流温度分布云图；（f）未发射导弹箱体表面燃气流温度分布云图

在导弹和导流器稳定性分析方面：导弹受力为沿车身方向大小为 136.96 N，沿车头指向车尾方向以导弹底部喷管中心坐标为基准，弹体受到向车头转动力矩为 398.82 N·m，稳定性基本不受到影响。导流器上受燃气流水平作用力沿车尾指向车头方向，大小为19 106 N，垂直地面向下为 10 560 N，以导流器与车后梁相交线中点坐标为基准，导流器受垂直地面作用力力矩大小是 6 937.96 N·m，水平作用力力矩为 6 517.682 N·m，不会产生向后梁折叠的趋势。

3）全车仿真模型分析

根据对导流器的优化结果建立全车仿真模型，包括对导弹、调平油缸、支撑部件、车厢等进行建模，并根据导弹发射初始段弹道分析燃气射流对发射车的影响，主要结果如图 7 – 276 所示。

从本节仿真结果可以看出，从导弹点火至飞行到 27 m 高度范围内，导流器将燃气流始终排导到车身后侧。随着导弹飞行高度的增加，飞行弹道倾斜，导弹飞行到 8 m 左右高度，弹身向车头方向倾斜，导弹尾焰倾斜离开车身，导弹发射车受燃气射流作用很小，随着高度增加，燃气流对车身影响逐渐变小。因此，采用该型导流器导流效果较好。

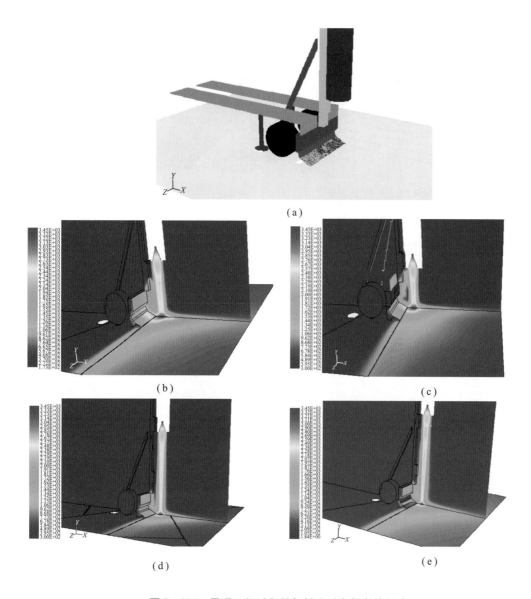

图 7 −276　导弹飞行过程燃气射流对发射车的影响

（a）全车仿真模型图；（b）导弹初始位置燃气流温度云图；

（c）1 m 高度处燃气流温度云图；（d）3 m 高度处燃气流温度云图；

（e）4 m 高度处燃气流温度云图

3. 总结

本节通过介绍随形导流器的设计以及对排导效果进行数值模拟，得出以下结论：

①随形导流器设计简单，体积小，设备简单，减少了专门运输车辆；使用过程中安装方便，大大简化了发射设备，提高了发射效率。

②随形导流器能够有效地对燃气流进行排导，大大降低了燃气流对发射装备的冲

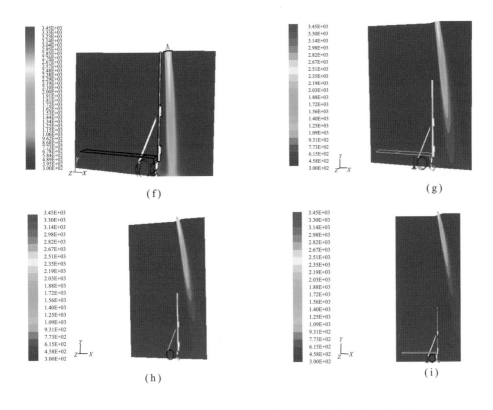

图 7-276　导弹飞行过程燃气射流对发射车的影响（续）

（f）8 m 高度处燃气流温度云图；（g）14 m 高度处燃气流温度云图；

（h）20 m 高度处燃气流温度云图；（i）27 m 高度处燃气流温度云图

击和烧蚀作用，与单面导流器和双面导流器相比，对发射车的热防护效果更佳。

③随形导流器将燃气流排导到车身后部及两侧，相比单面和双面导流器对于发射阵地空间要求更加开阔，对于有导向要求的发射工况，应合理选择导流型面。

本章小结

对运载火箭的燃气射流喷水可以达到明显的降温降噪效果，而喷管的数量、口径和水的流量的不同也显著影响着降温降噪的效果。本章先展开了相关的缩比试验，通过缩比试验结果与 CFD 计算结果对比，以验证 CFD 计算结果的准确性，再通过 CFD 对影响喷水降温降噪效果的因素依次展开计算与讨论。随后，本章又讨论了大型地-地导弹地下井发射方式和机动发射方式。在地下井发射中，着重讨论了地下井在导弹发射过程中的复杂物理场，主要包括温度场、压力场和噪声场。而在机动发射中，本章着重探讨了如何通过导流器使发射车尽可能避免受到高温、高压燃气流的冲击，并对不同形式导流器的导流效果展开了研究。

第8章　舰载发射气体动力学

8.1　概　　述

现代海军军事技术日新月异，新型舰载导弹层出不穷，技术也越来越先进，射程上超视距远程打击能力赋予了新型导弹更高的发射要求。因此，设计者在发动机推力和弹体结构上等进行了一系列的升级改进，以满足发射要求，例如，目前反舰导弹的速度已从亚声速发展到了 3 倍声速。然而，导弹战术技术能力的增强势必也会带来一些负效应，如对储运、维修保养、发射设备、发射人员技术水平等的要求也不断提高。具体到气体动力学方面，舰载武器设备的发展所带来的最直接的问题就是发动机燃气射流对舰面的冲击和烧蚀作用增强，采取有效的分析手段研究导弹发射过程中燃气射流对舰面的危害可有效地避免发射过程中意外事故发生，还可以在舰艇设计初期有针对性地进行安全防护，将潜在危害消除。

图 8 – 1 所示为舰载武器发射系统。

图 8 – 1　舰载武器发射系统

8.2　舰载发射技术简介

舰载导弹武器发射方式主要有两种：倾斜发射和垂直发射。下面分别介绍这两种发射方式。

8.2.1　倾斜发射

倾斜发射是防空导弹最基本的发射方式，应用最早也最广，但由于该方式的局限性，其在舰艇平台上的应用已经逐步减少。倾斜发射方式的导弹通常依据火控雷达指示，随着发射架向目标方向转动，因此，该方式也称为瞄准式发射。这种发射方式基本都是热发射，按照导弹的装载方式可以分为箱式发射和架式发射两种。

（1）箱式发射。倾斜箱式发射（图 8 – 2）多为西方国家采用，导弹发射时在发射箱中点火，尾焰从发射箱后部排出，发射箱前端通常是可以开启的箱盖或易碎的泡沫塑料箱盖，发射前箱盖打开，或导弹直接击碎泡沫塑料封闭盖，发射箱可以多次装填。这种发射箱既可以发射导弹，也可以作为转运储藏箱，对导弹弹体起保护和封闭作用，通常装载在旋转角、俯仰角和高度可调的发射支架上。

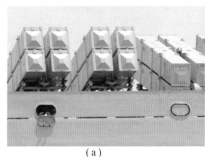 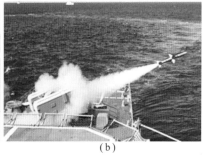

（a）　　　　　　　　　　　　　　　　（b）

图 8 – 2　舰载倾斜箱式发射

（a）发射箱体；（b）发射过程

（2）架式发射（图 8 – 3）。通常是将防空导弹直接挂载在发射架上，与箱式发射

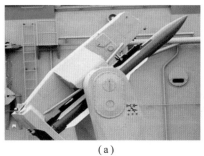 

（a）　　　　　　　　　　　　　　　　（b）

图 8 – 3　舰载倾斜架式发射

（a）下挂式；（b）上承式

没有本质的区别。按照挂载的位置，又可分为下挂式和上承式两种，两种挂载方式最大的区别是装填导弹的方便程度不同。与箱式发射相比，这种方式虽然设计维护简单，但导弹弹体易受环境温度、湿度影响，不利于储存。

8.2.2 垂直发射

垂直发射是发射时导弹轴线与发射平台平面垂直的一种发射方式，基本上都采用发射筒或多个发射筒组成的模块（图8-4）。这种方式的发动机推力方向与重力方向在一条轴线上，可以将发射过程中的能量损失降低到最低。按照导弹初始动力方式，可分为热发射和冷发射两种。

(a)　　　　　　　　　　　(b)

图8-4　舰载垂直发射模块

（a）方形发射模块；（b）圆形发射模块

（1）热发射。目前，热发射（图8-5）是应用范围最广的导弹垂直发射方式，其

(a)　　　　　　　　　　　(b)

图8-5　舰载热发射

（a）发射模型；（b）发射过程

工作过程是首先启动导弹火箭发动机，使导弹依靠自身的推力飞离发射筒。燃气从火箭发动机喷出后，燃气排导系统的压力通风室使燃气流膨胀减速，然后经垂直排气道排入大气中，而后导弹按预设程序控制燃气舵转动，改变燃气喷流的方向，从而实现导弹转弯。采用热发射方式的主要是美国和欧洲国家，如美国的 MK41、MK48，英国的"海狼"，法国的"席尔瓦"等。这种发射方式的特点是导弹在发射筒内直接点火助推，不需要借助外力起飞。美国的"标准"2 和"标准"3 系列防空/反导导弹就采用 MK41 垂直发射系统。目前，由于同心筒式发射装置采用了独特的燃气排导系统和分布式"即插即用"式电子控制设备，故将成为未来的发展方向。

（2）冷发射。冷发射（图 8-6）也称为外动力发射，即导弹在发射筒内不直接点火，而是借助导弹发射筒底部的燃气发生器产生动力推动导弹起飞。待导弹离开舰面一定安全高度后，再由导弹发动机在空中点火。这种方式的燃气发生器位于导弹发射筒底部，它的上面是一个类似气动缸的装置，当燃气压力达到一定强度时，可以推动原来被固定的活塞（导弹托架）摆脱束缚，高速向上运动，同时，带动活塞上的导弹向上同步运动，冲破易碎发射筒盖，导弹离开导弹筒。当导弹的弹射高度达到 20 m 左右时，发动机点火，开始朝预定目标飞行。其弹射发射装置由发射筒、燃气发生器、增压室等装置组成，燃气发生器安装在发射筒的底部，增压室位于燃气发生器上部。弹射发射装置既要能产生很大的弹射动力，又要安全可靠。苏联最早开始装备舰载垂直发射系统，如"里夫"系列等。

图 8-6 舰载冷发射

（a）导弹出筒过程；（b）导弹飞离舰体

8.2.3 燃气流的公共排导

由于热发射设备的复杂性，为了能够具体介绍热发射武器系统燃气流场的气体动力学问题，本节有必要对垂直热发射设备做进一步说明。垂直热发射模块由储运发射箱、隔舱架结构、燃气安全排导装置和导弹及电缆等组成。燃气流公共排导是当今舰载导弹垂直发射装置最为常用的一种燃气排导模式，代表型号有美国的 MK41 和法国的"席尔瓦"。与同心筒发射装置相比，采用公共排导技术的发射装置在备弹量、适装性等指标上占优，而同心筒技术在燃气排导性能、可靠性、安全性等方面具有一定优势，如图 8 - 7 所示。

(a)　　　　　　　　　　　(b)

图 8 - 7　同心筒发射与公共排导发射

(a) 同心筒发射；(b) 公共排导发射

本例以美国的 MK41 发射系统为原始模型，通过对求角问题的分析，构建出假想的简化模型。模型中能够体现出燃气流公共排导的思路，其具体结构为建模设计所得。通过对模型进行数值仿真分析，使我们能够对燃气流公共排导有更进一步的了解，同时可检验所建模型的合理性、可行性。

1. 模型的建立

以美国 MK41 发射系统中的一个发射单元为基础，建立简化物理模型，如图 8 - 8 所示。

在本模型中，选取发射单元中最外侧的一枚导弹进行点火发射，整个发射过程其他发射箱一直处于封闭状态；同侧压力通风室之间的隔板上有圆形孔洞；当一侧有导弹发射时，压力通风室与排烟道连接处的挡板会将另一侧的压力通风室与发射侧的隔开，达到非发射侧的储运发射箱不会受到发射侧燃气流影响的目的，并假设整个排烟道是一个连通的整体，中间没有隔板的存在。

1）网格划分

划分模型的网格时，为保证仿真精度，在喷管出口处最小结构上保证有两个网格的分布。同时，由于模型的复杂性，部分区域使用四面体网格进行过渡，并通过 SIZE-

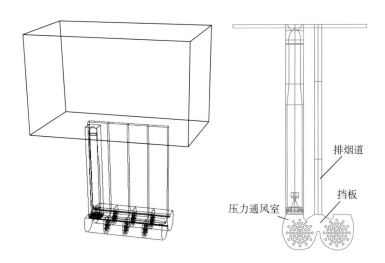

图 8 - 8　公共排导发射装置简化模型

FUNCTION 控制网格的数量，网格划分如图 8 - 9 和图 8 - 10 所示。网格总数约 280 万，其中非六面体网格约 8 万。

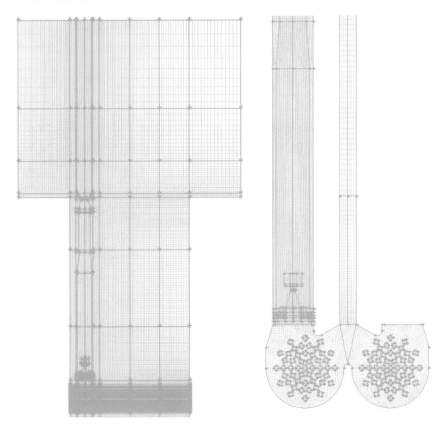

图 8 - 9　模型的网格划分

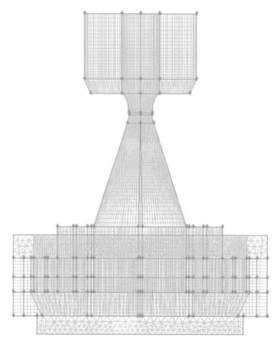

图 8 - 10　模型中喷管处的网格划分及四面体网格过渡区域

2）边界条件及初始条件的设定

初始条件中，喷管以外的计算流场取静止大气的参数：$p = 101\ 325$ Pa，$T = 300$ K，$v = 0$ m/s。

在数值计算中，入口和出口条件为压力入口和压力出口。入口参数为发动机燃烧室气体参数，总压输入曲线如图 8 - 11 所示，根据总压曲线编制自定义函数并输入到计算中，总温 $T = 3\ 400$ K。出口条件与给定的静止大气参数相同。在内部面中，圆孔隔板设为壁面，压力通风室通过圆孔连通。

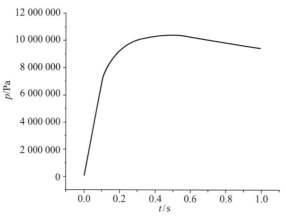

图 8 - 11　压力入口推力曲线

计算模型选用 Realizable $k - \varepsilon$ 模型。计算中所用到的材料为空气和燃气。

3）仿真结果分析

仿真过程中并没有考虑导弹的运动，所以仿真结束时间选择流场相对稳定的时刻。此时模型中过导弹中心轴线且垂直于排烟道的界面的温度云图如图 8 – 12 所示。从云图中可以看出，高温燃气的主要影响区域是压力通风室和排烟道，燃气大部分通过公共排导系统排出，只有少部分通过弹箱排出，这样能够减少燃气对弹体的烧蚀影响。

导弹及弹箱的温度云图如图 8 – 13 所示。通过弹体和弹箱的温度云图，能够更明确地显示弹体和弹箱的高温影响区域主要集中于结构的底部，在实际的设计中需要对底部的防护设计进行着重考虑。

压力通风室和排烟道的温度云图如图 8 – 14 所示。从图 8 – 14 中可以看出，压力通风室中因有圆孔隔板的存在，高温集中于发射工位正下方压力通风室，对相邻单元的影响较小，有利于相邻工位未发射导弹的安全。排烟道的高温影响区域也集中于发射工位正对处，燃气火焰并没有较均匀地分布于整个排烟道。

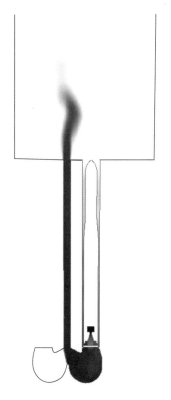

图 8 – 12　过导弹轴线且垂直于排烟道截面的温度云图

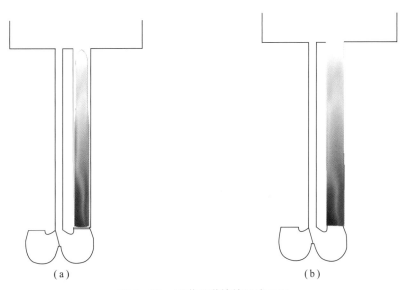

(a)　　　　　　　　　　　　(b)

图 8 – 13　导弹及弹箱的温度云图

(a) 导弹；(b) 弹箱

图 8 – 14　压力通风室和排烟道的温度云图

模型仿真的压力云图如图 8 – 15 所示。燃气流的压力影响区域集中于喷管正下方压力通风室的壁面，对压力通风室的其他部位和排烟道影响很小，说明燃气流的排导较为顺畅。

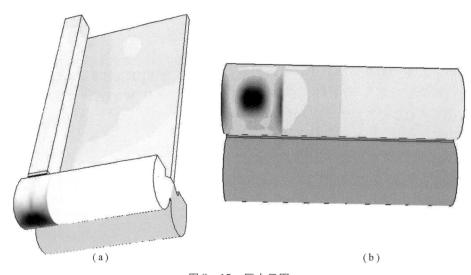

（a）　　　　　　　　　　　　　　　（b）

图 8 – 15　压力云图

（a）整体；（b）压力通风室底部

整体以及压力通风室和排烟道的马赫数云图如图 8 – 16 所示。整体的马赫数云图显示出燃气直接冲刷压力通风室壁面后速度变化剧烈，相对于燃气出口速度已经变小。压力通风室和排烟道的马赫数云图同样可以说明燃气的主要影响区域为发射工位对应的结构，对其他发射工位的影响较小。

储运发射箱和弹体表面的马赫数云图如图 8 – 17 所示，其影响趋势与温度的影响趋势相同，主要集中于结构的底部。相对于温度分布，发射箱内部的速度分布较均匀。

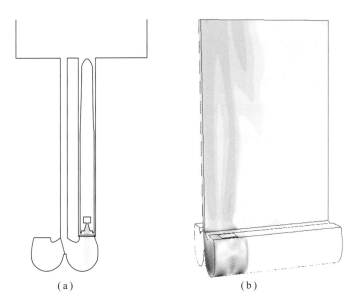

图 8 - 16　整体以及压力通风室和排烟道的马赫数云图

（a）整体；（b）压力通风室和排烟道

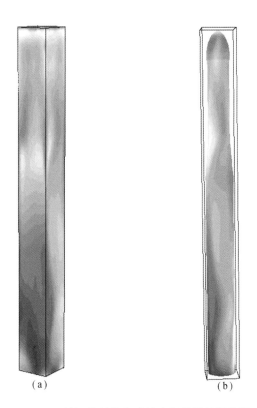

图 8 - 17　储运发射箱和弹体表面的马赫数云图

（a）储运发射箱；（b）弹体

2. 小结

通过温度云图和马赫数云图可以看出，所建立的模型在导弹发射过程中，燃气流大部分通过公共排烟道导出，小部分通过弹箱导出。模型中燃气流的主要影响范围是导弹正下方的压力通风室以及与压力通风室对应的一段排烟道，火焰并没有在公共排烟道内充分扩展。同侧压力通风室之间因为有带圆孔的隔板存在，所以燃气流对相邻的压力通风室的影响也很小。压力通风室的形状使燃气流的排导较为顺畅，燃气流的主要冲刷部位集中在喷管正下方压力通风室的壁面。

8.2.4 舰载发射优劣性

虽然目前采用垂直发射方式的舰载导弹越来越多，但其并不能完全替代倾斜发射方式。同样，对于采用热发射方式的导弹，不同的发射方式各有优劣，这也是不同发射方式可以共同存在的原因。

（1）垂直发射可应对全向威胁，倾斜发射反应更快。采用垂直发射系统的导弹储存状态就是发射状态，导弹垂直竖立在发射筒内，不需要对目标进行同步跟踪和随动瞄准，可以全方位发射，基本没有火力死角。而倾斜发射的发射瞄准方向会受到舰艇上层建筑的遮挡，在舰艇上存在无法瞄准和射击的方向。但是，就近距离防空而言，倾斜的瞄准式发射更具优势，更有方向性，因此，可以直接反应，而不像垂直发射需要调整导弹飞行方向。例如，俄罗斯"道尔"在导弹头部设计有气体发生器，在发射后利用气体发生器产生的推力来迅速改变飞行方向，降低了使用的可靠性。

（2）热发射系统优点是效率较高，它能够节省发射系统的体积和质量，并降低其维护成本，而且由于采用高密封性储运发射筒，改善了导弹储存环境，使导弹免受周围环境条件和环境应力的影响，延长了导弹寿命，提高了导弹可靠性。可是在舰体安全性方面，热发射系统却比冷发射系统略逊一筹，冷发射使用其他的机构将导弹弹射出去，待导弹离开发射管后，再点燃引擎。此系统的优点是保证舰面安全，冷发射系统不用承受点燃导弹所产生的高热火焰，对导弹气动外形影响较小，有利于保证导弹的飞行性能，并使该系统的使用周期较长。可是，相比于热发射系统，冷发射系统的效率较低。

8.2.5 舰载导弹发射装置及发展趋势

近两年来，我国海军诸多新型舰艇陆续下水，充分证明了我国海军实力的不断壮大，尤其是武器装备的换代升级，使我国舰载装备水平得到质的提高。我国在发展了112、113和167驱逐舰之后建造了新一级052驱逐舰：052B反潜型和052C防空型，这两型驱逐舰采用了相似的船体，只是在武器配置和作战功能上不同，其中052C最突出的特点是首次装备了类似宙斯盾AN/SPY－1相控阵雷达系统和垂直发射的防空导弹系统。052 级垂直发射系统采用的是冷发射方式，并配备倾斜发射单元等武器系统。

随着武器装备技术的发展以及发射技术的进步，世界各国海军武器装备的发展速度也在加快，在发展高精尖舰载设备的进程中，武器装备的模块化、通用化和小型化是世界军备发展的主流趋势，我国舰载武器的制造与发展也正在跟随着这一趋势。

1. 模块化

垂直发射装置结构模块化可以极大地增强发射系统在舰艇上的适装性。这是因为发射系统结构模块化以后，可以通过改变模块的数量来调节发射系统的横向安装尺寸，以适应于安装空间不等的各种水面舰艇。所以，发射系统结构模块化大大增加了可装备发射系统的舰艇数量，尤其有利于老舰艇装备的更新改造，从而对提高海军水面舰艇的战斗力大有益处。3S－14E 发射装置的列装证明了这一点。

2. 通用化

设计一艘舰船时，需要综合考虑防空设备、舰艇大小和预算资金等问题。最好的解决方案是装备能够发射多种导弹以对付不同目标的多用途导弹共架发射装置。3S－14E 发射装置能够发射"宝石""布拉莫斯"以及"俱乐部"－N 系列导弹。

3. 小型化

世界各国海军力求研制小型化的垂直发射装置，如美国在研的单隔舱发射装置，俄罗斯也有向这一方向发展的趋势，如法克尔设计局与法国合作研制的 4 单元垂直发射装置。小型化的垂直发射装置具有结构紧凑、体积小巧、适装性好、安全可靠、火力强劲的优点，特别适合于装备中小舰艇作为防空导弹系统使用，并具有较好的低空反导能力。

8.3　舰载武器发射气体动力学问题

舰载导弹发射过程中，尤其是热发射过程中，弹体发动机产生的高温燃气流会对舰体甲板及舰面上武器装备产生一定的冲击和烧蚀作用，甚至会对舰面设备造成严重的破坏，干扰导弹的正常发射。基于安全性考虑，有必要对舰载发射装置燃气流的超压、高温作用效果进行分析，并提出相应的安全防护措施。

8.3.1　设备承温安全性判别

燃气流冲击舰面与舰面设备之间产生强烈的对流现象，高温燃气通过对流换热作用使舰上设备急剧升温，当温度超过设备承温能力后，造成设备不能正常工作，甚至造成破坏。

高速燃气射流的对流换热问题有两个显著的特点。

第一，由于流体的黏性阻滞作用，在固体壁面附近速度梯度极高的地区，部分机械能转换成气流的热能，使当地的局部温度急剧上升，在气流流过平板的边界层中，由于黏性耗散作用而转换成的热能，相当于产生了一个

$$\Phi = \eta (\mathrm{d}u/\mathrm{d}y)^2 \qquad (8-1)$$

的内热源。以飞行马赫数 $Ma > 20$ 的飞行器再入大气层为例，黏性耗散作用可以使其前缘驻点的温度高达 10 000 K 以上，这种由于气流的黏性耗散所导致的加热称为气动加热。

第二，由于边界层中气流温度的急剧变化以及极高的流速、气流的可压缩性等物理特性发生了显著变化，使得气流对流换热求解极其复杂。因此，对燃气射流的对流换热问题应用工程经验求解如下：

（1）传热温差采用 $T_w - T_{aw}$。T_w 为壁面实际壁温，T_{aw} 为绝热壁温；计算出的温差作为换热过程固体边界层长度的输入数据以及流体物性参数的选择条件。

（2）定性温度采用埃克特定性温度 T_{ref}：

$$T_{ref} = T + 0.5(T_w - T) + 0.22(T_r - T) \qquad (8-2)$$

式中　T——来流温度；

　　　T_r——壁面上气流恢复温度。

（3）根据工程经验值确定平均努塞尔数 $N_\mu h_{m,l}$，其中，

层流平均努塞尔数：

$$N_\mu = 0.664 Re^{0.5} P_r^{0.333} \qquad (8-3)$$

湍流平均努塞尔数：

$$N_\mu = 0.037(Re^{0.8} - Re_{cr}^{0.8}) P_r^{0.333} \qquad (8-4)$$

式中　P_r——气流物性参数，根据上述计算数据查表可得。

$$h_{m,l} = N_\mu (\lambda/x_{cr}) \qquad (8-5)$$

式中　λ——物性参数，查表可得；

　　　x_{cr}——边界层层流与湍流的转变点即临界点长度。

（4）计算层流与湍流特性对流传热的传热量 Φ，即

$$\Phi = h_{m,l} A(T_r - T_w) \qquad (8-6)$$

并由传热时间以及固体材料在来流温度下的传热系数等物性参数，计算在此状态下材料的传热量，并计算出参考点传热温升的理论结果。

同理，计算边界层湍流段换热，并将层流段与湍流段换热相加得出总换热量后，计算观测点温升，得出设备理论温升值。根据设备的承温能力，比较并得出燃气射流对关键设备的温度效应，进行安全性判别。

8.3.2　设备承载安全性判别

首先以获取的甲板壁面气流压强为参考，将其与 GJB 1060.1—1990 中舰面设备承

受冲击波能力的相关规定相比较，对其安全性进行初步判别；当无法根据规定进行判别时，则以仿真计算获取的压强值为输入条件，并根据材料特性对其进行动态应力分析，进而对其安全性进行判别。

根据舰面设备布置方式以及燃气射流对舰面设备的有效作用范围，按照图 8-18 所示舰面模型，选择舰艉部位靠近武器库的设备进行承压分析。由于燃气流作用在设备上的压力属于动载荷，作用时间大约为 1 s，不能忽略结构的惯性，且设备存在较大的变形，所以需要进行非线性动态分析。通过计算分析，根据作用时间内设备最大应力值和最大形变量是否满足材料的强度和刚度以及其他要求（如限定的最大形变量）来判定设备的安全性。

8.3.3　舰载设备倾斜发射燃气流场计算

本节采用有限元法，并基于图 8-18 所示舰船模型，分析导弹发射装置在舰船侧弦布置工况下发射时对舰船甲板的冲击和烧蚀作用，并针对甲板受高温燃气射流作用进行传热分析，为舰面设备热防护提供燃气流温度分布数据，提出对舰船甲板及甲板上武器装置的优化配置。

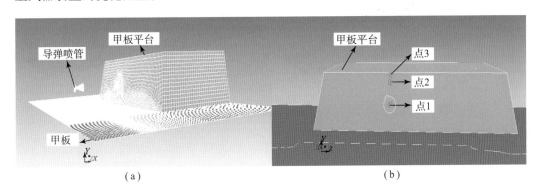

图 8-18　舰面物理模型

（a）船体甲板上部导弹及船体主要设备；（b）监测点设置

1. 计算条件

监测点 1 设置在导弹喷焰流场中心在甲板平台上的投影位置，监测点 2 位于距 1 点 0.8 m 位置，监测点 3 距 1 点 1.13 m。

燃气射流计算采用有限体积法、完全结构化网格求解 $k-\varepsilon$ 方程，计算网格总数为 120 万，导弹发动机喷管出口采用压力入口边界条件，设置总压为 1.8×10^7 Pa，总温为 2 700 K；流场域出口采用压力出口边界条件，出口压力为环境压力 101 325 Pa。甲板及平台表面采用壁面边界条件，物面边界采用无滑移壁面和绝热壁面边界条件，近壁面湍流计算采用标准壁面函数法处理。

传热参数设置：射流与甲板面之间的作用设置为对流传热，甲板材料为不锈钢，设置甲板的传热、导热参数，材料厚度假定为 15 mm。燃气射流冲击到甲板上，取甲板表面的气流参数作为来流参数，并假定船体所处大气环境为常温下自然环境，温度为 300 K，环境压力值为 101 325 Pa。

2. 计算结果分析

本节对导弹点火出筒并飞离甲板过程中所受燃气射流的冲击作用进行仿真，导弹初始位置距离甲板平台为 5 m，整个过程约为 90 ms，因此，设置仿真时间为 100 ms。

从图 8－19 可知，由于高速射流的冲击作用以及燃气流的积聚，导致核心区外形成一个高温激波环，随着气流的向外扩散以及能量损失，气流降温，温度急剧下降。由图 8－19（a）和图 8－19（b）对比可知，气流与固壁之间的热传递与气体的温度相关，气体温度越高，两者之间的能量传输越多，固壁温升越高，甲板升温云图基本形状与气流温度分布一致。

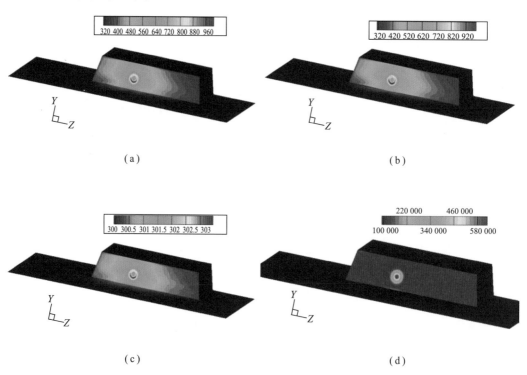

（a）　　　　　　　　　　　　　　　　（b）

（c）　　　　　　　　　　　　　　　　（d）

图 8－19　舰面燃气流特性云图

（a）冲击到甲板及平台的气流温度云图；（b）气流传递到甲板表面的温度云图；
（c）经过 100 ms 后甲板内表面的温升云图；（d）甲板及平台表面的压力云图

由图 8 - 19（c）可知热能传递到甲板底部的升温情况，基本变化与甲板的外表面温度分布相似，同时说明甲板材料的径向导热速度比横向速度快。最高温升约为4 K。

图 8 - 19（d）为气流冲击到甲板及平台表面的压力云图。从图中可以看到燃气流由超声速减弱到亚声速状态的气流压力变化，燃气压力主要影响区域为射流核心区。

从图 8 - 20（a）中可以得出燃气流冲击到甲板上的速度约为 2.5Ma，而由于甲板的导流作用使燃气流速度方向改变，燃气流对平台上部的作用减弱。并且燃气流的速度急剧下降，其主要原因是燃气流与壁面之间的接触作用以及自身的能量损失。图 8 - 20（b）所示为气流冲击甲板及平台后的速度矢量图。从图中可以得出气流冲击作用主要的影响范围为核心区位置，加速形成冲击波后气流速度急剧下降。同时可知气流对平台上表面的冲击作用非常弱。

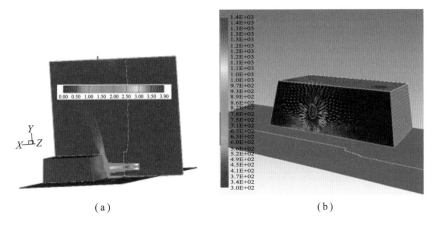

（a）　　　　　　　　　　　　　（b）

图 8 - 20　燃气流冲击甲板表面速度分布

（a）燃气射流冲击作用速度等值线图；（b）甲板及平台气流速度矢量图

图 8 - 21 ~ 图 8 - 23 为燃气流以及甲板内外表面的温度变化曲线。燃气流冲击到甲板表面首先引起短时间振荡，随后变化区域平缓，甲板外表面主要是与燃气流进行换热，并通过材料导热向内传播。从图 8 - 21 可以得出冲击波前后燃气流温度的急剧变化，在射流核心位置燃气流参数接近喷管出口，到监测点 2 处气流温度急剧下降，从监测点 2 到监测点 3 燃气流温度变化缓慢，主要原因是在 1 点和 2 点之间存在激波作用。同时，由于激波的存在，导致图 8 - 22 和图 8 - 23 中监测点 2 处气固传热效率低于监测点 3，甲板内外壁的温升也存在同样变化。

表 8 - 1 所示为燃气以及固体壁内外表面的温度变化数据。由于激波的出现，使得流场中边界层和激波的相互干扰导致流固换热更加复杂，燃气流正冲击到固体壁表面时的能量传递效率较低。

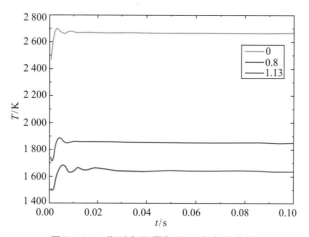

图 8 - 21　监测点位置气流温度变化曲线

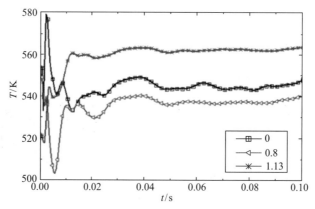

图 8 - 22　热交换引起的监测点处甲板表面温度变化曲线

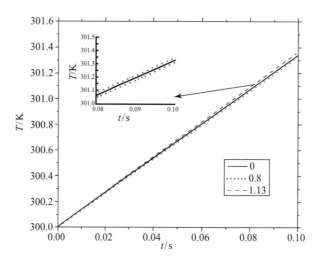

图 8 - 23　监测点处甲板内表面温升曲线

表 8 - 1　监测点处燃气流以及甲板内外表面温度变化数据表　　　　　　K

t/s	0.01	0.02	0.03	0.04	0.05	0.06	0.07	0.08	0.09	0.1
监测点1对应射流位置	2 674.00	2 663.59	2 666.81	2 664.49	2 667.50	2 666.75	2 667.68	2 665.85	2 667.06	2 666.55
监测点2对应射流位置	1 864.62	1 860.29	1 852.12	1 848.93	1 853.76	1 851.32	1 853.19	1 852.72	1 881.02	1 849.13
监测点3对应射流位置	1 639.10	1 663.21	1 639.34	1 637.57	1 646.28	1 642.16	1 645.03	1 645.35	1 640.89	1 636.32
监测点1对应甲板外表面位置	540.94	541.45	546.32	548.53	543.35	545.55	543.23	543.19	544.79	547.57
监测点2对应甲板外表面位置	535.21	529.75	538.59	540.00	535.72	537.07	536.60	537.13	537.39	540.20
监测点3对应甲板外表面位置	554.29	558.45	561.32	563.03	560.88	561.55	562.41	562.09	561.86	563.51
监测点1对应甲板内表面位置	300.14	300.26	300.40	300.53	300.67	300.80	300.93	301.06	301.20	301.33
监测点2对应甲板内表面位置	300.12	300.25	300.38	300.52	300.65	300.78	300.91	301.05	301.18	301.31
监测点3对应甲板内表面位置	300.13	300.26	300.40	300.53	300.67	300.81	300.94	301.08	301.22	301.36

3. 结论

本算例通过仿真模拟了导弹飞离甲板过程高温燃气射流对船体甲板的冲击和传热过程，主要结论如下：

①高速燃气射流冲击到固体表面时出现激波，并且激波温度高于核心区温度，随着激波向外传播，燃气流速度、温度、能量急剧下降。

②甲板受气流冲击效应，受影响区域主要集中在射流核心区，与燃气流之间的热交换形式复杂，主要有正冲击、激波和掠过平板的湍流、层流传热。其中冲击作用引起的对流传热能量传递效率较低。

③固体壁在导弹运动过程中升温变化平缓，热交换并不会导致甲板外表面急剧升

温，导热作用将热交换的能量向内传递，使得 15 mm 钢板内表面存在升温现象，因此，在甲板的热防护设计中应对甲板厚度加以考虑，在关键位置应适当加厚。

④甲板平台对燃气流的转向起到关键作用，平台高度选取应大于激波直径，以避免燃气流冲击到平台上表面，同时，仿真也可对平台上武器装备的布置提供一定参考。

8.3.4 高台布置鱼防武器仿真分析

1. 计算工况说明

鱼防射流对舰上装置影响最为严重的工况为水平发射最接近甲板面的工位，结合鱼防位置分布，取右下接近甲板位置水平发射状态分析，物理模型以及舰面和舰上设备布局如图 8 – 24 所示。对于发动机参数设置，总压为 1.1 MPa，总温为 3 300 K。

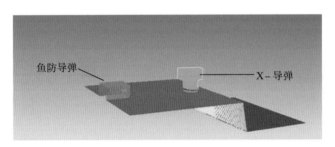

图 8 – 24　物理模型

2. 仿真结果分析

鱼防装置对 X – 导弹发射装置影响温度分布云图：由仿真结果可以得到 X – 导弹发射装置受射流影响，核心部位如图 8 – 25 所示，温度升高至 1 340 K 左右。

图 8 – 25　X – 导弹燃气流温度云图

由温度云图 8 – 26 可以看出，燃气流对 X – 导弹的烧蚀作用比较严重，导弹尾焰的正冲击作用在 X – 导弹支腿上，中心温度达到 1 200 K。

鱼防装置对舰面影响温度分布云图（图 8 – 27）受燃气射流影响，舰面温度升高，最高在 X – 导弹发射装置附近，约 780 K，如图 8 – 28 所示。在舰面上，燃气流由于距离甲板高度过低，燃气流尾迹扫过区域为一条高温带，温度达到 600 K，并正对 X – 导弹形成冲击后向外扩散。

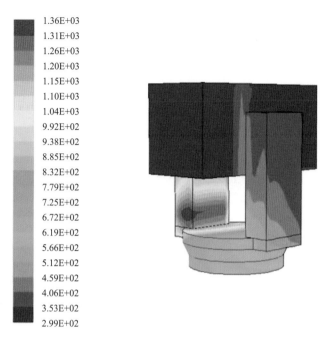

图 8 - 26　鱼防装置对 X - 导弹发射装置影响温度分布云图（局部）

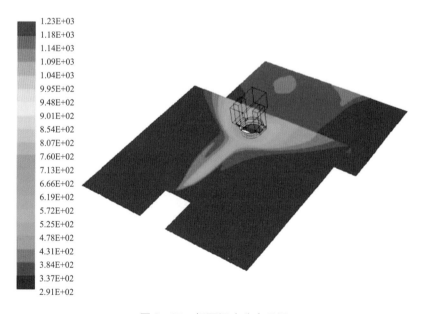

图 8 - 27　舰面温度分布云图

　　整个舰面上温度最高区域为 800 K，由燃气流的冲击作用造成，舰面其他位置上燃气流温度较低。在下层甲板上，由于燃气流的掠过，使舰面燃气流温度达到 350～370 K，如图 8 - 29 所示。

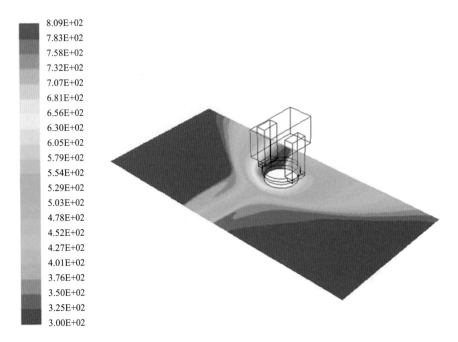

图 8 - 28　舰面影响温度分布云图

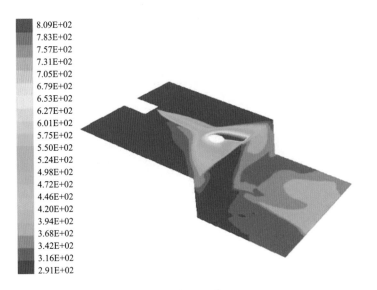

图 8 - 29　舰面温度云图

由仿真结果可以得到,舰面上压力受射流影响较小,几乎没有发生变化,最高约 1.1 个大气压。舰面上其他位置压力基本未发生变化,如图 8-30 所示。

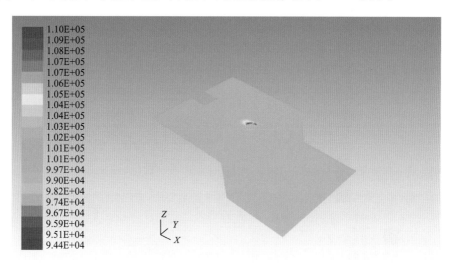

图 8-30　舰面压力云图

由仿真结果可以得到,受射流影响,X-导弹发射装置压力升高,最高为 1.7 个大气压,分布如图 8-31 和图 8-32 所示。对于 X-导弹,燃气流压力的冲击作用比较严重的位置为支腿,其直接受到燃气流的冲击作用。在 X-导弹其他部分,燃气流的扩散压力大大减小,对设备安全性能影响不大。

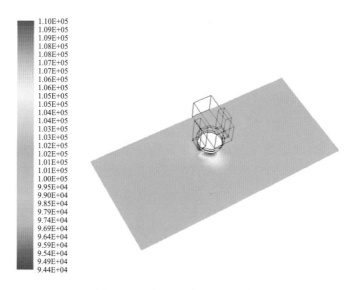

图 8-31　舰面压力云图(局部)

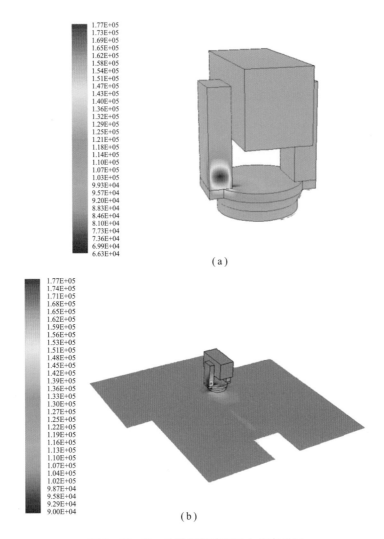

图 8 – 32　X – 导弹发射装置压力分布云图

（a）发射装置局部；（b）舰面与发射装置整体

　　燃气流速度矢量主要是燃气流在舰面的流迹。燃气流在 X – 导弹支腿上速度达到 600 m/s，在舰面上最高速度为 300 m/s。在舰面其他位置处，燃气流速度较低，扩散作用不明显，如图 8 – 33 所示。

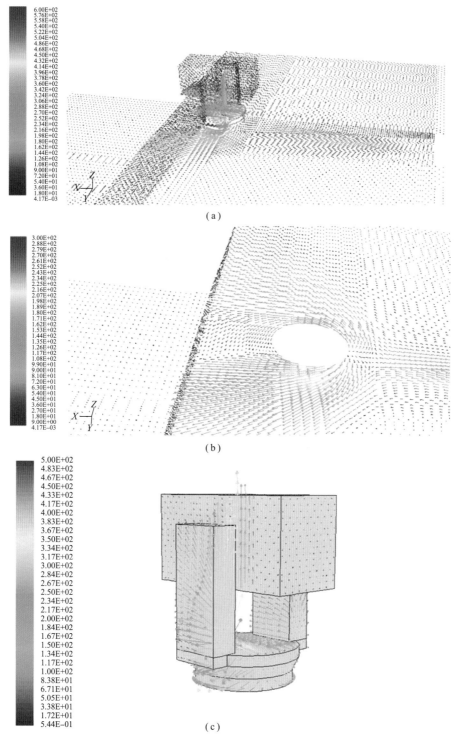

图 8 – 33　舰面及 X – 导弹燃气流速度矢量图

（a）舰面与发射装置整体；（b）舰面发射装置附近；（c）发射装置局部

8.3.5　垂直热发射武器系统数值计算

1. 热发射导弹物理模型

本节选取的计算模型如图8-34所示。按照图8-34所示舰船模型，取舰艇计算区域进行垂直热发射导弹数值计算，整体物理模型如图8-34（a）所示，模型包括舰面、同心发射筒、武器单元、舰面设备以及导弹，根据燃气流的扩散特性，选取距离舰面设备最近的发射单元作为数值计算工况，计算工位与舰面设备相对位置。武器单元与舰面设备具体模型如图8-34（b）和图8-34（c）所示。对此物理模型导弹发射状态进行数值计算分析，设置燃烧室稳定状态总压值为9.0 MPa，总温为3 300 K。

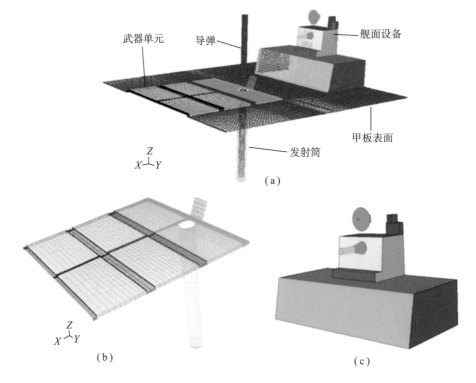

图8-34　舰艇热发射物理模型

（a）整体物理模型；（b）武器单元；（c）舰面设备

2. 数值计算结果分析

图8-35所示为导弹发射单元弹体对称面温度云图。由图8-35（a）和图8-35（b）所示云图可知，燃气流受到同心筒的排导作用向舰面上方排出，未对甲板产生影响。随着导弹继续上升，燃气流膨胀后冲击舰面，图8-35（c）中由于导弹发射箱箱盖的作用，燃气流在武器库单元表面扩散，使武器库表面温度升高。至导弹升至20 m，如图8-35（e）所示，燃气流对舰面的温度效应逐渐减弱，在此期间，舰面

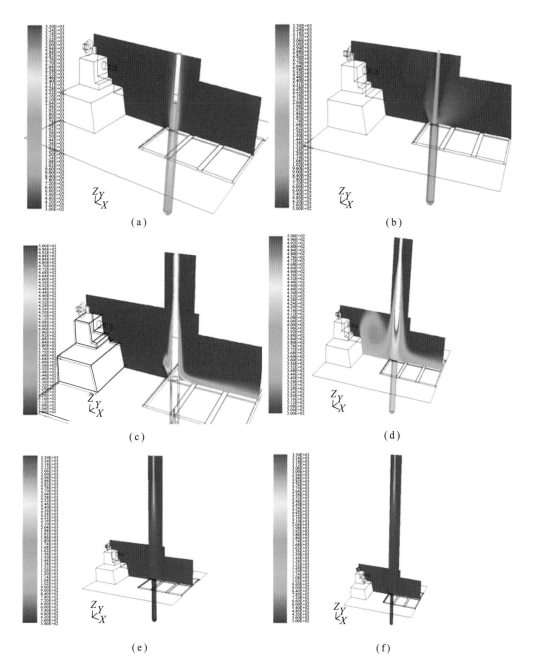

图 8 - 35　对称面温度云图

（a）离筒 2 m 高度对称面温度云图；（b）离筒 5 m 高度对称面温度云图；

（c）离筒 10 m 高度对称面温度云图（<500 K）；（d）离筒 15 m 高度对称面温度云图（<500 K）；

（e）离筒 20 m 高度对称面温度云图；（f）离筒 30 m 高度对称面温度云图

受到燃气射流的影响区域主要集中在发射筒筒口附近，舰面最高压力约为 1.15×10^5 Pa，最高温度约为 708 K，由于武器库单元设计时在承温方面有专门的热防护措施，因此可参考承温标准对重点区域进行热分析，具体分析方法参见 8.3.1 节；当导弹上升至 30 m 高度处，由图 8-35（f）可知，燃气流场对舰面作用十分微弱，可视为舰面安全工况。

参考如图 8-35 所示工况，图 8-35（d）中燃气流在舰面扩散区域最大，因此选取该位置下燃气流对舰面的作用效果进行分析，具体结果如下：

如图 8-36 所示，燃气流压力分布区域主要集中在发射单元周围，舰上最高压力略高于大气压，约为 1.06×10^5 Pa，位于发射筒筒内，甲板表面压力略微上升，舰面高台位置基本不受到燃气流作用。

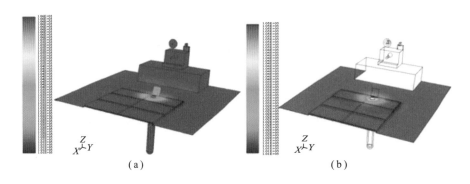

图 8-36　整体及舰面压力云图

（a）整体；（b）舰面

图 8-37 所示为发射筒筒盖及高台位置燃气流压力分布云图。从图中分析可以得到燃气流压力基本覆盖全部筒盖，但压力升高不明显，最高为 1.04×10^5 Pa。在舰面高台及上方布置的发射设备上，燃气流压力作用不明显，最高压力分布在高台底部，但最高值与大气环境值相同。因此，燃气流压力作用效果不明显。

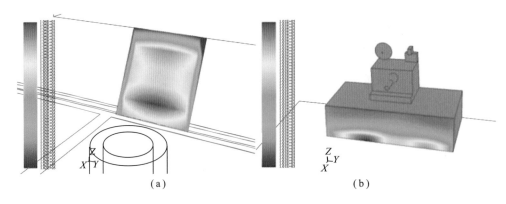

图 8-37　发射筒筒盖及高台发射设备表面压力云图

（a）筒盖；（b）高台

图 8 - 38 所示为舰面及舰上设备周围燃气流温度云图。燃气流对舰面重点影响区域基本也分布在武器库周围，在发射单元中心温度最高，达到 422 K，在其他区域温度略低，在舰面高台及发射设备周围温度升高不明显，基本处于安全范围内。

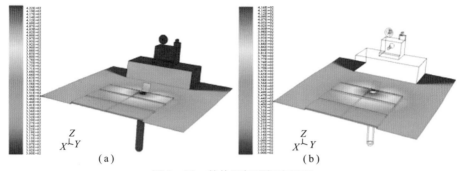

图 8 - 38　整体及舰面温度云图

（a）整体；（b）舰面

图 8 - 39 所示为发射筒筒盖及高台发射设备表面温度云图。从图中可以看出燃气流对发射筒筒盖及高台表面温度升高约 100 K，高台上温度设备基本不受到燃气流温度影响。

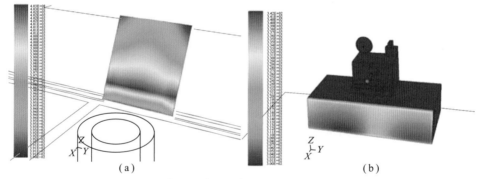

图 8 - 39　发射筒筒盖及高台发射设备表面温度云图

（a）筒盖；（b）高台

如图 8 - 40 所示，舰面上燃气流最高速度约为 55 m/s，位于发射筒筒口附近。舰面及高台上发射设备表面燃气流流速较低。

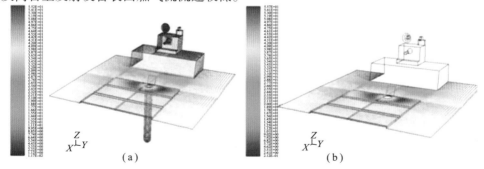

图 8 - 40　舰面速度矢量图

（a）整体；（b）舰面

如图 8-41 所示，发射单元的筒盖上燃气流最高速度约为 37 m/s，为沿箱盖壁面向上流动。高台及台上设备最高速度约为 18 m/s，位于高台前表面。发射设备周围燃气流速度更小，约为 10 m/s，基本不受到燃气流速度的影响。

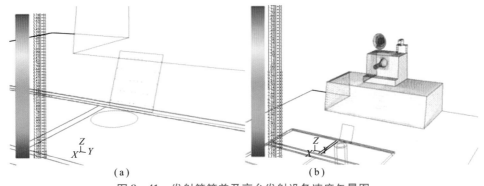

图 8-41　发射筒筒盖及高台发射设备速度矢量图
（a）筒盖；（b）高台

图 8-42 清楚地显示了燃气射流对于高台的作用。在此状态下，燃气流尾流的混合区域冲击到甲板上并向外扩散，由于高台的导流作用，燃气流尾流紧贴台上炮筒向上运动，对高台上的发射设备没有影响。

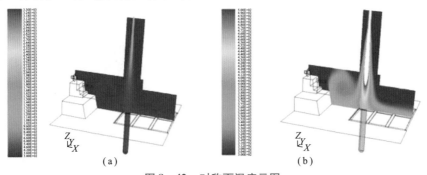

图 8-42　对称面温度云图
（a）全局；（b）部分（<500 K）

图 8-43 显示对称面速度矢量图，冲击到高台及发射设备上的燃气流速度基本在 10 m/s 以下，因此，可以判断燃气流对发射设备基本没有影响。

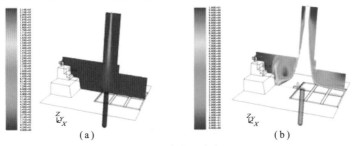

图 8-43　对称面速度云图
（a）全局；（b）部分（<10 m/s）

8.3.6　垂直冷发射武器系统数值计算

冷发射导弹在出筒一定高度后点火，发动机开始工作并向后喷出燃气流，其中对于舰面的装备安全影响最大的是燃气流的超压影响以及导弹附近最高位置的发射装备。本书仍以舰艏工位为例说明燃气流对舰艇及舰上设备的影响。舰艏物理模型如图 8 - 44 所示。在此模型中，发动机燃烧室内稳定后总压为 11 MPa，总温为 3 300 K，其他边界条件设置参考燃气射流动力学数值计算方法，导弹初始运动高度查询相关冷发射资料，设定 25 m 作为计算工况。

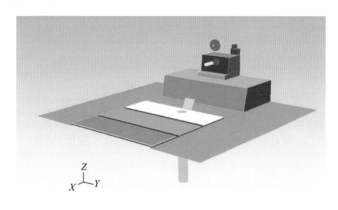

图 8 - 44　数值计算模型

需要特别注意的是，本部分所提到的对称面并不是整个模型的对称面，而是过导弹发动机轴线的平行于 XOZ 平面的截面。

图 8 - 45 所示为燃气流对发射单元和舰面压力作用云图。图中显示燃气流冲击最高压力约为 1.43×10^5 Pa，位于发射筒内。在舰面上，燃气流压力作用区域主要集中在发射单元周围，最高压力约为 1.2×10^5 Pa，位于舰面发射筒筒口附近，对舰面其他区域未造成影响。

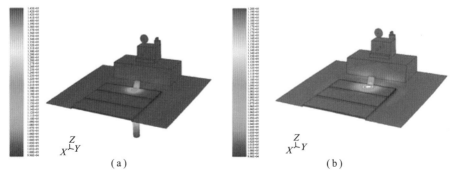

（a）　　　　　　　　　　　　（b）

图 8 - 45　整体及舰面压力云图

（a）整体；（b）舰面

如图 8-46 所示，发射筒筒盖最高压力约为 1.14×10^5 Pa，位于箱盖前侧中下部。在发射台周围最高压力约为 1.03×10^5 Pa，升压区域如图 8-45 所示集中在高台底部，其他区域压力升高不明显。

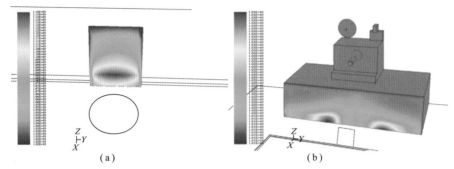

图 8-46 发射筒筒盖及高台发射设备压力云图

(a) 筒盖；(b) 高台

图 8-47 所示为高台上发射设备表面燃气流压力分布云图。从图中可以得出，燃气流压力基本与大气环境相同，因此，该位置未受到燃气流的作用。

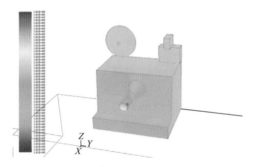

图 8-47 高台发射设备压力云图

从图 8-48 所示燃气流在舰面的温度云图分布可以得出，舰面温度最高约为 631 K，位于发射筒筒内壁面上。舰面燃气流高温区域主要集中在发射单元附近，最高温度值为 629 K。

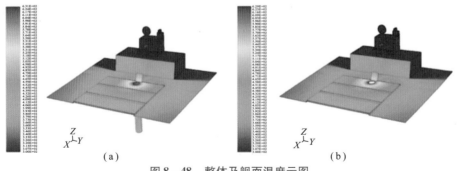

图 8-48 整体及舰面温度云图

(a) 整体；(b) 舰面

图 8 - 49 中所示发射筒筒盖表面燃气流最高温度约为 531 K，位于箱盖前侧中下部。在高台前，表面燃气流最高温度约为 427 K，分布区域如图 8 - 49（b）所示。其中由于发射筒筒盖的影响，导致高温区域不连续，在高台上方的发射设备上基本未受到燃气流高温作用。发射设备表面具体温度分布如图 8 - 50 所示，最高温度约为 342 K。因此，可以判断图示物理模型受到冷发射状态下燃气流作用微弱，舰面及舰上设备基本处于正常工作状态。

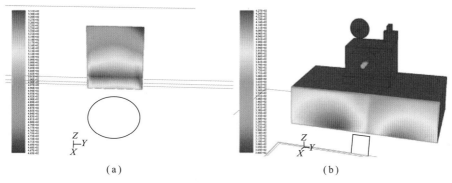

図 8 - 49　发射筒筒盖及高台上发射设备表面温度云图

（a）筒盖；（b）高台

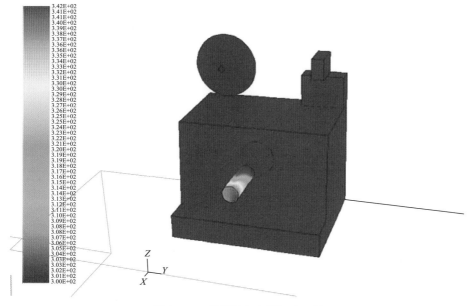

图 8 - 50　发射设备表面温度云图

图 8 - 51 所示为燃气流速度分布，与温度分布状态相近。在发射单元附近的武器库表面，燃气流流动速度大，最高速度约为 156 m/s，位于舰面发射筒筒口附近，随着向外扩散距离的增加，速度逐渐减小，在武器库之外区域及高台发射设备表面，燃气

流速度较小。

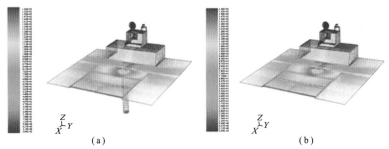

图 8 - 51　整体及舰面燃气流速度矢量图

（a）整体；（b）舰面

　　图 8 - 52 所示为发射筒筒盖表面燃气流流速矢量分布图。燃气流冲击筒盖后转向并沿筒盖向四周扩散，最高速度约为 111 m/s，并且在筒盖中间部分低于两侧，主要是由冲击作用造成。在高台及发射设备表面，燃气流流速较低，主要集中在高台前表面两侧位置，最高速度约为 77.8 m/s。在发射设备表面，燃气速度的具体分布情况如图 8 - 53

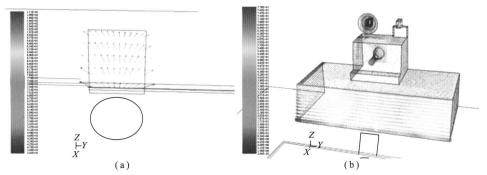

图 8 - 52　发射筒筒盖及高台发射设备表面速度矢量图

（a）筒盖；（b）高台

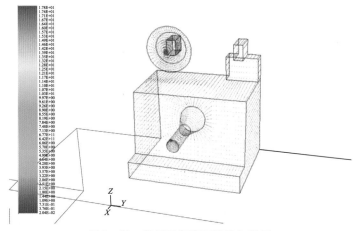

图 8 - 53　发射设备表面速度矢量图

所示，流速最高达 17.8 m/s，几乎未受到燃气流的作用。

图 8-54 所示为单体对称面上燃气流温度分布图。为了能清楚说明燃气流对舰面的温度作用，取对称面上温度在 550 K 以下分布区域做简要说明。由图 8-54（b）可以得出，在发射单元之外燃气流温度分布较低，基本分布在 380 K 左右，同时，由于发射筒筒盖的作用，燃气流在筒盖表面转向斜向上流动，筒盖上方分布一定的高温燃气流。由此可知，发射筒筒盖对保护舰面设备起到了重要的作用。

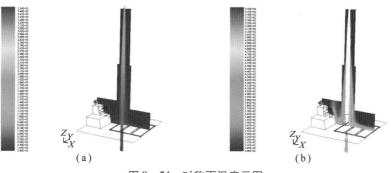

图 8-54　对称面温度云图

（a）全局；（b）部分（<500 K）

图 8-55 所示为弹体对称面速度分布云图。从图中可以得出，燃气流尾流场膨胀后直径增加，整体上对舰面发射单元附近冲击明显。为清楚说明燃气流速度分布，取 100 m/s 以下速度分布区域具体说明。由图 8-55（b）可以看出，燃气流在武器库单元流动性较强，扩散区域基本覆盖整个武器库，在流向高台发射设备过程中，受到发射筒筒盖及高台前表面的阻碍，燃气流转向空中传播，对发射设备冲击作用不明显。

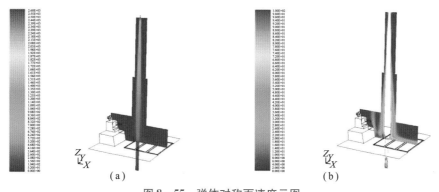

图 8-55　弹体对称面速度云图

（a）全局；（b）部分（<100 m/s）

本章小结

本章简要介绍了舰载导弹武器设备发射方式的主要类型：倾斜发射和垂直发射以

及垂直发射的两种发射状态，即冷发射和热发射，并针对垂直热发射状态中的公共排导方式进行了数值模拟，以具体说明该排导方式的原理和排导效果。

　　舰载导弹武器发射过程中的气体动力学问题研究与其他发射平台所不同之处在于，舰艇发射空间较小，武器单元与其他设备之间布置相对紧凑，导弹等武器在发射过程中燃气流场对于舰面设备的高温、高压以及冲击作用能否使附近设备处于安全工作状态必须进行分析讨论，而对设备安全性的分析前提是对武器发射过程中的燃气流分布状态有清晰的认识。这也是本章主要介绍的内容。

第9章 发动机射流测试技术

9.1 概　　述

近年来，随着光-电检测技术和测试仪器的发展，使得火箭、导弹隐身和反隐身的要求日益迫切。一方面，要求火箭、导弹本身具有低特征信号，即发动机的排气射流辐射出较少的可见光、红外、紫外和微波信号；另一方面，发展高效、快捷的目标识别系统有利于我方尽早发现和拦截敌方导弹。新的要求赋予了发动机燃气射流研究新的内容。

"特征信号"是描述火箭发动机排气射流全部性能的专用术语，是评价武器性能的重要指标。所谓特征信号，是指固体火箭发动机在工作过程中形成射流的可见性、辐射特性及对各种制导信号的干扰特性。发动机排气射流的特征信号包括烟雾特性、辐射特性和微波特性三个方面，而烟雾特性又包含一次烟和二次烟两项内容。低特征信号是指发动机排气羽烟（一次烟和二次烟）、二次燃烧火焰（可见光、红外、紫外）等的辐射特征信号较低。特征信号的大小直接影响导弹的制导性能和隐身效果。例如，固体火箭发动机辐射噪声过大可能会造成制导信号丢失目标，同时也可能成为敌方发现该武器的重要识别途径，影响武器的打击精度和生存能力。

研究发动机排气射流特征信号（图9-1）的最直接方法就是对信号特征的有效测

图9-1　发动机射流信号

量，通过对大量测试工作取得的数据资料进行统计、总结，从中寻找规律性的东西，不仅可完善和发展发动机理论，还可以改进提高发动机的性能。根据北约航空研究与发展顾问组（AGARD）的约定，特征信号的检测内容分为：一次烟可见度及遮光度，二次烟检测（包括二次烟、焰检测，粒度动态检测，傅里叶红外光谱检测等）、辐射特性检测、微波特性检测等。国内在特征信号的检测方面，北京理工大学、中国科技大学等进行了系统深入的研究，航天部的某些单位在该领域也开展了研究合作，获得了大量的试验数据。

在测试方法上，随着测试技术的发展，对发动机排气射流测量不但在测量信号类型上越来越宽广，在测量精度上也有质的飞跃。目前，对发动机射流的测量主要向高精度、高频响方向发展，信号记录和处理向全计算机化测试系统方向发展。同以往测试方法相比，计算机化测试系统具有精度高（计算机化数采系统很容易达到万分之一的精度）、采集速度快（计算机化数采系统每秒可测几千万次以上）、数据处理能力强（计算机具有强大的计算、绘图、打印、存储、自动检测、自动修正等功能）、人工干预少、用途广泛等许多优点。这为全面研究发动机排气射流特性奠定了坚实的基础。

近年来，国内外又把频谱技术、数字图像、激光技术、计算机预估等高新技术应用到特征信号的测试领域，使特征信号的测试上升到了一个新的水平。同时，为了更好地实测实弹飞行时导弹的特征信号，远距离测试技术（遥测技术）也是近年来国外发展的一个重要方向。因此，本章首先介绍发动机射流信号测试技术的概况，继而结合试验过程简述对各种特征信号的测试方法以及测试结果。

9.2　发动机羽烟特征及检测

固体火箭发动机产生的烟雾对武器系统的制导信号有强烈的衰减作用，严重时可导致武器使命的失败。烟雾是"人眼能观察到的火箭发动机排气射流中的液体、固体颗粒与空气的混合物"，烟雾颗粒的大小影响着各种光信号的烟雾穿透能力，同时也影响着烟雾的分散速度。对固体推进剂烟雾微粒尺寸分布进行检测，是为了评估火箭发动机排气烟的可见性，提高武器的隐身性能和制导性能。本节主要从推进剂及火箭发动机羽烟特征信号分类、测试评估两方面进行介绍。

9.2.1　分类标准

1993 年，北约航空研究与发展顾问组（AGARD）推进与含能材料专家小组（PEP）对固体火箭发动机羽烟特征信号分类及低特征信号推进剂分类标准的问题进行了研讨，从 4 个方面对固体火箭羽烟特征信号进行了定义，分别是一次烟、二次烟、电磁辐射和微波特性。

（1）一次烟。即固体火箭排气羽烟（图 9-2）中的凝聚相颗粒成分，其来源包括固体推进剂和其他发动机组件（包括衬层、绝热层及喷管中的可热解材料）两方面。凝聚相颗粒在羽烟中的主要存在形式为金属氢氧化物、氧化物和氯化物，一些难熔、难分解组分以原始组分的形式存在。

图 9-2　固体火箭排气羽烟

（2）二次烟。即发动机羽烟后部悬浮的微小液滴，是排气羽烟与大气相互作用的结果，相对于一次烟而言，其形成相对滞后几秒，在这几秒钟内，排气射流与大气相互混合，可凝聚成分达到饱和蒸气压后凝聚生成液滴，悬浮于大气中的无数液滴形成了二次烟。二次烟主要是由固体推进剂配方中 AP（高氯酸铵，NH_4ClO_4）和含氟组分燃烧分解后在羽烟中生成极易形成酸雾的 HCl 和 HF 所致。

（3）电磁辐射。固体推进剂配方组分燃烧后，在火箭羽烟中形成的产物可能会因能级跃迁而发出具有一定波长的电磁辐射信号或者强烈吸收特定波长的电磁信号，成为可探测和识别的信号源。根据波长不同，一般将这些辐射信号分为紫外（100～400 nm）、可见光（400～700 nm）、红外（700 nm～14 μm）和毫米波辐射。

（4）微波特性。固体火箭发动机羽烟会对微波（包括毫米波）信号产生多种干扰效应，主要包括对微波信号的吸收衰减、散射衰减和失真、衍射效应、折射效应，而且高温羽烟还会产生毫米波辐射（辐射信号），这将给微波制导导弹的制导跟踪、连续发射和识别探测方面带来较大影响，这些干扰效应定义为固体火箭羽烟的微波性能。

一次烟和二次烟分别按 AGARD 烟雾分类指标值（AGARDP 值，以各类入射光信号的透过率为基本依据的烟雾强度判别指标）大小分为 A、B、C 三级。一次烟三级的

AGARDP 值分别为 0 ~ 0.35、0.35 ~ 0.9、0.9 ~ 1；二次烟三级的 AGARDP 值分别为 1.0 ~ 0.9、0.9 ~ 0.55、0.55 ~ 0。因此，推进剂总烟雾等级分为 AA ~ CC 9 个级别，其中 AA、AB（AC、BC）和 CC 分别对应于无（微）烟推进剂、少烟推进剂和有烟推进剂。该分类标准的核心就是第一次根据烟雾不同的组成与形成机理将固体推进剂烟雾分为一次烟和二次烟，使烟雾测试与评估大为简化，也第一次确定了推进剂烟雾分类的定量标准。

9.2.2 测试评估方法

1. 一次烟

一次烟光学效应主要有散射和吸收两个方面。可见光散射导致烟雾高度可见，不利于武器系统隐身和发射阵地隐蔽；散射和吸收还导致各种制导信号的衰减，影响制导精度。

一次烟测试的具体项目主要包括可见度和透明度。可见度不能直接测量，还需开发出系统的、标准化的测试评估方法。英国在这方面有过一些尝试，主要测试了羽烟对强入射光源的反射强度和羽烟相对于背景的视频图像。透明度测试主要包括信号透过率静态仪器测试和凝聚相颗粒粒径及粒径分布、粒子形状的分析测试等。羽烟中固体粒子的粒径、粒径分布、粒子浓度及形状等参数不仅会影响一次烟的信号透过率，而且还影响到羽烟的电磁辐射、微波性能以及二次烟的生成，在羽烟特征信号测试表征和建模评估工作中需重点关注。美国海军进修学校曾进行过大量固体火箭发动机羽烟中固体粒子行为的研究。

2. 二次烟

二次烟具有与一次烟同样的散射和吸收光学效应，两种效应不仅会对制导信号产生衰减和干扰，影响武器系统制导精度（尤其是对指挥至瞄准线（Command to Line of Sight，CLOS）制导和激光驾束制导的精确性有较大影响）；并因散射效应导致烟雾高度可见而增加了导弹及其发射平台的可探测性；还有可能影响发射平台（尤其是静止和慢速移动发射平台）的工作效率及再发射的准确性，延缓再发射的时间。

二次烟测试所用的方法、试验设施及测试物理参数基本与一次烟测试的相同，主要有三种方法：环境试验箱法，其测试设施主要有美国陆军的 SCF 和法国的 ETBS；开放式静态发动机自由喷射试验法，一般任何正规的静态测试设施都可以进行二次烟的评估测试，但风、地形等因素对测试结果有较大影响；火箭发动机自由飞行试验法，较前者有更多影响测试结果的不确定因素，如飞行弹道、观测方向等。前两种方法主要是在控制一定试验条件下采用各种照相机、视频记录仪、透射仪、羽烟粒径分布计数仪等测量相关数据，后一种方法主要通过人眼观察是有烟还是无烟。相对而言，环境试验箱法比较规范、数据重现性较好，但与火箭发动机工作的实际工作环境相差很大，比较适合于评估推进剂配方；后两种方法的特点正好相反，适合于最终评估火箭发动机在接近实际情况下的二次烟性能。二次烟的生成受环境因素的影响，因此，二次烟的测试与评估需要严格限定试验条件。

3. 羽烟辐射信号

辐射信号的主要影响包括：干扰制导信号，尤其是视线（Line of Sight，LOS）制导方式，其制导信号须穿过羽烟区域；影响导弹隐身性能，增加了被早期探测预警的可能性，尤其对射程较远的导弹不利。

测试羽烟辐射信号的主要仪器有三类：测试特定波长区间内辐射强度的辐射仪，如美国海军研究试验室的紫外羽烟仪器（UVPI）；测试辐射羽烟强度与波长函数关系的光谱仪；记录辐射羽烟强度和羽烟几何形状的成像装置。羽烟温度与辐射性能密切相关，所以有时需要测试羽烟流场的温度分布，澳大利亚曾采用钨 – 铑热电偶测试火箭发动机羽烟的温度分布。主要试验方法有 4 种：

（1）露天静态地面点火试验。这种方法费用低，在测试技术上易于进行，但离火箭发动机真实飞行情况相差最远，适合于进行推进剂配方和包覆层的评估测试。该方法也可以用于建立静态理论预估模型时获得试验数据，如美国空军技术研究所采用的平动、转动扫描诊断技术，通过测试羽烟中的燃烧产物来获得建立预估数学模型所需的羽烟辐射特性数据，并采用新型红外光谱计及光纤技术来测试和传送感兴趣的辐射光谱信号，测试中还在羽烟的对面安装黑体模拟器，以便同时进行发射和吸收光谱的测试。

（2）在模拟高空条件的大型真空试验设施内进行静态试验。目前，已可以模拟 30 km 以内的高空大气条件。

（3）模拟火箭飞行的测试。目前，已有可以模拟从海平面至 25 km 高空、从亚声速至 3 倍马赫数飞行速度的试验设施，相对于前两种方法，模拟飞行试验可获得更真实的羽烟性能数据，但仍不能代表真实火箭发动机的飞行情况。

（4）真实飞行试验，一般通过固定或移动的观测设施进行。该方法费用高，而且在测试仪器及技术上存在较大困难。美国曾采用了在火箭发动机喷管上安装光学探针及光谱计的方法进行羽烟辐射的飞行测试。

后三种方法适用于评估火箭发动机或导弹整体的羽烟辐射性能。

4. 羽烟微波性能

火箭羽烟的微波性能对微波制导导弹的主要影响如下。

（1）对制导跟踪的影响。对于雷达波驾束制导方式、CLOS 制导方式、雷达半主动和主动寻的制导方式，都存在因上述各种干扰效应造成羽烟对微波信号的衰减、失真以及噪波，从而影响跟踪、定位精度等问题。

（2）对导弹连续发射的影响。在战场上，多枚导弹齐射时，一枚导弹的羽烟可能会对其他导弹的目标跟踪和定位产生干扰。

（3）对导弹可探测性的影响。羽烟的微波辐射是一种可被探测的信号源，目前这方面被关注的是毫米波区域。在近距离内通过无源雷达被动感应探测毫米波辐射是完全可行的，并且具有很好的空间分辨率，可以精确探知目标的位置，火箭羽烟毫米波特征信号辐射对导弹的生存能力极为不利。

对于固体推进剂及火箭发动机羽烟微波性能的测试与评估，主要通过 4 个层次的试验来进行。4 种测试试验包括海平面静态测试、模拟飞行状态的风洞或滑橇试验、模拟高空条件的真空箱试验、飞行试验。测试的项目主要包括羽烟对微波信号的吸收、衰减、散射以及羽烟微波辐射性能等。

5. 测试原理及装置

本部分介绍使用激光粒度分析仪测量发动机在工作时产生烟雾微粒的粒度分布试验，其原理如图 9 - 3 所示。利用光的衍射现象，当射流产生的烟雾微粒受到分析仪产生的激光照射时，会形成衍射光环，光环的半径与烟雾微粒大小相关。经过数据采集并对信号进行处理后，可得到微粒的分布。

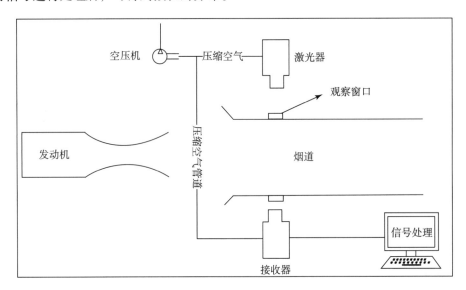

图 9 - 3   烟雾微粒测试系统原理图

烟雾微粒测试系统主要由火箭发动机、激光粒度测试仪、烟道、计算机数据采集处理系统、空压机五部分组成。所建测试系统总体布局如图 9 - 3 所示。烟道的作用是聚集发动机产生的烟雾。空压机输出高压压缩空气，经过管道流向激光粒度仪发射与吸收的透镜前，避免烟雾颗粒溢出而腐蚀光学元件。固体火箭发动机采用缩比试验发动机，设计工作压强为 7 MPa。

6. 结果讨论

采用建立的粒度分布测试系统对不同推进剂产生的烟雾进行粒度测试，图 9 - 4 所示为某推进剂的烟雾微粒粒度分布。此处所介绍的方法类似于法国的外场试验，在外场对发动机装药的烟雾直接测试，得到燃气烟雾对多波段信号的透过率。

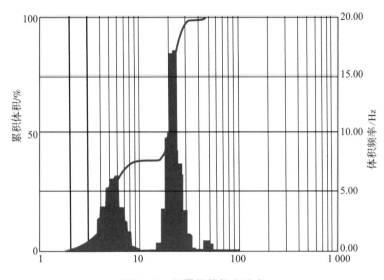

图 9 - 4　烟雾微粒粒度分布

9.2.3　射流流场温度特性研究

现代高能固体推进剂燃烧产生的尾焰辐射出强烈的特征信号，其中尾焰的温度特性甚至可以作为辐射特性的唯一重要影响因素。通过对火箭发动机喷口火焰温度的定性或定量测定，对于观察和分析发动机的燃烧过程、燃烧流场和燃烧产物的内在特性，建立合理的燃烧模型，进行精确的计算机模拟分析，都有着重要的指导作用；对喉衬材料的选取、推进剂配方的研究、改善药柱设计、增加比冲的研究具有重要的意义。

1. 发动机射流温度场的特点

固体火箭发动机射流温度场具有以下特点：

（1）温度高。

典型的丁羟推进剂燃烧温度在 3 300 ~ 3 600 K，从燃烧室经喷管流动降温后的射流温度仍可达 2 000 ~ 2 400 K。

（2）速度大。

燃烧产物经喷管加速到超声速，在喷管出口射流流速仍可达 2 000 ~ 3 000 m/s。

（3）两相流。

发动机射流流场是复杂的气固两相流，两相流效应使粒子温度和速度滞后。

（4）非平衡流。

发动机射流中的燃烧产物既不是化学冻结流，也不是化学平衡流，而是处于两者之间的非化学平衡流。射流流场本身是一个快速变化的过程。

（5）测试环境恶劣。

在火箭发动机工作时，由于尾喷流的排出，测试设备处于较强的震动环境，另外，噪声、冲击等影响也不可忽视。

2. 射流温度测量方法的发展状况

固体火箭发动机射流温度测量是一项要求高、难度大的复杂技术。所以，分析各种火焰测温方法对射流温度的适应性很有必要，并可从中选择比较先进和实用的射流测温方法。

火焰温度的测量方法依据感温元件是否接触火焰对象分为接触法和非接触法两大类（图9-5）。接触法测温的特点是测温敏感元件和被测介质直接接触，其优点是结构简单，工作可靠，能够测得物体的真实温度，但是对火焰流场有干扰，存在各种热损失，化学反应气体会发生相互作用，对敏感元件的使用寿命有较大的影响，而且动态性能差。非接触测温法主要以辐射测温法为主，它的特点是测温敏感元件和被测介质不接触，对火焰流场不产生干扰，可测量温度场分布。固体火箭发动机射流是种特殊的火焰，其流场具有高温、高压和高速等特点。下面首先就这两种方法在固体火箭发动机火焰温度测量上的应用状况做简单介绍。

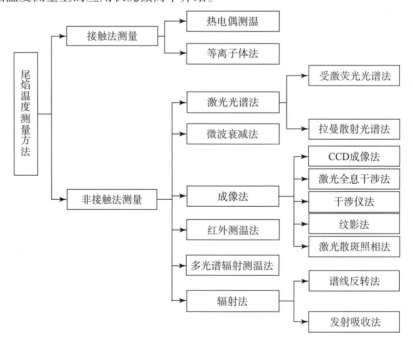

图9-5 尾焰温度测量方法分类

1）接触法

（1）热电偶测温。

热电偶测温是常用的经典测温方法。当不同金属导体的两个接点温度不同时，回路中就会有电流流动，因而产生电势差，这是一种由热能转变为电能的现象，称为热电效应。热电势与导体两端的温度差存在简单的函数关系，当这种材料的热端与被测对象达到热平衡而冷端处于一恒定的已知温度时，就可以由电势差得到被测对象的温度，这就是应用热电偶测温的基本原理。图 9 - 6 所示为快速响应热电偶。

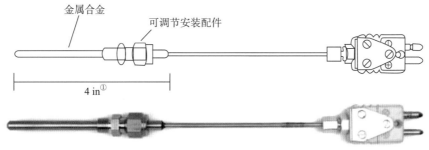

图 9 - 6　快速响应热电偶

常用于测量发动机射流温度流场的热电偶材质使用钨、铼两种金属材料，其特点是耐高温，其测试温度为 - 100 ℃ ~ 2 700 ℃，测温精度高（0.75 ℃），响应时间快（20 μs），耐高压（10 000 psi[②]，约 68 MPa），该型热电偶多用于爆炸冲击、高速气体火焰、高速流体、发动机、制动片、火箭尾羽、密闭爆发器温度测量，并曾用于美国 NASA 太空返回舱外壁测温和各类爆炸冲击测试场合。

国内一些单位曾使用热电偶测量过固体火箭发动机的壁温和喷管出口气流的温度。北京理工大学的李兆民等人利用钨 - 铼热电偶传感器测量了固体火箭发动机内的燃气温度，并介绍了使用计算机对燃气温度进行数据采集和处理的研究成果。国家航天工业总公司利用热电偶测量了弯喷管内换热燃烧温度，得到了一些稳定测量结果。

但利用热电偶测量固体火箭射流温度还存在许多缺点，比如：测试本身破坏了流场，动态响应慢，难以寻求高熔点的热电偶材料以满足测量温区的要求；热电偶头实际上浸没在火焰流体中，测得的只是热电偶头周围火焰气体的温度，动态温度补偿困难；同时，暴露于火焰气体中的热电偶头还会干扰火焰气体而发生化学反应，甚至本身与火焰气体发生化学反应；另外，火箭流场的流速快，一旦探针进入气流内部，则因为超声速气流在探针头部诱导出激波，而探针所得到的滞止温度要远远高于气流的真实温度；此外，在地面发动机实际尺寸试验的射流温度测量上，还存在安装等问题，

①　1 in = 2.54 cm。

②　1 psi = 6.895 kPa。

限制了接触式测量的应用。热电偶本身还存在标定问题。

（2）等离子体法。

固体推进剂燃烧产物在高温下发生电离。经研究表明，固体发动机射流是一种高温、稠密、不均匀电离的等离子体射流。当外加电场时，射流等离子体中的离子和电子便会定向运动形成电流。离子和电子密度随温度变化而改变，所以，产生电流的大小反映了温度的差别。因采集信号为电流，所以它有探针和火焰不必达到温度平衡的优点。但固体发动机射流测温存在着探针接触和电子温度概念等方面的问题，因此在射流温度测量中较少应用。

2）非接触法

（1）受激荧光光谱法。

受激荧光光谱（LIF）法测温通过激光将分子激励到某一特定高能态，然后检测被测目标分子由高能态向低能态跃迁时发出荧光谱辐射来确定温度。对于试验室研究来说，在测温时向燃料中加入荧光组分的难度不大，但仅仅为了测温而在固体发动机装药加入荧光组分就可能改变推进剂的性能，使测试结果失去价值。

（2）拉曼散射光谱法。

激光出现后，发展了受激拉曼散射，形成了相干反斯托克斯拉曼散射法（CARS）。其原理是当激光束聚焦到火焰上时，便产生拉曼散射效应。用同一成分两条谱线相对强度的对比便可确定温度。应用 CARS 法测量火焰温度研究很广泛，近年来，美国学者已经把 CARS 法应用于各种不同实际环境，如内燃机的气缸里、激波管内、喷气发动机的后燃排气流场以及航天飞机燃料预燃室中的温度测量。我国在试验室用于推进剂燃烧的机理研究，测量燃烧火焰温度，得到了某推进剂火焰 CARS 试验谱图，求得火焰平衡区的 CARS 拟合温度，结果与相应的热力学计算温度基本吻合。大多数研究认为，由于 CARS 信号强，发光火焰中的炽热粒子对它影响不大，一般在 2 000 K 时测温精度可达 ±50 K。当然，对粒子影响的看法也不完全一致，有的学者认为 CARS 不太适合发光火焰，这也许是从更高的精度要求考虑。但这种方法的信号强是公认的，所以适合粒子较多的两相流火焰的温度场测量，是很有发展前途的一种方法。只是 CARS 法费用高，设备昂贵，另外，它也容易受环境干扰。可能正由于这些原因，故鲜见在射流测温上应用的报道。

通过对 CARS 信号大小的计算得出，火焰燃烧发光和烟粒的炽热发光对 CARS 信号的影响都不大，这也是认为 CARS 使用于含高浓度颗粒的两相流非清洁火焰温度测量的主要依据。但是，从 CARS 法测温精度在很大程度上取决于所研究介质组分的理论 CARS 谱建模的理想程度来看，CARS 法应用于固体火箭射流温度的诊断上除了测试设备昂贵、现场条件苛刻（CARS 功率集中于 10 ~ 40 sr 的空间立体角内）等困难以外，还需要大量的试验工作来提高其实际测量的不确定度。

（3）微波衰减法。

微波衰减测温也是非接触测量火焰温度的一种方法，它是根据微波通过火焰的衰减程度来确定火焰的温度的。国内曾利用微波测量火箭喷焰温度，由于微波发射和接收装置结构繁杂，同时，为测温在配方中加 $KClO_4$ 也是不现实的，所以实际应用很少。

（4）成像法。

在成像法中，激光散斑照相法、纹影法、干涉仪法和激光全息干涉法均是基于光的干涉原理。从物理模型上来说，基于干涉原理的各种光学方法测量火焰的温度场，均可以等效为首先测量火焰的折射率分布。因为对气体而言，折射率通常是与密度成正比的，所以可以通过理想气体状态方程从测得的密度场数据获得所需的温度场数据。它们的测量原理是将流场中各处折射率的变化（即密度的变化）转变为各种光参量的变化，并记录在感光胶片上，从而进行定性或定量的分析判断。

上述四种方法测得的温度均为传输路径上火焰气体的平均温度。其中，散斑照相适于测量试验波段比较长、温度梯度比较大的流场，但不能进行实时的观察和测量，不适于测量瞬态的温度场；纹影法适于测量密度梯度变化小的流场，但对火焰的自身发光十分敏感；干涉仪法在测量时对振动相当敏感，故造价高昂，测试麻烦，实际使用受到限制；除激光全息干涉法外，其他三种方法都需要借助计算机扫描技术才能获得火焰的三维立体信息，但激光全息干涉法的光路比较庞大，对测量系统的防振性能和试验时的工作环境要求较高，因此，用该项技术进行火焰温度的诊断实例还不多见。

近几年，随着电子计算机的高速发展，利用数字图像处理技术重建温度场成为可能，即利用 CCD（Charge Coupled Device，电荷耦合器件）在扫描电路推动下实现自动扫描是比较方便的，这种固体自扫描器件除用作移位寄存器、串行寄存器、模拟信号延迟器外，还成功用在摄像、录像、遥测与夜视方面获取视频信号，经过图像卡量化处理后送入计算机，再由计算机进行相应的处理，最后获得温度场分布的相关信息。CCD 做成焦平面列阵，其探测器数目不受限制，可实现大规模的模拟信号处理，这种 CCD 焦平面列阵的功率小、质量轻，可以不用机械扫描，可做成一维列阵或二维列阵用于并联扫描、串联扫描或串并扫描。当前，在数字图像处理领域常见的测温方法是比色测温法。由于 CCD 的响应曲线受带宽的限制和灰度的影响较严重，所以对仪器的标定较困难，且没有统一标准。对于高温火焰，由于亮度太高，故会导致部分色彩失真，影响测量结果。此外，该方法在测量工作中同样存在辐射测温方法的共性问题，即所谓的发射率影响。

（5）红外测温法。

红外测温分为红外光谱法和红外热像仪法。

一般将测量波长在 $0.78 \sim 10~\mu m$ 的辐射测温技术称为红外光谱法。红外测温的基本原理是普朗克定律，但是由于测量的波段较宽，故需要确定测量谱段的能量占目标辐射能的比例关系、温度计输出信号与目标温度之间的关系。和窄带辐射测温及全辐射测温等方法相比，较为复杂。随着数字计算机技术的进步，特别是微处理器的发展并应用于红外测温，使它分辨率高、测温范围宽、响应速度快等优点得到发挥。

红外热像仪是利用物体热辐射成像的仪器。它将目标的红外（如 $8 \sim 14~\mu m$）辐射变成可见图像，按图像色彩的深浅来确定温度。由于红外热像仪所用波段的特殊性，必须考虑背景辐射的影响。所以，它接收的总的辐射能分为目标的辐射能和背景的辐射能两部分，若接收的能量包含目标的绝大多数能量时，目标的温度可表示为

$$T^4 = E/G\varepsilon_1\sigma + \varepsilon_2(1 - 1/\varepsilon_1)T_e^4 \qquad (9-1)$$

式中　　E——总辐射能；

T——目标温度；

T_e——背景温度；

ε_1、ε_2——目标、背景发射率；

G——仪器几何因子；

σ——斯忒芬 - 波耳兹曼常数，数值为 $5.67 \times 10^{-8} W/(m^2 \cdot K^4)$。

可以看出，红外热像仪测温的关键是确定 ε_1 和 ε_2。对于一般温度较低的物体和稳定的环境，确定 ε_1 和 ε_2 尽管很困难，但有时还是能够做到的。正因如此，红外热像仪测温在不少部门都有使用，特别是在注重温度相对变化的场合更能发挥其优势，因为它能在比较宽的范围内扫描得到温度变化热图，正是这种优势才使红外热像仪在有的部门得到重视和应用。但对复杂的目标及变化剧烈的环境，目前准确地给出 ε_1 和 ε_2 还没有成熟的方法。

由于红外法测得的高温与真实温度相差很大，所以必须用物体的平均发射率来修正。但发射率不易测量，而且它本身还随各种条件的改变而变化，所以很难准确确定。固体火箭射流的发射率与射流表面状态、成分、温度及波长因素有关，同时，还受环境影响，其具体定量函数关系至今未能彻底解决。另外，在试车与测量的光路中，大气存在着 CO_2、CO 和水蒸气，使目标的红外辐射受到干扰，距离越远影响就越大。

近年来，使用红外测温技术的试验应用越来越广泛。2005 年，西北工业大学和中国航天科技集团合作，利用红外热像仪测量固体火箭发动机尾焰温度场，结果表明，若所测红外发射率准确，则红外热像仪的测量结果是有保证的，因此，确定红外发射率是整个测温过程的关键所在。俄罗斯米罗诺夫曾用红外辐射法测量发动机火焰温度，试图研究喷管材料传热问题，但由于发射率未知，故真实温度不能确定。

从 2008 年开始至今，北京理工大学兵器发射理论与技术课题组持续应用红外测温技术对发动机尾焰流场进行了试验研究，但测试过程中红外测温技术也只是作为尾焰温度测量的辅助测量方法对应用其他测温方法测得温度数据进行相互比较验证，从中获得了尾焰流场的形成过程与局部温度分布特性的部分结果，但对于确定红外发射率的影响因素及相关影响因子仍有待大量的试验研究。

（6）多光谱辐射测温法。

多光谱辐射测温法是获得物体真温和光谱发射率数据的最有效的方法，它是利用多个光谱下的物体辐射亮度信息，经过数据处理直接得到物体的真实温度。多光谱测温不限于某一固定光谱区，较多使用在可见光和近红外等波段。1979 年，CashkoIIar 制成 0.8 μm、0.9 μm 及 1.0 μm 3 波长高温计测量了火焰及爆炸粉尘的温度，上限可达 2 000 K，后来又发展成 4 波长和 6 波长高温计，6 个波长分别为 1.57 μm、2.30 μm、3.84 μm、4.42 μm、4.57 μm 和 5.00 μm，继续测量粉尘爆炸的温度，获得了进一步的成果。1979 年，Luzenga 等人也推出了 6 波长测温装置，波长为 0.48 ~ 0.80 μm，用以测量冲击波后气体的真温，得出气体真温高达 4 000 ~ 8 000 K。1982 年，欧共体的 BadeIat 和美国的 Hoch 等人制造的 6 波长高温计，快速测温达 5 000 K，拟向 10 000 K 方向发展。1986 年，Hiernaut 等人研制的 6 波长高温计用于 2 000 K 以上测真温，亚毫秒级，精度高达 99.5%。1989 年，BosIough 设计了 0.5 ~ 1.0 μm 4 波长高温计，用以测量冲击波下物体的温度。1993 年，CezairIiyan 等人报道了采用光导纤维分光的波长 0.50 μm、0.60 μm、0.65 μm、0.70 μm、0.80 μm 和 0.90 μm 的 6 波长高温计。

该方法在固体火箭发动机喷管射流温度测量方面的典型应用是 1991 年哈尔滨工业大学戴景民教授等人与罗马大学 G. Ruffino 教授合作研制成功国际首创的棱镜分光式 35 波长高温计，并成功地用于烧蚀材料真温及发射率测量，并于 1999 年与航天工业总公司第四研究院合作，研制了一种能同时测量一定空间分布的 6 个点、每个点具有 8 个工作波段的多点多波长高温计，成功地测试了固体火箭发动机的射流温度场。

（7）谱线反转法。

反转法（自蚀法或谱线隐现法）最常用的是在试验室使用的钠 D 线反转法。其基本原理是在火焰中均匀地加入微量钠盐，钠燃烧产生两条波长为 589.0 nm 和 589.6 nm 的黄色明亮谱线，当它在比较光源的连续光谱中消失时，说明钠的谱线与连续光谱融为一体，此时光源的亮度值就等于所求火焰的温度。这个早期的方法主要用于静态火焰测温方面。Tourin 用加分光镜的 D 线反转法测量了气体火焰温度，它的综合误差在 ±75 K 内。反转法在加钠困难时，还可考虑用火焰中某种成分的特征谱线来代替钠线，如 OH 基（306.4 nm 和 306.8 nm）、NH 基（336.0 nm）和 CN 基（388.0 nm）谱线。其中，OH 基谱线较强，应用较多。但固体发动机中加钠燃烧在实现上存在许多问题，且还存在比较光源的麻烦。

（8）发射吸收法。

发射吸收法实际上是反转法的扩展，它的比较光源发射的光辐射能量通过火焰时，一部分被火焰吸收，这时不需要把光源亮度调到火焰的特征谱线隐没点，而是直接由比较光源透过火焰区或以反射镜代替比较光源来测火焰温度。

发射吸收法是谱线反转法的发展，它使用光电传感器代替了人眼，而且无须达到谱线反转点，因而有更快的响应速度和更大的测温范围。发射吸收光谱测量常用的光源是钨带灯。

南京理工大学杨栋等人在 2002 年发表了一种利用原子发射双谱线法，测试固体火箭发动机燃烧室内燃气温度的方法，该方法利用石英光学纤维，将固体火箭发动机内高温高压燃气的光谱辐射信号传入测量系统，对装填有 SQ2 推进剂的固体火箭发动机燃烧室内的气流温度进行了在线检测，测量时间分辨率可高达 0.5 μs。M. W. Teague 和 T. Felix 在 1995 年的研究表明，固体火箭射流的强紫吸收光谱是测量其燃烧火焰温度的理想方法。

这类方法的另一局限在于需要向被测火焰中添加染色剂，这本身就破坏了被测火焰的组分和热平衡状态，而且向固体推进剂中添加额外的组分也有很大的困难。

（9）结束语。

尽管测量火焰温度的方法很多，但直接用于固体火箭射流温度测量还存在许多问题，有待解决。其主要问题是射流发射率的困扰，使不少先进方法只能测量亮温，真正需要的真温始终没有被攻破。针对不干扰射流流场的要求以及固体火箭射流的复杂性和具有动态的特点，在非接触式测温方法中着眼于现有测温水平，多光谱测温用于射流的温度测量是发展趋势之一。

3. 自由流场温度场测量研究

针对发动机射流设计的测温系统，往往是多种测试方法组合使用，并且在考虑测试目的的情况下，在对射流最小破坏性和测温准确性方面进行综合分析，有针对性地设计接触式测量方案，并辅以非接触式测量系统进行多类型、多参量测量，以充分验证测量结果的准确性。本部分以热电偶、光学成像和红外成像三种测试方法简要介绍发动机射流自由流场测试结果。

1）试验仪器设备

试验中所用钨 – 铼热电偶如图 9 – 6 所示。发动机点火试验台为立式试验架，试验台及热电偶测点布置如图 9 – 7 所示。

（1）数据采集分析处理系统。

和传感器与采集系统配套的放大器为多功能放大器，其中包括桥式放大器、电压放大器、电荷放大器，采集系统为 16 位采集系统，总的采样频率为 800 kHz，线性度小于 1%，增益公差小于 1%，通道可扩充，含瞬时集成记录仪、数据采集与 FFT 分析系统，良好的时域与频域性能，极好的独立性能，记录容量、长度不限。

系统集成了信号采集、调节、放大、过滤、A/D 转换与数据分析功能，具有体积小、质量轻、可携带等特性。24 并行通道具有同时同步处理时域、能量光谱密度、振动频谱等功能，并能扩充至 128 通道。如果模拟输出经过特定的选择，系统可提供相应的正弦波形或杂乱的模拟输出信号。

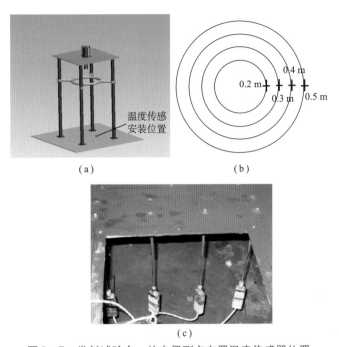

图 9 – 7　发射试验台、热电偶测点布置温度传感器位置

（a）发射试验台；（b）热电偶测点布置；（c）温度传感器安装位置

　　系统参数由系统自主设置和校订，目的是将操作过程中可能出现的错误降到最少。系统可提供文本界面，形成文本记录以适用于试验室和试验场测试。系统可实现电压、电荷、桥路输入的动态显示和研究，并能实时地调整输入信号的振幅，如图 9 – 8 所示。

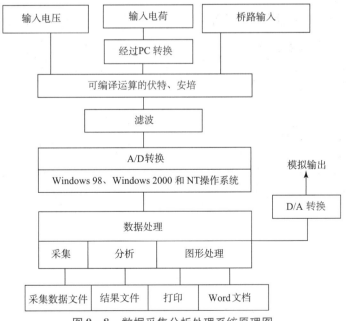

图 9 – 8　数据采集分析处理系统原理图

（2）红外热像仪。

试验使用的红外热像仪主要由红外摄像头和固化在里面的处理器构成。红外摄像头接收了从物体表面发射出来的红外线，并把它转换成电信号。处理器将电信号转变成数字信号，并以一定的图像存储格式存入内存，将温度分布图像以伪彩色方式显示在仪器的监视器上。需要指出的是，红外热像仪的有效温度显示为 $48.5\ ℃ \sim 951.5\ ℃$，因此，射流高温核心区内的温度无法通过不同的颜色进行区分，因为其温度普遍高于 $951.5\ ℃$。

（3）高速摄影仪。

试验所使用的高速摄像机，采用 SR – CMOS 传感器，满幅分辨率，每秒可拍摄 480 幅图像，并且该摄影系列具有自带的自动曝光控制功能，可以通过对不同的区域采用不同的曝光时间来更加清晰地显示高亮度的燃气流场，如图 9 – 9 所示。

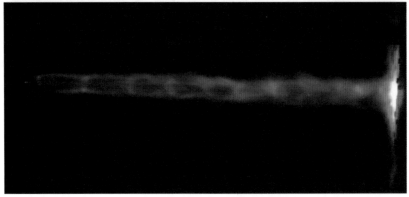

图 9 – 9　高速摄影图像

2）发动机尾焰测试结果（图 9 – 10、图 9 – 11）

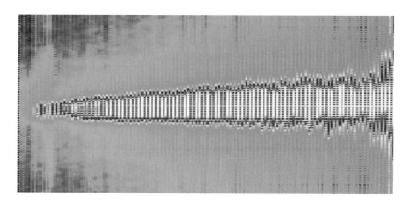

图 9 – 10　红外测试结果

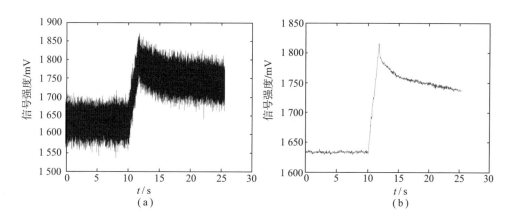

图 9 – 11　热电偶测试结果

（a）原始数据；（b）滤波后曲线

本部分给出 4 个温度测点的测试结果，如图 9 – 12 ~ 图 9 – 15 所示。

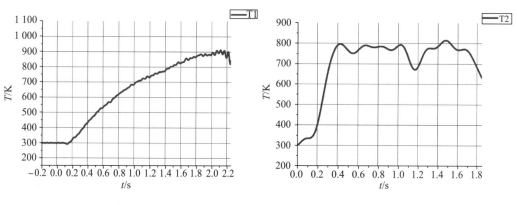

图 9 – 12　第一个温度测点　　　　　图 9 – 13　第二个温度测点

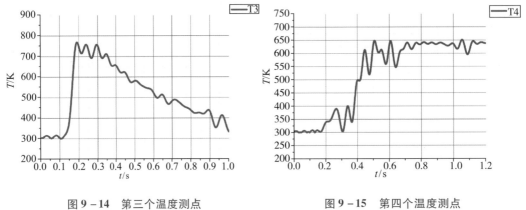

图 9 – 14　第三个温度测点　　　　　　　图 9 – 15　第四个温度测点

9.2.4　固体火箭射流的辐射特性概述及测量

1. 固体火箭射流的辐射特征

根据火焰辐射光谱的不同特点，火焰可分为发光火焰和透明火焰两大类。发光火焰内部含有烟粒，火焰辐射出的是 $0 \sim \infty$ 波长的连续光谱，在可见光谱区内有辐射；透明火焰的辐射光谱多在红外区段，并呈带状或线状辐射，在 $\lambda = 0.65~\mu m$ 的可见光波长上无辐射能。通常只有炽热的固体才能辐射连续光谱，在特殊情况下，离子复合、原子或自由基的结合也可能达到连续辐射；但是对于气体分子，每个分子只有为数不多的能级，分子能够发射和吸收的辐射波长就限于特定的一些谱线。从不同光谱谱段的发射机理来说，紫外区和可见光区的光谱一般取决于电子能量的变化，即分子或原子周围的电子能级跃迁；近红外区的带状光谱取决于分子的振动能和旋转能的变化，远红外区的光谱则取决于旋转能的变化。火焰辐射不仅包括热辐射，还可能有化学发光，当化学反应直接产生可辐射的受激态的原子或分子时，火焰的这种发光被称为化学发光。完全处于平衡状态的可逆化学反应仍有可能形成受激的原子和分子。对于火焰辐射在多大程度上是由一般热激发产生的、多大程度上是由化学发光产生的，目前尚无定论。

一般认为，在高温火焰中，以热辐射为主，而在温度较低的接近燃烧反应临界状态的火焰中，反应区会因化学发光而增加辐射。

2. 测量原理

红外光谱辐射特性的测量是使用傅里叶变换红外光谱仪完成的。傅里叶变换红外（Fourier Transform InfraRed，FTIR）技术是传统的迈克尔逊干涉仪与调制技术、计算机技术相结合的一种新型红外光谱探测技术。

傅里叶变换光谱仪可以理解为以某种数学方式对光谱信息进行编码的摄谱仪，它能同时测量、记录所有谱元的信号，并以更高的效率采集来自光源的辐射能量。和传统的色散型光谱仪比较，它具有检测灵敏度高、光谱分辨率高、测量速度快、测量波段宽、全波段内分辨率一致等优点；它具有比传统光谱仪高得多的信噪比和分辨率；同时，它的数字化的光谱数据也便于计算机处理。正是这些基本优点，使傅里叶变换红外光谱方法发展成为目前中、远红外波段中最有力的光谱工具，并向近红外、可见光和近紫外波段扩展。由于这些明显的优势，傅里叶变换红外光谱方法已经在大多数红外光谱探测领域取代了分光光谱法。

傅里叶变换红外光谱仪的核心部分是迈克尔逊（Michelson）干涉仪。光源发出的光在干涉仪内部产生双光束干涉，采样后得到干涉图，对干涉图进行傅里叶变换得到光谱。下面将介绍迈克尔逊干涉仪的组成及其产生双光束干涉的原理，并简要介绍从测量的干涉图还原得到红外光谱的方法。

1）迈克尔逊干涉仪

迈克尔逊干涉仪把一束辐射分为两路，引入光程差后再把两束光复合到一起，从而创造出使两束光发生干涉的条件。在干涉仪中，干涉效应导致光束光强发生变化，这种变化是光程差的函数，可由探测器测得。图9-16中给出了最简单的迈克尔逊干涉仪的光路结构，它包括两个互相垂直的平面镜，其中一面镜子（动镜）可以沿垂直于另一面镜子（定镜）的轴线移动。动镜既能够匀速运动，也能够以很短固定时间周期在很多等距点之间快速地移动，动镜的移动产生光程差。两镜中间是分束器，它是一种能让部分光透过，另一部分光反射的光学元件。分束器把来自外部的入射光一部分反射到定镜上（点 M_1），另一部分透射到动镜上（点 M_2），当这两束光分别被定镜、动镜反射回来后，在分束器上相遇，就会发生干涉，并且再次一部分被反射（到达探测器），另一部分透射（返回光源）。由于干涉效应，每束光进入探测器以及返回光源的光强，与两束光在干涉仪两臂上传播路程之差有关。进入探测器及返回光源的光强的变化是光程差的函数，由此最终得到进入傅里叶变换光谱仪的光谱信息。

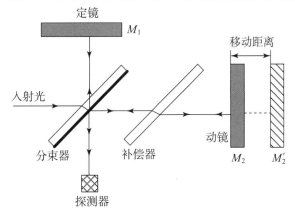

图9-16　迈克尔逊干涉仪原理图

2）光谱转换原理

光在分束器上经过相干调制产生干涉条纹，从干涉仪中射出后被探测器接收，得到干涉图。瑞利首先认识到，可以通过傅里叶积分变换的数学运算从干涉图中得到光谱信息，Rubens 等人采用双光束干涉仪首先实现了干涉图的准确试验测量。

在仪器不存在误差的理想状态下，点光源发出的单色辐射 v_0 的振幅，用复数表示可以写为

$$A(t,x) = A_0 \exp(\mathrm{j}\omega_0 t) \tag{9-2}$$

分束器对复数振幅的透过率和反射率为 T 和 R。若以 x_0 和 x_1 表示迈克尔逊干涉仪两臂上的光程，所得合成振幅是

$$A = A_0 RT \exp[\mathrm{j}(\omega_0 t - 2\pi v_0 x_1)] + A_0 RT \exp[\mathrm{j}(\omega_0 t - 2\pi v_0 x_2)] \tag{9-3}$$

光强度是

$$I = AA^* = 2A_0^2 |RT|^2 \{1 + \cos[2\pi v_0(x_1 - x_2)]\} \tag{9-4}$$

式中，$x_1 - x_2 = x$，$|R| = |T| = \dfrac{1}{\sqrt{2}}$，再以 I_0 表示 A_0^2，上式可写为

$$I(x) = \frac{1}{2} I_0 [1 + \cos(2\pi v_0 x)] \tag{9-5}$$

式（9-5）表明进入探测器的光强度可以看作由直流和交流两部分组成，恒定的直流部分等于 $\dfrac{1}{2} I_0$，相干调制过的交流成分为 $\dfrac{1}{2} I_0 \cos(2\pi v_0 x)$。对光谱测量来说，只有相干调制的交流成分是重要的，这部分交流信号被定义为干涉图。

如果辐射是宽带光谱，则可以将各单色辐射强度 $B(v)\mathrm{d}v$（v 和 $v + \mathrm{d}v$ 之间的辐射能）相加，只考虑交流成分，最后得到干涉图是

$$I(x) = \int_0^{+\infty} B(v) \cos(2\pi v x)\,\mathrm{d}v \tag{9-6}$$

这样就建立了光谱分布 $B(v)$ 与干涉图 $I(x)$ 之间的傅里叶变换关系。干涉图中虽包含全部入射光谱的信息，但是从这些极为相似的干涉图找出吸收物质的特征是极为困难的，因此，需要把干涉图还原为易于识别处理的光谱。很明显，把干涉图进行傅里叶变换就能得到需要的光谱 $B(v)$，即

$$B(v) = \int_0^{+\infty} I(x) \cos(2\pi v x)\,\mathrm{d}x \tag{9-7}$$

式（9-6）和式（9-7）构成了傅里叶变换光谱学的基础。

3）测量系统概述

试验中，红外光谱使用便携式傅里叶变换红外（FTIR）光谱仪进行测量。红外光谱测量系统的任务是跟踪测量导弹点火后较短时间内的尾焰，得到其红外光谱辐射特征。便携式 FTIR 系统能够跟踪移动目标、快速测量，并对测得的光谱进行辐射定标。

（1）系统组成。

便携式 FTIR 测量系统主要由四部分组成（图 9-17）：便携式 FTIR 光谱仪及其控制计算机；同光路 CCD、视频采集盒；三维可调平台；黑体辐射源。

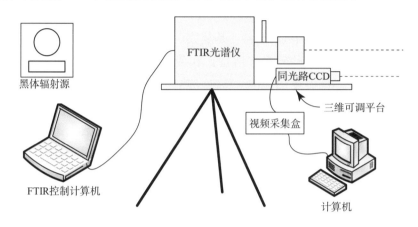

图 9-17　光谱测量系统组成

（2）系统功能。

便携式 FTIR 光谱仪的特点是光谱采集速度快，每秒可采集 100 条光谱，非常适合对辐射特性变化迅速的尾焰进行测量。它能够提供高时间分辨率的尾焰辐射特征变化序列，可以完整地记录导弹点火后数秒钟内喷焰的辐射特征变化。

同光路 CCD 及监视器能够实时观察、记录光谱仪所对准的目标。FTIR 光谱仪虽然有同光路同视场的目镜，但是使用该目镜时，必须把光谱仪内部的一个反射镜移入光路中，观察者才能通过目镜看到目标。但此时反射镜已经挡住了探测器，所以观察目标和测量不能同时进行。因此，需要一个和 FTIR 光谱仪同光路的 CCD 代替目镜观察并调整平台跟踪目标，才能够在测量时保证光谱仪始终对准尾焰。

三维可调平台包括一个三脚架、可微调的云台和连接平板。FTIR 光谱仪和同光路 CCD 都固定在连接平板上，同光路 CCD 带有调整架，可以方便地调节以保持与光谱仪同光路。连接平板由螺栓固定在云台上。云台有三个微调旋钮，旋转旋钮可进行水平、俯仰、方位的三维调整。黑体辐射源用于对光谱仪进行辐射定标，将测量到的光谱转化为绝对辐射量。

3. 试验过程

1）辐射定标

试验之前对光谱仪用黑体进行辐射定标。为了尽量削弱环境对仪器的干扰，保证定标精度，定标时将黑体辐射源充满光谱辐射计视场，并尽量贴近光谱辐射计入射光瞳，这样传输路径中大气热辐射和环境背景辐射等干扰因素可被降到最低。

光谱仪正常工作时，探测器工作在其线性范围内，因此，可以假设光谱仪是一个线性响应系统,这个系统的输入是光谱辐亮度 $L(v)$,输出是原始光谱 $G(v)$,二者之间的函数关系称为仪器响应函数(IRF),定标就是要确定 IRF。IRF 是以 $L(v)$ 为自变量、$G(v)$ 为因变量的线性函数。那么测得的复数光谱 $G(v)$ 可以表示为

$$G(v) = R(v)[L_b(v) + L_i(v)] \qquad (9-8)$$

式中　$R(v)$——仪器响应函数的增益,是复数。

为了确定这个线性函数的斜率(增益)和截距(偏移),需要测量两个已知的辐射源,如冷、热两个不同温度的黑体。将冷、热黑体的复数光谱、复数辐亮度分别代入式(9-8),建立方程,可以求解得到增益和偏移,即得到仪器响应函数(IRF)。得到 IRF 后,对于辐射强度介于冷、热黑体之间的目标,其复数光谱都可以通过仪器响应函数定标得到绝对辐射量。

图 9-18 是标定后的辐射亮度光谱。

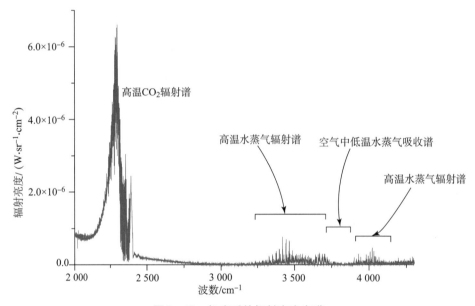

图 9-18　标定后的辐射亮度光谱

2)数据采集

FTIR 光谱仪制造商提供了二次开发的动态链接库,该库给出了操作光谱仪的应用程序接口,使用者可以根据需要自己编写软件操作光谱仪。FTIR 的数据自动采集程序就是调用该动态链接库实现的。

自动采集程序运行后,光谱仪连续工作,采集的光谱以固定规则生成文件名并保存,直至人为干预中断采集。

视频采集盒提供了视频记录程序,可以自动记录来自 CCD 的视频,并将系统时间叠加在画面上,如图 9-19 所示。

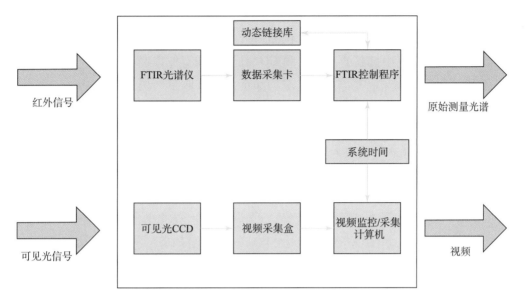

图 9 - 19　数据采集示意图

4. 试验数据及处理结果

图 9 - 20 是试验中测量得到的红外光谱，从图中可以大致看到尾焰中气体成分发出的红外辐射。如高温的水汽、CO_2、NO_2 等物质的辐射光谱都很明显，大气中的 CO_2 吸收特征也很明显，在 CO_2 发射峰的中间形成了一个明显的吸收谷。在 3 000 ~ 3 500 cm^{-1} 波段，水汽的发射也比较明显。

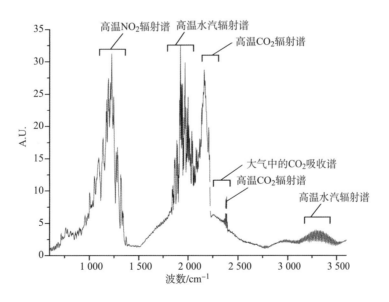

图 9 - 20　试验测得的光谱

由于目标温度很高，水汽和CO_2谱线展宽非常明显，常温下很弱的谱线在高温下变得很强。这使得目标中的高温水汽和CO_2在大气吸收很弱的窗口波段表现出很强的辐射特征，空气中低温的水蒸气和CO_2在这些展宽波段吸收很弱，所以光谱在这些波段上表现出发射特征。下面以 2.7 μm 水汽吸收带为例进行讨论。

图 9-21 中给出的是 296 K 和 1 296 K 温度下水汽分子红外辐射能力的比较，可以看见在高温条件下水汽分子的谱带比常温下宽得多，所以在展宽波段上表现出明显的发射特征，表现不出大气的吸收特性。CO_2 的光谱也有类似的特征，在较快的高温谱带中间存在一个较低的吸收谷。

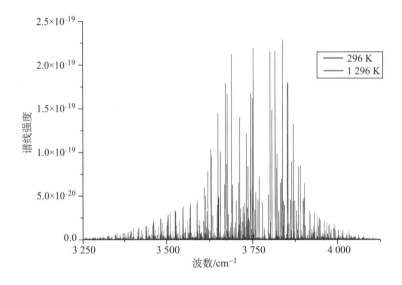

图 9-21 高低温水汽的红外辐射能力的对比

将试验中测得的光谱与国外资料中 FTIR 测量的尾焰光谱（2~5 μm）比较，可以看到光谱中水汽、CO_2 辐射特征都很一致。但是，两者之间也有不同，因为国外资料中尾焰是固体燃料燃烧的产物，其中的气体成分还包括 HCl 等物质。而试验中尾焰是液体燃料燃烧产生的，所以，在此次试验光谱中不存在 HCl 等气体物质的光谱特征，如图 9-22 所示。

9.2.5 喷流噪声概述及试验研究

喷流噪声的诱因是高温高速的发动机喷流与周围均匀空气强烈掺混形成湍流流动，完全发展的湍流流动是由许多尺寸不同的旋涡运动构成的，旋涡的不断拉伸、破裂以及旋涡之间的相互干扰运动反映在压力场上就造成了压力的脉动现象，诱导出气动噪声场，形成了强大的气动噪声源。

发射动力源燃气射流产生的噪声很强，声功率约为发动机功率的 0.4%~0.8%，

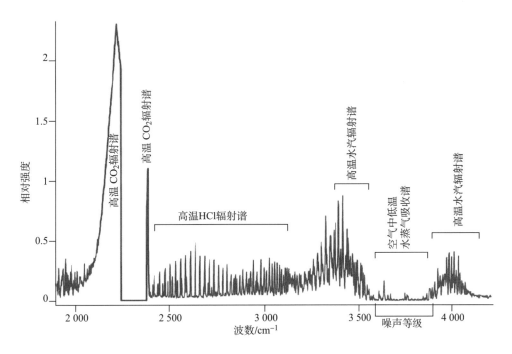

图 9 - 22　国外资料中 FTIR 测量的尾焰光谱 （2 ~ 5 μm）

最大声压级可达 160 ~ 170 dB，在射流近场甚至高达 185 dB 以上，频谱很宽，为 20 ~ 10 000 Hz。

在噪声场内，声压起伏经声振动传递介质（空气）直接作用到设备上，因而，常规的有效隔离或衰减机械振动的措施对声振不起作用。噪声的低频影响与振动相同，高频影响设备元件的谐振。噪声对电子设备的破坏表现在：微型电子元件线路故障，导线的磨损，印刷电路板的破裂，波导管调速管失灵或损坏，光导元件的松动，化学电池的电压下降等。

1. 超声速射流噪声产生机制

火箭发动机超声速射流的噪声是由燃气射流和周围的大气剧烈混合而产生的，（另一种说法是：湍流混合噪声、马赫波辐射和宽带激波相关噪声，而激波相关噪声包括宽带激波噪声和啸叫）。宽带激波噪声和啸叫都是由于射流的不完全膨胀导致的。

固体火箭发动机地面试验噪声是固体火箭发动机地面试车时存在的各种噪声源的声辐射总和。这种噪声主要有三类：冲波啸叫噪声、超声速噪声和混合噪声。这三种噪声成分在指向性和频谱特性上各有特点。如图 9 - 23 所示，三种噪声成分的相对强度是观察角度的函数，由图可以看出，湍流混合噪声在下游方向占据主导地位，在上游方向宽带激波相关噪声强度更大，对于圆形射流，啸叫主要向上游方向辐射。

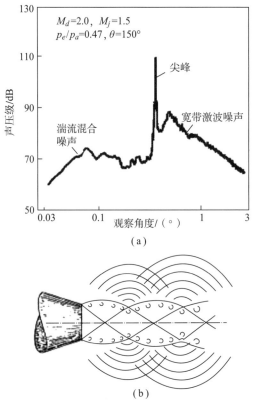

图 9 – 23　超声速射流中的噪声

(a) 噪声测量结果；(b) 噪声示意图

1）冲波啸叫噪声

在固体火箭发动机地面试验时，高温的燃气流从发动机喷口以超声速喷出，产生一系列复杂的冲击波。冲击波在其波前通过气体介质的瞬间，在厚度很小（10^{-6} cm）的冲波前后，介质发生压力、密度、温度等的急剧增高，对周围气体产生极大的扰动，形成强大的冲波啸叫噪声，其噪声频率很高。

2）超声速噪声

自固体火箭发动机喷口至冲击波完全消失之间的中心气流速度很高，中心气流与外界气流尚无明显的混合，中心气流仍保持明显的界限，这就是超声速核心区。然而，在超声速核心区的边界，由于气体的黏滞作用，高速燃气流与外界气体互相拉扯，剧烈混合，其间的速度梯度极大，气流所受剪切力最强，气流之间存在着复杂多变应力。湍流强度高，气流内各处强度、流速发生剧烈变化，从而辐射出强烈的超声速噪声。

3）混合噪声

在超声速燃气流逐渐减速到亚声速流的一段相当长的区域内（20～40倍喷口直径

处），亚声速流与外界气流的剪切力虽不及超声速核心剪切层的强，但由于燃气流与外界气流的强烈混合，湍流强度得到充分提高。气体中动量的变化需要由作用力来平衡，在无固定边界的纯空气流中，该作用力的变化是由压力变化产生的。流动区域内压力起伏引起密度起伏，气流内各向应力急剧变化，使气流内介质体元的运动发生复杂变化，因而辐射出强烈的喷气噪声，其噪声强度大，频率范围很宽。这类噪声是固体火箭发动机地面试验噪声的主要部分。

固体火箭发动机地面点火试车试验时的辐射噪声由于强度高和其特殊的物理性质，对周围人员、设备和环境都会造成很大的危害和干扰，同时，这些辐射噪声也从另外一个角度反映了固体火箭发动机的性能和工作状态。准确、合理地测量出这些噪声特性有着十分重要的意义。

2. 噪声测试系统组成

由于固体火箭发动机地面试验产生的噪声具有频率范围宽、峰值频率高的特征，为了能准确获得其噪声和背景噪声的信号数据，要求噪声测试系统应具有较宽的通频带和较大的动态范围。

本噪声测试系统采用 7 个声传感器构成探测阵列，由多路一致性良好的宽带放大器对信号进行放大，用高速动态数据采集系统记录数据。噪声测试系统的工作原理如图 9 – 24 所示。

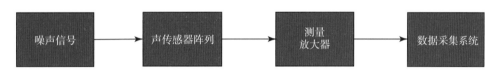

图 9 – 24 噪声测试流程图

固体火箭发动机地面试验的噪声测试系统由 3 个主要部分组成，具体功能分析如下。

1）声传感器及其阵列

声传感器（图 9 – 25）是将声信号转换成相应电信号的换能器，是整个噪声测试系统的关键部件。声传感器的性能和质量直接影响系统的精度和能否正确反映被测信号的全部信息。本系统采用金属膜后驻极体电容式声传感器，它具有体积小、成本低、结构牢固、电容量大和输出阻抗较低等特点。另外，这种声传感器的稳定性和一致性十分好，完全符合噪声测试系统的使用要求。为了提高测试精度和增强系统抗干扰性能，将声传感器排列成一排，

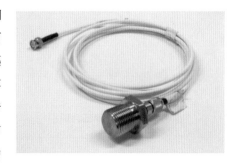

图 9 – 25 声传感器

构成 1 个均匀线列阵，并且使声传感器阵列对准被测试的固体火箭发动机试车台。

2）测量放大器

测量放大器是声学测量的一种基本仪器。通用测量放大器的频率为 2 Hz ~ 200 kHz。放大器的选择原则主要是使接收到的信号最有效、不失真地进行传输。因此，放大器要具有频带宽、动态范围大、非线性失真小、噪声低、稳定性能好等特点。

3）数据采集系统

噪声数据采集系统包括高速数据采集卡和计算机分析软件。采用高速数据采集卡，采集速率可达 1.25 Mb/s。采用 MATLAB 等大型分析软件直接对采集的数据进行大范围、深层次的分析，以获得噪声信号的准确特性信息。

3. 固体火箭发动机地面试验噪声源

试验的目的是对火箭发动机的射流噪声进行测试。为了对噪声的指向性分布有所了解，需要在以发动机喷管出口中心为圆心、半径为 R 的圆弧上布置声传感器。由于试验原型中火箭仪器舱部位是重点关注位置，因此 R 的数值根据原型中喷管出口与仪器舱位置的距离通过相似比计算得到（图 9 – 26）。而由于制造一个圆弧工装来安装噪声传感器难度较大，因此，将噪声测试架设计为支杆与横梁相结合的工装，传感器安装在 7 个测点位置，以射流方向为起始角度 0°，图 9 – 27 中的 1 ~ 7 号传感器分别对应图 9 – 26 中与射流轴线夹角为 40°、60°、80°、100°、120°、140°、180°（代表火箭仪器舱部位）的测点。噪声测试架实物及传感器布置如图 9 – 27 所示。

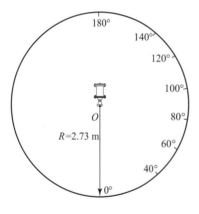

图 9 – 26　噪声测试原理图

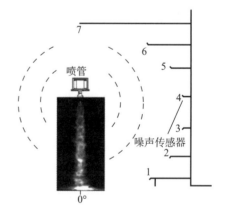

图 9 – 27　噪声测试架及传感器布置图

4. 噪声测试结果（图 9 – 28）

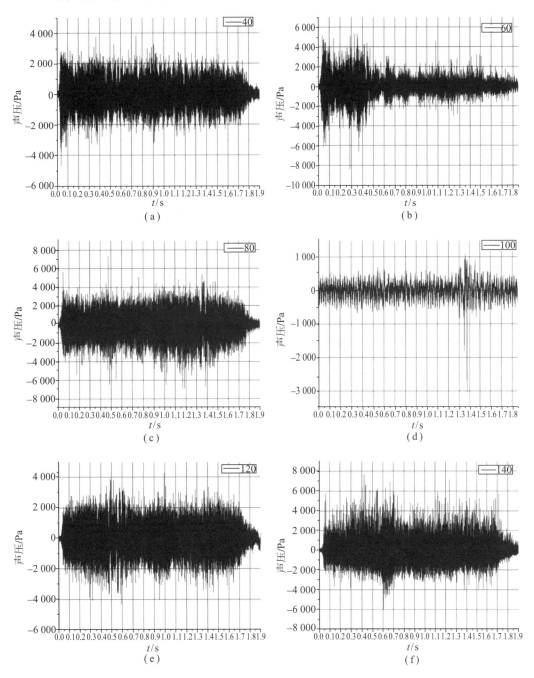

图 9 – 28　自由射流噪声声压 – 时间曲线

（a）～（f）分别表示 40°、60°、80°、100°、120° 和 140° 六个测点位置

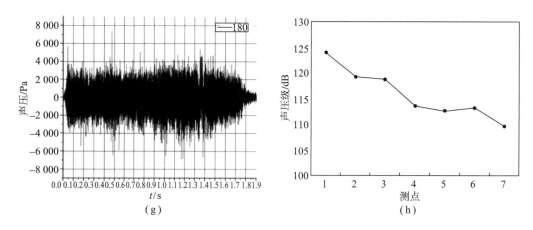

图 9 - 28　自由射流噪声声压 - 时间曲线（续）

（g）表示 180°测点位置；（h）表示不同测点的声压级

9.2.6　粒子流速测量原理

火箭发动机的尾焰通常可以分为透明和不透明两种。液体火箭发动机的尾焰是由液体燃料燃烧形成的透明射流；而固体火箭发动机的非透明尾焰由固体推进剂燃烧形成，尾焰由气体和固体粒子混合组成。针对不同的射流流体，其参数测量方法也不相同。对于非透明火焰（含固体粒子），测量无须示踪粒子，测量装置完全不介入流场，是真正意义上的非接触测量，还具有较高的测量精度。

固体火箭发动机的尾焰可近似为具有轴对称特点的对象，正是由于尾焰的对称性，使得其形成的粒子流场具有轴对称的几何特征。正是出于对此对称性的考虑，我们可以把三维分布形式的粒子流场转化为其对称轴线的平面来代替整个三维场。只要重建出轴面上的场，就可以根据对称性获得三维空间的粒子流场数值，从而简化了三维场重建问题。

目标所在平面是 CCD 相机成像的物面。这样物和像之间就可以建立起一个光学成像模型来描述。$P(x, y)$ 表示目标平面的点，而 $P_1(x_1, y_1)$ 表示 CCD 相机记录平面上的点。

P 点和 P_1 点之间的距离 D 可以表示为

$$D = \sqrt{(x - x_1)^2 + (y - y_1)^2 + z^2} \tag{9-9}$$

如果两次曝光的时间间隔为 t，则粒子流速 $v = D/t$。对多个粒子进行分析，就可以测量所有粒子的流速，并用矢量标记大小和方向。

粒子成像测速法又称粒子图像测速法，是一种瞬态、多点、无接触式的流体力学测速方法。粒子成像测速技术的特点是超出了单点测速技术的局限性，能在同一瞬态记录下大量空间点上的速度分布信息，并可提供丰富的流场空间结构以及流动特性，如图 9 - 29 所示。

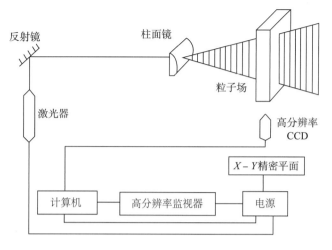

图 9 - 29　粒子成像测速原理图

9.3　其他信号特征测试方法

随着电子设备和测量技术的进步，多参量测试系统随着应用需求也不断地进行研发与使用，测试结果也越来越接近实弹发射精度。尾流场的速度和压力特性等也通常作为射流衡量参量加以研究。其中，尾焰速度流场根据射流动量和能量方程通过测量弹体的运动速度推导。对于燃气流的压力特性，则采用接触法利用压力传感器测量。

测量高温尾焰流场压力选用压阻式压力传感器（图 9 - 30），其性能要求为耐高温、响应时间短、精度高、测量范围广等。此处列举某型压阻式压力传感器特性以供参考（表 9 - 1）。

图 9 - 30　压阻式压力传感器

表 9 - 1　某型压阻式压力传感器参数

项目名称	参数	项目名称	参数
测量范围	0 ~ 21 MPa	分辨率	无限小
过载压力	2 倍额定压力	固有频率	1 600 kHz
破裂压力	3 倍额定压力	绝缘阻抗	最小值 100 MΩ

项目名称	参数	项目名称	参数
额定激励电压	10 V DC/AC	环境条件	
最大激励电压	15 V DC/AC	工作温度	24 ℃ ~704 ℃
输入阻抗	1 000 Ω（最小值）	稳态加速度	10 000g（最大）
输出阻抗	1 000 Ω（额定值）	线性振动范围	10 ~2 000 Hz
满量程输出	100 mV（额定值）	质量	50 g（近似）
零位不平衡	±25 mV（典型值）	最大安装扭矩	9. 03 ~13. 55 N·m

本部分结合上述温度流场测量方案给出 4 个压力测点的测试结果。其中压力传感器安装位置与温度热电偶安装位置相同。结论如图 9 – 31 ~ 图 9 – 34 所示。

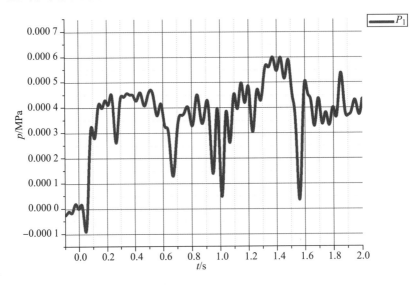

图 9 – 31　第一个压力测点

从 4 个压力测点结果可以看出，4 点的压力相对环境压力变化幅度非常小。同时，由于燃气流对于底部平面的冲击过程为动态变化过程，尾焰流场射流冲击作用复杂。因此，所得压力测试数据具有一定的不确定性，但从整体来看其压力波动较小，主要升压集中在核心区位置处。

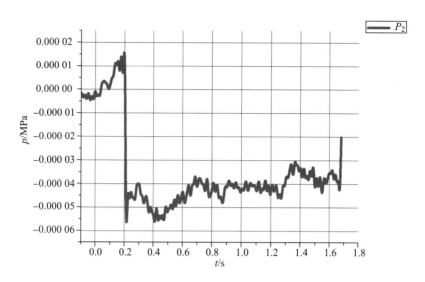

图 9 - 32　第二个压力测点

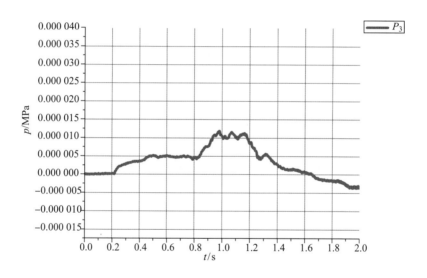

图 9 - 33　第三个压力测点

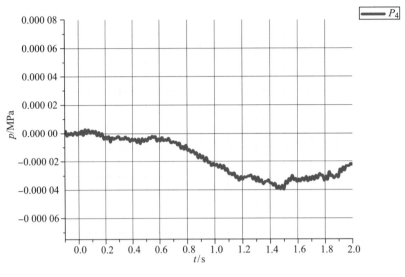

图 9 - 34　第四个压力测点

本章小结

　　本章内容主要概述发动机射流流场的特征信号测试研究，分别从特征信号的分类，以及测试原理、测试方法、测试设备、测试技术的相关发展和信号测试结果进行简要介绍。通过本章的内容使读者对固体发动机燃气流场的测试及自由流场的物理特性有初步的认识，为更深入的试验研究提供参考。

　　需要说明的是，本章提到的燃气流测试方法大部分源自课题组的试验研究，由于试验目的的不同，使得测试方法具有一定的针对性，尤其是在测试系统的安装与测量点的选取上根据试验需求确定。另外，根据发动机推进剂和喷管参数本身在生产过程中存在一定的加工误差，使得试验结论存在一定差异性，这在工程计算中是允许的。

　　随着测试设备的发展以及测试技术的进步，迄今为止，多参量自动化测试系统的发展使得对于射流流场特征信号的测量精度逐渐提高，对于信号特征的认识及分类也在不断地完善中，尤其是在实弹测试方面，相关研究也在不断地深入，各科研院所及各大学相关学者专家也在不断地开发先进的智能测试系统。相信在可预见的未来，对发动机燃气流场的测试会取得更多更好的进展。

主要参考文献

［1］赵承庆，姜毅. 气体射流动力学 ［M］. 北京：北京理工大学出版社，1998.

［2］Milne - thomson L M. 理论流体动力学 ［M］. 李裕立，晏名文，译. 北京：机械工业出版社，1984.

［3］王福军. 计算流体动力学分析——CFD 软件原理与应用 ［M］. 北京：清华大学出版社，2011.

［4］John D. Anderson. 计算流体力学基础及其应用 ［M］. 吴颂平，刘赵淼，译. 北京：机械工业出版社，2013.

［5］苗瑞生. 发射气体动力学 ［M］. 北京：国防工业出版社，2006.

［6］牛钰森，姜毅，史少岩，等. 与燃气射流耦合的易裂后盖开启过程数值分析 ［J］. 兵工学报，2015，36（1）：87 - 93.

［7］刘伯伟，姜毅. 气化效应对燃气蒸汽式弹射气液两相流场的影响 ［J］. 固体火箭技术，2014，37（2）：156 - 160.

［8］刘伯伟. 弹射装置内多相流场仿真与试验研究 ［D］. 北京：北京理工大学，2014.

［9］马艳丽，姜毅，王伟臣，等. 同心筒发射过程燃气射流冲击效应研究 ［J］. 固体火箭技术，2011，34（2）：140 - 145.

［10］马艳丽，姜毅，王伟臣，等. 湿式同心筒自力垂直热发射技术降温效果研究 ［J］. 弹道学报，2010，22（4）：89 - 93.

［11］于邵祯. 火箭发动机尾焰注水降温数值计算与试验研究 ［D］. 北京：北京理工大学，2015.

［12］马艳丽，姜毅，郝继光，等. 固体发动机燃气射流对发射平台冲击效应研究 ［J］. 固体火箭技术，2010，33（4）：373 - 376，395.

索　引